无尽的能源

一体化快堆

[美] C.E.蒂尔（Charles E.Till） 张润一（Yoon IL Chang） 著

霍兴凯 林如山 刘利生 晏太红 张 虎 杨 勇 王 静 王 晋 马 晓 译

叶国安 主审

中国原子能出版社

图书在版编目（CIP）数据

无尽的能源：一体化快堆 /（美）C.E.蒂尔，（美）张润一著；霍兴凯，林如山，刘利生译. —北京：中国原子能出版社，2020.11（2024.7 重印）

ISBN 978-7-5221-1066-0

Ⅰ. ①无…　Ⅱ. ①C…②张…③霍…④林…⑤刘…　Ⅲ. ①快堆–研究　Ⅳ. ①TL43

中国版本图书馆 CIP 数据核字（2020）第 212374 号

Charles E. Till and Yoon Il Chang. Plentiful Energy: The Story of the Integral Fast Reactor

Library of Congress Control Number: 2011918518

Cover design and printing by CreateSpace, a subsidiary of Amazon

北京市版权局著作权合同登记号：图字 01-2020-5886 号

无尽的能源——一体化快堆

出版发行	中国原子能出版社（北京市海淀区阜成路 43 号　100048）
策划编辑	王　丹
责任编辑	王　丹　左浚茹　王齐飞
装帧设计	赵　杰
责任校对	冯莲凤
责任印制	赵　明
印　　刷	中煤（北京）印务有限公司
经　　销	全国新华书店
开　　本	787 mm×1092 mm　1/16
印　　张	19.875
字　　数	401 千字
版　　次	2020 年 11 月第 1 版　2024 年 7 月第 6 次印刷
书　　号	ISBN 978-7-5221-1066-0　　**定　价　80.00 元**

网址：**http://www.aep.com.cn**　　**E-mail：atomep123@126.com**

发行电话：**010-88828678**

译 者 序

2011 年福岛核事故前后，我有幸代表中方连续参加了几次国际原子能机构（IAEA）核能部核燃料循环技术工作组（TWGNFCO）会议，工作组的组长是本书的作者之一张润一先生。那几年的会议主要议题之一就是研讨福岛核事故以后核燃料循环的发展。恰好福岛核事故前后美国相关专家出版了一系列颇有影响的出版物，如：麻省理工学院（MIT）的“The Future of the Nuclear Fuel Cycle（核燃料循环的未来，2011 年）”、“Fast Breeder Reactor Programs：History and Status（增殖快堆的历史和现状，2010 年）”，能源与环境研究所（IEER）的“The Mythology and Messy Reality of Nuclear Fuel Reprocessing（核燃料后处理：糟糕与神秘的现状，2010 年）”，军控人士 Frank von Hippel 的报告“Managing Spent Fuel in the United States：The Illogic of Reprocessing（美国乏燃料管理：后处理不合逻辑，2007 年）”等。这些报告均认为没必要发展快堆，特别反对增殖快堆与后处理。与会专家们非常重视这些报告的观点和论据。法、俄、中、日、印、韩等国代表均认为核燃料循环对于乏燃料安全管理有重要意义，对快堆的发展积极肯定，只是有关国家在部署时间上有差别，同时强调其嬗变作用与安全要求。迄今为止，IAEA 的这些基本技术观点与表述没有变化，这可从系列技术报告和出版物中看出来。张润一先生《一体化快堆的故事》于 2011 年初写成，在核燃料循环技术工作组讨论中，张先生专门将准备的有关材料发给各国与会专家，就铀资源、增殖快堆的意义及其安全性、干法后处理的适用性和防扩散特点及一体化核燃料循环的经济性等做了很好的阐述，观点鲜明、论据翔实，很多图表和数据出自本书。从张先生的论述中我了解到即使在美国，大家对快堆与后处理的认识也是不一致的，上面列出的四篇报告基本停留在概念的表述中，而很多有经验的专家却凭借翔实的数据说话，无疑更具有说服力。张先生将本书送给了我和其他中国学者，并授权中方翻译出版。

本书作者 C.E.Till 和张润一是一体化快堆项目核心负责人，牵头组织实施了该项目。书中不仅简要阐述了一体化快堆原理和阿贡实验室取得的技术成果，同时介绍了美国快堆技术和核燃料循环技术的发展历程及国家政策的变化。从中可以看出在美国政策变化过程中，仍有很多一线杰出科学家与工程师着眼人类未来，具有执着追求技术发展与创新并高效组织实施的专业精神。乏燃料高温冶金后处理技术就是围绕一体化快堆开发的，是重要技术创新，同时对金属元件做了重大改进。金属元件及其安全性能在 EBR-Ⅱ反应堆上进行了辐照考验和实验，干法后处理也在爱达荷燃料循环设施（FCF）进行了热实验，处理的 EBR-Ⅱ乏燃料达到 5 t。一体化快堆以金属元件增殖快堆与干法后处理结合构成了一个完整核燃料循环体系，这似乎是一个新的、更高效的核燃料循环方案。一体化快堆技术开发过程集基础研究与工程应用为一体，虽然只有 10 年时间，却取得了很多启发性研究成果。作为多年从事锕系元素化学与水法后处理工艺的研究人员，我感到干法后处理是一个值得研究的方向，因为该技术适应高燃耗乏燃料特别是金属乏燃料后处理，流程相对简单、废物量少。日、韩干法后处理的研究均是参照阿贡实验室技术开展的，并在此基础上分别开发了轻水堆氧化物乏燃料干法后处理工艺，或开展了大量热试验，或开展了中间规模铀试研究，我国在这方面的研究则刚刚起步。2013 年 9 月我有幸陪同徐铼院士参观了阿贡实验室的 FCF 设施，并与元件和干法分离专家进行了座谈。目前该实验室的研究工作没有中断，仍承担着 EBR-Ⅱ反应堆乏燃料处理任务以及其他元件检验工作。也了解了他们遇到的问题，这正是我们今后需要改进的地方。

我国作为一个负责任的大国，坚持安全、高效发展核能，以改善能源结构与减少温室气体排放，同时坚持核燃料循环技术路线。2010 年底我国动力堆核燃料后处理中试厂完成热调试，2011 年 7 月我国实验快堆完成并网发电实验，2015 年核燃料后处理放化实验设施开展热试验（只开展水法后处理研究）。目前正在开展示范快堆与后处理示范厂建设。现在将本书翻译出来，从书中对科学原理故事般的描述中，我们可以快速了解到除了目前可商业部署的氧化物燃料-水法后处理核燃料循环技术路线以外，人类在解决未来能源问题上还有另一条同样符合绿色发展、但更高效的金属燃料—干法后处理核燃料循环技术路线，并可以大概了解其基本原理和技术要点，尽管这条路线目前还并不成熟；其次书中描述的技术要点、发展过程、工程化部署一体化快堆的建议等，对我们开展相关科研工作有启发意义；最后可以从中具体了解美国核燃料循环政策变化的过程及带来的问题，这对我国核燃料循环的发展有一定的借鉴作用。

本书虽是一本科普书，但技术性很强，且涉及专业较多，加之由于译者水平有限，书中错误之处在所难免，希望读者见谅并指出。

叶国安
2020 年 2 月 10 日

前　言

1903 年 12 月，在一个风和日丽的日子，美国北卡罗来纳州的基蒂霍克镇见证了人类科技史上的一次重大飞跃。莱特兄弟最终克服了“内在不稳定性”和“机翼翘曲变形”等重重困难，实现了人类历史上首次有动力驱动的、可控的、重于空气的飞行。以现在的眼光来看，该飞行器并不复杂，只比轻质滑翔机略复杂一些。然而它的成功具有重要的里程碑意义，在那之后军用和民用航空领域的科技创新如雨后春笋般蓬勃发展，研发和生产的持续增长一直贯穿整个 20 世纪，且依然方兴未艾。

该飞行器的成功并非来自于莱特兄弟理论知识或思维天赋的灵光一现，恰恰相反，它的成功扎根于物理、工程乃至生物科学数十年的发展，以及从热气球、滑翔机和各种模型中积累下来的宝贵经验，此外还有不计其数的实验、反复的尝试和失败、一次又一次的无功而返。要知道，1903 年以前所有动力驱动的飞行试验均以失败告终。

然而，1903 年的试验取得成功之后仅十个年头，飞行员们已经驾驶着操控性能很好的飞机在欧洲战场上空飞翔。又过十余年，很多国家的乘客已经乘坐长途国际航线穿梭来往，以往几个月的行程缩短到了几天。

或许你会问，这与我们要谈论的先进核能系统有什么关系？它们的关系很大。C.E.蒂尔和张润一写的这本《无尽的能源——一体化快堆》副标题“一项简明的反应堆技术，一段曲折的历史，一部为非专业人士讲述的核科学史话。”其中最重要的一点是，像动力驱动飞行一样，以未来的眼光来看核燃料完整安全地循环使用在技术上是相当简单的，但要让这一事实得到认可却并不容易——这就是所谓的“曲折的历史”。

跟航空一样，曾经有过很多种类型的原型“快堆”，但均存在这样那样的问题。我们把这一类比进行延伸，在实现动力驱动飞行之前热气球、飞艇、滑翔机这些相对来讲效率低一些的飞行器已经应用了几十年，但人们早已意识到还有更好的飞行方式（他们只须抬头看一下天上的鸟儿）。比起轻于空气的装置，动力驱动的飞行器快了几百倍，而且更安全。与之类似，我们已经商业运行了几十年的这些核反应堆虽然比其他发电方式更好，但它们只利用了铀中蕴藏的一小部分能量。要解决这一问题，需要一种完全不同的方式——一种核裂变领域的革命性“飞行器”。这就是我们要讲的一体化快堆（integral fast reactor，IFR）。

这部优秀的著作出自快堆界的两位先驱，C.E.蒂尔和张润一，他们是一体化快堆主要的奠基人，经历了上世纪 80 年代到 90 年代初阿贡国家实验室科研开发的高产期。这本书深入浅出地介绍了真正意义上具有可持续性的核能的历史、哲学及技术基础。

想象一下有这么一种反应堆，它能以非能动的方式对危险因素做出响应，不需要操纵员的干预就能关闭反应堆，从而避免出现三哩岛、切尔诺贝利、福岛那样的核事故；或者说有种反应堆，它具有安全性很高的燃料循环及远距离燃料制造系统，并且能将贫铀或者当前反应堆产生的核废物转化成为一种取之不竭的燃料（且没有碳排放），与此同时还能解决废物的长期处置这一社会政治问题。

当你读过这本书之后就会明白这一精妙的技术是怎么运作的，以及为什么其他的技术方案——像莱特飞行器之前的那些装置一样——始终未能实现。此外，你将对目前低碳、能源短缺的大环境下裂变能真正的潜力产生深深的认同，并能深入了解是什么原因使这一潜力时至今日仍未能转化为现实。本书讲述的内容有些针对的是本专业外的科学家、工程师，有些面向的是历史学家、社会科学家以及媒体评论员。此书以宏大的叙事方式、启发式的视角写作而成，适合于社会各个阶层的读者——实际上，此书适合于任何关注人类未来、力求为后代留下宝贵遗产的人们，他们希望留给后代的世界不会被开采燃烧化石燃料带来的各种问题所破坏。

为了应对能源危机，为了缓解不断加剧的气候变暖，为了大幅度减轻全社会对生物燃料等低密度能源破坏地形景观产生的压力，我们需要延续这一历史的脚步，向从未有过的高密度能源继续迈进。一体化快堆这一革命性的“飞行器”起飞的时刻到来了，因为，正如C.E.蒂尔和张润一所讲，摆在它面前的只有无垠的天空，任其翱翔！

Barry W. Brook，博士
“休伯特爵士威尔金斯教授”称号，气候变化专业
澳大利亚阿德莱德大学

献　　辞

谨以此书献给阿贡国家实验室和由百余位科学家、工程师以及其他专业技术人员组成的团队；为了使一体化快堆技术具有的内在优势转化成现实，他们将职业生涯的很大一部分贡献于此。

C. E. 蒂尔

张润一

目　　录

第一章

阿贡实验室和一体化快堆

一体化快堆（Integral Fast Reactor，简称 IFR）是美国阿贡国家实验室在 1984—1994 年十年间开发的快堆系统。IFR 是一个完整的体系，包括反应堆、燃料循环与废物管理。反应堆是革新化设计，燃料循环和废物管理则是新研发的。IFR 是一个“快”堆，即链式反应，是由能量较高的快中子来维持的，该反应堆可以为它自己制造燃料。一体化快堆和与之配套的燃料循环是一个封闭的系统：发电的同时新燃料不断产生来补充消耗掉的燃料；乏燃料经新开发的干法后处理技术处理，实现再循环；同时将废物整备成适宜最终处置的形式。这些都是在线完成的。

无论从规模、时间跨度还是经费投入上来讲，该项目都是当时最大的核能研发项目。这种能源堪称可持续，美国的能源需求无论多大都能满足，而且只要有需求，可以永远地持续供应下去。该系统的安全性、防核扩散与废物管理都得以改进，而这三点正是反核势力提及最多的三大问题。

研发工作进展顺利，每一步都很成功。就在大部分研发已经完成时，新上任的克林顿政府突然叫停了这一项目。克林顿在 1994 年国情咨文演讲中宣布：“不必要的先进反应堆项目将被终止”，指的正是一体化快堆。

本书讲述的是一体化快堆的真实故事，作者是两位核科学家，他们是这个项目概念设计、研究开发以及管理工作的核心人员，是最了解这一项目的人。

关于一体化快堆虽然已发表了不少文献、工程报告以及相关书籍，但对快堆却一直存在着技术之外的激烈争论。我们认为有必要写一本描述准确的书，让非专业人士与没有技术背景的读者来了解一体化快堆。

1.1 简　介

我们的目的是为非专业人士讲述一体化快堆的技术基础。讲明白一体化快堆是什么，为什么要建造它，以及怎样建造它。只要有兴趣，读者不必费太大力气就能对此有一个较深入的了解。

由于一体化快堆涉及到整个核能历史，因此也要讨论一些非技术问题。在过去的 60 多年里，无论对能源现状还是对核能，政界在不同的时期都有不同的认识。不争的科学事实和从政者多变的决择形成了角力的局面，一体化快堆就是在这样一种充满戏剧性的背景下诞生的。它伴随着整个核能历史的起起落落，经历了核能技术的兴衰消长。它的历史可以追溯到 60 年前能有效发电的第一个反应堆；之后是一段低迷的时期，在美国能源局领导下开展了一些研究项目，其中一些延续到现在。

快堆的发展经历了两个截然不同的阶段：1946—1964 年，和 1984—1994 年。早期的研究为快堆奠定了基础：确定了冷却剂和燃料，以及反应堆的布置，进而建成了两个实验快堆——EBR-Ⅰ和 EBR-Ⅱ。EBR-Ⅱ是一个核电站，它一直在运行，即使沿 EBR-Ⅰ/EBR-Ⅱ方向的研究计划终止的时候它也没有停下来，从 1964—1994 年从未间断。

然而，由于难以克服的技术问题和当时的政治环境，EBR-Ⅱ所引领的技术发展路线于 1964 年终止了，自此以后的相关研究就沉寂了下来。

IFR 的发展起始于 1984 年，多年前的技术积累为它奠定了坚实的基础。那些过去没解决的问题找到了解决办法并成功地进行了试验，与此同时 IFR 一系列明显的优势显现出来，对这些专门技术进行了确认、发展和验证。阿贡实验室对这个“先进反应堆发展计划”进行了持续十余年的研究，最终的成果就是一体化快堆。然而，尽管这一项目几近成功，却在 1994 年被终止了。在那一年的国情咨文演讲中时任总统克林顿宣布“不必要的先进反应堆项目将被终止”。而当时美国只有一个这样的计划，那就是一体化快堆。

为什么时至今日一体化快堆仍有意义呢？简单回顾一下当今的能源形势就能明白。当今世界过度依赖于化石燃料，巨大的需求量已经难以为继。资源是有限的，可以说资源的短缺已经开始制约发展。要维持生产力必须不断地发现新的资源，但事实是数十年来勘探的速度赶不上对资源的需求。这就是各国目前面临的能源形势。一体化快堆恰能解决这一问题，它能满足所有国家的能源需求，可谓是永不枯竭的能源。无论需求多大都不会成为问题。难以置信吗？不，这正是一体化快堆的本事。

对任何一种能源来讲它能提供的总量永远是评价它的首要因素，但实际上这一点并不一定能得到及时的、特别的关注。当谈到某种新能源的时候，一定会被问到：它能产生多少总能量？它是否真的如此重要？它能否在化石燃料枯竭的时候满足人类对能源的需求？人类社会的繁衍需要的能源是一个无比巨大的数目，什么能源可以担此重任？一体化快堆就是解决这些问题的金钥匙。

美国电力装机总量大约为 10 亿 kW。负荷因子——也就是满功率运行所占的时间比例——约为 45%。也就是说到 2009 年时，满功率运行产生的电功率应该是 457 000 MW。美国人均电力消耗量持续增长，比起 1960 年时已经增长了 4 倍。这些数字说明能源所要解决的不是 2 MW 或者 20 MW 的问题，而是要面对不断增长的人均需求和持续膨胀的总人口。交通对电力的需求也将越来越大，这一数目同样不容小觑。电力增长能减缓吗？显然不会。一体化快堆将应时代之需而登上历史舞台。

本书中我们将用浅显易懂的语言来说明为什么一体化快堆具有这样的特征，为什么选择这样的材料，为什么选择这样的设计，并阐释清楚这些选择的重要性和依据。这些选择决定了各种快堆堆型最根本的不同之处，而人们对此的认识往往不够。在考虑某个特性时，常常要比较一个选择是否真的比另一个好。科学地、有理有据地选择材料和设计非常重要。

我们希望随着书中内容的展开读者能够明白：为什么我们下大力气去推动一体化快堆。作者作为核心人员参与了一体化快堆的筹划、概念设计、研发，希望能在这些方面给读者带来些许收获。通过叙述我们的经历，希望未来核能的建设者能够认识到一体化快堆的潜力。同时，我们又希望这本书尽可能浅显易懂。“能否有一本书深入浅出地告诉我们到底一体化快堆是什么，为什么能那样？”对于这一问题，希望本书给出了肯定的回答。

从技术角度对一体化快堆最全面的介绍可以参阅 Progress in Nuclear Energy 一期特刊，题目叫“The Technology of the Integral Fast Reactor and its Associated Fuel Cycle（一体化快堆技术及其燃料循环）”[1]，此特刊由参与一体化快堆发展的几乎所有研发人员集体编写，由 W.H.Hannum 编辑出版，面向技术人员，所以具有较好的理论深度。与此相对应，还有两本完全是非专业人士编写的书，作者分别是 Joe Shuster[2]和 Tom Blees[3]。这两本书不关注技术，但却很好地道出了一体化快堆的作用和重要意义。

要讲述一体化快堆就离不开阿贡国家实验室及其这一段历史。再也找不出其他任何一家实验室或公司为一体化快堆的发展做出过如此重要的贡献。要说一体化快堆的故事是阿贡实验室历史的一部分，一点也不为过。一体化快堆项目开展过程中，它就是阿贡实验室全部工作的一部分，分量是相当重的，因为它汇聚了阿贡快堆建设方面多年的经验。作为一个顶尖的国家实验室，阿贡当时把快堆建设放在核心位置。快堆建设的历史要追溯到阿贡实验室建立之初，甚至要追溯到核裂变的发现之初。

两位作者（Charles Till 和 Yoon IL Chang，C.E.Till 和张润一）带着完全不同的背景来到阿贡实验室，但却成了最亲密的朋友和科学工作的伙伴，他们都已经在阿贡工作了 35 年。作者之一 Till 是 IFR 项目的策划者，他当时担任实验室工程研究室副主任，负责阿贡所有的核反应堆研究工作。另外一个作者张润一自一体化快堆项目之初就担任该项目的总经理，负责整个项目的建设，他比 Till 晚十年来到阿贡，此后两人一直在一起工作。

本书的前两章，讲述了是什么造就了阿贡实验室，以及那儿的工作情况。会阐述一个伟大实验室的内涵，如何才能有辉煌的成就。当然，可以认为我们的观察有一定的局限性，因为对情况的掌握与个人在阿贡实验室管理体系中的职位有关，不同时期我们的职位是不同的。但是，我们有信心说清楚这样一个伟大的实验室是如何工作的，因为我们曾作为基层的科技工作者每天在那儿工作，之后我们又任职于各个管理岗位，而且我们见证了 50 余年间阿贡实验室所经历的各种政治环境。我们将从阿贡的早期开始讲述，那是实验室历史上最繁荣的时期，我们将会了解到阿贡是怎么随着一个个事件和时间的推移而改变的。Till 赶上了早期阿贡的尾巴，而张润一来的时候这个时期已经过去了。

在阿贡的那些岁月，我们是怎么度过的？可以满足全人类需求却从未受到足够关注的能源，在我们手里生根发芽，几近结出丰硕的果实，这又是怎样的一种感受？我们将在第三章里回到那个年代，并尽可能地还原那时的一幕幕。本章先来讲述这个项目即将成功但却功亏一篑的缘由。

我们要讲述的都是那些对阿贡实验室造成较大影响的事件。当然，我们的观点仅仅是站在阿贡的角度来考虑的，我们不想说这就是阿贡的观点，但与我们持有相同观点的人很多。这里特别强调一下：所介绍的观点、方法和结论都是我们个人的。像在其他领域一样，各大实验室和机构存在着竞争关系，所以其他机构的人会对很多事情持有完全不同的观点，这一点是可以理解的。我们会尽最大努力把我们眼中的阿贡原原本本地呈现给读者。

我们相信其他实验室在追求其项目成功的过程中，在努力形成和维护院所文化的过程中，也都留下了相似的历史。那个年代每个实验室都斗志昂扬。但阿贡的不同之处在于其更宏大的规划。无论如何，正是在阿贡，快堆一直持续开发了那么多年，并最终在一体化快堆项目上达到高潮。

在一体化快堆项目中，我们一方面致力于开发一种可提供无限能源的核反应堆技术，另一方面也在尽可能消除针对核能的质疑。把可提供无限能源作为研发的首要任务是阿贡从事核能研究以来一直追求的目标。但那时，包括现在，必须面对的棘手问题是能切实感受到的公众质疑，当然这种质疑显然已被那些有组织的反核势力放大了（如果不是完全捏造的话），已经背离了基本的科学事实。但在 80 年代初期之前，反核势力对这种质疑的不断放大使美国的核能严重受挫，并最终使其停滞不前。那时我们则设立目标，不断前进，尽最大努力去消除针对核能的一个个质疑，而且我们只用技术来说话，而这个技术正是一体化快堆，即 IFR。

我们会涉及一点整个核的发展历史，尤其是核电，即所谓的“民用核能”。链式反应发现之后是两颗原子弹的爆炸迫使二战结束，相继而来的便是民用核能在全世界的大发展。我们想让读者了解到民用核事业早期发展的景象，以及阿贡是如何开展核研究并随着时代而前进的。那时候在阿贡的都是些什么样的人，他们怎么来到了阿贡，这些科学家们有不同的背景，但却受过近乎相同的优良教育，对技术问题持近乎相同的观点。

工作是怎么开展起来的呢？要知道，那时候核能还完全是个新兴的东西，每个人都是新手，未知的东西实在是太多。Till 是 1963 年春来到阿贡实验室的，那时世界上第一个反应堆达到临界才刚过去 20 年。几个主要高校的核工程学院已经建立起来了，并且后来成为了实验室人才的主要来源，但当时他们还不是主力。那时候阿贡的科学家们都比较年轻，来到实验室之前都没有专修过核工程，但他们都有大学里科学和工程方面出色的成绩，并且边干边学。

在开头的几个介绍性章节里，我（Till）将介绍一下早年的阿贡，并简略讲述我个人的技术历史，从而作为一个典型的例子来介绍一下当时来到阿贡的人的背景。那时阿贡被全世界称作核能开发的领导者——或者按当时的说法，叫做“民用核反应堆发展”的领导者。我很清楚阿贡为何能得到全世界的认可，在我 1963 年来到阿贡之前，我便切身了解到了这一点。

成为其中的一员，这是关键。并非所有人都有这样的机会。那些工程项目、人、计算中的近似、分析和实验中使用的简化方法，所有这些都已逝去。几年前，普利策奖获得者 Richard Rhodes，也是《原子弹的制造》（The Making of The Atomic Bomb）一书以及其他几本著名历史书籍的作者，当时写过有关核能的一本书[4]，很热心地为那段“属于核反应堆发展的第二纪元”的历史提供帮助。他说：“你一直身在其中，几十年后人们将通过你的眼睛去了解那段历史”。

我却很清楚，总有一些事情发生之快连我也无暇顾及，核反应堆的发展非常迅速。的确，我很庆幸那些年我一直在阿贡。来到这里时我还只是一个初出茅庐的年轻人，想成就一番事业，一番值得我付出的事业。随着那些年阿贡实验室的发展，我对它的了解愈发深入，我见证了一个国家实验室是怎么捍卫它的目标和理想的，更准确的说是捍卫它的诚实的。

诚实这个词可能会令读者惊讶，因为这个词太重了，甚至有些过于突兀。但要知道，科学上的诚实是很纯朴自然的事情，在阿贡这样的国家实验室是基本的准则。阿贡雇佣的基本上都是最高水平的科学家和工程师，具有博士学历的人——大部分都才华横溢，人人都能胜任职责。阿贡实验室之所以能吸引这些人才是因为它能为他们提供科学上的自由。一般来讲高学历是必然的要求，而且很多人来自于最为著名的学院或大学。这些知识层次如此高的人往往都有自己的科学追求，他们有自己的科学理想和科学品格。他们有自己的事业追求，科学工作在他们眼中决不是“一份工作而已”。一个实验室一定要为捍卫科学家们原有的这些本性而努力，这样才能做好国家所需的科学与技术工作，不让纳税人失望。诚实要放在首位。我们做出的学问一定要经得住最严格细致的考验，如果达不到这样的标准，那后果将是致命的。那将导致现今气候调查领域面临的质疑危机。在科学品格上一旦失去声望，重建起来谈何容易。

要想很好地了解阿贡，一些历史会有所帮助。首先要理解的一点是在它整个历史的任何阶段都可谓是困难重重。阿贡一直以来都处在这样那样的困境中，一直在抗争，甚至有时是面对多方的抗争。事实永远是这样的，阿贡努力把自己打造成一流业绩的实验室并坚持不懈，一切都是为了祖国。与联邦政府的代表之间经常有关系紧张的时候，很多时候是为了争夺对研究工作的主导权。在最开始的几十年是与原子能委员会，之后是它的继承部门能源研究与发展管理局，再后来是能源部。几十年间，与阿贡时不时地产生分歧的还有那些相关的中西部高校联盟，这些联盟虽然一直在变动，但始终想对实验室施以更多的控制，超出了阿贡所能接受的程度。有时候，实验室还要在国会两党间为各自利益而展开的政治角力中维护自己的利益。尽管如此，阿贡实验室一直以来都是成就事业、实现理想、探索新知的沃土。这是一个开展工作、做出业绩的理想之地，在这里得到认可的工作，探索到的新知会得到最高的尊重与荣誉。这是一种值得自豪的人生。当我 1998 年退休的时候，我已经成为了阿贡实验室三分之二历史的一部分。

1.2 阿贡国家实验室

阿贡国家实验室座落在芝加哥西南 35 英里①的杜佩奇县（DuPage County），周围至今仍是乡村，一派田园风光（如图 1-1 所示）。阿贡实验室周围还拥有几平方英里的开阔草地，丛林密布，道路蜿蜒。里面的建筑和布局很像一所大学，但整个实验室被高高的围墙保护着，有身着制服的卫队保卫，日常进出是受管制的（二战后实验室建立之初的一天，联合广播电台著名人物 Paul Harvey 为了证明阿贡安保松散，爬上了围墙，结果实验室的一位保安拿枪瞄准了他，幸好这位保安做出了冷静的判断，让他爬下了围墙）。里面的核反应堆都是二战后建起来的。厂址占地面积很大，反应堆远离民房和街道。建筑外墙基本上都是红砖，一般来讲每栋楼供一个独立的学科使用，比如化学、物理。这些建筑已经耸立在那里五十余年之久，宽阔的马路和蜿蜒曲折的林荫小道分布其间。早年实验堆的银色穹顶和高大的临时性建筑已经不复存在。这是一个由联邦资金支持的科研实验室，早年间从事非军事用途的核研究。如今，尽管仍然从事核方面的研究开发，但它已经成为一个涵盖基础科学、计算科学、基础材料等学科的成熟的实验室，并且长期以来从事与能源相关的研究工作。

---

① 1 英里=1.609 344 千米。

图 1-1　位于芝加哥西南郊的阿贡国家实验室主厂址

和平利用核能是在 20 世纪 40 年代中期从这里起步的。实验室直接承载了那段历史，那时候实验室的人来自芝加哥大学那个功勋卓著的团队，他们在伟大的意大利科学家恩利克·费米（Enrico Fermi）的领导下建成了世界上第一个核反应堆。美丽的芝加哥大学校园里有一个叫斯塔格的操场（Stagg Field），它的西看台下有一个壁球场，他们就是在这里组装起了该反应堆（如图 1-2 所示）。

图 1-2　芝加哥 1 号堆原址，芝加哥大学斯塔格操场西看台

芝加哥 1 号堆（CP-1）于 1942 年 12 月 2 日首次达到临界并开始运行（之所以叫做“堆”是因为它是由包裹在石墨体中的铀块堆砌而成，堆得足够高时就能达到临界。这个字一直使用了很多年，但现在已经不这么叫了），见图 1-3 和图 1-4（译者：如今英语中已见不到“pile”的叫法而是将反应堆称作“reactor”，直译过来应叫反应器，而中国大陆目前仍延用以前的叫法，即“反应堆”）。那时候各种类型各种用途的反应堆等着开工建设，而芝加哥大学座落在该城市南部人口稠密的地方，虽然最初考虑了一个很远的地方作为 CP-1 的厂址，但由于在战争年代，科学家们在厂址还未准备好之前就已经迫不及待了，因此，只能在芝加哥南部市区的一个壁球场来建设世界上第一个核反应堆。

图 1-3　世界上第一个反应堆“芝加哥 1 号堆”

图 1-4　芝加哥 1 号堆剖面图（可看到一块块的石墨体）

之后的反应堆就建在了很远的地方，位于芝加哥东南方向，是一个远离市区的名叫“阿贡”的森林。作为库克郡的一个森林保护区，阿贡的名称来自于一战后期的几次战役。当时在法国的一个森林里美国军队首次成规模地投入战斗，便把这片森林称为阿贡。被选作建设一批新反应堆的厂址，称作“Site A”（A 厂址）。然而，最终这个地方并没有像预期的那样在战后成为新的阿贡实验室的所在地（见图 1-5）。由于这个森林保护区仅在战争期间和之后的六个月里拥有使用权，所以阿贡实验室最终建在了这个森林保护区之外几英里远的地方。然而，阿贡的名字却保留了下来，并于 1946 年 7 月 1 日伴随着实验室的成立正式命名，从此第一个探究原子科学之迷的伟大实验室诞生了。

不久之前阿贡还曾拥有一个分实验室，地处爱达荷州的荒漠中，位于小城市爱达荷瀑布（Idaho Falls）以西 30 英里（见图 1-6）。阿贡的这一分实验室属于“国家反应堆试验站”（National Reactor Testing Station，NRTS）的一小部分。这个地处荒漠中的试验站方圆几十英里，造价很高。它于 1949 年成立，旨在为第一批实验堆提供厂址。阿贡就计划在此建造这些反应堆并开展实验。最终 50 余个实验堆建成于此，当时阿贡还曾计划在此建设更多的实验堆，而其他一些承包商也拥有庞大的计划。在阿贡的两个厂址，即伊利诺斯州的主厂址和爱达荷州的分厂址，世界反应堆发展史相当大的篇幅在这里书写。因为在那些岁月里，即 40 年代末和 50 年代初，阿贡实验室被当作是国家民用核能发展的主角。美国早年的核反堆研发工作基本上都是在这里开展的。

图 1-5　1943—1946 年的阿贡 A 厂址

图 1-6　阿贡位于爱达荷州的西厂址（现在被并入了爱达荷实验室）

1.3　国家核能发展历程

核能潜在的重要性很早就被认识到，只要允许，核可以发出任意多的电。从燃料供应的角度来讲确实不会存在极限，这是一件非常难以置信的事。20 世纪 40 年代末和 50 年代初，很多国家都开展了核能研究计划。一方面，这反映了各国已意识到核能是一种无穷无尽的能源；另一方面，这是各国争取“能源独立”的表现。另外，也因为核能就是那个时代的新能源，是一项激动人心的技术，各国都不愿落在后面。甚至可以说，能成为核能发展的一员在当时被认为是一种时兴的事。

美国自身在二战期间就开展了大规模的核研究，之后便启动了一系列的民用核能研发项目。可以说，在核的每一个领域美国都是领导者。现在来看，已经很难相信在早年的核能研发中美国有多么领先。除了极少数个例以外，其他国家都只是步美国后尘，它们的项目从一开始或者开始后不久便跟随美国的脚步来开展。美国的技术领先，范围广，发展快。

实际上早期核能研究的目的是为了防核扩散，这一说法现在看来会被认为有点虚假而招致非议。不过不要紧，从 20 世纪 60 年代末 70 年代初直到现在，我们已经习惯了无休止的反核声音。要知道，20 世纪五六十年代刚兴起的时候核能根本就不是必须的。没有任何一个国家需要核能来应对能源之需。那时候人口在缩减，人均能耗在降低，化石能源既充足也不贵，而且从公众来看煤炭对当地环境的污染也不算高。最初研究核能是为了探索一种可能性，主要是为遥远的未来才会出现的能源短缺寻求一种出路。但是很快核能得到了美国国家政策的支持而迎来了大发展，此间考虑的不是能源的短缺而是完全不同的另外一种威胁。

早期急于发展民用核能原因，是现在大家都熟知的：为迫在眉睫的核武器扩散问题寻求解决途径。这是艾森豪威尔就任总统时关注的一个主要问题。他决心要下大力气削减这一必将危及全世界的公害——核武器数量不断增长，并将遍布各个开展核研究项目的国家。而采取的措施就是要加快转向现实可行的民用核能。

为了实现这一点，美国提出一种国家间的交易。民用核能，也就是经过验证的核能，将成为这一交易的筹码。当时有发展核武器能力的国家不断增加，截至 50 年代中期估计就会达到十余个之多。艾森豪威尔本想联合国内两党与苏联达成限制核武器的协议，但被苏联断然拒绝，使得他最理想的途径受阻，可以选择的余地不多了。在这种情况下，艾森豪威尔主导了一次具有里程碑意义的演讲。他在演讲中向联合国提出了“和平利用原子能”（Atoms for Peace）协议的框架[5]。它提出这样一种交易：美国拿出其核方面的知识、技术，乃至用于民用核能的核燃料作为交换，接收这些条件的国家要主动终止本国的核武器研制。美国曾一直在核的各个领域占据主导地位，而这一新政策将依赖于美国保持其主导地位的能力。美国从技术上和经济性上对民用核能可行性进行的验证将使这一交易变得有吸引力。

最终这一交易被接受了。在这些提议之后催生出了国际防核扩散架构，促成了国际原子能机构（International Atomic Energy Agency，IAEA）的成立，并将其定位于各项活动的监督者。自建立之初的 50 余年来，除了少数情况以外，这个架构运转良好。在 1955 年和 1958 年于日内瓦举行的两次大规模的核会议上，美国公布了数量巨大的一直保密的核信息，为全球核能项目提供了资料支持（见图 1-7）[6-7]。从此以后，对美国来讲民用核能就不再是一种新能源的需求，而是履行外交政策的筹码。

图 1-7　在 1958 年举行的第二次日内瓦会议上阿贡展出的实验沸水堆模型

最有前景的反应堆发展路线要经过相当长的时间才能确定下来。20 世纪 50 年代，当其他国家专注于发展一种或两种堆型的时候，美国开展了一项很广泛的研究，目的在于找到未来最好的反应堆技术。当时对各种燃料、冷却剂、慢化剂的组合进行了尝试，此外在那几年的“示范动力堆”项目中还建造了四种完全不同类型的反应堆。所有这些都是“热堆”，也就是中子被“慢化剂”慢化下来，进而引发基本的核反应（速度慢的中子才容易被铀原子捕获并引发裂变反应，最慢的就处于“热”能区。慢化剂是一些轻元素，像水中的氢、石墨形式的碳，它们的原子像台球的碰撞一样使中子慢下来。合理排列的慢化剂和燃料能够将中子恰好慢化到热能区，在这个能区裂变的效果最好）。“快堆”或者“快增殖堆”（在本书中简称“增殖堆”），是与热堆不同的反应堆。快堆要保持中子的能量尽量高，因为只有快中子才能有效地引起增殖，而热堆无论怎么设计都做不到。

起初发展热堆是因为它们比较简单，易于实现，不需要很高的富集度（天然铀也可以用，但需要用水中的氘同位素或者纯度足够高的石墨做慢化剂），建造起来也简单。所有这些为早期经济上获得成功提供了保证。在众多的选择当中，美国选择了轻水堆（LWR），一种以二氧化铀为燃料、用普通水来慢化和冷却的反应堆，它又包含两种：一种是压水堆（PWR），并被用作潜艇核动力，西屋公司等将其商业化推广；另一种是沸水堆（BWR），GE 公司将其商业化推广。前者靠高压来阻止堆内水的沸腾，后者则让冷却剂在堆内沸腾，但两者共同的一点都是在很高的压力下运行，这样水才能达到几百摄氏度的温度来保证高效的蒸汽循环。两者在之后的几十年间都大规模的建设，而且这两种反应堆连同加拿大开发的用 D_2O 慢化的重水堆成为了全世界的主流堆型。

研发的成功带来了一段时期的高速建设。技术上的可行性几乎从一开始就做到了，而经济上的可行性，也就是能与当时低廉的化石燃料竞争，却并不那么容易做到。这一问题从 20 世纪 50 年代后期开始就成为了研发工作的重中之重。到了 60 年代末，终于成功地解决了这一问题。从此，核电不仅技术上可行而且还很经济，它的经济性致使很多商用电站供应商开始为用户提供“交钥匙工程”（双方谈定价格，供应商把一个完全建好的核电厂交给用户，“交给钥匙就能把反应堆启动”），订单和建设开始暴涨，在 60 年代末到 1974 年的这些年里，整个美国建造了 100 多个大型的核电厂。后来订单开始减少并停止，1974 年之后就再没有建造新的核电厂了。

有组织的反核势力起来了，起初是环保人士，后来就有了核扩散方面的攻击言论。60 年代最后一两年攻击言论兴起并且影响不断扩大，到了 70 年代中期反核势力找到了他们的实施途径。他们的策略是迫使核电建设的成本增高，如果可能的话使核电不再具有经济性。为了达到这一目的，他们攻击任何可以找到的问题，从而使司法程序介入建设的决策，用一切可能的方式阻挠建设进程。通过这种做法，他们使建设严重拖期。成功拖延了核电建设的同时，建设投资贷款利息不断增长，最终使得他们将当初的预言变成了现实：核电建设成本高昂。法律体系的各个条款能被利用的他们都利用了。几十亿美元投资的电厂一个又一个地被拖延建设，还贷利息随之攀升，一月又一月一年又一年，法律上的挑战接踵而至，但凡涉及到需要环境许可时，拖期就必然出现。反核人士高兴了，他们摧毁了一个产业，他们的策略大获成功。有的人会问，他们到底是为了什么？这样做阻止了美国稳步有序的核能研发和建设，实际上这也激起了其他国家相似的破坏性的运动。这样一来，全世界都回归化石能源，在那之后的几年数以百计甚至千计的化石燃料电厂开工建设并投入运行。

对民用核能的反对，尤其是涉及核扩散的问题，在 70 年代开始突出，因为那段时期反核活动效果显著。70 年代初，一些文章开始出现在《外交事务》（Foreign Affairs）这样的学术期刊上，它们对当时的国际防核扩散体系大肆抨击[8]。该体系的架构来自于 15～20 年前艾森豪威尔政府的倡议，由新成立的国际原子能机构（IAEA）来运作。IAEA 位于维也纳，由各个发展核能国家的代表组成，并行使监督权。它有着严密的组织架构，也相当好地行使了它预期的职能，因为很多国家放弃了发展核武器的计划。但是也有例外，因为各国配合 IAEA 的行动完全是自愿行为。

像那些有组织的环保人士一样，防核扩散团体在政治上也很活跃，而且往往占据着相当有政治影响力的位置。1977 年卡特政府上任时，他们中的很多人是其中一员。他们的立场是，IAEA 体系不够完整，无论是民用还是其它，只要核能存在就意味着威胁，这是不可接受的，美国应当在制约核能发展方面做出表率。他们的立场也代表了新任政府的立场。乏燃料的后处理被禁止了，增殖方面的研究严重受挫，而且现有核电厂功率提升也被叫停了（“增殖”堆是一种特殊设计的反应堆，它不会耗尽易裂变燃料，相反它将本来没有用的“可裂变”的铀转化为易裂变的钚，从而在运行的同时增殖出新的燃料来）。在之后的十余年间，这些举措使美国核能发展失去了活力，这让他们如愿以偿。在美国严重挫败的项目，除了危及了美国本来稳固的领先地位，对其他国家却没什么影响。除了一两个特例之外，这些举措没有影响到其他国家的后处理，而后处理是新任美国政府防核扩散政策的重点。与此同时其他国家的核能项目节节胜利，并没有受到什么影响。受到打击的其实只有美国。由于美国岌岌可危的领导地位，这些举措对同盟国的民用核项目亦有所损害，但远不止对美国自身的损害那么大。

1980 年以后，仍有一些较大的核电项目在美国投产。尽管新的订单从 1974 年起就终止了，但已有的订单仍使十余座新的核电厂在 20 世纪 70 年代末和 80 年代投入运行，而且在 90 年代和本世纪前十年这些电厂的运行效率一直在不断提高。时至今日，这一百个左右的核电厂提供了全美国 1/5 的电力。但也要清楚地认识到，目前来看核能依然只是一种备选能源，因为仍有足够的石油供交通运输，足够的煤炭供应电力生产，足够的天然气发电温暖千家万户。核电不是一种必需品，当然粗略地审视现今的化石燃料储量就能知道这一说法也正在变得不那么正确。我们有必要先大体上了解一下目前化石燃料的情况，因为这是讨论一切与核能相关问题的基础，我们将在第四章探讨当前的现实情况。

1.4　开篇：阿贡的早期历史及其反应堆研发

当阿贡于 1984 年开始研究一体化快堆时，大家都知道这必将引发众多争议。有组织的反核势力把控了媒体的主流声音，大部分民众也相信核能不仅危险而且没有必要。我们既要克服技术上的障碍，又要克服政治上的障碍，最重要的是不能对实验室有所损害，这需要调动一切资源并放弃一些利益。但从某种意义上讲，阿贡已经习惯这样了。实验室从建立之初就一直处于这样那样的利益纠葛之中。无论以什么样的方式，阿贡早年的历史一直在争取自由，自由地追求实验室认定的有前景的研究方向，自由地让科研人员去创新，自由地去做自己想做的事情。有时实验室能赢得这一点，有时候要败下阵来。但阿贡一直积极主动地去创造，阿贡一直在努力。这期间诞生了很多令人兴奋的成果。我们将追溯一些阿贡早年的历史，因为那段历史形成了这所实验室的态度和做事的方式，并一直延续下来。

阿贡实验室在争议中诞生。在描述这段早期历史及后续的一些历史过程中，我们有幸得到了 Jack Holl 于 1994 年出版的一本书，它详细透彻地描绘了当时的阿贡实验室，我们通过此书来描述那些年的历史事件。当实验室于 1946 年 7 月 1 日成立时，新上任的实验室主任面对的是一个十分棘手的摊子，与国家及当地政治家打交道、学术上与中西部高校之间争论、政府间内部的争执、职工的具体困难，更重要的还有技术上需要解决的一大堆问题，所有这些问都题纠结在一起。新实验室的厂址被定在阿贡森林的外面，远离人口中心，但又要交通便利以方便上下班和紧急疏散。经过激烈的争论，经受了二百余个土地所有者的抗议，并经过了必要的政治评估，新实验室的 3 667 英亩土地终于是凑够了。实验室需要一个能力强、水平高的主任，Walter Zinn 正是这样一个人，Zinn 是一个非常值得信赖的人[9]。

Zinn 是加拿大移民，1938 年入了美国籍。他 1942 年随 Enrico Fermi 从哥伦比亚来到了芝加哥大学。他和 Herb Anderson，费米的另外一个学生，参与了在芝加哥大学西看台下的壁球场建造实验堆的过程，那是一个真正的反应堆，通过它得到了一些重要的反应堆特性参数，尤其是 CP-1 具有的那些特性。后来他作为费米的副手指挥建造下一个反应堆，也就是位于 A 厂址的 CP-3（CP-2 就是在 A 厂址重新组装起来的 CP-1）。Alvin Weinberg，橡树岭国家实验室的主任，曾说 Zinn 有点像费米，都是那么聪明、那么坚强，他还说，“Zinn 是当时兴起的所有国家实验室主任的楷模：他对承运单位（芝加哥大学）和投资单位（原子能委员会-AEC）的期望领会得很好，但同时在必要的时候又能游离于两者之外[10]”。Zinn 具有科学家的素质，又有项目管理的能力，他的努力造就了阿贡实验室。

原子能委员会一直把 Zinn 当成是反应堆领域的首席专家，并认为阿贡开展的工作是最有潜力的，此外他们还认定这些工作在历史上是首次。1947 年“Zinn 的增殖堆”获得建造许可，不仅如此原子能委员会还决定将所有的反应堆研发全部集中在阿贡，当时并没有征求 Zinn 的意见。Zinn 当时认为，实验室越倾向于反应堆相关的工作，原子能委员会就会越多地将基础研究交给高校来做，这一点显然让他很不高兴。对于阿贡接管所有反应堆研发工作 Zinn 是接受的，但他提出一个条件，要求阿贡的基础研究必须因此而获得支持。Alvin Weinberg 支持 Zinn 的观点。1948 年夏他们二人决定分担高通量反应堆的设计任务。这个反应堆由 Eugene Wigner 构思并指导设计，连同其他两个反应堆被刚成立的原子能委员会选中，要立马开工建设。它就是后来位于爱达荷厂址的材料试验堆（Materials Test Reactor），自此以后的几十余年，利用该堆开展了大量涉及多种材料的辐照效应研究工作。随着这些工作的推进，1948 年出现了一个不太有利的安排，即中西部的一些高校被纳入了管理董事会。

这种集中化意味着核潜艇压水堆的工作要从橡树岭实验室转交给阿贡。1946 年春，Hyman Rickover 和一些军官来到了橡树岭实验室进行核物理和工程方面的学习。一年左右的时间他们就找到了开展工作的思路，Rickover 说服了 Harold Etherington 将他的压水堆技术用在了核潜艇动力上。而这个潜艇热堆（Submarine

Thermal Reactor，STR）其实就是一个高通量的压水堆。鉴于 Etherington 和他的部门都转移到了阿贡，阿贡希望全权负责这个反应堆。Rickover 极力反对，声称这是“他的反应堆”，Zinn 不应该拥有这个堆，一个堆不能有两个主人。Zinn 毫不让步，Rickover 还没到能跟他叫板的程度，所以最后 Zinn 赢了。而这件事情留下的隐患在后来的几十年里一直存在。

与此同时，尽管与中西部高校之间的合作是实验室工作的重要内容，而且当时已有十余个高校与阿贡建立了关系，但两者之间的联络变得越来越困难。与苏联的关系日益紧张，这对涉核实验室的安全问题提出了更高的要求。阿贡的反应堆工作很多，占了整整一半的预算。实验室的基础科学部门以及由中西部高校组成的董事会都感觉到基础科学正让位于反应堆研发。当时，原子能委员会已经在华盛顿成立了一个反应堆研究部，并要求在他们与 Walter Zinn 之间不能有任何地区性的董事会存在。由于没有了任何实际的管理任务，该董事会最终宣布解散。它并没有给各高校与实验室之间的关系带来任何帮助。

Zinn 的增殖堆计划需要一个比伊利诺斯州的新厂址更远的厂址，1949 年新的爱达荷厂址选定了。原子能委员会在爱达荷新成立了一个基地办公室并想让它来运作这个工程项目。Zinn 坚决不同意。在他的反对下，双方达成了妥协，其结果之一是根据他的意愿选定了一家伊利诺斯州的建筑工程公司，并由该公司直接与阿贡配合开展实际工作。

直到 1950 年阿贡的第一批永久性建筑才完工。之后，各个反应堆相继达到临界，EBR-Ⅰ（按前面的排法就是 CP-4）于 1951 年 12 月临界，位于爱达荷的材料试验堆于 1952 年 5 月临界，原型潜艇堆（STR Mark-1）于 1953 年 3 月 30 日临界。然后阿贡开始在伊利诺斯州厂址建设 CP-5 反应堆。作为 CP-3 的继续，这是一个 5 MW 的研究堆，主要用于基础科学研究，它一直运行到 1979 年。这是一个重水慢化的反应堆，跟正在筹建的杜邦（DuPont）反应堆比较接近。杜邦位于佐治亚州萨凡纳河（Savannah River）沿岸，那里将建设几个生产氚的反应堆。由于两者接近，阿贡接受了来自杜邦的一些专业人员来实验室培训，自此两家建立起了很好的关系。经过一番交涉，1955 年 5 月实验沸水堆（Experimental Boiling Water reactor，EBWR）开始建设，同样位于伊利诺斯州的厂址，两年后即投入运行（GE 公司在后来的十余年时间里将该堆推向了商用）。由于跟中西部高校之前存在争论——这次是关于大型加速器的厂址选择问题——再加上其他一些矛盾的激化，Zinn 最终于 1955 年卸任。一段时间之后，他于 1956 年离开了实验室的领导岗位，并成立了自己的公司，叫通用核工程公司（General Nuclear Engineering Company，GNEC）（后来该公司并入 Combustion Engineering Company，由 Zinn 担任该公司处于上升期的核部门的领导），随他一起离开的还有实验室其他几位核心人员。

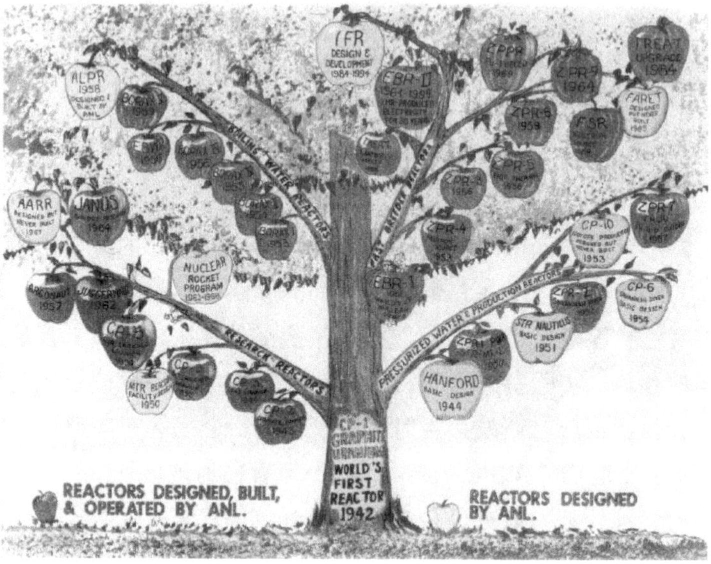

图 1-8 阿贡建成的反应堆

Zinn 在美国的反应堆发展历程中曾处于领导地位。在从一二十个核动力堆型中做选择的过程中，他的观点起到了决定性的作用。之后的发展脉络也是由 Zinn 提出的，要有两条完全不同的路线。两种最终都被全世界所接受，一条是压水堆和沸水堆，另一条是快中子增殖堆。另外，Zinn 是促成在爱达荷建立 NRTS（国家反应堆试验站）的主要人物，他在美国核学会（ANS）的建立过程中发挥了重要作用，并担任了第一任会长。

Zinn 阿贡任主任的十年间，一直为建立一个符合自己预期的实验室而奋斗，期间快速发展了满足当时的最有前景反应堆各种需求。他的副手 Norm Hilberry 接任了主任一职并继承了 Zinn 的各项政策。

前进的过程中，实验室一直坚守着它的原则，对此 Hilberry 是这样描述的[9]：

“一流的研究设计实验室应当间接地去领导它的职工。领导者只能去引导，而不能命令。外界的因素，比如教育、培训、拓展，是无法改变天赋的。管理者对有创造力的科学家要有足够的尊重，要做到这一点，管理者要超脱级别的概念。进一步来讲，管理者必须为有创造力的科学家提供方便，以应对官僚体制中杂七杂八的事务。要为职工提供安全保障和财务上的自由，要让他们自由地去思考，免于任何的强迫、分心、恐惧，这样职工才能完全站在科学的角度上去判断和规划。创造力得到认可是大家首要的追求。重要的是人，而非任何设施。”

阿贡的管理者就是靠这些政策把这所实验室打造成了所期望的样子。尽管争论和矛盾从未停止，但是当我 1963 年来到这里的时候，发现实验室对人员的管理政策就是 Hilberry 所描述的那样。第 3 章将讲述我在阿贡的早年时光，那时读者会更清楚的理解这一点。值得一提的是，正是在这样的条件下实验室的反应堆技术得到了飞速发展。后来这些管理政策经受了考验，而且从 1965 年开始的十年间这些考验尤其严峻。稍后我们会讲这些故事，现在我们先来了解一下阿贡的快中子增殖堆研究计划。

1.5　阿贡的快中子增殖堆技术：初期，1946—1964 年

首先要说的是，一体化快堆来自辉煌的过去。它基于阿贡最早期的那些创意、概念、发现、研究、技术方法等。阿贡的第一个反应堆几乎是实验室第一任主任的个人作品，快中子增殖堆也是这样。实验增殖堆 1 号（EBR-1）将引领世界实现增殖技术的商用化，而且能够在核能开发的早期实现。但这条路却在 60 年代中期突然中止，一切尚未完成，从此这一技术再也无人问津，退出了历史舞台。当然，这一技术在参与者的脑子里保留了下来，而且如果你知道如何去找的话还能从早期的论文以及会议文集里找到。

对这一技术最完好的保存实际上是 EBR-Ⅱ堆。1954 年 5 月，Zinn 提出要建造一个新的反应堆，即实验增殖堆 2 号（EBR-Ⅱ）。这是能够对全尺寸和所有功能进行试验的反应堆。EBR-Ⅱ后来成为了阿贡的金牌产品。它虽然小但却是一个完整的快堆核电站。它虽然基于 EBR-Ⅰ的经验，但它有多处创新点代表了快堆未来的发展方向。但可惜的是这一发展路线并没有延续下去，快堆的研发在 20 世纪 60 年代末急转直下。快堆技术的研发转变之大任何人都始料未及。阿贡早年的发展路线也宣告终结。而那时，EBR-Ⅱ刚刚运行了几年。

它退出了发展的主线，美国正准备开发一种全然不同的快堆堆型，阿贡的技术已经是过去时了。那些文献、会议、支撑发展路线的所有基础的东西都将在记忆中慢慢消逝。新的一代人来到了阿贡，但他们与过去的那些历史是脱节的。直到 80 年代的时候，如果你去找的话还能找到一些相关的痕迹——这儿一篇文献，那儿一篇摘引，都是些遗迹了，只会偶尔出现在眼前，像一个文明消逝以后残存的碎片，有一半埋在土里，无人问津，逐渐被淡忘。

但是在阿贡的内部，这种反应堆发展的完整脉络还继续存在。虽然作为一种发展路线，它被终止了，但曾经参与过这项工作的人还有清晰的记忆，他们中的很多人也一直留在实验室。然而，他们已经不能再从事该技术相关的工作了，因为新的工作已经把他们压得透不过气来。他们也曾努力抗争过，但失败了，只能继续前进。

20 世纪 60 年代中期到底发生了什么？有讽刺意味的是，首先发生的是美国增殖堆发展计划得到了高度重视，以发展其商用堆系统。但美国的这一计划脱离了阿贡的发展路线，采用了完全不同的燃料和堆芯布置，这一改变将带来深远的影响。

原子能委员会成立了一个新的组织来领导增殖项目，对于如何发展增殖堆将进行大的改动。原子能委员会在华盛顿成立的这一机构将指导每一项研发工作。更重要的是，对增殖堆研究的主力阿贡来讲，这一新计划的大部分工作将在阿贡以外的地方开展。阿贡只分担反应堆物理、反应堆安全（并不属阿贡的专业范围）、机械部件研发等方面的工作，以及 EBR-Ⅱ的运行。

在技术开发的前期，工作进展得很迅速，人们根本没有时间也没意愿回顾过去。技术开发的规律就是如此，大家都在向前看。作为科学家人人都想获得新发现，都想为新知识做出重要贡献，都想成名，没有人愿意往后看，过去的研究都已被掩盖。他们的工作本是一条新的发展线路，但 20 年后也就是 80 年代中期当一体化快堆在阿贡逐渐兴起的时候发现这些工作并没有多大意义。早年的研究并没有被阿贡严格地加以保密，一有机会就会完全涌现。它只是被埋在那里，被人淡忘了而已。

那些早年的研究来自于很好的设想，也做得相当出色。虽然不是处处行得通，工作也没全部做完，但那时候的研究比起后来取代它的研究在技术上更行得通。

Walter Zinn 自己曾列出了一个增殖堆的基本材料选择和一个大致的设计。作为遗迹碎片，几十年之后发现了一篇阿贡未发表过的文章。我记得当时阿贡中央图书馆在清理文档时，发现了一篇被遗忘的 Walter Zinn 的文章，文中看得出作者写作过程中一直在梳理思路，带有试探性，就像在探索未知的水域，语法上带有瑕疵，很明显写得很快并且用的都是简单的词汇。但不要小看它，这些东西就是 EBR-Ⅰ设计的基础。

时间回到 1946 年，阿贡刚成立的时候。那时铀被认为是一种稀有资源，而铀中的易裂变核素就更少了（只占天然铀的 0.71%），容不得滥用，很可能储量有限。如果核能要成为一种可观的能源，必须开发出一种反应堆来“增殖”它自身装载的燃料。用特定材料建成的反应堆能够使快中子维持其速度，虽然当时对其中的物理规律只有大概的推测，但可以推断增殖应该是可以实现的。当时战争年代的研究已经证明，钚可以增殖出来，或者说制造出来，它由铀里面占 99.3%的部分转化而来，而这 99.3%的铀原本是一种无用的东西，不能用来做燃料。而钚却是一种非常好的反应堆燃料。

“Zinn 的增殖堆”是原子能委员会认定的三个优先发展概念堆中的一个。在 1946 年的文章中，他选择钠作为冷却剂（EBR-Ⅰ最终选择的是钠钾合金，室温下即为液态），选择金属铀做燃料，他还估算了一下增殖能力，并对这种反应堆应该是什么样子给出了一种设计。在 Zinn 的指导下并参考了费米的建议，阿贡开始在爱达荷荒漠新厂址建造这座反应堆。这座实验增殖堆 1 号（EBR-Ⅰ）于 1951 年 12 月开始运行。它是一座试验性质的反应堆。它实现了建造目的：增殖。它还有另一项成就，世界上首次实现了用核发电。它还实现了很多其他功能，都是世界首次（见图 1-9 和图 1-10）！

图 1-9 实验增殖堆 1 号，1966 年被评为国家历史名胜

图 1-10 EBR-1 实现了首次用核发电，并为反应堆控制系统、厂房以及机械车间供电

1955 年进行了一次实验，是该堆计划中最后几次实验中的一次。实验中人为地关掉冷却剂流量，并让反应堆的反应性急剧增大，从而使功率迅速提升。这样会使温度很快升高，由此可以测量出温度效应带来的反应性变化。虽然事前知道这将是一个有风险的实验，但比起能从中得到的知识还是很值得的。不幸的是，一位操作员出现了失误，使得功率升高太多，橄榄球大小的堆芯有一部分发生了熔化。控制室中测量到了放射性。然而，并没有发生爆炸，堆芯以外的损伤很有限，也没有人员受伤。之后对这座反应堆进行了清理，1962 年，它成为了第一个以钚为燃料运行的反应堆。然而，它已经完成了自己的使命。那时候 EBR-Ⅱ开始运行，EBR-Ⅰ便于 1963 年 12 月正式关闭。1966 年约翰逊总统将它评选为国家历史名胜。现在可以去那儿浏览，EBR-Ⅰ对游客相当有吸引力。如果你穿越爱达荷东部的话，比如在去黄石或太阳谷的路上，

那儿很值得一去。

EBR-Ⅰ由一帮年轻的工程师设计和建造，人数并不多——都是二三十岁的年纪——总数也就十余个。他们中的一些人在 EBR-Ⅱ的设计和建造中继续发挥了领导作用。但 EBR-Ⅱ可不只是大一号的增殖堆那么简单，它完全是一个革新性的设计，到它关闭时创造了辉煌的历史。它的关闭仅仅是因为政治原因，后面还会介绍。而且它同样也赢得了很多世界第一的称号。它是很多深刻思想的集中体现。EBR-Ⅰ的年轻工程师中有一位叫做 Len Koch，成为了 EBR-Ⅱ的项目主任。刚开始的时候 EBR-Ⅱ被称作“The Koch Machine”，由此可见 Koch 在这一项目中有多么重要。

EBR-Ⅱ功率是 EBR-Ⅰ的 60 多倍，但不同于 EBR-Ⅰ，它不再是一个试验堆。它是一个核电厂，一个完整的核电厂，电功率 20 MW，给厂区供电的同时还向合适的用户出售电量。最为重要的一点是，它能够在厂内对自己的乏燃料进行后处理，并制造出新的燃料。后处理即刻进行，并不等乏燃料冷却，带有高放射性的新燃料还很“热”就被送回了反应堆（见图 1-11）。

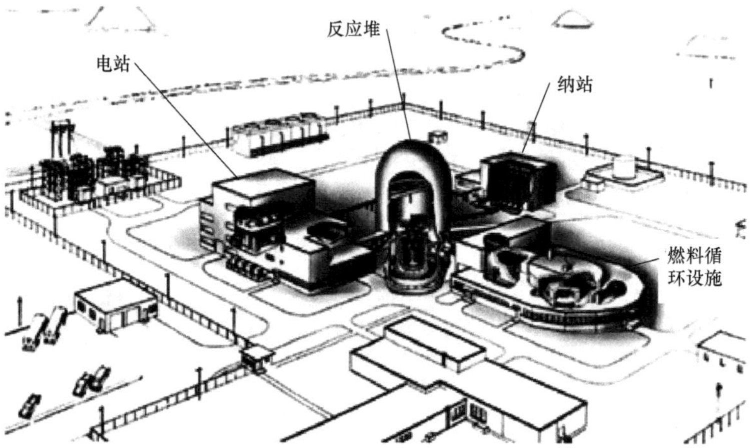

图 1-11　EBR-Ⅱ核电厂及其燃料循环设施透视图

另外很重要的一点是，EBR-Ⅱ被设计成“池式布置”。所有的放射性设备——包括堆芯本身，另外还有使冷却剂钠流过堆芯的管道、设备等，这样一来它们里面的钠也具有放射性——都浸没在一个钠池里面（见图 1-12）。环境大气压下温度不需太高钠即为液态（熔点 97 ℃，与水的沸点相当。不像用水做慢化剂的反应堆，温度远高于反应堆运行温度时），不加压也能保持液态。这样对于主容器来讲就没有承压要求了，可以把它做成任意大小，压力容器也不需要很厚的壁，而对于水冷堆而言，在反应堆运行温度下必须有很厚的压力容器使水保持在液态。这一特性带来了很多的优势，最关键的一点是反应堆在整个寿期内放射性的钠都不会泄漏。我们将在下一章详细介绍这一点以及其它方面的优势。

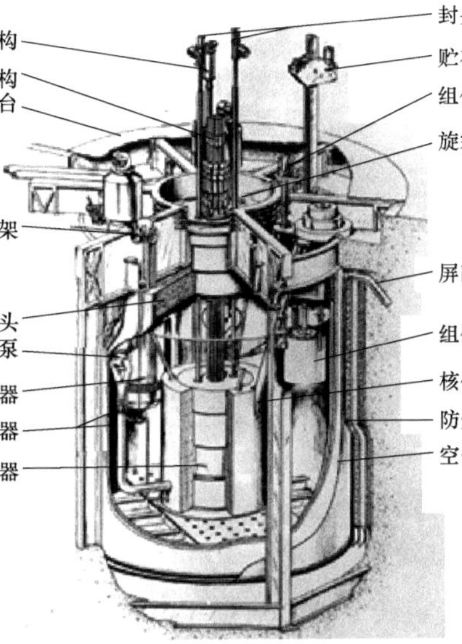

图 1-12　EBR-Ⅱ池式一回路剖面图

相对来讲不利的一点在于 EBR-Ⅱ所用的金属燃料不太令人满意，燃料在堆里面能承受的辐照时间过短。这种铀合金在辐照下会发生肿胀，如果在堆里放置几个月以上便能把不锈钢包壳挤破。其实，因为这个原因才设计了在线后处理设施。这样乏燃料燃耗浅，为在线后处理提供了方便。在堆里辐照一段时间后就要把它取出并熔解，熔解的过程本身也有净化作用。这个过程将释放裂变气体，部分裂变产物保留在熔解的熔盐中。对于后处理来讲这只是个粗浅的开始，但的确行得通。重要的是它所带来的启示——在线后处理是简单、可行、理想的选择。

尽管如此，要达到商用必须延长换料时间。这本来应该是 EBR-Ⅲ要实现的特征，但这个堆一直没有建起来。在 20 世纪 60 年代中期政局骤变的环境下，技术上发生的最大变化就是舍弃了金属燃料转而采用氧化物燃料。当 60 年代初金属燃料的燃耗问题突出的时候，通用电气（GE）倡导将快堆转向氧化物燃料。当时热堆正迈向商用化，在氧化物燃料方面积累了宝贵的经验，所以快堆转向氧化物燃料在当时看来也是理所当然的事情。众所周知，氧化物可以耐受更长时间的辐照，而且另一个重要的因素在于氧化物的熔点更高，对安全更有利。

氧化物燃料已经在非增殖原型堆里成功地得到验证，尤其是轻水堆（Light Water Reactor，LWR）。氧化物坚硬并且难以处理，是一种陶瓷体。比起当时 EBR-Ⅱ中的金属燃料，显然它能经受更长时间的辐照（英国在苏格兰唐瑞建造的原型快堆和美国在底特律爱迪生建造的 Fermi-1 原型快堆也都采用了金属燃料，并且也都存在燃料寿命太短的问题）。没等 EBR-Ⅲ得到切实充分的考虑，氧化物就被确定为今后燃料的不二选择。它将用于今后所有的反应堆，包括快堆、热中子轻水堆，以及加拿大的重水堆（CANDU）。

这里要顺便提一句，对一个最重要的设计参数做出仓促选择，即使看上去有很确定的依据，也必然会带来预料之外的影响，我们所说的燃料问题就是个很好的例子。氧化物燃料的燃耗高，这一点金属燃料无法比，但后来发现了一些问题—增殖、固有安全性、后处理等不利影响，而这些对快堆来说却相当重要。但既然已经决定采用氧化物燃料了，EBR-Ⅱ就成了其技术路线上的最后一个反应堆。

优先发展殖堆快增的战略始于 1962 年提交给总统的一份很有影响力的报告。后来原子能委员会打算用 EBR-Ⅱ、APDA 公司在底特律爱迪生建造的 Fermi-1、以及由 GE 公司在阿肯色州兴建的 SEFOR 反应堆来研究确定第一代快堆的燃料和材料、安全特性、运行参数等。阿贡获批将在爱达荷厂址建造一个快堆试验设施（Fast Reactor Test Facility，FARET），为反应堆部件的试验提供条件。

EBR-Ⅱ于 1964 年投入运行，一直到 20 世纪 80 年代中期一体化快堆研发启动时它还在运行。它后来的目的和使命已经与兴建之初完全不同了。它本应该是一种全新核电厂的试点工程，但是被“氧化物革命”给取代了。不仅是金属燃料，包括池式布置、在线后处理都被舍弃了。偏离了阿贡选择的方向，而新的方向是氧化物燃料、“回路式”布置（只有堆芯在反应堆容器内，冷却剂通过管道输送到堆容器外的热交换器），以及集中化的乏燃料后处理，也就是说后处理要在独立的、建在其他地方的工厂里进行，而不是在线后处理了。

这是研究方向的一次急转弯，富有戏剧性，除了有技术上的原因以外，还要归咎于原子能委员会人事上的非正常变动，以及国会态度的变化。这些变化对阿贡产生了深远影响，甚至触及了阿贡核心的部分。

在 Rickover 专心致志的领导下潜艇堆发展很快，相比之下国会两院联合组成的原子能委员会（AEC）领导们感觉增殖堆发展得太慢了。他们认为应该给予快堆专门的重点支持，希望马上能开工建设。1964 年底，由 Rickover 在华盛顿的同事 Milt Shaw 领导，前海军反应堆部门接管了原子能委员会的快堆研发工作。

Shaw 效仿 Rickover 在西平港（Shippingport）反应堆项目上的成功经验来发展增殖快堆[11]。西平港是一个 60 MW 电功率的原型堆，用于民用发电和航母。它是在政府领导下建成的，于 1957 年投运，一直运行了 25 年。把它的经验运用于增殖堆项目意味着要按工程建设来进行管理，而工程建设的技术往往是固化的。华盛顿的原子能委员会管理工作做得很细，这对于快堆研究来讲意味着组织架构和国家政策上的彻底转向。增殖堆基础设计一旦确定，整个工作就会固化下来，不会再进行探索性的研究。之后会进行验证，主要是对所选堆型的部件进行试验。政府领导的工作就是这样，阿贡对此心知肚明。

氧化物燃料和类似于潜艇反应堆冷却系统“回路式”的布置被选定为快堆的设计。当时还看不出这有什么不合理的地方。金属燃料潜在的优势还不确定，但它的劣势却是众所周知的，而且很严重。另一方面，氧化物燃料在钠冷反应堆中的劣势还没有被完全了解，即便有所了解也觉得并不重要。此外，池式布置在严重事故下有保护作用，这一潜在的优势根本无人关注。

由于当时美国的影响很大，一时间氧化物—回路式布置成了国际上快堆的方向。阿贡对快堆进行了 20 多年的研发，却没得到认可。现有的研究不足以立即做出决定，不能把所有鸡蛋放在同一个篮子里。

决定实施 Rickover 方案是一项重大的决策，所有的工作都由此展开。但决策者丝毫没有意识到 Rickover 的目标与当时增殖项目应有的目标是完全背离的，而这一点事关重大。对于潜艇动力来讲，一个技术成熟的压水堆是必须的，因为它只需提供动力、有较长寿命的燃料，另外就是国防方面需要它快马加鞭地投入使用。技术成熟对于在敌对环境中的潜艇来说至关重要，成本是次要的。而这些要求完全不适用于增殖堆。增殖堆项目需要做更多的研究以寻求最佳方案，应该像阿贡之前所做的那样去开展研究，遇到问题再去解决，而且最好能把这个国家唯一一个在经过验证的快堆上积累的经验、发展的技术利用起来，这也是到目前为止这个国家最完备的快堆研发能力。而这就在阿贡。虽然没有明说，但采用 Rickover 的思路也就意味着增殖堆要采用什么技术是既定的，剩下的就只是严格地按照他的思路把它建好就行了。对于增殖堆而言，有些急于求成了。项目大面积铺开后耗资巨大，即便现在看来建造快堆也花不了那么多钱。之前一直急于求成的呼声已经没有了，取而代之的是项目严重的拖期。而这些明摆着的问题好像一直以来都没有得到解决。

EBR-Ⅱ一直在运行—运行—运行。由于只关注基于氧化物的快堆技术，原子能委员会总部增殖项目办公室的年轻人并不在意 EBR-Ⅱ逐渐展现出的明显优势。在早年的整改之后，它一直稳定运行，但它指明的发展方向完全不符合当时既定的快堆发展路线。它高效的运行纪录并没有得到宣传。实际上，它已经近乎成了一个国家秘密。一直到 20 世纪 80 年代 EBR-Ⅱ都在履行它既定的任务，作为一个高效运行的辐照设施，它就像一个患者，在它身上做很多试验，以验证其他反应堆的氧化物燃料，这是真的。这个反应堆的运行纪录出奇得好。

EBR-Ⅱ开启了对钠冷却剂技术有针对性的改进，从而更好地用于殖堆快增。原子能委员会选择氧化物-回路布置其实是直接移植了水作慢化剂和冷却剂的反应堆概念，很显然这意味着接受了氧化物燃料在钠冷却剂中的一切优点和缺点。

当压水堆开始商业化推广的同时，一个由政府支持的庞大的快堆研发项目开始了，并涉及到非常多的组织。其中最大的一笔投资拨给了汉福德研究中心，当时该研究中心正大踏步迈进增殖堆研究行列。快中子通量试验装置（Fast Flux Test Facility，FFTF）就建在那里，它与阿贡增殖堆的设计毫不相干。之所以开发增殖堆是因为铀资源预计将会短缺。现在，大量新铀矿的发现改变了这一预测，但增殖依旧是追求的目标，只是技术的研发将不再由阿贡主导。

1.6 阿贡“Shaw 时期”的反应堆研发：1965—1973 年

Milt Shaw 和他在华盛顿原子能委员会的“反应堆开发与技术部（Reactor Development and Technoloby Division，RDT）”带来的变化经过了一段时间后对阿贡产生了影响。这些新人几乎没有任何快堆方面的经历，他们只能将潜艇轻水堆的经验运用于快增殖堆的方方面面：反应堆布置、材料选择、工作流程，以及如何指导这些工作等。在指导各个实验室参与快堆研发的过程中，不允许有任何背离“反应堆开发与技术部”路线的行为，那个时候标志性的词就是“遵从”（要遵从原子能委员会以及后来的能源部的指示），其他主要的词汇还包括“照章办事”，也就是沿着既定的路线缓慢地一步一步地前进。“质量保证（QA）”，即每个决策都伴有大量的文书档案，花费巨大的人力进行检验和再检验，对工作进行监督并且监督工作要让开展实际工作的工程师或科学家以外的人来做。“RDT 标准”，即必须建立并实施一套特定的规程和要求并严格遵守，为此不惜花费巨大精力。最终这些工作都开展起来了，但与此同时 20 余载的光阴也付之东流。

阿贡对此一直持反对意见。在 1965 年 4 月的美国电力大会上，Jack Holl[9]转述了时任阿贡主任 Albert Crewe 的一番话。他对当时 Rickover 在原子能委员会项目中的一些做法提出了很具体的批评意见。简单讲，他认为在潜艇、航天等项目上虽然健康与安全是至关重要的，为达到高标准的质量保证进行繁琐的程序和验证是合适的，相应地在这些项目中开发的反应堆高度重视健康与安全也是必须的，但是对质量保证如此高的要求对于科研工作本身却是欠妥的。这只会延缓研发进度，增加成本，以及导致稀缺资源的不合理使用。Crewe 说“如果主导 CP-1 研发的是 Rickover 而不是费米”，那么他“都不敢说美国能不能成功实现第一次核反应”。他还提到当前的反应堆技术依赖于实验手段和设计思路，工程建设要尽早开始，进展过程中遇到问题再去解决。对完美的过分追求，对偶发事件甚至假想事件的过分预防将会严重拖延增殖堆的研发进度，最终导致美国将花钱向欧洲购买增殖堆技术。时至今日，不好评判这些预言是对是错，美国当然没有去购买增殖堆，但是研发进展确实非常缓慢，以至于让时间和政治形势赶在了前面，增殖堆却未向世人展现。

Shaw 取缔了 FARET 项目，认为这个项目“太小”，阿贡“太没雄心壮志”了。该项目是用于试验快堆部件的，设计已经完成，2 500 万美元的造价也比较合理，工程即将开工。然而，取而代之的是建在 Hanford 的一个试验堆——“快中子试验设施”（FFTF），相比而言规模大了很多，造价也远超 FARET，该堆将用于燃料试验。阿贡新上的最主要的增殖堆研究项目就这样被剥夺了。在阿贡设立了液态金属增殖快堆

（LMFBR）“项目办公室”，它将直接向 Shaw 在华盛顿的部门汇报工作，这大大地削弱了阿贡在增殖堆研发方面的规划和管理权，除此之外外事权也没有了。Shaw 直截了当地告知阿贡，说实验室今后将仅仅是他办公室的“延伸”，不允许有独立的想法。按照 Rickover 的做法，他手下的人在阿贡成立了监管办公室，伊利诺斯州和爱达荷两个地方都有。实验室的芝加哥大学评审委员会一位成员曾对他提出抗议，要求重视研究的独立性，Shaw 完全置之不理，并指责说实验室不听他指挥，要求进一步的整改。

对于 EBR-Ⅱ，他不支持将其作为一个研究堆。因为 EBR-Ⅱ是按原型堆设计的，阿贡本打算借此开展很多实验，获取的信息仍服务于该堆本身，用于探究该堆型的特性、燃料循环、燃料制造、处理以及再循环。设备故障、工艺流程问题、燃料破损、以及反应性异常等及时得到了研究与整改。根本上来讲 EBR-Ⅱ不是商用电厂，阿贡虽将其功率运行的时间比例作为评价其性能的有效指标，但更主要的还是服务于该堆项目的研发需求。而 Shaw 压根儿就不这么认为。他要求 EBR-Ⅱ仅作为燃料辐照装置来运行，所以功率运行时间很重要。他认为功率运行时间之低证明了阿贡的水准还有所欠缺，因而要求在管理上进行整改。当时 EBR-Ⅱ日常运行中已处处都有反应堆开发与技术部的人员，任何涉及反应堆启动和运行的操作都要向 Shaw 的人员提出申请（曾有一个现场代表在他的办公室安装了一个仪表，足不出户就可以检视功率水平）。当时反应堆开发与技术部常用的一个词语叫“恶意的遵从”——每当阿贡在某些方面本来遵从了反应堆开发与技术部下达的指令但结果很不理想的时候，就会被扣上这个很官僚的大帽子。

给实验室系统和承包公司的研发任务规定了一个个人为制定的截止时间，对增殖堆规定了强制期限，就好像外界有强制进度要求似的，之后又反复重设期限。显然，各国家实验室中只有阿贡有快堆方面的知识和经验。但是 Shaw 明确表示他的目的在于建设一个很大的工业化、成建制的基地，从而大批量地建造快堆。为实现这一目的，要成立一个很大的、投资很高的项目用于验证反应堆的每个部分，这项工作不仅要在各个实验室做，还要让一些商业公司参与。一切工作都将在华盛顿 Shaw 的反应堆开发与技术部的指导下进行。但这却忽视了一个重要的事实：轻水堆研发与普及的过程已经证明，一旦商业公司确定某项技术即将普及并且有需求时，他们就会毫不犹豫的立即行动将其普及开来。而问题是 Shaw 选定的增殖堆技术是否正确尚未可知。对于那个阶段的增殖堆研发来讲，大型的工业基地并非非建不可。轻水堆上积累的经验表明，商业动机、采用基于实验的成熟技术、加上必要时由具备相关能力的实验室进行进一步的研发，这些才会促成产业基地的兴起。

转向氧化物燃料对于阿贡而言不成问题。当时在相关的几次内部会议上可以明显地看出，阿贡的技术领导认识到了氧化物的意义所在，并且完全承认对于快堆来讲应该会有它的用处。“值得尝试”是当时对此的态度，但即将来临的强制路线却是始料不及的。当时在我参加的一次会议上，当有人建议金属燃料应该继续作为基本的燃料选择时，很有经验的一位领导脸上露出了愉悦的表情。其实这个小事就代表了当时的形势和局面。当时看来氧化物已经成功地证明能够用作反应堆燃料，在钠冷系统里面值得一试，而且原子能委员会也想致力于此，他只能会心的一笑，然后继续参与氧化物的讨论。

但是手续、文件、检查等方面的工作，以及其他的官方规定越来越多地强加给了阿贡。当然，也不只是阿贡这样，参与增殖堆研发的其他实验室也面临同样的问题。但是阿贡是反应堆研发的领导者，它一直保持着高产出。EBR-Ⅰ、EBR-Ⅱ，以及在快堆各个主要领域的研究成绩一直以来都引领世界。对于这些耗时的事务阿贡感到很无奈。

除了 RDT 主导的氧化物-回路式技术以外，没有任何其他技术能够得到支持，无论它是来自阿贡还是来自于底特律爱迪生的 Fermi-1 反应堆这样的其他快堆项目。阿贡将仅致力于原子能委员会选定的发展路线。EBR-Ⅱ被允许继续运行，EBR-Ⅱ为延长燃耗而进行的燃料研究也允许继续，因为需要用 EBR-Ⅱ来考验氧化物燃料，而当时氧化物燃料还从来没有在快谱环境中进行过试验。鉴于此，如果更高燃耗的金属燃料成本不高的话，EBR-Ⅱ装载金属燃料能降低氧化物燃料试验的成本。

在同一时间，欧洲的快堆项目—英国（异乎寻常地积累了金属燃料方面的经验）、德国、法国都开始设计原型快堆，热功率在 1 000 MW 左右，电功率约 300 MW，之后不久日本也加入了这个行列。这些新的原型堆都跟美国一样采用了氧化物燃料，有两个选择了回路式布置，另两个选择池式。法国的凤凰堆是池式设计，它于 70 年代初投入运行，后来成为这些模型堆中最成功的一个。与 EBR-Ⅱ类似，凤凰堆也力求简化，建造成本低，一直运行到了 21 世纪（期间只有一两次较明显的问题导致停堆）。

与此同时，AEC 的另外一个决定对研究工作产生了深远的影响。他们决定今后美国将不再建设原型堆。考虑到之前曾声明要加快建设原型堆，所以这个决定看起来有些难以理解。而新的计划将致力于一个漫长的高投入的研究项目，将由它解决所有的问题后再考虑建设原型堆。这一计划将涉及很多的实验室和企业，但他们中没有任何一个要对增殖堆的开发负总责。他们认为实验室——一个仅专注于研究的实验室，并不能“把目光放在总体上”，也并不能集中力量于 AEC 确定的研究方向上。管理整个项目是 AEC 自己的事情，将由他们来组织协调，管理各个组织机构，使其集中力量于本项目上，并负责技术决策，以及决定怎么做、做什么。

与之前声称要加快建设相反，现在要从事于一个很慢的逐步推进的技术验证工作。取代阿贡 FARET 先进试验堆的是一个新的燃料试验堆，热功率 400 MW，没有发电功能，名称为“快通量试验设施”（Fast Flux Test Facility，FFTF），将在 Hanford 兴建。Hanford 在战争时期的核研究中有辉煌的历史，此外它的一大优势在于拥有两位议员：一个是 Warren Magnusen，在拨款委员会里很有影响力；另一个是 Henry Jackson，能源委员会的主席，并代表华盛顿州。先是缓慢的设计，之后是缓慢的建设，用了 10 年时间 FFTF 才投运。因此一直都没建成过能发电的增殖示范原型堆。相比而言，追求没那么高的阿贡实验发电堆只用了不到它一半的时间就建成了。而其中的两三个堆，甚至只用了两年多一点的时间就建成了。

最终，1968 年 6 月的时候事情到了一发不可收拾的地步。Shaw 指责阿贡“在液态金属增殖快堆项目里没有起到应有的技术领导作用”。于是对 EBR-Ⅱ的管理进行了整顿，后来再进一步整顿，这些整顿波及到阿贡在增殖研究里仅剩的一些项目。最终，1972 年 4 月 Rickover 海军反应堆项目里一位很靠得住的老人，名叫 Robert Laney，被任命为实验室副主任，负责管理阿贡的增殖项目。这大大缓解了阿贡的压力，但到那时候阿贡已经完全不是几年前的阿贡了。此外，Shaw 本人也遇到了麻烦。Dixy Lee Ray 博士，一位真正意义上的海洋生物学科学家，被任命为原子能委员会本部（委员会的 5 人组）的理事。1973 年 2 月 6 日，她当上了原子能委员会的主席。

很快 Ray 对于重拾实验室的信心以及增殖项目的现场管理给予了高度重视。在 Shaw 管理的时候 FFTF 建设花费巨大，比最初估计的高了十倍。洛斯阿拉莫斯著名的物理学家 Louis Rosen 注意到液态金属增殖快堆研究正“偏离控制范围”，因为按照 Shaw 的思路这个堆搞得更像一个生产项目，而不是一个科研项目。科研项目需要很多大胆的创造力和想象力。康奈尔著名的诺贝尔奖获得者汉斯-贝特（Hans Bethe）给出了更进一步的预测，他说当（不是“如果”）这个增殖项目失败的时候，芝加哥大学要与 AEC 共同承担责任，因为它没有坚持要求在材料、可靠性、安全性等方面开展基础研究，必须马上采取措施，而且越快越好[9]。

几个月内 Ray 就重建了组织机构，留给 Shaw 负责的只是他原来 RDT 组织的一部分。在这之前她已确保自己在委员会得到了大多数的支持，所以这一安排成了板上钉钉的事情。Shaw 清楚地知道局面无望，强烈地反对，而且要求对阿贡反应堆方面的人员有更多的直接领导。但在当时的能源危机下，连 AEC 本部都面临一个不可预知的未来，所以委员会忽略了他的反对。1973 年 6 月 8 日，Shaw 卸任了。6 月 14 日委员会开会的时候提了一下对 Shaw 的决定，然后就继续讨论别的事情了[9]。

1.7　FFTF 与 CRBR 时代

Shaw 的离任让整个阿贡实验室欢欣鼓舞。他在的这些年阿贡实验室反应堆研究能力大受损伤。他迫使一些很不错很有经验的人过早地离开了，而他们本来能在这里为国家做出很多贡献。这些人拥有几十年的宝贵经验，在增殖堆研究方面有很强的判断能力，无论是大工程还是小项目。很多出类拔萃的人完全了离开了实验室，从事了与快堆科研无关的工作。

阿贡在伊利诺斯保留下来三块与增殖相关的内容，分别是物理、安全、部件。与后处理和反应堆相关的化学、化工以及与冶金相关的材料研究已经不存在了。实验室的反应堆工程部已经没有任何能力组织有序的反应堆设计能力。在爱达荷，EBR-Ⅱ仍在运行，此外一个大型热室——可以进行远距离操作的“热元件检验设施”（HFEF）、一个反应堆物理堆芯模拟设施——“零功率反应堆”（Zero Power Physics Reactor，ZPPR）已建成并投入使用；一个用于严密监视事故的试验堆——“瞬态反应堆试验设施”（Transient Reactor Test Facility，TREAT）一直保持间歇式运行。但是阿贡已经没有增殖反应堆研发项目了。阿贡的优势全被用在了 FFTF 的技术支持上，当时 FFTF 正在建设中，之后又服务于“克林奇河增殖堆”（Clinch River Breeder Reactor，CRBR）——氧化物-回路式技术示范工程，由于时间原因一直没建成。

但此时氧化物-回路式快堆设计已经是强弩之末。AEC 和继承它的机构已经放弃建设一座示范电厂。350 MW 电功率的 CRBR 于 1976 得到批准，将于 1978 年在田纳西州开工建设。但新上任的卡特总统已于 1977 年宣布取消 CRBR，这是他奉行政策的一部分，目的在于减缓民用核能发展并终止主要的研发路线。当时巴威尔（Barnwell）后处理厂马上就要在南卡罗莱纳州投入运行，用于处理民用反应堆核燃料，但这一项目几个月后也被叫停了。卡特的政策对美国的能源政策与美国在国际核事务上的发言权产生了显著的影响。但对于叫停 CRBR 项目，需要国会同意才可以。国会并没有同意。在很困难的条件下，该项目一直持续到到 1983 年。最终，在 1983 年的 11 月“克林奇河增殖堆”最终被叫停了。

建设 CRBR 的目的在于验证 60 年代选定的增殖堆技术。CRBR 示范电厂最终选择了与 FFTF 一样的燃料，因为这种燃料已经在 EBR-Ⅱ中经过了大量的辐照验证。这看起来只是个小事，但一个决定如果存在问题的话会引起下一个问题，下一个问题又会再引起下一个问题，问题会如此继续下去。在这里有一个问题被忽略了，最适合试验堆的燃料并不一定适合增殖堆，它们有着很大的不同。试验堆的燃料元件直径明显小得多。元件尺寸小就会导致增殖较差，示范增殖的目标就难以实现。为此采取了一种法国的做法，用纯铀组件代替堆芯的部分燃料组件。这样就使堆芯里铀的数量提高，产生的效果相当于采用较大的元件。但是这样做对安全系数也会产生影响，很可能是有利的影响，但尚需验证，还有可能有其它一些影响。

在阿贡大家普遍的看法是 CRBR 作为一个与联邦爱迪生公司（Commonwealth Edison）联合的项目很可能将是成功的。阿贡实验室曾经与联邦爱迪生公司合作过，对他们的能力非常认可。此外随着新任总统于 1980 年上任，看起来这一届政府将真得会把工作向前推进并动工建设。但这一项目成功与否将取决于能否按期建设、不突破概算，并在建成以后懂得怎么去运行它。到那时候才能说这一项目是真正的成功了，并且永久性地证明了以下内容：钠冷反应堆能够经济地建造，工期不长，并易于运行。这些都是 EBR-Ⅱ证明过的，但现在是要通过具有一定规模的堆来验证。阿贡对氧化物一回路式技术一直兴趣不大，但如果这些现实的东西能够得到验证的话，将具有重要的意义。

但 FFTF 不同，它进展缓慢。阿贡的预算曾一减再减，以给 FFTF 让路。但阿贡实验室还是熬过来了，有时需要借款，但最后都还上了。对于为 FFTF 让步，阿贡保持了沉默—FFTF 一拖再拖，从 20 世纪 60 年代获批以来一年又一年过去了，对它的热度也逐渐降低。这个设施本是用来探究快堆氧化物燃料参数的，而 EBR-Ⅱ当时已经在辐照实验中积累了氧化物燃料在快中子谱中的行为等大量详细的信息，EBR-Ⅱ唯一不能做到的就是辐照元件长度比 CRBR 采用的元件短。Crewe 在美国电力大会上曾表示，其他国家如法国、英国的示范电厂已经开始运行，但他们也没有提供有关长元件的信息。

现在看来，增殖堆的这条发展路线是行不通的。与核相关的大环境已经改变了，而且还相当大，CRBR 和 FFTF 已不再受宠。阿贡十年前在研究路线上取得成功获得了上升的势头。新的骨干需要在其它参与项目的院所里进行培养，项目的参与者很多，涉及的专业很多，使得项目组织很不灵便，对工作很不利。造成的结果就是不断的拖期，决策制定之后一改再改。

假设阿贡能够推进某个 EBR-Ⅲ反应堆，将之前积累的专业知识和经验都用上，那么很可能在核的大环境发生这么大的变化之前快堆就成功地发展起来了。那样的话，阿贡项目的花费将只有后来取代它的项目花费的一小部分。在一个实验室里推进一个项目会很简单，而组织在十多个甚至更多的单位里开发一个项目就未必了，因为每个单位都有它自己的利益，无论领导者多么努力都是如此。十多年后的情况证明了一点，阿贡本能够给这个国家带来一个全新的更加完整的快堆技术，而且如果得到许可的话它还能在同一时期基于此技术建成一个真正的电厂，当然所有的这些都只限于讨论。但可以肯定的是这条代价高昂的路线确实失败了。

国会仍继续分配民用反应堆研究经费，位于 Hanford 的 FFTF 仍在建设并于 1982 年完工投入运行，一直持续运行了十余年。对氧化物燃料方面的数据需求越来越小。阿贡生产的金属燃料组件在 FFTF 上进行了辐照，从中获取了缺乏的长金属燃料信息。它的最后一次辐照是装载一体化快堆燃料。FFTF 一直被 AEC 称作是增殖堆研究方面的“旗舰”，但是这个大型“快通量试验设施”本来的目的已经随着 CRBR 的取缔而不存在了。它本是要为氧化物增殖技术示范工程打基础的——本来也是不需要的，运行的 EBR-Ⅱ完全能够完成这一任务。FFTF 本应该从一开始就按示范电厂来建设，十年之后再考虑 CRBR。

CRBR 下马后增殖项目又持续了几个月，但研究方向并没有发生明显的改变。确立一个新的研究方向至关重要，当时不敢说一个新的研究方向是否行得通，但它肯定是必要的。

1.8 小　结

阿贡国家实验室于 1946 年 7 月 1 日成立。它是二战后复苏时期成立的大型国家实验室中的一个，这些实验室致力于研究原子及其在核能各领域的应用。阿贡这些年的经历展现了各个时期政治力量与技术发展趋势之间的角力，无论在哪个阶段要管理好实验室都必须处理好这种关系。同时，这段经历也印证了“科学自由”的必要性，具备了这一条件那些技术水平很高的员工才能做好他们该做的事情——为利用好原子能而探索新知。总体来讲，阿贡在政治与技术之间寻求平衡，有时候确实需要如此，但是阿贡依然把捍卫科学自由放在首位。阿贡运行机制的确立是一个不断斗争、不断论战的过程，与此同时阿贡在各种力量中寻求平衡——它的资助方原子能委员会及之后的能源部、它的挂靠单位和支持单位如芝加哥大学、想从实验室身上获得好处的地方高校、以及阿贡自身推进工作的需求。总的来讲，阿贡还是做的很好。从实际工作上来讲，阿贡的工程师和科学家都没有被实验室顶层的管理事务所干扰，有了一些很出色的成就，当今世界已得到成功验证的主要几个反应堆堆型都来自阿贡，即便不是阿贡自己建造的，也是在阿贡研发出来的。

Walter Zinn 作为首位实验室主任，早年一直被当做全国反应堆首席科学家，可以说，是他创造了快堆。在他的指导下，阿贡在伊利诺斯很早就开始研发增殖堆，并于 1949 年开始建设“实验增殖堆一号”（EBR-Ⅰ）。它于 1951 年 12 月开始运行，它验证了增殖原理，从而说明了核能可以获得取之不尽的燃料供应；它首次实现了发电，证明了钚可以用作核反应堆燃料，它还实现了很多其它的“世界首次”。

接下来就是“实验增殖堆二号”（EBR-Ⅱ），它于 1964 年在爱达荷投入运行。这个堆可不只是“验证原理用的”，这是一个不折不扣的核电厂，在它的身上实现了很多重要的、实实在在的创新。在发出 20 MW 电功率的同时，它首次验证了池式概念，也就是把包括冷却剂在内的所有堆芯部件全放在反应堆容器内。它还验证了基于远程操作的简化乏燃料后处理和燃料制造工艺，并实现了燃料重新回堆复用。EBR-Ⅱ在几个重要的方面指明了发展方向。

这一技术还不完善，实验增殖堆在商用推广前肯定还有很多工作要做，一些关键地方还需进一步研究，对于一些问题如何解决尚不清楚。然而在着手开展这些工作之前，在下一个反应堆 EBR-Ⅲ尚未筹划之前，原子能委员会的方向发生了大变化。实验增殖堆的发展路线被叫停了，取而代之的是采用轻水堆的技术来发展增殖快堆。这些技术虽然能用于增殖堆但不够理想。20 年过去了，一批新人来到了实验室，他们是全新的一代，阿贡当年的技术路线已经被淡忘。唯独忘不了的是 EBR-Ⅱ，至今尚存。即便 EBR-Ⅱ当时仅被当作辐照工具，而不是未来现实可行的一条发展路线，这偏离了它的发展初衷。

然而，从 20 世纪 60 年代中期到 1984 年的 20 年间，阿贡取得了不少的研究进展和新发现，其中一些就与实验增殖堆发展路线相关。一些技术或许能把过去认为不可能实现的特性变成现实——实际上这些技术一直都没有得到应有的重视，直到最后，时间和经验证明了它们的重要性，1983 年末这些技术才真正地引起关注。当时随着 CRBR 项目下马，60 年代中期采用的技术路线终结了，转眼间阿贡的这些研究进展就又被重视起来。

参考文献

[1] W. H. Hannum, Ed., “The Technology of the Integral Fast Reactor and its Associated Fuel Cycle, “*Progress in Nuclear Energy*, 31, nos. 1/2, Special Issue 1997.

[2] Tom Blees, *Prescription for the Planet: The Painless Remedy for our Energy and Environmental Crises*, 2008. http://www.prescriptionfortheplanet.com.

[3] Joseph M. Shuster, *Beyond Fossil Fools: The Roadmap to Energy Independence by 2040*, 2008.

[4] Richard Rhodes, *Nuclear Renewal: Common Sense About Energy*, Whittle Books, 1993.

[5] Ira Chernus, *Eisenhower"s Atoms for Peace*, TAMU Press, 2002.

[6] *Proc. First U. N. International Conferences on Peaceful Uses of Atomic Energy*, Geneva, 1955.

[7] *Proc. Second U. N. International Conferences on Peaceful Uses of Atomic Energy*, Geneva, 1958.

[8] George Quester, “More Nuclear Nations: Can Proliferation Now Be Stopped, F*oreign Affairs*, Council on Foreign Relation, October 1974.

[9] Jack M. Holl, *Argonne National Laboratory: 1946-96*, University of Chicago Press, 1997.

[10] Alvin M. Weinberg, “Walter Henry Zinn: December 10, 1906-February 14, 2000,” Biographical Memoires, The National Academies Press. http://www.nap.edu/readingroom.php?book=biomems&page=wzinn.html

[11] Shippingport Atomic Power Station: A Historic Mechanical Engineering Landmark. http://files.asme.org/ASMEORG/Communities/History/Landmarks/5643.pdf.

第二章

一体化快堆的创立

一体化快堆指的是一个完整的系统，它包括更加安全、更易于避免人为失误的反应堆，能实现乏燃料再循环的新处理工艺，它产生的放射性废物的处置年限大大缩短。所有这些都在同一厂址。培育出这一概念的核反应堆研究工作就来源于之前我们描述的那段历史。截至20世纪80年代中期，已经几十年没有提出一个新的反应堆概念了，但这一次我们相信能够做出重大贡献，我们清楚应该采用什么样的技术路线。但是知道做什么是一回事，知道怎么做完全是另外一回事。

2.1 起　　步

以现在的眼光去看过去的事是比较容易的，很容易看懂 EBR-Ⅰ、EBR-Ⅱ并看出它们所代表的意义——一个伟大的开始。也容易看出一体化快堆就是由此而产生的。但在一体化快堆起步之前的那些年，事情可没那么清楚。

这条研究路线已经废止，20年前就被否决了，那应该从何入手去重拾这条发展路线呢？技术上的障碍很明显，金属燃料的抗辐照性能很差。更甚的是，在两个快堆中，即 EBR-Ⅰ和底特律爱迪生的 Fermi-1 堆上，均发生了金属燃料的部分熔化，另一个钠冷实验堆中也发生了熔化，这是一个热堆，是由北美航空（North American Aviation）下属的“国际原子学”分部开展的“钠堆实验”（Sodium Reactor Experiment，SRE），位于洛杉矶以北30英里，用的是金属铀燃料。其实在燃料循环中还含有一定量的钚，众所周知钚又会进一步降低燃料的熔点。

此外，再循环的重要环节——乏燃料后处理在 EBR-Ⅱ做得很粗浅，并没有尝试更有前景的方法，干法后处理实际上还未开发出来。还有，由于在3个不同的钠冷反应堆里都发生了熔化，金属燃料的安全性备受质疑。最后，由于没有更好的处理工艺，就认为核废物没有价值。这样就能理解为什么当初的路线被废止，无需进一步研究了。

IFR 项目的前身来自 1977—1979 年，阿贡为“国际核燃料循环评价”（International Nuclear Fuel Cycle Evaluation，INFCE）所做的工作，那是卡特政府为防核扩散采取的措施，旨在严格限制后处理并将它控制在尽量少的国家。为了给这一评价体系提供坚实的技术基础，能源部委托阿贡对所有现实可行的反应堆堆型所有可能的燃料及燃料循环方案开展评估研究。

研究产生了很多有意义的结果，不仅完成了评估，而且还有助于激发思考从而全面地提高反应堆技术。这些工作都记录在了阿贡实验室一份很全面的文档里，编号为 ANL-80-40[1]，它详细地描述了每种燃料的作用。这件事促成了金属燃料的首次分析工作，以及 EBR-Ⅱ正常运行所需的计算工作，其时它已经运行了至少 15 年了。

也重新开始考虑金属燃料堆芯的安全性了，以及可用于金属燃料增殖堆的金属燃料合金和有发展前景的后处理工艺，所有这些都是 INFCE 研究的一部分。自 60 年代以来，在研究金属燃料反应堆时已经产生了多方面有意义的结果，尤其是在计算方法和精度上。而新的研究正是基于这些结果。

阿贡曾在 CRBR 事故分析方面开展了大量工作，尤其是严重事故条件下氧化物燃料的行为。对于那些概率小但后果严重的事故，金属燃料好像要比氧化物燃料有优势，这是比较意外的发现。这是对类似事故机理深入研究的一个重要发现，如果这些事故真的发生，金属燃料易于被包容。

通过堆芯方面的研究发现了金属堆芯很理想的物理特性，当前运行 EBR-Ⅱ所用的低密度锆合金燃料做成铀-钚合金形式以后，仍能保持较高的增殖能力。多年来金属燃料元件设计不断地发生改变，得到了一些新发现，并已经应用于 EBR-Ⅱ的燃料上。金属燃料在堆内辐照时间短的问题对铀燃料也已得到解决（钚还没有做过试验）。钚会使熔点降低，做成金属燃料可能难以提高辐照性能。但合金方面的数据及早期的一些实验表明，按照新设计含钚的金属燃料也是可行的。

针对 EBR-Ⅱ反应性反馈特性也开展了一系列研究，靠这些反馈特性反应堆的功率能够自动调节以满足需要。研究证明这些反馈特性对反应堆安全也是至关重要的。这些研究后来升级为全堆规模的实验，以验证 EBR-Ⅱ能够在事故中自动停堆，而原本认为这些事故没法安全处理。

这些事情单个来看都很重要，而现在要把这些特性合起来成型，那么唯独缺少的就是燃料循环。

2.2 一体化快堆的设想

1983 年秋，CRBR 项目停止了。无论是好是坏，反正是没有了。阿贡已经没必要再开展氧化物方面的工作了，在物理方面、特别是在安全方面、或在其它一些方面都是这样，针对 CRBR 的那些工作更是没必要了。各大实验室期盼研发全新的反应堆已经很久了。由于 CRBR 被取消，一种全新的反应堆概念可能更容易被接受，而且可以把以前的工作和现在的新发现结合起来，如果这一想法可行，那么现在恰逢其时。

整个技术的最后部分也得益于 INFCE，也就是此项研究中阿贡在后处理方面的意见。结论就是电解精炼法应该是适合于快堆材料和后处理工艺的。而且它的规模小，不需要很高的投资。

一体化快堆的研究从 1984—1994 年，要实现的目标是当前这代核反应堆所不具备的。这些目标意味着核能前景的革命性提升，尤其是在未来巨大的能源需求方面。这些提升可以毫不夸张地说涵盖了核能的所有方面，包括燃料效率、安全性、废物、以及防核扩散特性等。

“一体化”的意思是说整个核能系统的所有要素都同时实施，以满足整体目标，每个部分都是整体的一部分（顺便提一下，“快”指的是反应堆运行时中子的能量高。对此了解即可，不是本书讨论的重点）。反应堆本身、乏燃料被新燃料替换而卸出后的后处理过程、新燃料的制造、废物处理为最终便于处置的形态——所有这些都是最终研究成果不可分隔的一部分。不允许任何一项落在后面不去解决，今后再引发问题（这些要求当前这代反应堆是达不到的，因为对于它们而言都是反应堆建设走在前面，而可接受的乏燃料处理办法却还没有研究出来）。

在概念上，支撑反应堆安全性分为“固有安全”或“被动安全”，它通过材料的选择和设计来实现。当那些可以引起事故的事件发生时，反应堆将“本能地降低”反应堆功率到安全水平，如有必要能完全停堆。不需要操纵员的任何动作，也不需要任何的装置。反应堆的响应是本能的，反应堆的这种响应是“固有”的，由建造中使用的材料决定。“被动”指的是当一种潜在的事故工况出现时，不需要控制棒或其它机械装置的移动，也不需要操纵员的任何动作，反应堆以一种被动的方式对干扰做出响应，一切都从容面对。

这些安全特性的实现得益于为一体化快堆开发的新型燃料。金属合金燃料、液态金属冷却剂、池式布置所带来的核特性和排热特性是以上安全性得以实现的根本。这样一来，反应堆面临可能发生最严重的事故时也能完好无损。这样的事故有两种，而且两种都发生过。一个是 1979 年发生在三哩岛核电站 2 号堆（Three Mile Island-2）的事故，当时反应堆发出的热量无法导出，反应堆过热导致了燃料熔化（失去热阱事故）；另一个是 1986 年发生在切尔诺贝利（Chernobyl）的核事故，当时流过反应堆的冷却剂失流，导致燃料熔化，慢化剂石墨着火（失流事故）。

这种新型燃料还适应于新研发的后处理工艺，使其回到反应堆循环利用，这就带来了巨大的效益。这样就可以实现乏燃料的净化，以重复多次利用，这有可能使燃料的供应量提高上百倍，而且更重要的是它大大缩短了放射性废物的处置年限。这一套工艺流程占地不大，而且建造成本低，不需要再耗巨资建一个商用后处理厂（现有的商用后处理厂都很庞大，而且建造成本很高—需要几十亿美元）。

一体化快堆和燃料循环的最后一个优势在于燃料本身，它是后处理过程的产物。当前各国（不包括美国）商业后处理技术都从给核武器提供纯钚的军用后处理方法发展而来，从防扩散的角度来看是很不利的。然而，一体化快堆后处理提供的燃料包含很多不同的元素，不能用于武器制造，但用作快堆燃料则完全没问题。用这种后处理工艺，不能从一体化快堆乏燃料里提取纯钚，从科学原理上来讲就不能得到纯钚。一体化快堆技术决不会对核武器扩散有任何贡献，实际上不仅不会，通过替代现有后处理技术，一体化快堆技术将大大降低核扩散的风险。

此外，一体化快堆后处理过程产生的废物少，缩短了放射线废物处置年限。燃料所带的某些杂质导致其不能用于核武器，也同样是这些杂质使传统的核废物要处置很长时间。但在一体化快堆中这些杂质将留在燃料里一起循环，回到反应堆里被烧掉，在最终的核废物中含量就不大了。那些较强放射性需要的安全监管期被大大缩短，从几万甚至几十万年缩短到最多几百年。此外，在一体化快堆项目里还将开发并验证一种化学性质稳定的惰性基体材料，以用于废物的最终处置。

一体化快堆中各个部分融为一个整体，系统中的每一部分都与其它部分完美衔接，构成一个完整的系统，对未来的核能产生革命性的影响。它能满足未来的能源供应，这种可能性是明摆着的。它提供的可不是一种辅助的能源，它能满足世界各国整个的电力需求。

1984 年，阿贡仍然具有范围很广的反应堆研发能力。尽管当时这些能力并不集中于某个具体的目标，而且在某些领域已相对薄弱，但阿贡在伊利诺斯的主厂区仍拥有上百个研究室/组，涉及反应堆物理、反应堆安全、冶金、工程部件、化学工程等。当然并不是所有的研究人员都从事反应堆技术，但他们人都在那里，随时听候召唤。在爱达荷，阿贡拥有大型的反应堆试验设施，建成这些设施耗时多年且相当不易。截止到那个时候已建成了整个反应堆系统研发所需的所有设施。在这些设施中就有 EBR-Ⅱ，可以把它当成一体化快堆的原型堆。还有其他一些大型设施，用于物理研究的 ZPPR，它可以在低功率下运行模拟大型反应堆；用于安全性研究的 TREAT，在它上面可以模拟事故；燃料制造设施；多个远距离操作热室，通过它可以像用自己的手一样去操作强放射性物料。这些宝贵的设施多年来一直维护得很好。所以，阿贡依然拥有足够的能力去承担即将到来的工作。

过去的十余年间，阿贡在金属燃料相关领域的研究在当时看起来还没那么重要，现在却备受重视。主要是实验结果，其中一些是对相关现象新的理解，还有一些来自于分析方法的提高。总的来说，这些进展表明革命性的提升是有可能的，其中一些还要追溯到阿贡最早期的增殖研究工作。

从根本上来讲，对 EBR 研究路线认识上的改变源于对耐辐照金属燃料的研究。将 EBR-Ⅱ用作辐照装置的过程中不断地进行燃料设计的优化改进，以求获得更长的辐照寿期，点滴的积累完善便促成了这一进步。就这样，阿贡在 70 年代早期的时候就解决了铀金属燃料肿胀的问题，但一体化快堆的燃料肯定不只是铀，它必然要含一定量的钚，此外还必须含一定量的合金元素来提高熔点。所以我们开发了三合金（含有三种金属）燃料，使其在辐照条件下与金属铀具有一样的表现，这样我们就可以着手开展工作了。

一体化快堆由增殖堆演变而来，它也用钠作冷却剂，但特性与氧化物研究路线大为不同。它的安全性能会显著提高，被动安全响应特性能做得更好，但具体能好到什么程度在一体化快堆起步的时候我们还不敢下定论。乏燃料后处理基于电解精炼技术，会带来很多新的优势，最起码建造成本应该会比较低。产生的核废物数量也会很小，总放射性低，并且长寿命放射性量减少。但研究工作的核心依然是增殖性能，即乏燃料完整的循环和再利用。在增殖性能方面，一体化快堆比起氧化物系统将有质的提高。

2.3 技术集成

要实现一体化快堆这样的创新需要相当多的条件，一个大的国家实验室拥有足够的能力来集齐这些条件。所需的条件包括：一项明显很有前途的技术，核能界知名人士的大力支持，来自政界的支持，与之相关的充足的研究设施，并要有一流的人才引领工作迅速地向前开展[2]。

阿贡具有非常强的理论分析能力。然而，虽然计算有助于理解问题，但它们不能提供新的基础信息，也不能验证新想法。所以，还必须要有一个规模够大的实验项目。当然，一开始就想拿到投资搞出个大项目是不现实的，怎么办呢？只能一步步来。一步接着一步踏实去干，只要步步都能有所进展那么项目终究会做起来。

哪些人物会对我们的计划产生影响是很清楚的。有组织的反核势力是反对的，但因为项目开始的时候还比较小，所以没有引起他们的注意，至少在项目步入正轨以前是这样。核领域的技术领导给予了广泛的支持，这对赢得公信力是很重要的。国会的支持也来了，首先来自爱达荷州与伊利诺斯州代表，他们中的一些成员属于能源相关或拨款相关的委员会。

我们还需要得到实验室主任 Al Schrieshein 和芝加哥大学的支持。Schrieshein 一两年前被任命为实验室主任。他之前在 Exxon 做分管研究的主任，来到实验室时在全国的科研界已声名显赫。他的妻子是位化学家，两人齐心协力要在各个方面提升实验室的水平。一方面是抓建设和设备，另一方面是抓实验室项目的质量和在国内的影响力。最重要的是，Schrieshein 希望实验室的项目对社会真正有益，能配得上伟大实验室的名号。一体化快堆这一创举与他的想法完美契合。

可以说没有 Al Schrieshein 一体化快堆项目就不会存在，更不会在后来成为一个重大项目。他以他那种幽默、一视同仁的方式给予了一体化快堆持续有力的支持，其中包括他慷慨的资金支持，他在有限的支配能力下从实验室总的资金中拿出相当大的一部分给予了一体化快堆项目。他始终坚信一体化快堆的重要性，也坚信实验室对此坚持不懈的追求将具有重要意义。

几周以后，一体化快堆审查委员会组建起来了。它的创始成员都客观公正、值得信赖。汉斯.贝特（Hans Bethe），诺贝尔奖获得者，一直以来以其在核领域各种问题上客观公正的评审工作而著称；Manson Benedict，麻省理工核工程系创始主任；Max Carbon，国家核安全咨询委员会前任领导；Lombard Squires，位于萨凡纳河由杜邦（DuPont）运行的大型后处理设施的前任领导，也在咨询委员会长期任职；西北太平洋国家实验室的 Spencer Bush，核燃料和材料辐照效应方面的专家，他在核领域的经历可以一直追溯到 1945 年的 Trinity 试验，世界上首个核装置；Richard Wilson，哈佛大学获 Mallinckrodt 奖物理学教授，从 1955 年以来就在哈佛任职，是一位兴趣广泛的知名科学家；Wallace Behnke，联邦爱迪生公司（Commonwealth Edison）的副主席，联邦爱迪生公司在 CRBR 项目中承担了相当多的工作；David Okrent，加州大学洛杉矶分校机械与航空航天学院教授，反应堆安全专家；此外还有其他一些人也常参与其中——Joe Hendrie，布鲁克海文国家实验室，美国核管会（NRC）前任主席；John West，燃烧工程公司（Combustion Engineering）分管核能的前任副总裁；John Taylor，美国电力研究院（Electric Power Research Institute）分管核事务的副院长；以及 Mel Coops，劳伦斯利弗莫国家实验室电化学领域教授。委员会核心成员几乎不变，伴随整个项目的始终。该委员会在项目初期进行了评审，之后每年都对项目进行把关，它向芝加哥大学提供了一份很有深度的报告，该报告不仅能对项目进行指导，在公关工作中也发挥了很大作用。

真正的开始是与总统科学顾问开的一次会议，会议专门探讨了一体化快堆建议。之后他的助理与能源部交涉，为阿贡提供了两百万美元经费，专门用于一体化快堆的研究。对于大型科研项目来讲，这不是大钱，但关键的是它为一体化快堆的研究打通了道路，它让此项工作变得名正言顺。

在爱达荷州钚燃料生产线建起来了。事关成败的最重要问题就是含钚金属燃料在反应堆运行工况下的表现。这种燃料的制造和应用离不开在 EBR-Ⅱ堆上的辐照。燃料辐照装置已经开始运行，燃料只需在堆内照几个月即可，我们正大踏步前行！

第一年过后工作开展得很快。因为所有的资源都在同一个实验室，所以工作可以快速推进。专家们很清楚要做什么，知道轻重缓急。实验室规模的电解精炼处理设施在伊利诺斯州建成并投运，它处理起铀燃料来效果很好，对于钚合金燃料效果虽然没那么好，但也完全没问题。后来经实践证明它的元素分离能力并不够好。一共有三种产物：大部分裂变产物作为遗物流将转成废物；纯化后的铀将成为新燃料的主体，这是第二种产物；然后是一种混合物，包括铀、钚以及次锕系元素比如镎、镅、锔，它们提高了新燃料的易裂变材料的富集度以达到反应堆运行所需的裂变水平。这种产物对于热中子堆是没用的，在我们看来对于武器也用不上。然而对于快堆来讲，这是一种很好的燃料，因为在快中子谱下重锕系元素能很好地裂变。

系统的两大要素燃料和燃料循环必须走在前面，它们不能有任何问题。所需要的数据一段时间后才能得到，但当时我们已经为一系列 EBR-Ⅱ安全试验做了好几个月的准备，通过这些试验将得到一体化快堆的事故响应特性。在这些事故模拟试验中将触发最严重的事故并禁用控制和安全系统。无需操纵员的任何动作，无需安全系统的作用，反应堆本身就能经受可能发生的两种最严重的始发事故。像在三哩岛核电站 2 号堆（TMI-2）中发生的热阱丧失事故，以及当时世界上还从未发生过的失流事故，在满功率下先后触发了这两类事故进行试验。两者都给出了理想的结果：反应堆在没有人为或外界条件的帮助下，自动地降低功率并安全停堆。

虽然试验过程中有相当多的国内外人士前来观看，但由 DOE 发出的新闻稿并没有引起多大的关注。非常巧合的是，就在同一个月，也就是 1986 年 4 月，切尔诺贝利核事故发生了。两者形成了鲜明的对比：那边是剧烈的爆炸，而爱达荷这边是平稳地停堆。两者来自于同一始发事件，只是对这个堆来讲是人为触发。这一反差引起了外界广泛的关注，与此同时也引发了国会的兴趣。当时华尔街日报有位非常敏锐的科学记者，名叫 Jerry Bishop，长期以来从事核能研究的报导。切尔诺贝利事故后，他拿到爱达荷示范项目的新闻稿，察觉到了它的重要性。他在华尔街日报上发表了一篇文章，使得一体化快堆项目支持率骤增。这使得我们加快了步伐，并大大拓宽了一体化快堆项目的研究范围。同时我们得到了更多的资金支持以专门用于一体化快堆的研发。

新燃料经过了 10%燃耗的考验，这是我们设定的商用一体化快堆的目标值，而且在取出堆芯的最后时刻燃耗达到了约 20%，没有发生任何燃料元件破损的情况，燃料方面的工作非常成功。燃料循环方面的工作仍在继续，燃料组件的尺寸加大了，最终处置的废物形式也研究出来了，同时在改进工艺。另外最为关键的，钚燃料电解精炼处理工作正准备在一个全新的、大型电解精炼处理装置上全面开展。

但是，1994 年新政府上任了。

2.4　一体化快堆项目的终止

1994 年初克林顿总统在第二次国情咨文讲话中，传达了一个不幸的消息。这样一种能够利用自身乏燃料、有效抵御主要核事故、效率很高并且燃料供应无穷的反应堆研究计划被宣告立即终止！

克林顿政府让那些著名的反核人士重新执政了，其用意是显而易见的。留在我们身后的是十余载的研究工作。从开始到后来的里根政府，研究工作取得了一个又一个进展，一个全面、深入的项目正待成型，每个部分每个细节都在研究。那时候我们干劲十足，只需再有两年左右的工夫，基本的东西就将全部研制成功。

1994 年民主党人在国会两院中均占据多数，反核人士在能源部接管了要职，而一体化快堆的投资正是由能源部掌控的。总统的科学顾问、政府的其他行政岗位也有反核人士的影子，甚至包括白宫在内。一体化快堆依靠其技术上的优势勉强渡过了新一届政府的第一个年头，但争论并没有减少。

然而，总统 1994 年的国情咨文演讲让我们的心一下子就凉了："我们将终止意义不大的先进反应堆研究项目。"由于当时这样的项目只有一个，所以他指的是谁显而易见。

总统提交给国会的预算里没有一体化快堆的经费。一个国家实验室没有了经费支持是无法将一个项目开展下去的，一体化快堆项目就这么完了。民主党在众议院中占据多数已不是什么新鲜事儿了，对我们来讲已经习惯了。在过去的十年间，众议院针对一体化快堆经费的投票一直很接近，尽管民主党的大多数人反对，但每年仍有足够的人给予支持，所以一体化快堆勉强熬了过来。在参议院共和党有时占多数，有时不是，但他们针对一体化快堆的投票往往容易一些。然而，那一年是不同寻常的一年，政府对一体化快堆项目从不大力支持变成了完全反对。

议会成员（后来其中的一些人成了总统内阁成员）开始组织反对一体化快堆项目，以支持政府终止拨款的决定。在之后进行的国会例行听证会上阿贡也占了一席之地，正反两方面陈述过后，众议院最终决定支持总统的立场。对于参议院，大家都知道票数会非常接近，决定其立场的关键人物是 Bennett Johnston，一位来自于路易斯安那州的民主党人，也是参议院拨款委员会下属的能源与水资源分委会的主席。一体化快堆的经费来源就掌握在这个拨款委员会手里。

在听证会的总结阶段，Johnston 宣布他决定要为继续推进一体化快堆研究而努力。这样一来问题就要由参议院大会来定夺了，整个过程持续了几个小时。支持一体化快堆的一方由 Johnston 领导，两党都有志同道合的同事给予他支持，他本人也总结了继续一体化快堆研究的必要性。Johnston 已从事能源相关工作几十余年，他了解自己的行业，实事求是地为一体化快堆辩护。他强调了在未来巨大的能源需求下一体化快堆存在的必要性。

反对一体化快堆的一方由 John Kerry 领导，他是首席议长也是反对派的现场主持人。他的讲话很长，并配有视觉辅助手段。他花了很长时间来陈述其反核观点，他很会底气十足的讲话。

双方都陈述完了之后进行了投票表决，结果支持一体化快堆的一方获胜了。这样的话这个经费法案就要拿到“大会”上去裁决了。每当遇到这种情况，都要成立一个协调委员会，它由两院相关方面的委员会联合组成，任务就是将两院通过的不同决议固化为一个决议，提交给总统签署后形成法律。当时来看，即便有很强的反对力量一体化快堆项目仍有继续下去的希望。

然而，经过往常一样的关门讨论之后，大会委员会决定支持众议院的立场。一体化快堆的经费没戏了，一体化快堆项目就这样结束了。

仅仅几周以后，经过中期选举共和党在国会中占据了多数。一体化快堆的投票一向都带有政治性。一般来讲，投票都是按照各党的意志来投的，只有少数人例外，比如 Bennett Johnston 和伊利诺斯州的民主党人士，以及其它州的几位民主党人士——其实每年有这么一些人，就足够通过一体化快堆经费了。所以如果一体化快堆项目能再坚持这么几周，它就几乎肯定能实现最后的成功！然而，它还是被舍弃了。

2.5 一体化快堆的成就和近况

十年的时间让一个项目从小小的开端走向了大规模的全面研发，这是一个不寻常的十年，也是技术人员收获颇丰的十年。他们取得了很多成就，很多以前未知的事情现在搞清楚了，这些事情必将给未来反应堆的发展带来重要影响。有些成果令人惊喜，有些以前的猜测现在也明确了。有关核能的新技术仍然层出不穷，并将给整个反应堆系统的各个部分带来显著提升。

但是，1994 年项目的终止让扩大规模的含钚燃料后处理工作停了下来，这一关键环节的工作尚未完成。设备正在准备过程中工作就被叫停了。后来，在 EBR-Ⅱ停止运行以及一体化快堆项目停止后，由于 EBR-Ⅱ乏燃料废物处理工作的需要，后处理设施又运行了四次。其中的三次已公开发表，本书在相关的章节将详细介绍。在这方面还需要做进一步的研究。

很多重要的具体问题已经研究清楚：

1）铀-钚燃料是可以实现很高的燃耗的。在高燃耗试验中，燃料燃耗可以达到总铀的近 20%，这就意味着仅一次通过就能消耗掉燃料主体的五分之一，元件没有发生破损。如果不是项目终止使得后续试验不能开展的话，燃料燃耗还能进一步加深。这样深的燃耗其意义是相当重要的：乏燃料后处理的量可以降低，所需的设备、人员更少，燃料循环的成本也会相应地降低。

2）这种燃料制造起来简单、容易，可以远距离操作。

3）这种燃料可以用电化学方法进行后处理。事实上，作为废物处理的一种手段，现今 EBR-Ⅱ的铀金属燃料正在进行试验规模的后处理。

4）处理后的燃料仍然具有很强的放射性，需要进行远距离操作，所以从核扩散的角度来看它是有利的。这是后处理过程的内在特性。简单地说，产物中仍带有很多放射性，对于反应堆运行来说没有害处，但需要远距离操作。

5）最终废物中的长寿命锕系元素可大大降低，其含量可以降低两个数量级，并且不需要额外的处理步骤和成本，回收的锕系量将继续留在循环的燃料里被烧掉，正是这些元素使原来的核废物以需要“永久处置”。放射性毒性将从几十万年降低到几百年就可以达到环境允许的影响标准。

6）用于永久处置的废物形式已经研究出来，而且很简单。该废物有两种，一种是金属形式废物，包含燃料组件中的钢、包壳、燃料合金中的锆，它被浇铸成一种非渗透性的金属合金。另一种废物是由裂变产物固化而成的陶瓷体。

7）金属燃料和冷却剂具有很好的热传导特性，这样在发生像切尔诺贝利或三哩岛核电站那样的事故始发事件时就能按照需要有效地降低功率。所以在一体化快堆是不会发生类似事故的。

8）这些东西的尺寸、规模都与人处于同一量级，所以不需要大件安装。

总之，以上成果表明这是一种经得起考验的反应堆技术，具有很多显著的特性。从一体化快堆的历程中可以总结出很多的经验教训，有些是显而易见的，有些则需要深究。其中最主要的几点有：首先，我国大的国家实验室还是有能力开发出振奋人心的新技术的；第二，大型复杂项目的研发需要花很多钱，但不止是钱的问题，还必须要有使命感。全新的反应堆系统研发需要国家连续支持，不能受政府更迭的影响。国家实验室可以承担研究工作，只要拥有人才和做事的积极性即可，但即便如此也离不开国家的经费支持，而且是持久的支持。国家实验室没有自己的储备资金，每个财务年度之初国会都要注入资金，年年如此。如果做不到，那么项目就难以为继，相应的科学家、工程师只能调动岗位，或者干脆离开实验室另寻出路。

项目越大自身的风险就越大，对任何实验室来讲都是这样。但永远不要低估一流实验室为祖国做出重要贡献的使命感。只要项目从科学上来讲有坚实的基础和重要的意义，自身技术过硬，那么实验室愿意承担风险。而要取得最终的成就，必须得到政治上的支持并悉心呵护。

2.6 小　　结

1983 年底，随着 CRBR 项目的终止，自六十年代中期以来所走的发展路线戛然而止。一夜之间阿贡技术上取得的进展就凸现了出来。阿贡又一次在争议中走上历史舞台，力图为国家开发一种全新的反应堆系统，像阿贡以往的研究一样有着坚实的基础。有过去二十余年积累下来的进展、发现、创新，一定能将其实现。这一设想就是一体化快堆技术。

要实现一体化快堆这样的设想需要一种很有潜力的技术，核领域知名人士的积极推动，政治上的支持，研发设施，以及一流的人才积极主动地将工作向前推进。

从 1984 年开始，对这个完整的反应堆系统开展了十余年的研究，技术上不断提高，最终形成了一个全面、深入的研究项目。所需的每个部分、每个细节都在进行研究。

项目终止于克林顿政府的第二年。“先进反应堆研究项目”将被终止，因为“意义不大”。一体化快堆是当时全国唯一的先进反应堆研究项目，所以矛头指向的就是它。此后，在国会内部也曾进行了政治上的努力，但最终政府获胜。1994 年 9 月 30 日，一体化快堆项目正式终止。

参考文献

[1] C. E. Till et al., “Fast Breeder Reactor Studies,” ANL-80-40, Argonne National Laboratory, 1980.

[2] Charles E. Till, “Reminiscences of Reactor Development at Argonne National Laboratory,” W. B. Lewis Lecture at Canadian Nuclear Society Meeting, June 4, 2007. http://www.ecolo.org/documents/documents_in_english/IFR-integral-fast reactor07

第三章

在阿贡的经历

两位作者以完全不同的方式步入了这个行业。但不可否认的是，我们都是那个年代的典型，同时又都是普通人。不得不说，美国是一个伟大的国度，很多出生在其它国家的人都在这里受到欢迎并为之做出了贡献，阿贡也从中受益。它的第一任主任就出生于加拿大。借此机会，我们想说这样一些话：我们两个人（一个来自于加拿大，一个来自于韩国）感谢阿贡给予我们的宝贵机会，我们在此生活并取得了工作上的成就。无论过去还是现在，这里的很多科学和技术人员都有此相似的经历。阿贡的经历让我们在科学上和技术上塑造了近乎一致的品格和态度。

当时整个核能行业正处于起步阶段，仅仅发展了二十五年。当年我们做的很多工作现在看来都已经是熟知的东西，一些方法、技术、观点都已经成为过去时。下面将讲述一些当时的情境，以及阿贡科学家们如何形成了他们的观点、科学方法、开发流程和宏伟目标，当然还包括在这个伟大的实验室如何取得成就。现在来讲这些故事，是有历史意义的。

3.1 C.E.Till 在阿贡的经历

1963 年春，我来到了阿贡。那个年代，如果你想进入核反应堆研究舞台的中心，就要来阿贡实验室。我当时对此深信不疑。研究核裂变的和平利用是当时的朝阳行业，前景大好。从事这方面工作的人都受人尊敬。“核物理学家”的称号本身就非同寻常，那派头就跟“火箭科学家”、“脑外科医生”一样。那年，我 28 岁。

之前我曾有过一些科研经历，甚至直接从事过反应堆计算与实验。当时我觉得这些经历对于在阿贡的工作会有所帮助。经过几年的努力，我在 1960 年获得了伦敦大学帝国理工学院的博士学位。我的所用费用都来自于奖学金——想想还是很幸运的——我对英国奖学金委员会非常感激。我知道这段经历将改变我的人生，事实也确实如此，各种机会纷至沓来，这是我以前想都不敢想的。我的博士论文研究的是石墨慢化、气体冷却的反应堆，这是当时英国核电界十分看好的一种堆型，那时候英国首批大型商用核电站才刚刚投入运行。那是我在反应堆计算方面的处女作，所用的方法都是些很简单的代数表达式，其中的常数都来自于在该堆型上所做的实验。对于最基本的计算，也就是反应堆临界问题，用的是四因子公式，当时都这么叫。简单来讲，四因子中的每一个因子都代表由某种现象导致的中子数量的变化，四个因子乘在一起就得出了在没有泄漏引起中子损失时的反应性。这种方法很不精确，手算就可以，而且当时也确实是用手算的。为了与该堆型上的实验结果相符，对这些因子做了修正，因此这种做法得出的结果还是很精确的，但显然在通用性上会差一些。当时，这种做法与所有热堆计算所用的方法在本质上没有太大差别（快堆的计算应当是很不一样的）。

图 3-1　1998 年负责工程研究的实验室副主任一职由 Till 移交给 Chang 时两位作者的合影

之前我还在加拿大国家研究委员会做过几年工程研发，那是一个由联邦政府资助的实验室联合体，由一个国家实验室和当地的国家标准化局联合组成。我在那儿的时间是 1956—1958 年，所做的工作与核没有任何关系。但我在那儿学会了做科研的基本方法：文献检索、试验研究、以及态度和耐心，这是要做成任何一件事都必须具备的。我那时候的老板是 G.O.Handegord，在专业方面他是我的第一位导师。他是一位很出众、很令人钦佩的加拿大人，作为工程师他具有严谨认真的品格，对知识充满了热情，才华横溢，严于律己，而且幽默、文雅。我曾一直努力想成为像他那样的人。

1961 年带着刚拿到的博士学位从伦敦回来后，我加入了加拿大通用电器（Canadian General Electric，CGE）的原子能部。当时 CGE 签订了建造“核电示范堆 2 号”（Nuclear Power Demonstration reactor，NPD-2）的合同。NPD-2 电功率是 20 MW，是加拿大自主研发的堆型——重水慢化 CANDU 堆（但我不清楚 NPD-1 是什么样的）。我的任务是把这个反应堆启动起来。为此我要制定启动程序，亲自指导启动过程，还要选定并开展一系列在该反应堆上的物理测量。作为职业生涯刚起步的年轻人，我还未曾去过运行中反应堆的主控室就被委以重任，表现出了当时对我的期望。我需要学习的东西很多，为此足足花了一年多的时间。这是莫大的责任！而且我知道我储备的知识实在有限。

在加拿大通用电器这个物理小组里，有一位比我年长的同事叫 Chic Whittier。被招聘到这里来之前他就职于加拿大原子能有限公司（Atomic Energy of Canada Limited，AECL）乔克河实验室（Chalk River Laboratory）的一个一流的反应堆物理团队。从他身上我学到了很多东西，但其中最重要的一点是 Chic 善于预估。他能在一分钟甚至几秒钟以内告诉你某个反应堆问题的答案，某个效应有多大，而且他说的往往是对的，总能做到八九不离十。这让我大开眼界，以前从来没有见过有人这么能干，我一下被吸引了。我一直在想他是怎么做到的，想来想去，结果到最后我也拥有了这一能力，当然可能没他做得那么好。这是他赐予我的一笔宝贵财富，一直伴随我职业生涯的始终（基本的过程是这样的，先确定一个主要因子，然后拿它跟你熟知的一个东西来类比，并考虑它能对结果产生的影响，再考虑其它能对结果产生影响的因子，最后对结果进行一个大致的修正。这种做法没有什么很蹊跷的地方，但关键是你是否见识过）。后来当我负责评估发展路线时这一方法对我帮助很大。

我参与英国核项目的那些年曾有过一些“学习经历”。1958 年秋我刚到那里的时候，在日内瓦已经召开了两次大型的国际会议，这其实是美国“和平利用原子能”计划的产物。日内瓦会议的主要目的在于让全世界分享美国在反应堆研究领域广泛而深入的研究成果。反应堆相关的会议几乎全是阿贡的文章。1958 年阿贡还曾用轮船运来部件，花了几天时间在人们面前将它组装成了一个可以运行的小型反应堆（最后又在大家面前把它拆了）。会议的文集有很多卷，英国对其进行了大量的研究，而且我相信它们已经遍布世界各地。那是我第一次见识到阿贡民用反应堆技术方面的领先地位。

1959 年的整个夏天，我都在英国原子能管理局实验室工作，它位于英格兰北部湖泊区的温斯凯尔（Windscale），英国生产武器级钚的反应堆就在那儿。这些大型的反应堆具有双重目的—发电和为核武器生产钚—它们地处卡德霍尔（Calder Hall），相互离得不远。那是我有生以来第一次见到核反应堆。严格来讲，这些堆其实是为生产钚而建造的，只是在它们上面加上了发电的设备。不管怎样，这些反应堆实现了英国的首次核发电。

在温斯凯尔我加入了一个反应堆物理小组，主要是计算一个具体的先进气冷堆（Advanced Gas-cooled Reactor），它由卡德霍尔（Calder Hall）堆型改进而来。争论是常有的事情。对很多计算，往往难以一下子找到最好的方法或者正确的方法，大家很难形成统一的意见。很快我就发现，每次争论的平息都得益于参考阿贡的一本报告，那报告很厚，是一本绿底的文档，标号 ANL-5800，被大家称之为“圣经”。

众所周知，1957 年温斯凯尔生产钚的反应堆中有一个堆的石墨着火了。温斯凯尔的生产堆很落后，由一次通过的空气进行冷却，空气作为冷却剂流经堆芯，然后由一个很高的烟囱排出。我的新同事们告诉我说，几年前的一个早晨他们开车去上班的时候看见其中一个烟囱冒出了滚滚黑烟。“大事不好！”他们中的一个说道。事实确实如此，反应堆发生了过热，燃料元件被烧得通红，放射性元素释放了出来，整个乡村都被放射性污染。

其实我来到这里之前就听说过一些相关的情况，因为我所在大学的核工程团队的领导，也是我的论文导师，J.M.Kay 教授在事后的调查中担任领导。我不太记得最后处理的结论了，只记得导致大火的原因是石墨由辐照产生热量，而这些热量的导出失去了控制——这被称作维格纳能量释放，由发现这一现象的著名科学家 Wigner 的名字命名。有段时间大家曾以为这就是事故的原因，后来这一判断很快被否定，实际上，后来再也没有发生过像热量导出失控这样的事故。公众对于这次污染表现得很平静，各地都没有表现出强烈的反应。毕竟这是个曾在十多年前被炸平过的国家。基本上来讲，他们仅仅保证了在污染消除以前近处乡村里的牛奶没有人用，污染减轻也就是几个月的事儿。

但我所在的帝国理工学院是个很不一般的地方，J.M.Kay 也绝对是个值得让人怀念的人物。他个子不高，是个威严而尽职的人，在核电项目的监督工作中他就像是个维多利亚时期的校长。帝国理工学院的建筑都是些红砖，没有牛津大学那样的梦幻尖塔建筑，并且与伦敦繁忙的南肯辛顿区交织在一起。但这里的教职员工很了不起，其中几位是诺贝尔奖获得者。学院名声显赫，听说最近政府给了它一个称号——“英国的麻省理工”。

在英国读研究生与在美国或加拿大是很不一样的。英国的传统是这样：研究生想选多少门课都可以，也不要求你必须上哪一门课。你自己来决定学什么，学的过程中会对你进行评估。如果你被认定是一个“好学生”，你就会得到很多的指导、建议和帮助。但如果你得不到认可，那就无人问津了。当年我去找 Kay 教授商量博士选题的时候，他淡定地看着我说，“好啊，Till，那你打算写哪方面？”正当我吞吞吐吐地要回答的时候，他马上又说，“好了！我还是建议你去图书馆多读一些你专业上的东西，当你想好要写什么的时候再回来找我吧。”

过了一段时间我回去找他了，他说：“好，行了，去找 Geoffrey James（一位教授）吧。”然后他冷峻地一笑，说道，“要跟紧他”。Geoffrey James 教一两门课，我上他的课的时候很认真。两年后，当我真正的导师 C.G.James 教授告诉他我已经完成了论文工作准备毕业时，他说，“组织个讨论会让他讲讲。”一两天后我就真讲了讲，那是一个面对着一排教授，令人难忘的场面。有些数学公式是我自己推导出来的，当我在黑板上演示给这些教授们看的时候，出于对他们的崇敬我省略了一些步骤。后来，Geoffrey James 把我叫到了他的办公室，我一进去他就说他将安排我尽快毕业，只要达到伦敦大学两年最低时间要求就马上办。然后他笑了笑说，“Till，不得不说你在数学方面给人留下的印象很深。”

在 Geoffrey James 主导我博士论文审查的时候，我又跟他交谈过一次，也就不到 40 分钟而已。我对帝国理工学院由衷地感激。我有个很不好的习惯—总倾向于一个人做事，我一直认为这段博士经历使我的这种顽固的习惯更加严重了，然而对我后来的工作却十分有用。

1962 年年底 NPD-2 启动了，谢天谢地没有发生任何意外，我也顺利完成了反应堆运行中的一系列物理测量。测量结果验证了设计计算的准确性，唯一不太理想的是临界计算。对此的计算没有想象中的好，而一般来讲这应当是最好算的东西。后来才发现设计燃料的工程师加装了一种很小的镍铬合金弹簧垫片，他们觉得这种设计上的变化微不足道，怕麻烦就没有告知我们，但实际上由这种镍铬合金引起中子吸收的增加很显著。这对于后续的反应堆运行没有什么影响，但在反应堆启动时就需要加入更多的反应性。大家困惑了好久才找到问题的原因，最后主要也是搞燃料的同志事后回想才弄明白的。

我们在 NPD-2 上的任务完成了，业主接管了这个堆，短时间内也不会再有下一个反应堆，所以我打算去一个在这方面更有发展活力的地方。几周以后我就收到了美国几个核能公司的录用通知，但当阿贡向我伸出橄榄枝的时候，我马上就奔它而去了。我将要去的这个地方是世界上民用核能研究的领头羊，我已经迫不及待了。

通过讲这些故事，我想让大家了解较早时期核研究领域是什么样子。大家会了解到很多我刚来阿贡时的情况。当然，我只能讲我见到的东西。我不可能事事都清楚，我只想把我当时知道的事讲清楚，不超出我所了解的范围。有一点是可以肯定的：我没有自欺欺人。我当时对反应堆有所了解，但不深，对此我有自知之明。不过我也并不是很担心，我可以学。我之前就这么做过。我本打算先在这儿待几年，尽可能多地学东西，然后去一个我感觉挣钱更多的地方。最后的结果呢，当然就是我将毕生的时光都献给了阿贡。

3.1.1　在阿贡的早年生涯

在我去的那个春天，阿贡实验室大约有 20 个研究室，几乎每一个都与核相关。在这个地方，科学家和工程师说了算。当时，有核方面知识和背景的科学家、工程师还相当少，所以我们受到的待遇可想而知。管理部门一心为我们服务，而且他们做得很热情到位。一旦他们满足不了我们的要求，“项目组的人”就不耐烦了，整改就来了，而且说改就改。今天下午召集开会，明天整改就落实了。

起初我被安排在了反应堆工程室。这是一个很大的室，有几百人，包括反应堆物理、反应堆安全、反应堆工程，包括了与反应堆建造相关的所有工程—反应堆研究与设计方面所有核心的要素。阿贡大部分的研究室都有科学家、工程师、技工、支持人员，共计一百人左右组成，而反应堆工程室就更大了。那年，它一分为二形成了两个室，再后来又分成了三个。

那个年代还是很自由的，关键是你工作做得怎么样。你越贴近工程研发而不是基础科学，就越有可能安排你去调研一个特定的领域，一般来讲是一个更大的研发项目的一块内容，比如一个新的反应堆堆型，或者是一个尚不清楚的现象。对我而言，我被安排去制定一个以钚为燃料的轻水堆完整的实验计划。之前想弄清楚的问题是反应堆堆芯燃料布置比往常更密集时非易裂变铀转化为钚的情况，现在问题转化为反应堆的特性随着钚的装量如何变化。工作就交代到这里，一般来说，你得到的指导就只有这些。于是你说，“没问题，我能完成”，然后剩下就看你的了。你按照自己的思路开始工作，别人不会来管。要做什么由你自己来定，需要什么东西你尽管提，比如设备、做实验需要用堆时间等等，任何条件只要提了就有。当你已经准备妥当可以汇报工作计划的时候，如果这是个大项目，而且涉及到安全问题的话，主任会为此召集一个会议让你汇报一下。室里的所有领导都会参加。如果这个工作计划不合适，当场就会把它砍掉。一般情况下，你有充足的时间和资源把事情做好。

如果你的项目通过了这个考验，而且又是整个实验室反应堆方面主要的研究计划，那么下一步就到了反应堆安全审查委员会（Reactor Safety Review Committee，RSRC）。该委员会汇集了各专业里最顶尖的专家。他们的任务就是保证在实验室的反应堆上开展较为危险的工作时不能出现任何差错。我很有幸曾在这个委员会前露过一两次面。现在回想当时我在委员会的表现感觉有点可笑，但我保证当时我不会这么想。这个委员会相当活跃，问题一个接着一个，针对的是所有能想到的技术问题，让你不得不把细节讲得清清楚楚。逻辑上考虑不周的地方暴露无遗，对此他们表现得铁面无私，甚至有时我都觉得他们有些得意，其实这样的委员会就应该这样。

我记得很清楚，有一天晚上我开车回家，我当时已经在实验室待了几个月了，那一刻有种从来没有过的幸福涌上心头。我当时在想：“我现在是少有的高端人士了。没有人要求我干这干那，我做的事情都是按照自己的想法来的，我需要什么设备、需要什么帮助都有人提供，而且收入可观，这是多么幸福的生活啊！”

室里有些人就是日内瓦会议文献的作者，我在英国的时候就读到过他们的名字。不过那时候我并没有好好地研究过他们的文章，但对本领域中的那些著作我还是反复研究过的。实验室里跟 Walter Zinn 同一时代的人基本上都已经不在了——像 Joe Dietrich，对核事业的整体情况有深刻、独到的见解；John West，负责实验沸水堆建设的工程师，后来去了 GE 负责商用堆建设；Harold Lichtenberger，在 EBR-Ⅰ的建设中担任现场负责人。当 Zinn 离职去开公司的时候，这些人都跟他一块去了。但在他们之后不久就是 Bob Avery，Harry Hummel，Len Koch，Harry Monson，Al Smith，Walt Loewenstein，Dave Okrent，以及其他一些人，他们的名字我也早有耳闻，在日内瓦会议的文献上都赫然在列，在国际上都很有知名度，同时他们也是室里的领导。

很快我发现在阿贡并不全是一流的科学家和工程师，这也是情理之中的。有不少人比较突出，但真正有才华的、出类拔萃的也就那些，他们是个例。而正是因为这些个例实验室才建立起了现在的声望。我想任何领域都是如此吧，在阿贡，优秀的人确实是很优秀的。

其中最好的例子就是 Robert Avery，阿贡著名的反应堆物理学家。Bob（Avery 的昵称）在阿贡很受尊敬，这是有原因的。他有着非凡的天赋，逻辑思考能力异于常人。他学识广博，有一股自然的强大影响力。他很有头脑，这一点不是一般人能做到的，不仅在技术问题上，在行政、管理方面也是如此。他那时候是反应堆物理理论小组的组长，那年晚些时候大室分开新成立了反应堆物理室，他很快就被提拔做该室的主任。

无论是在反应堆研发的各个领域，还是在整个实验室的事务上，Bob 的影响力在后来的 30 年里都有增无减。后来，当我做出承担一体化快堆项目这一决定的时候，他对我的影响至关重要。Bob 一直是实验室精神和理念的传承者，跟我刚来阿贡的那几年没有任何变化。多年来，他一直引领创新。为了更好地发展，他一直努力地推动、敦促、说服能源部批准所需的项目和工程。其中有的项目与发现快中子增殖堆的某项重要特性相关。之后的几年主要是些反应堆安全方面的项目，如果没有这些项目的话，一体化快堆一些核心的东西可能还难以令人信服。

早年的时候他很低调。与 Bob 共事是很费脑子的，他总会从各个角度去看问题，当他觉得可以的时候，事情就差不多没什么可讨论的了。而且他对技术人员要求严格。对于那些有才华的人，他总是不厌其烦；但对那些态度或者水平较差的人他就没那么有耐心了。他曾不经意间说过一句话，让人心有余悸，这句话我后来也常拿来用，那次是他要求写一份分析报告，他看过之后很不满意，然后就很不屑地说了句，“还不如我自己写呢。”

图 3-2 Till，Avery，Schriesheim 和 Lewis（从左到右）在 Avery 的退休招待会上

更进一步来讲，Bob 的处事态度我后来都传承了下来。在我看来，实验室的接力棒已经传到我们手中，将由我们来确定并执行一切所需的工作，让快堆研究步入正轨。我们有研发工作所需的第一手资料，但只有这些还远远不够。看清了研究的方向是一回事，能干得成又是另一回事。Bob 告诉我们，只要你知道该怎么干就一定能干成，

你一定能让宏伟的目标成为现实。

有这么一件轶事，那是一体化快堆项目开展了几年后的一天，有个苏联代表团来参观实验室，包括反应堆专家、官员和一些政客。他们里边最大的领导相当于我们的能源部部长，此人有一些技术背景，但说话很冲。寒暄几句后他就毫不客气地说苏联的项目比我们的更先进。我毫不相让地回敬他说，我们尝试过他们的路线，发现不够好，我说他们会失败的，祝他们好运。然后我介绍了一下一体化快堆项目。他一开始不说话，后来他问，“这些想法是从哪儿来的？”考虑到他与我们的能源部长是同等的身份，我就说这是来自于能源部的项目。“不是，”他说，“这肯定是你们实验室的想法，好的想法都来自于实验室。”后来在宴会上我们坐在了一起，我发现在很多事情上我们的观点都是一致的，大家共同度过了一个愉快的晚宴。

在阿贡最初的几年，我发现直接拿起电话去找那些本领域最权威的专家请教技术问题是很受欢迎的做法，只要对工作有帮助就不要客气。我充分地利用起这一有利条件，在最初的那几年里我打了很多电话，那些人我从来没见过也没说过话，但他们都很热情地把专业的见解讲给我听，而他们也压根儿不知道我是谁。

技术研讨会是很自由的，大家可以无拘无束地讨论。吵架是常有的事儿，有时甚至搞得面红脖子粗。有时候是因为一项实验结果的不同解释而争论，有时候是因为讨论某项计算是否正确而大吵起来，有时是针对某个现象的理解程度是否到位争论不休，但都很自由。这种场合要心平气和地把事情讨论充分是很难做到的，但事情总能得到解决，而且往往能解决得很好。最后大家走出屋门仍然是好同事，仍然是朋友，有说有笑，这就是阿贡的做事风格。

当我编写完关于钚的实验计划初稿的时候，我去找所里的理论小组问一些问题。他们说 Bob 应该知道，所以就把我带到了他的办公室。听完我第一个问题以后，他询问了一下相关情况，然后他让我把工作从前到后给他讲一讲。整个描述的过程，大约一个小时左右，他只是平静地看着我，不说话。我每说完一段就等一下，他会说一句“听起来应该没错。”然后他就又不说话了，直到我再讲完下一段，然后就又是相似的一句温和的评论。那时候他对我的工作不负领导责任，他只是在一个从来没见过的资历低很多的同事身上付出时间。最后，他站了起来走到桌子旁说，“这个没有问题，查克，很高兴认识你。”当时我很欣慰工作做得没有问题。

后来我发现那本被温斯凯尔人称为“圣经”的 ANL-5800 文献就是由他负责编写的。这本圣经有个朴素的名字《反应堆物理常数》。很多人编写的章节都要由 Avery 来校订的。有一次说起这事儿，他告诉我说，“我就当成是每页都有个错误，让我来找到它。”我认为这才叫“校订”!

尽管 Walter Zinn 已经离开阿贡实验室多年，他的影响力依然很大，人们还不停地在讲关于他的故事。Zinn 很反感做事糊里糊涂，对拖延和找借口更是难以容忍。很多年以后我去佛罗里达州离他家不远的地方开会，跟他见了一次面。他问我 40 年代末实验室刚成立的时候建的那些临时建筑是否还在。他说，“当他们告诉我需要多长时间才能建好永久性建筑的时候，我就说先给我建临时的吧，任何事情只要值得做就无论如何要在 10 年内干成！”这种精神很值得尊敬。

当时还有些人曾与费米（Fermi）一起工作过，但已经为数不多。我刚去的几年，偶尔还能听到有关他的故事。其中之一就是“工资曲线”，实验室通过它将薪水与绩效挂钩，最顶端的一条曲线就叫做“费米曲线”。后来，我曾与一位文质彬彬的名叫 Bill Sturm 同事一起工作，曾是费米的研究生，CP-1 临界的时候他也在场，我偶尔会回忆起他。但整个来讲，大家对 Fermi 提及的不是很多，而 Zinn 的影响却持续了很长一段时间。

那年秋天刚到的时候，我就准备好了与全室高层技术管理人员的会议，会上将对关于钚的实验进行评定。实验计划考虑得很周全，它涵盖了所有必要的实验、测量，目的就是搞清楚氧化钚燃料在由水慢化的反应堆里的行为，所用的材料我也已经与 Avery 还有其他一些人反复讨论过了。此外，还有一个很重要的问题，这个棘手的问题在我与 Avery 讨论的时候并没有涉及。那就是，测量过程的安全问题必须要得到保证。从建筑上来讲并没有一个所谓的安全壳，反应堆将手动操作，它对超功率事故的包容能力有限，此外钚的裂变产生的缓发中子数量较少，所以应对反应性差错的裕量就偏小。

我已经做出了唯一可能的努力。无论在什么条件下，都不可能再对厂房做进一步的改造了，这个轻巧的厂房所能提供的安全壳就只能是现在这个样子。如此一来我只好对实验加以限制，这样只要多注意一点，任何可能发生的事故都不会产生太大影响，即便发生事故时燃料棒的不锈钢包壳也不会被损坏，在我所列出的任何情况下都不会发生放射性泄漏。分析过程中进行了很仔细的计算，我对结果还是很有信心的。

但反应堆是在阿贡的伊利诺斯厂区，而不是爱达荷的荒漠。经过充分的评审，全面的讨论，考虑到所有人的意见，时任主任 Bob Avery 很平静地做出了最后的决定：“这样的实验是不能做的。”无需进一步讨论，无需进一步建议，也不用再申请了。这些“项目人员”发挥了他们的判断能力，他们可是世界上最牛的人，他们觉得不行就是不行了。不用折腾来折腾去，没有程序上的拖延，也不会浪费精力，这样一系列酝酿的实验经审查后尚未开始就终止了，理由很充分，这是以阿贡的方式让你接受一次教训。

其时阿贡已经是几个国家实验室之一了。每个实验室都有自己的专业领域，实验室之间也会有意地在研究领域上出现相当大的重叠。阿贡的专业领域当然是反应堆研发。曾经有内部知情人士告诉我说，Zinn 很值得称赞的一点在于他不仅觉得阿贡不应该垄断这项工作，而且还认为有其它的实验室、其它的想法、其它的堆型参与进来会加快发展的步伐，他觉得这一点很重要。

联邦政府通过原子能委员会（AEC）来资助这些国家实验室。无论过去还是现在这些实验室都由私立的托管单位来管理，比如高校、大型公司，有的是一些专门为此成立的企业，这种制度是美国特有的。对于其它国家，实验室都是由相当于 AEC 的政府机构来直接管理的。对于阿贡国家实验室来说，签署托管合同的是芝加哥大学，也就是阿贡的诞生地。其间也曾出现过芝加哥大学与其它大学、企业共同管理的时候，但大部分时候都是芝加哥大学独自管理。直到今天芝加哥大学依然是阿贡的托管单位。一直以来芝加哥大学对阿贡的日常事务管得很少，但对于实验室的研究工作一直很关注，确保其达到尽可能高的水准。此外芝加哥大学还参与实验室高层领导的任免，尤其是实验室主任。

评审委员会也负责质量评价，主要任务是对各个研究室的工作进行年度审查，一般会持续两三天。这些评审委员会都属于芝加哥大学，但其委员由多所大学和其它实验室的知名科学家和工程师组成。阿贡的每个研究室都有一个专家委员会，他们将向芝加哥大学提交一份报告来汇报他们得出的审查结论。其中额外的好处在于阿贡做汇报的人将有机会结识其它实验室的重要人物。

阿贡也很重视其它实验室的工作，对他们的科学家和工程师也相当尊重，并且十分关注其研究进展。在此要重申一下，那个时候仍有很多东西没弄明白，很多重要的数据、现象尚未研究清楚，很多时候所做的工作都是该领域的世界首次。我最早的一次向评审委员会汇报工作是在 1965 年。那时 Dick Lewis（后来在一次撞机中身亡，曾经的全国特技飞行冠军）和我刚完成一系列测量，该工作承接的是一年前阿贡开展的快堆多普勒效应研究。这一反应性效应对于反应堆的安全运行至关重要，通过阿贡的研究工作（以及原子国际 Atomics International 的 Stu Carpenter 和他的同事开展的工作）在一定程序上彻底搞清了不同材料、不同工况下该反应性效应的大小。这个委员会给我留下了极为深刻的印象，他们中的一些人是我曾经用的教材的作者，与他们的深层次讨论也让我记忆犹新。

我们想尽可能快地把文章写出来，然后开展下一步工作。或许可以将一篇总的文章投到一个科技期刊，或者如果可以的话出一本“阿贡绿皮书”，再写个四百字或两百字左右的总结，用于在半年一次的美国核学会（American Nuclear Society，ANS）会议上做一个二十分钟的报告。在美国核学会的会议上对新近的工作进行汇报时，总是座无虚席，很多人只能站着听。多普勒效应相关的工作是很前沿的，得到的关注很多。各个分会场的提问都很活跃，有时候听众中的一些人会跟报告人、分会场主席一起讨论起来。新的见解、新获取的信息往往是讨论的焦点。这就是新知识形成的过程，这样非常好！然后大家回到实验室，回到自己的工作岗位，继续把工作向前推进。阿贡肩负着增殖快堆的重任，仍有很多的特性我们还不清楚，仍有很多现象我们对其效应大小还完全未知。

我们的工作没有早晚。正常来讲，科研人员在白天上班时必须在岗一段时间，只要你这么做了就认为你这一天上班了。那些年我的工作主要是围绕“零功率堆”（Zero

Power Reactors）的实验。这是一些临时性的反应堆，就像小孩的积木一样可以很快地组装、拆卸，从而获取一些与反应堆主要特性相关的信息。当时在伊利诺斯厂区我所在的地方有两个这样的反应堆装置用于快堆研究，还有两三个用于轻水堆研究，而轻水堆的技术就更常规一些了。当时的惯例是由合适的实验员来全权负责某个反应堆，由他来分配反应堆的使用时间，并有权安排支持人员以便实验能够迅速开展。经常会有实验人员在那儿排队，等待他们的“反应堆使用时间”。

当时给我们安排的时间长短不一，短的有一个星期，最长的一次是 4 个月。在这段时间里，我一般都是按规定时间 8:30 上班，在正常的上班时间里把那些常规的事务处理完，并为晚上在反应堆上开展真正的实验做好准备工作。实际测量工作一般都是在下午 5:00 后开始，需要干到什么时候就干到什么时候，干到半夜或者凌晨两三点钟是常有的事儿。完事之后回家只待几个小时，新的一天就又开始了。对测量工作而言最好是一气呵成，中间不要间断。测量工作一般都要几周，完成以后我们就休息一段时间。一般会放松一两周，然后我们就又开始做下一项工作了。这就是阿贡的风格，这个时期就这样。

3.1.2　Shaw 时期在阿贡的日子

几年以后，形势发生了变化。自由地无拘无束地搞研究已经不太容易了，花在实际研究工作上的时间也比以前少了。这样的波折一共有两次。第一次是 Shaw 在任的时候，那时候他采用了 Rickover 强硬的方式来管理技术项目，这给增殖项目整体上带来的影响在前面已经大体描述过了。第二次是稍晚一点文书工作不断加重、官僚监管事务激增的时期——也不管这些事务会对实验室的工作产生什么作用。对日常的一些安全问题过度地关注，同时还不断有各种意义不大的培训活动，等等。实验室的技术人员、搞创新的人一直都受到这些事情的影响，在那两段时期的感受大不相同。

在这两个时期，这些硬性规定的行政管理上的负担只会让科研人员感到厌烦，而研究工作的质量却未受到重视。实验室还是尽最大努力为研究和开发工作营造一个良好的环境，总得来看还是做到了的。针对报告制度，当没有什么可报告或者一些结果的意义尚不清楚的时候，我们处理起来就根据其意义大小来把握。对于那些为一两次测量而组装然后马上拆除的实验设备，强制要求的完整的质量保证（QA）流程我们能避免就避免，如果实在避免不了就尽可能地简化。大家都感觉这完全是浪费时间，但整体上来看科技人员还是应付得了的。

在 Shaw 时期，有一次，我们正准备在其中一个低功率反应堆上设计一个大的可变温度区，用于对某些温度效应进行整体的测量。由于这不是一项简单的设计，所以我就找了一个能力最强的核工程师来接手这项工作并把它完成。他很快就断定应力分析并不难，花了一周左右的时间就完成了，他还分析了可能出现的安全问题，并加以解决，正打算解决另外一些问题。这时候，Shaw 派驻阿贡的一位代表要求必须开展全面的质量保证工作。我的这位同事马上就来找我，告诉了我事情的大体经过，然后强调说要做到他们的要求起码需要几周的时间，所有的事情都得拖。“你说该怎么办，查克？这些东西我也可以做，这个不难，只要花时间就行。我得到的报酬也是一样的。但是我敢肯定要做这些事的话就完不成真正需要做的工作了，你说我该怎么办呢？”

但是，真正受损害的东西比这大得多。在 Shaw 时期，损害最大的是实验室对自己的研究工作的掌控能力，是 EBR 路线的终止。在 EBR-Ⅱ的发展路线上没有了后继项目，EBR-Ⅲ是不会到来了。是的，EBR 路线能够实现的那些东西在当时确实还看不出来，但正因为这样，当时研究工作本应该继续下去。如果措施得当的话，很多后来才发现的事情在很早的时候就能发现。对于增殖堆这样的创新性研究，在它发展过程尚未成熟的时候就把它叫停，还把增殖项目改造成以工程建设和商用运行为主的项目，在研发工作已经证明其前景的时候，竟然仍觉得没有必要搞后续项目。这是判断上的重大失误！

对于选定的另一个增殖堆设计，从来没有建过原型堆进行验证。采用这样一个全新的反应堆概念只是为了解决燃耗问题，而后来发现这一问题只是暂时的。反应堆有很多重要特性，燃耗只是其中之一，它虽然重要，但毕竟只是要考虑的因素之一。很显然（尤其在当时来看）金属燃料在堆内的寿期不够长，而氧化物可以。做出这样的选择并没有考虑如何解决其它方面的一些问题，其实研究中已经发现了反应堆其它方面很重要的问题，并找到了理想的解决办法，在做出选择的时候应该把这些东西都考虑进去的。当时做决策的时候也没有对钠冷快堆中使用氧化物燃料进行过研究，回路式布置已经用于水堆，而且是没问题的，所以当时未经考虑就把它直接移植到钠冷堆上了。然后，对选定的设计开展实际研究工作以探究其重要特性的时候，结果只能这样了。这些特性肯定不会有问题——后来的几年里，有三个国家实现了这样的设计并投入了运行，但这远没有达到钠冷快堆所能达到的水准。

Shaw 在管理上存在的问题对不同的人产生的影响也不同。这取决于你在单位里处于什么位置以及技术上是什么专业。对于像化工、冶金这样的专业领域，所有的研究项目都被终止了，因为已经不再需要。这样做的后果就是把有才华、有经验的人从增殖堆研究工作中赶了出来，使研发工作停滞不前。贝特（Bethe）对此的谴责我已经在前面的章节里说过了。对此，没有可以顶替的人，阿贡是有这样的人的，只是他们都去做别的事情去了。

在工程领域和技术管理，尤其是运行方面，Shaw 带来的变化非常显著。但是在阿贡独占鳌头的增殖堆领域，其影响即便是在研究所的管理方面也很小。在反应堆物理方面，有些必定很重要的增殖堆芯参数还远远没有研究清楚，Avery 主任做出的判断非常重要，Shaw 和他的下属丝毫没有插手这些工作。同样的还有反应堆安全，氧化物在钠冷反应堆中的特性决定了有可能产生剧烈爆炸，尽管出现这种情况的可能性很小，但这种可能性依旧是不能回避的，只有阿贡能在这方面有力地开展工作，而且要由 Avery 来负责。

还有一件事，按照当年美英之间的合作协议，AEC 将把一位美国联络官员派驻到英国的某个核实验室现场，当时被称为技术代表。当时驻英国那人叫 Bill Hannum（后来在 AEC 和 DOE 负责物理，之后负责增殖堆安全，再后来成为了我在阿贡的同事，一起做一体化快堆），任期快要结束了。我当时想再去英国待两年，所以我就去了 AEC 总部谈这个事情。我的会见持续了一整天，除了 Shaw 本人那天有事以外 RDT 的全部领导我都见过了。快要结束的时候，我又回到了刚开始见我的那个人那里，当时他负责物理。那天 Shaw 手下的一位官员急匆匆地告诉我说，Shaw 希望我在英国的事情上面能随时给他打电话，无论白天还是晚上。我在物理方面的联络人满头白发，带着教授的派头，像那种在学校待了很久的老先生，他问我有没有接到什么特别的指示，然后我就把 Shaw 的话告诉了他，他轻叹一声说，“算了吧，查克，我们应该把英国人当成同事。别搞得跟詹姆斯・邦德（James Bond）似的！”我去英国任职的申请通过了。由于接受了这个职务邀请，所以就放弃了在自己实验室的一个不错的晋升机会，这样也省得在那些充满矛盾的决策制定过程里费心了。

由于一些重要原因，整个 70 年代和 80 年代前期预算不断削减以腾出资金用于能源部的其它工程和项目。这对实验室及其员工的影响是相当之大的。一些变化不可避免，但并没带来破坏性的后果。科学家和工程师受到的影响并不大，而且我觉得他们也并不是很在乎这些事儿，他们依然受到跟过去一样的专家待遇。这样的态度足以说明实验室在给技术人员的待遇和对他们的期望方面做得很成功。他们可以安心工作，无需考虑工作待遇上的事情。

然而，阿贡在增殖堆研究上的核心地位正在丧失，这才是最严重的。只有独立承担重大项目才能得到最好的结果。当阿贡不再加紧开发全新技术所需的实验堆的时候，很多东西就已经失去了。一体化快堆曾让这些东西重新回到了阿贡，至少是其中的一部分，最优秀的技术人员也随之成长起来，每天都有令人高兴的进展，这才是一流实验室应有的氛围，做他们最擅长的东西。

3.1.3 一体化快堆时期

一体化快堆项目立项时，大家都清楚目标是什么，这确实是个很大的目标。每个人都清楚自己的工作有多重要。都知道自己在干一项什么样的事业，它为什么如此重要，为什么要做这样一件事情。我经常提醒别人，当你成为一项事业的一部分，并一同将它完成的时候，你也一样创造了历史。

我见证了在 Milt Shaw 时期时间是如何丢逝的。那个示范堆本来就不完善，验证工作又做得十分缓慢，每一步都锱铢必较，因而花费巨大，停滞不前，一直都没建起来。此时，我关心的已经不是这件事了，氧化物的概念已经不复存在了，我关心的是因此而失去的时间。我终于明白了 Zinn 对于研发工作的急切心理，以及他的催促，研发工作的步调真的很重要。我知道应该采用什么样的模式去做了，应该马上行动，遇到问题再去解决。

然而，我们要做的事情太多了，方方面面。起步的时候我们手头没多少东西，经费也是个问题，张（Chang）只好拆了东墙补西墙，在需要研发经费的地方相互调配。按道理来讲，经费应当从运行预算中来。一般情况下，哪儿有建设哪儿就有预算，这是与人员、设备等常规经费分开的。可惜我们享受不到这一点，当时预算太紧了。但我清楚地知道哪儿将要花一大笔钱。我们必须验证整个的燃料循环，包括燃料制造、乏燃料后处理、以及废物处理，而后处理是其中的关键。我们必须将老旧的 EBR-Ⅱ燃料循环热室重新用起来，当时它已经废弃不用一段时间了。

为此我们需要进行一些建设，并且必须满足现在的标准，这样才能安全地重新投入运行。阿贡有个惯例——重要的是人，不是设备。研发使用的设备需要达到现今的严格标准，就够了，不需要在这上面耗费太多精力。已有 30 个年头的 EBR-Ⅱ燃料循环设施不得不重新投入运行。另一个惯例——最难的工作给水平最高的人做，要有才华有干劲儿，教育背景不重要。所以这项工作给了 Mike Lineberry。Mike 早在一年多以前就接手了热室的管理工作，因为当时我想确保在燃料刚出堆进行检验时，新的、运行中的热室 HFEF 就已经准备好能够提取钚了。Mike 是 Cal Tech 的物理博士，专业背景很强，他与张（Chang）、能源部的 Ray Hunter、以及我们的预算人员一起将这个老旧的设施重新运行了起来，所花预算几乎为零。

能源部配合我们工作的是德高望重的 Ray Hunter。他是一位令人钦佩的人，非常博学（他的背景可以追溯到 20 世纪 60 年代底特律爱迪生（Detroit Edison）的 Fermi-1 快堆电站），在预算问题上总能找到巧妙的解决办法，处理起问题来很干练果决。Ray 在这项工作中确实不可或缺。他做起事儿来的热情一点都不亚于我们。最终他找到了办法，我们得到了足够的经费，但也仅仅是足够而已。“焕然一新的燃料循环设施”重新运行了起来！在 Ray 的无私帮助下，我们尽最大努力在各个方面都加快了其研发步伐。

在这里讲个与之相关的故事，Mike Lineberry 曾经看见张（Chang）在一次会议上将一个非常复杂的预算公式展示给 Ray 看，会议就是专门为这事儿召集的。Chang 讲完之后，大家沉默了很长一段时间。最后，Ray 发话了，“永英（Yoon IL），”他说：“我知道某个地方打了埋伏，难道让我给你指出来吗？”

我觉得，每个人都会为参与过一体化快堆项目而感到格外自豪。它被称为“曾经的岁月”。我估计现在有很多员工都知道那段历史。在爱达荷，也有一小部分人知道“一体化快堆项目”，他们中的一些人一直关注着它的进展。当它终止的时候，我们可以问心无愧地说，我们就只能走这么远了，这已经是我们最快的速度了，我们能做的只有这些了！

图 3-3　在阿贡东区，Till 和他的几位主任、员工在一起

3.2　张润一在阿贡的经历

恩瑞克·费米（Enrico Fermi）在芝加哥 1 号堆上实现首次受控链式反应的那年，我出生了。埃森豪威尔总统的“和平利用原子能”计划于 20 世纪 50 年代末传到了韩国，也就是那个时候我决心投身核事业。1959 年，韩国原子能研究所（Korea Atomic Energy Research Institute，KAERI）成立了，同时首尔国立大学正式组建了核工程系。在当时的韩国进大学靠的是成绩，而核工程系的分数线是各学校各系里面最高的。在高中时我名列前茅，核工程是我的梦想。然而，当我们毕业的时候面临的却是冷酷的现实——当时韩国在核领域没有什么就业机会，我们班大约三分之一的人都投身了其它行业。我决定继续追求我的梦想，在义务服兵役结束后，我来到了美国读研究生，最终，我留在了这里。

我与阿贡的第一次接触是 1966 年，当时我正在“德州农机大学”做硕士项目，来阿贡参加一个为期一周的学生会议。当时我就想如果哪天能在阿贡工作还是很好的。1971 年，我在密西根大学完成了博士研究项目，然后就写信给阿贡，但那时阿贡还不对外公开招聘。因此，我选择在亚特兰大的核保险公司（Nuclear Assurance Corporation，NAC）工作。NAC 当时的主要工作是收集燃料循环方面的数据，并为用户和燃料循环供应商提供供求分析服务。他们从 GE 招聘了几个经验丰富的工程师，打算把业务扩展到核运行可靠性保障方面。他们的思路是通过各个运行反应堆里的德州仪器终端收集运行数据、异常事件数据、维护数据等等，然后提供趋势分析。此外，还能基于其它反应堆里已有的经验为反应堆操作员提供操作建议。获取所有正在运行反应堆的数据其意义是很明显的，尽管如此，这一想法还是没能实现，因为没有人愿意第一个签字并交出数据。

这里要另外提到一件事，几年以后三哩岛核电站 2 号机组发生了事故。我去图书馆查阅了一本活页的出版物，它汇集了各个正在运行的核电站向核管会上报的异常运行事件报告。当时我发现，发生在三哩岛核电站 2 号机组的事故序列不久之前在与之非常接近的 Davis-Besse 核电站也同样发生过，但是经过一番周折这个反应堆得到了控制。后来我常想，如果核运行可靠性保障网络得以实现的话，三哩岛核事故就能避免了。这样的话，操作员就可以咨询该系统，甚至能直接收到来自其它电站操作员的实时回应。

1974 年当我得知阿贡开始对外公开招聘的时候，我非常高兴，我觉得我终于找到了一个值得为之奉献一生的地方（后来我才知道，那年 Till 为了组建他的研究室进行了大规模的招聘，我是其中之一），核事业的春天到来了。当时大约有 40 余个反应堆在运行，每个月都有新的反应堆订单，很快反应堆订单数量就达到了二百以上。原子能委员会也有其宏伟的计划，当时正在准备两个大的环境影响评价报告：一个是"基于混合氧化物的环境影响报告"，基于通过后处理在轻水堆实现燃料循环；另一个是针对液态金属冷却增殖快堆（LMFBR）的环境影响评价报告，认为到 2000 年的时候将会有大量的快堆投入运营。

我在阿贡的第一项工作是为国家先进燃料项目做堆芯设计研究。当时是研究碳化物和氮化物燃料，因为跟氧化物比起来碳化物在增殖性能上潜在的优势更大。这些研究为快堆设计奠定了基础。不久以后我开始跟着 Till 搞反应堆路线研究，从此开启了我们长期的联系。我在阿贡的整个职业生涯里他都是我的领路人，无论是在核方面还是在其他方面都对我产生了深远影响。

从 1977—1979 年的两年间，"国际核燃料循环评价"（International Nuclear Fuel Cycle Evaluation，INFCE）项目开始实施，那两年干得热火朝天——我们每天都工作很长时间进行计算和分析。由于有 40 多个国家参与，出差特别多。阿贡在快增殖堆工作小组里面起带头作用。此外还有一个同步开展的民用项目，"防核扩散备选系统评价项目"（Nonproliferation Alternative Systems Assessment Program，NASAP），它涉及的范围非常广，而且像 INFCE 一样涉及多个机构和实验室。针对一些技术和组织管理问题，我们与其它单位进行了频繁的沟通。因为我们具备计算各种不同堆型的能力，所以我们有大量的技术可行性评审工作，涵盖了各种备选堆型和燃料循环概念。在此期间我也大大地增长了见识，让我在反应堆设计上思路更加开阔。这也让我懂得了如何去评价和比较不同的技术方案，这一点对后来我的工作意义非比寻常。

也正是在此期间，Till 开始负责阿贡的反应堆项目。全国范围内投入到增殖堆研究的经费仍然很多。即便没有 CRBR 项目的经费，快增殖堆的研发项目预算仍然能达到每年几亿美元。阿贡的增殖研发项目由多个研究室来承担，总体上都对原子能委员会以及后来接替原子能委员会的政府机构负责。反应堆物理、安全、材料、装备、以及化工都有各自独立的研究室，EBR-Ⅱ也有一个单独的研究室。研发的组织与协调工作由政府掌管的国家技术管理中心承担，该中心涵盖了安全、燃料与材料、装备技术等等。对于阿贡来讲，这样做的后果是某个室的科学家和工程师不了解其它室的项目，也不会接触其它室的员工或者他们正在研究的技术。组织协调不在实验室做，交给了政府部门。

Till 打算将阿贡增殖项目的各个部分进行整合，如果有机会的话重新回到 EBR 的发展路线上来。他让我组建了一个“系统工程与综合小组”，其实这个名字并不能说明该小组的真正工作。当时 CRBR 项目还在继续，有个工业小组正准备用同样的技术设计一个更大的原型增殖堆，所以考虑其它的技术方案并没有多大的意义，无论该方案有多小，对我来说都是一个令人兴奋的工作。设计工作由 EBR-Ⅱ原来的设计工程师牵头，包括 Ralph Seidensticker、Jim Burelbach、Bill Kann、Wally Simmons、Ken Kuczen、Ernie Hutter 等等，他们来自于多个研究室。除此之外，当时 EBR-Ⅱ的员工也参与其中，这个团队更加强大，包括 John Sackett、Gerry Golden、Roy McConnell、Ralph Singer 及其他一些人。此外，还有一些技术项目中负责技术的领导，比如 John Marcheterre、Paul Huebotter、Dave Lennox、Mike Lineberry 等也参与了其中的很多工作。

大家斗志昂扬，对于眼下的工作充满了极高的热情。多年来我们第一次感受到正在完成一项伟大的任务。事实上，我们正在设计的就是 EBR-Ⅲ，虽然说我们从来不会那么叫它。我们试图把从 EBR-Ⅱ中积累的教训以及多年来的技术创新尽可能多的应用其中。

努力的结果之一是进一步证明了未来的快堆必然要采用池式设计。这样不仅成本会降低，同时也有利于使反应堆的非能动安全性大幅提高，对此本书后续章节会详细讨论。在那个时候，回路式设计还是快堆发展的范本，FFTF 以及后来的 CRBR 都是回路式设计。到 1982 年年中我们已经整理完成了一个 1 000 MW 池式 LMFBR 核电站的概念设计，为此我们还寻访了各个反应堆供应商，CRBR 的承包商西屋公司对此并不感兴趣。GE 当时正致力于他们的创新型设计，这项设计后来发展成为他们的模块化快堆 PRISM，所以他们对此也并不感兴趣。然而，洛克威尔国际公司（Rockwell International）也正在考虑池式布置，他们很乐意与我们共同组建一个团队联合开发大型池式核电站。

由 Wayne Meyers 和 John McDonald 两人组成的洛克威尔（Rockwell）管理团队给此项工作带来了很大的帮助，他们的工程团队由 Ernie Baumeister、JayBrunnings、Dick Johnson 等人领导，工作非常出色。与他们一起工作完全是一种享受，对他们的工作能力我也非常赞赏。可以说，在快堆领域他们是我合作过的团队中最棒的。“大型液态金属冷却快增殖堆（LMFBR）池式电站”的最终报告于 1983 年秋发表。这确实是洛克威尔国际公司与阿贡国家实验室共同努力的成果，但还有其它一些较大的贡献来自于 Bechtel，GE，Combustion Engineering，and Chicago Bridge & Iron 等。CBI 的贡献主要在于池式设计可施工性评估，此外他们在大型容器及相关部件的设计方面也提供了很多宝贵经验，这是整个设计中很关键的一个部分。一年后一体化快堆项目立项的时候，采用池式设计已经成为板上钉钉的事情，与金属燃料、干法后处理一样，它也将成为一体化快堆的主要特征。

研究一体化快堆的十年是阿贡非常精彩的一段岁月。尽管从一开始就遇到了政治上的挑战，但在技术上不断涌现的新发现以及研究本身所具有的开创性让每个人都斗志昂扬、干劲十足。对于这样宏大的工程一般不会有超预算的经费投入，但依靠我们的努力、创新精神和十足的干劲，我们最终还是没有超出那十分吃紧的预算。

其中一个很好的例子是在刚开始的时候制造钚燃料。EBR-Ⅱ的驱动燃料是不含钚的，所以要对一体化快堆燃料合金进行辐照试验的话必须建立起含钚燃料的制造能力。当时整个阿贡实验室还没有这样的能力，所以我们想到的第一个办法就是借用洛斯阿拉莫斯实验室的钚燃料生产设施。但是它们有自己的任务安排，时间来不及。我们必须尽快做这件事，而且越快越好。当时负责一体化快堆项目燃料工作的人是 Leon Walters，我问他大约需要多长时间才能在阿贡西区建造一个钚手套箱设施，他回复我说大约需要三个月。然后我们就按这个计划动工了，放弃了求助洛斯阿拉莫斯实验室这个办法。在工程建设进行到一半的时候，能源部的项目经理来现场查看进展情况。他说我们不可能按计划完成，而我只能同意他的说法，因为当时现场一片混乱。然而，工程最终如期完成，实际上还富余了几天时间。Walters 告诉我说每个人都鼓足干劲力争按计划竣工，工作效率非常高，周末也一样干。这样一来，一个钚的生产线从无到有在短短的三个月内完成了。

当时 EBR-Ⅱ的驱动燃料是在一个小房间里制造的，位于很早就有的燃料循环设施厂房里。能源部的安保办公室认为高浓铀在这种地方不太安全，所以他们提供经费专门用于建造一个全面设防的燃料制造设施。当时我想利用这部分资金从设计上改造一下燃料制造设备从而能够使处理量从 5 kg 提高到 20 kg，这样一来我们就能证明这一生产工艺完全能够扩展到更高的产量。负责制造的人员已经适应了低产量，所以一开始他们并不支持，但最后他们还是同意将处理量提高到 20 公斤，这可以通过两个 10 公斤的坩埚来完成，这样做是因为有临界安全方面的限制。后来证明这一改造是具有重要意义的，这种新的燃料制造设施（Fuel Manufacturing Facility，FMF）生产的金属燃料不仅能够满足 EBR-Ⅱ的需要，对于 FFTF 也不成问题。位于 Hanford 的半自动制造线（Semi-Automated Fabrication，SAF）当初是为了给 CRBR 供应 MOX 燃料而建的，此时尚未完工，并且仍需要相当大的一笔资金，而由 FMF 供应金属燃料则不需要多少资金。能源部于是做出了一个自然而然的决定，把 FFTF 转为使用金属燃料，并成功地完成了几个先导组件的辐照。后来决定永久地关停 FFTF，堆芯转成金属燃料的工作也因此停了下来。

对固有安全性的重视是从一体化快堆开始的。然而，这个想法最初来自于 EBR-Ⅱ的管理团队。在 John Sackett 和 Pete Planchon 的领导下，他们筹划并实施了一系列电站鉴定试验，从而全方位地验证了反应堆在失去冷却剂事故下是安全的，不需要进行控制或者安全系统动作。1986 年 4 月他们开展了具有里程碑意义的一些试验，标志着他们的工作达到高潮（将在第七章里详细介绍）。此时，能源部同时投资两个项目，一个是由 GE 设计的“创新性小型模块化反应堆”（Power Reactor Innovative Small Module，PRISM），另一个是由洛克威尔国际公司（Rockwell International）设计的“钠冷先进快堆”（Sodium Advanced Fast Reactor，SAFR）。两者存在竞争关系。鉴于我们与大型池式堆的合作，我们没有花太多力气就使得 SAFR 决定选用金属燃料作为其参考燃料，而 GE 却仍不愿意这么做。但在固有安全性试验之后，PRISM 的工程经理 Sam Armijo 访问了阿贡，并宣称他们决定也转用金属燃料作为参考燃料。

最令人激动的发现和进展来自于干法后处理。按照通常的做法，一个研发项目要经历实验室规模、台架规模、工程规模、中式规模等等。我根本来不及走完所有这些必要的环节就已经在改造后的燃料循环设施（FCF）上开展了 EBR-Ⅱ乏燃料处理的热验证工作。曾经参与过早期 EBR-Ⅱ乏燃料电解精炼的 Les Burris 负责领导干法后处理研发工作，跟他配合的还有其他一些早年的领军人物，像 Bill Miller，Bob Steunenberg，Dean Pierce 等人。在设计 FCF 热验证工作所需的电解精炼及其它一些设备和系统的同时，基本的工艺流程研究也必须同步进行。制造、试验以及最终的评审相继而来，整个过程中工艺流程本身的研究也一直在推进。早期的结果对于最后的成功非常关键。最重要的一点在于所有重要环节的工作必须同步向前推进，配合工艺研发，同时对设备进行改进。

FCF 的改造工作完全是另外一种挑战。该设施建成的时候能源部还没有建立起现有的规定要求。在预算很紧张的条件下使该设施符合能源部的规定是一项不小的挑战，我们中的一些人开始的时候都不敢确定这是否干得成。共同负责此项工作的 Mike Lineberry 和 Bob Phipps 克服了重重障碍，过程十分艰难。Harold McFarlane 争取到了所需的环境许可，而 Bob Benedict 保证了设施和工艺设备系统在技术上不存在问题。在按照全新的思想检验并安装干法后处理系统的同时，FCF 本身的改造也是一项浩大的工程，这也是一体化快堆项目技术上主要的成就之一。

在一体化快堆项目的早期，来自日本电力产业中央研究院（Central Research Institute of Electric Power Industry，CRIEPI）的 Sadao Hattori 听说了我们的项目就来到阿贡西区进行参观。他对一体化快堆的前景非常看好，并于 1987 年在东京花了一整天对一体化快堆项目进行了汇报。听众中有一个关键的人物 Ryo Ikegame，他是东京电力公司的执行副总裁，同时还是电力公司联盟液态金属冷却增殖快堆执行委员会的主席。他代表的是整个产业界，在他的支持下 1989 年他们与美国能源部签订了一份一体化快堆技术合作项目合同。一开始范围仅限于干法后处理的研究，两年后代表其他所有业主的日本原子能公司也参加了进来，合作范围也进行了扩展，将改造后在 FCF 上开展的燃料循环示范工作也包含了进来。此外还与东京、Kansai、Chubu 的电力公司单独签订了合同对轻水堆乏燃料干法后处理进行可行性研究。1994 年一体化快堆项目取消之前还曾与“日本动燃团”（Power Reactor and Nuclear Cycle Development Corporation，PNC）签了一个合同，它是日本原子能机构（Japan Atomic Energy Agency）的前身。这些合同前后算下来，日本给了我们1亿美元以上的资金。当一体化快堆项目取消时，这些合同也终止了。

与日本企业合作的那几年是我职业生涯中比较精彩的一段时间。看到当时美国核能的处境，我真以为一体化快堆及干法后处理会首先在日本实现商用化。Ikegame 是很有眼光的。他还曾委派了一个实地考察小组对阿贡两个区的设施进行了参观考察，该小组由 Yoshihiko Sumi 带领，他是 Kansai 的执行副总裁，后来成为了 JAPC 的总裁。日本原子能委员会（Atomic Energy Commission of Japan）的时任主席 Yoichi Fuji-ie 也是坚定的支持者。他曾带着日本代表团来参观阿贡西区的设施。“眼见为真”，在这种情况下这句话并不是白说的。那些年来参观过 EBR-Ⅱ和 FCF 的产业界人士，无论来自日本还是美国，离开的时候都对这项技术坚信不疑。

我因为在一体化快堆研发技术上的贡献而获得了能源部的劳伦斯奖（Lawrence Award），可笑的是颁奖典礼竟然是在能源部宣布一体化快堆项目取缔的一周以后，我的获奖感言中有这样一段话：

> “当你没有多少自然资源的时候，核燃料循环成了一个（能源）安全问题。当你面临后处理高昂的成本的时候，一体化快堆干法后处理成为你的理想选择。当你因为钚的回收而饱受非议之时，一体化快堆会成为你理想的选择，因为它的燃料具有固有的防核扩散特性，根本不用将钚分离出来。当你面临着核废物几十万年处置要求的时候，一体化快堆为你提供了解决办法，它能回收长寿命锕系元素并将其在堆中烧掉。当你面临公众对安全的关注的时候，一体化快堆会成为你理想的选择，因为经过验证它具有更高的安全性。这项技术会为其自身正名。”

我对此深信不疑，无论过去还是现在。这项技术本身就能说明问题。当时我甚至相信今后所有追求先进的快堆项目都会采用一体化快堆技术，但最终的事实并非如此。当我把一体化快堆技术介绍给欧洲同行们的时候，有位欧洲的快堆领导说：“我们的马儿已经跑到了河中央，我们要么沉下去要么坚定地游过去，我们不能在水中央换马。”或许他的这番话解答了这个问题“如果一体化快堆这么好，那为什么法国、日本等国家还没有采用这个技术呢？”一体化快堆要实现全面示范验证的话，美国责无旁贷。

3.3 小　结

阿贡一直努力为科学家和工程师营造良好的工作环境，从而鼓励创新，回馈科学上的业绩，减少了行政上不必要的负担，这些年来阿贡在这方面做得是很成功的。早期时候，阿贡肩负着整个快堆的研发重任，它的科学家和工程师在实验和分析计算上节节胜利，不断地实现突破。这是国家的增殖堆项目，是他们光荣的责任，他们也用实际行动践行了这一责任。工作全面铺开，大家齐心协力，为的是将我们对这一重要反应堆现象坚定的理想转化为现实。那是一段成绩斐然的时期。当 1963 年 Till 来到阿贡的时候，他经历了这段时期的最后几年。

20 世纪 60 年代中期形势发生了变化，阿贡在增殖研发方面的很多业务被拿掉，同时也完全失去了在增殖项目上的领导地位。接下来的 20 年里，阿贡的工作由 AEC 及其后来的继承单位来管理，只是管理的影响程度可能轻重不一，这要看具体的业务领域。当然也有例外，我们所说的例外主要是反应堆物理和反应堆安全两个专业领域，在这些方面阿贡的专业性和实验设施是其它地方难以匹敌也难以效仿的。在“Shaw 时期”，实验室在技术管理上遇到了很大困难，这是第一阶段。但说实话，尽管科研工作人员受到了一些影响，但在很大程度上他们还是受到了很好的保护，没有被这些困难所困扰。从那时候开始，行政上强加的要求越来越多，这是第二阶段。实验室想尽一切办法让科研人员尽可能把时间用在科研工作上，尽量免受繁杂事务的干扰。实际上实验室尝试着去适应这些要求，并且总得来看也做到了，实验室从没有停下前进的脚步。

20 世纪 80 年代中期一体化快堆项目蓄势待发的时候，早年的那些激情又逐渐回来了。实验室重新开始掌管自己的项目，工作围绕新的研究路线展开，而且具有坚实的基础，这是阿贡自己的研究路线。各条战线上重要的新发现层出不穷，涉及燃料、后处理、再循环、安全等所有的必要环节，对于员工来说这是鼓舞人心的。千万不要说研发的速度不重要，在有限的预算下，我们尽可能快地把工作向前推进。一体化快堆时期的预算只是十年前国家增殖堆研发预算的一部分而已。进度越快研究的热情就越高涨，也越有利于研发成功。几乎每个月都有新发现，一体化快堆的研究人员再一次切身体会到了为一项伟大的事业而奋斗是什么感觉，他们正在创造历史！

第四章

背　景

“能源安全不是一个孤立的问题，它还涉及到大国之间的关系及其相互影响……能源安全问题日益突出，很大程度上归因于原油市场供不应求以及原油价格居高不下，要知道，过去三年间油价已经翻了一番。除此以外，恐怖主义威胁、部分出口国动荡、民族主义问题、供应竞争、地缘政治抗衡以及一个国家为发展经济对能源采取的政策都会使能源安全问题加剧。隐藏在这些问题背后又直接相关的其实是这样一种忧虑：几十年后全世界的能源需求还能否得到满足？

——Daniel Yergin[1]

4.1 简　介

各种迹象表明当今世界化石能源供应越来越紧张，同时减少温室气体排放呼声高涨，能源供应已经难以令人满意。众所周知，快堆不仅燃料无限而且没有碳排放，对此即便是最强烈的反核势力也不能否认。几十年前，美国即开始筹划可靠的能源供应。从 20 世纪 60 年代起一直到 1977 年卡特政府取缔该计划，快堆从各种非化石能源中脱颖而出受到了最多的重视，主要原因就在于燃料的可持续性。之后的三十余年，全球巨大的能源需求使化石燃料进一步枯竭，然而在美国能源规划中核能以及快堆一直没有得到应有的重视。核能最多只被看作国家能源供应中的一种补充，重要性与水电相当。这样一来，20 世纪 70 年代末以后国家未来能源供应一直没有一个解决方案。

五十年前核能刚起步之时，化石能源凭借其储量丰富、价格低廉、可国内供应等特点，满足了全国各个领域的能源需求，时至今日化石能源依然在唱主角，只是需要借助大量的进口，有观点认为这一现状仍将持续下去。这一观点表面看来能站得住脚，但实际上已经逐渐背离现实。依据当前的实际情况得出的结论是与之全然相反的，且不难理解。事实上如果我们想保持现在这种富足的生活方式，必然要大规模使用核电，其它任何一种非化石能源都达不到现在能源所需的规模。而这一需求已经离我们不远了，因为化石燃料的可持续性比大家预想的要差得多。

世界各地的常规原油，即开采简单、成本低、可自由流动的原油，产量已经接近峰值。即便尚未露出端倪，但很快将迎来长期的下滑。关于峰值到来的准确时间及产量曲线的形状一直存在着争论，但石油地质学家坚信产量峰值即将到来，而且可能已经来临，不止是他们，现今石油行业内外越来越多的知名人士都支持这一观点。

作为能源部的咨询机构，国家石油委员会于 2007 年对美国石油和天然气 2030 年形势展望发布了一篇报告[2]。委员会成员包括各大国际石油公司的总裁以及石油界资深观察员和分析师。值得一提的是，此项工作由 Lee Raymond 主持，他在埃克森美孚（ExxonMobil）长期担任总裁，也是 Exxon 与 Mobil 合并的主导者，以务实而著称。这份报告在用词上深思熟虑，虽然报告最终并没有对石油峰值的追近进行全面的论证，但报告认为“石油生产基地能否维持不断攀升的产量难以预测”，此外“有迹象表明石油产量的持续攀升可能会在 2015 年成为一个巨大的挑战。”值得注意的是，报告声称这一不确定性将取决于“一定数量的非常规石油进入供应市场”的速度和时间，以及业界应对不断增长的供应风险的能力。因此要满足总产量必然的增长，非常规石油资源被寄予厚望，而不是现今的油田，但即便如此到 2015 年问题也必将会出现。

国家石油委员会的报告在一定程度上指明了道路。该委员会的成员都是业界权威，有力地支持了当年地质学家的预言，这些地质学家早在多年前就提出警告，声称石油生产已逼近峰值，危机正一步步来临，而今天这已经成为尽人皆知的事情。整个能源市场都在齐声呼吁应对石油产量峰值带来的影响。国际能源署（International Energy Agency）的《世界能源展望》[3]指出低成本的石油时代已经成为过去。此外国际能源署的首席经济师 FatihBirol 最近也一再表示“低价石油的时代已经结束了”[4]。

沙特阿拉伯（Saudi Arabia）被公认为是今后世界石油生产的主力军，它的日产量最高，并随需求而变化，每天都接近 1 000 W 桶，而且它拥有最大的预估储量。现今全世界的石油产量大约保持在每天 8 500 W 桶左右。一般认为如果全球常规石油产量要增加的话，只能来自这个地方。沙特的产量自 2003 年以来就没有大幅增长了，即便价格陡涨时也未出现大增。当达到世界石油产量峰值之时，持续增长的需求必然导致供不应求，对现有能源供应的竞争必将导致价格的进一步增长。

关于供应问题的争论主要集中于“其它液体”和非常规石油的影响，它们能够延缓峰值的到来，甚至因为范围的扩展而使最高产量进一步提高。这里所说的“其它液体”指的是轻的碳水化合物，它的分子量高于甲烷，以液态形式使用，大量存在于“湿”的天然气中，它可以顶替目前石油消费中的几个百分点。非常规石油指的主要是重石油和焦油沙，前者主要存在于委内瑞拉，而焦油沙主要存在于加拿大西部，是碳链分子量很高的一种碳氢化合物。虽然这些资源储量丰富，但作为石油产量的一种有效补充来看它们的开采速度很慢。随着价格的攀升和技术的进步，深水域中发现的物质将具有开采价值，比如近期巴西沿岸发现的物质。但即便如此，所有这些全加起来对现有石油产量的贡献也只不过是几个百分点而已。

长期以来对天然气的期望一直与石油紧密地联系在一起。全世界的天然气产量中很重要的一部分是“伴生天然气”，也就是说，这些天然气与液体的石油埋藏在一起（也正是因为这种气体的存在，才能把石油从钻孔中提出来），因而是石油的一种副产品。天然气输送存在较大的难度，这使得天然气的生产具有地域的局限性，尤其是洲际间的局限性。另一方面在全球市场上天然气也没有石油那样的地域灵活性。依靠管道输送限制了超远距离和跨大陆的输送。液态天然气运输虽然相对好一些，但也有其它方面的弊端，一样很难解决，所以以液态形式运输的天然气只有很少的一部分。在一些交通不便、经济欠发达的地区以及不供应天然气的地区（比如沙特阿拉伯）天然气经常被一烧了之。有些情况下还要将天然气重新注入地下储存供未来使用，或者以此来提高压力从而提高石油的开采率。

美国在过去的几十年间主要以开采干天然气为主，它不与石油伴生，是美国天然气的主要来源。目前美国每天大约消耗 630 亿立方英尺（63 bcf）的天然气——提供的能量等同于 1 050 万桶石油，相当于美国每天消耗石油的一半左右。在这每天消耗掉的 630 亿立方英尺天然气中，有大约 10 亿立方英尺是以液态天然气形式进口的，还有 80 亿立方英尺是通过管线从加拿大进口的。也就是说，我们大约有 98.5%的天然气依赖于北美，约 86%产自美国自己。而相比之下，石油的自身依赖度就差很多，只有大约 41%依赖北美，27%产自美国自己[2]。

天然气供应的这一现状已有所好转，主要得益于一些页岩天然气田产量的提高以及经济的衰退（乃至全球金融危机）。如此一来天然气有些供大于求，价格也因此大幅下跌，这反过来又导致从事钻井工作的钻机数量减少。然而即便如此，页岩天然气矿井的生产能力能否达到预定目标仍是一个问题。比如，由于使用寿命较短，这种矿井及相应的钻井技术成本相对较高，导致只有 28%能够收回可观的利润。对于这一问题依然争议不断。有些人认为页岩气大大增加了国内民用天然气的产量，而由于矿井产量大幅下降，另外一些人则认为我们目前对页岩气过于乐观了[2]。

人们认为天然气将延缓碳氢化合物需求峰值的到来，至于能延缓多长时间各种说法都有，从一两年到一二十年。但是天然气并不能直接取代石油，也没有足够的储量来弥补石油产量的长期下滑，即便在可以顶替石油的领域也是如此。

前景最暗淡的莫过于煤炭了。煤炭多年来一直被认为是最终不得已才会使用的燃料，在储量丰富的美国尤其如此。一直以来大家普遍认为以目前的生产速度煤炭供应还能持续 250 年到 400 年左右的时间，而且现在这一观点依然很普遍。据称，煤炭的全球储量也很丰富，最大的矿藏分布在美国、中国、俄罗斯、加拿大。从全球来看煤炭分布相当不均匀。中国的煤炭消耗速度很快，他们的煤矿很快会枯竭。作为世界上最大的煤炭生产国，中国现在实际上是一个煤炭净进口国。美国已经对开采价值较高的无烟煤以及伊利诺斯州的烟煤进行了开采，怀俄明州和蒙大纳州含热量较低、质地柔软的褐煤则需要大规模的露天开采。由于露天开采以及燃烧时产生的二氧化碳，煤炭带来的环境问题不容忽视。然而，对于煤炭来讲最重要的问题在于具有可开采价值的煤矿难以界定。其实煤炭资源本身就难以界定，现在的很多数字都来自于 20 世纪 70 年代，当时第一次对全球煤炭储量进行了预测。而这些资源数字即便说得很具体也是粗略的，不能拿它来估算具有开采价值煤炭的真实数量。由于类似的一些原因，可开采的煤炭只是地下储量的一部分而已。以当前的预测煤炭将于 2025—2050 年达到产量的峰值。这一推断是理论上的，如果二氧化碳的大气污染问题也纳入能源政策的考虑范筹，那么煤炭受到的限制将会更大。

总而言之，可利用的碳及碳氢化合物必将在 25 年左右的时间里达到峰值，然后逐渐消耗殆尽。而另一方面人口和能源需求将持续增长，如果按照以前的规律将会以指数形式增长。按照环境专业人士给出的定义，所有的那些“替代能源”在所需的能源规模面前都微不足道。唯一可能的例外只有生物燃料，但它的贡献也很有限，这一点无可争辩。

从原理上讲，核能则没有这些限制。然而，在所有已被接受的未来的主流能源供应形式中，核能仍然被定位为是一种辅助能源。这里面的原因是显而易见的，归根结底是因为有组织的环保人士成功的反核活动。

这一局面造成的结果仍在继续，那就是能源短缺不断加剧。人类生活将大大改变，形势将异常严峻。细读当今的文献就会发现那些主推“替代能源”的人对此却无动于衷。这是对世界灾难乌托邦式的解决思路，这当然不会发生。各个国家将尽最大努力保障其能源供应，该做的都要做。而最现实最安全的解决办法便是由核能来提供大量的电力。它不能直接替代其它形式的能源，但它能够提供无穷无尽的电力。而电能的适应性很强，只要足够多就可以代替其它很多能源。将来会需要很大的核电装机容量。现在有此意识，将来就不需要武力掠夺。

核电只是全球能源格局中很小的部分，这一观点听起来让人容易接受而且已经得到广泛认可。最近 Keystone Center 发表了一篇《核电联合调查》报告[5]，对这一观点提供了最好的例证。实际上这正反映了当今的现实情况，核能是有用的但对美国整个的能源供应贡献不大。此外通过调查美国现今的核工业发展现状得出的结论是即便维持核能现在的水平也很难，对这一情形人们没有看出有任何的警觉。最为重要的一点是有些事实被完全掩盖了。整个国家赖以生存的碳基能源体系当前已经濒临危险。若不是经济衰退的掩盖，你会发现其实现在它就已经来临了，因此必须要有大规模的能源补充进来。

如果按照历史的做法，解决方法就是战争，即军事行动，因为各国都会为争夺能源而战。更进一步来讲就是一些末日预言者所声称的：引起文明的灭亡不可避免。形势很严峻，而且只会变得更加严峻，因为这一形势仍然没有得到足够的重视，仍然没有采取任何有用的行动。如果必须由核能肩负起这一重任的话，一体化快堆或者类似的东西是必须的。因为无论怎样，作为主力堆型必须具有像一体化快堆那样的增殖特性。

现在我们将讨论这些事情背后的事实和依据，进一步探讨一体化快堆的必要性。

4.2 当今的能源形势

我们的能源供应正受到多重因素的威胁，任何一个文明开化的国家都要保证能源供应。然而，我国现在表现得好像是能源问题要让位于其它一些目标。事实上，过去四十余年里的有些做法好像故意要把能源供应给毁掉。现在看来，所有的这些做法只会让当今社会对能源问题更加忧虑。

有件很重要的事情可以马上就做起来。我们在反应堆方面有几十年的经验，现在需要的只是启动一个大规模建设轻水堆的计划，以满足国家足够的电力需求，而不去考虑化石燃料会有多么稀少，或者国家对于其应用的政策如何。不是一两个反应堆，而是一个大规模的项目，类似于 20 世纪 70 年代早期开展的反应堆建设。满足电力供应是一项很重要的事业，任务很艰巨。因为现在已经没有任何在建的核电站了，自 20 世纪 70 年代的订单完成以后一直未曾有过。在上届政府（布什）的最后几年一直存在有关“核电复兴”的讨论，而且越来越受到重视。新一届政府对核电也并不看重，除了南方核电公司（Southern Nuclear）的一个双机组核电站以外，建设新的核电站的可能性已经不复存在。取缔尤卡山（Yucca Mountain）处置场不会有什么好结果，失误的决策不受欢迎。

现在美国企业有大约二三十个新的轻水堆已被列入计划之中，还有一些正在筹划当中。由南方核电公司（Southern Nuclear）提出的两个最先进的反应堆可能会先建。这些反应堆是当前这代核电站反应堆的改进堆型。在过去的 20 余年里，现有的核电站提供了美国大约 20%的电力（对比一下，现今很受欢迎的太阳能和风能仅提供了 1%）。70 年代中期有组织的反核势力使得核电站的投资具有很大的金融风险。这些反对势力现在依然存在，并且至少有一部分在本届政府中占据主导地位。当时被引用来损害核电规划的法律条文现在依然存在。虽然形势已经有所变化，但任何连续性的建设依旧没有希望。

然而，有消息称建设新核电站是有可能的。如果这些核电站真的建起来了，它们将实现对现有反应堆的诸多改进。已有这方面的设计，并被称为“先进”或者“第三代”轻水堆。现在这代堆型是 20 世纪 70 年代初设计的，于 20 世纪 70 年代末到 80

年代兴建，预计寿命为 40 年，它们的许可证也正是照此颁发的。总的来讲，它们的运行记录还是非常好的。再用心进行维护的话，没有理由让它们退役。该更换的部件已定期更换，经过评审以后它们中的很多堆已将寿期延长到了 60 年。预计剩下的其它堆也会在达到 40 年寿期时进行延寿。它们已经还清了建设贷款，目前只有运行和维护成本，所以它们发电的成本是很低的，而且运行非常稳定，年复一年。

这一批反应堆以及将要建设的新反应堆将会运行几十年。所以现在普遍的看法认为没有必要再去发展快堆。除了大力扩展燃料的供应以外，快堆还有其它一些显著特点，其中最重要的是快堆不仅能产生大量的能量而且不可比拟的一点在于我们十分了解如何建造和运行快堆。尽管现在就可以动工建设，但当前的形势表明快堆仍然只是未来的事情，前景还很遥远，很暗淡，只能寄希望于未来的年轻人了。有人说，现在有了可靠性很高的新一代“先进轻水堆”，对快堆的需求就是几十年以后的事情了。快堆只不过是能实现燃料循环，这个必要性很大吗？据了解，当今铀资源还是很丰富的，足以满足现有反应堆的需求，即使我们还在筹划更多新的反应堆，铀资源也足以满足燃料需求。

显然，这一论断存在不足之处。如果核能仅仅作为一个很次要的补充能源的话，当然是不需要很多铀的。进一步来讲，即便将来世界上其它地方也发展核能，还会有更多的铀资源勘探出来。这样还是会有足够多的铀来维持核电站的运行，当然前提是反应堆的数量不是很多。而当“新的替代能源”开发出来时，核能也就不再需要了。

真的是这样子吗？这讲得通吗？所谓的“新的替代能源”是什么？它们能确保实现什么样的目标？另外，全球的各种资源将来会面临什么境地？美国是一个强国，但它不是独立存在的，尤其是在经济全球化的今天。轻水堆以及今后要量产的先进轻水堆将是反应堆技术的主力，不仅对于美国如此，对全球来讲也是这样。而这种反应堆对铀资源的利用是十分浪费的。开采出的铀里边只有不到 1%可以利用，剩下的都要丢弃，现有的反应堆只能如此，而快堆则可以将利用率提高上百倍。理论上讲，核燃料可以被全部利用。

归根结底必须要保护好现有资源。如果核能要在未来能源供应中做出巨大贡献的话，再循环、采用合理的反应堆技术是必经之路。而从基本物理原理上来讲，只有快堆能够显著提高资源利用率。没有更好的选择，必须要有快堆中子谱才可以，对钚燃料来讲也是这样，这是大自然的规律。由于这种快中子反应堆只需要很少量的铀。实际上，海水中发现的只占百万分之几的铀也很有可能在快堆中利用起来并达到较好的经济性。这样的话，可以说铀资源就是无穷无尽的，这是一个不争的事实。所有这些已经在很多年前就被认识到了，事实上可以追溯到最开始的时候，这是快堆最基本的特征所在。

科学和工程上的不足会制约新型反应堆的开发进度，新反应堆不是仅改进现有堆型，它是全新的，开发到应用至少需要 30 年之久。即便有国家意志的推动很可能也要这么长时间。这些年来反核情绪已经变得根深蒂固，主要来自于具有政治背景的反核势力的有意推动，时至今日这些反核情绪依然不减。然而，这些年来油价激增引起的反应表明能源需求一旦来临必将势不可挡，政治上的反对势力只能为此让路。但是设计、审批、建造、运行经验积累、扩大规模以及最后的建设项目升级等一系列现实的工作需要很多年的时间才能完成，这对于新技术产业化来讲是相当耗时的。然而，我们现在还什么都没有做！

4.3 国家能源战略

我们要讨论的是一种特殊的核反应堆技术——一体化快堆。其意义是很明显的，在所有的非化石能源中，只有快堆在能量供应率上有能力与当今的主力能源化石燃料相竞争，而且在可供应能源总量、持续时间上还能远远超过化石燃料。这是发展快堆的理由所在，也是它存在的主要原因，并且即便考虑其它因素，也没有这一点重要。它能够生产新燃料补充当前的能源供应，而且它可以将其产生的废物实现最少化。因而我们认为一体化快堆技术是快堆最理想的形式。

紧接着的一个问题是，发展这种反应堆是必须的吗？我们需要深入地探讨一下当今的能源形势，包括全球的和美国的，并且审视一下我们做出的预测和趋势，从而对未来认识得更加清楚。我们所说的未来不是很遥远的未来，能否马上行动起来将对未来产生显著的影响。

能源是国家经济的粮食，有了它文明才得以延续。与之相对的一个客观现实在于大部分的能源都来自于地壳，这是很久以来地球留给我们的有限馈赠，它们提供了当今世界 90%的能源。而现在这些燃料需要得到帮助了——新的资源亟待补充。问题在于需要多少，需要多快。

4.4 碳基能源相对稀缺

Daniel Yergin 所写的“背景”揭示了当今世界能源形势的客观现实，其重要性是不言而喻的。化石燃料生产出了当今世界所需的能量。和矿产不一样，碳基燃料并不是在地球形成之初形成的，它们在全球的分布也很不均匀。这些能源由生物体转变而来，因而数量有限，而且只有在特定的地质条件和生态条件下才能产生，这些条件在整个地质演化史上是很短的。只有在严苛的条件下，碳和碳水化合物才偶然地沉积、聚集下来，并留到了今日供我们利用。尽管看上去这些条件很平常，但考虑到地球表面大小，实际上我们应该明白这些沉积是非常罕见和稀少的。

面对持续增长的人口，它们的有限性决定了枯竭的那一天终究会到来。所有的化石燃料都沉积在有限的地方，都是可以估量的。人口及对能源的需求却在成指数增长，而且尚无迹象表明这一规律会有所改变。当成指数增长的需求遇到了有限的供应，终究会有一天出现供不应求的局面，这是一个简单的道理。问题就在于这一天什么时候到来。世界能源供应出现这样的局面会是在 10 年或者 100 年之后吗？是否只有几年的时间了？或者现在就已经来临了？这一问题的答案将决定其它诸多问题的答案。

世界原油产量强烈地依赖于极少数几个地区的出口。油田寿命一般估计为几十年，最大的几个油田是几十年前发现的。目前，全世界的油田共有 4 万余个，但其中仅有 360 个是大型油田——都是开采时间较长的，每一个都曾蕴藏 5 亿桶以上的可开采量，供应了现今 60%的低成本原油，其中的 120 个占了 50%；其中的 14 个油田生产了总量的 20%，4 个占了 11%。其中有一个是世界上唯一的超大型油田，即沙特阿拉伯的 Ghawar 油田，供应了全球原油产量的 5%。

越是大型的油田发现得越早。正因为这个原因，1980 年后虽然勘探技术进步了但一直没再发现过这种大型油田。此外还有一些位于墨西哥湾、巴西和西非、以及深海中，但是这些比起 60 年代发现的油田来讲太少太少了。全世界依赖了几十年的这些大型油田目前要么正在走下坡路，要么已经离此不远了。全球 80%的原油来自于 25 岁以上的油田。现今的石油产量超过了新勘探量的好几倍，这个倍数在 3—9 之间，说法不一。

唯一的超大型油田——沙特的 Ghawar 油田，每天生产 400 万桶石油。已经几十年了，目前的产量能维持多久一直争论不休，但有充分的理由相信这一天已经快要来临了，或者实际上已经在下滑了。没有一个油田能取代它的位置。占据全球 10%产量的 4 个油田中的另外三个，包括科威特的 Burgan，大约每天生产 200 万桶，墨西哥的 Canterell 以及中国的大庆，这两个的供应量大约在每天 100 万桶。目前看来这两个油田的产量都不会再增长了。所有这些油田的产量估计都在下滑，或者已经证实正在下滑。

与天然气相关的液体燃料对能源产量有所贡献，除此以外还有一种相对较少的“非常规石油”。非常规石油成本较高，多存在于反美地区、深水，或来源于重石油、焦油以及沥青。它的来源比常规石油要广。但是，由于开采量巨大、环境问题带来的一些限制（包括提取过程中的直接危害和更加广泛的温室气体问题），以及生产过程消耗巨大等问题使得这种资源与大型油田的流动石油比起来差得很远。只有在常规石油生产下滑之后这种资源才会变得比较重要，但其生产速率会很有限，这是没有办法的。有观点认为在高油价情景下将开发规模很大的页岩油矿。但其生产率有限，矿的数量会很大。所以如果页岩油可行的话，将来会出现时间很长但产量有限的供应图景。石油的未来是很不乐观的，摆在眼前的事实足以让人认真思考。

我们的石油大约三分之二靠进口，石油消耗量之大决定了美国的能源完全自给自足是不可能的。美国国内的化石燃料从历史上来看一直很丰富也很便宜，其它很多国家也是这样。化石燃料满足了这个国家各种各样的能源需求，让它成为世界上最庞大的经济体。近几十年来，国内能源生产不断下滑，石油进口量不断增长，还包括来自加拿大的天然气。石油进口已经到了居高不下的境地。如今对近海钻探和太阳能的呼声很高。按照政界的说法，为以上两种资源中的任意一个（而不是两个）做出倾向性政策改变，似乎就能实现美国能源自给自足的新局面。可以十分肯定地说，我们的石油进口规模决定了这是不可能的。我们的石油进口量占了全球石油产量的六分之一。近海石油勘探不可能从根本上满足这么大的量，任何基于太阳的替代能源也不可能做到。

现今的能源供应途径不可能无限持续下去。目前来看没有任何资源可以替代如此巨大的能源进口量，没有任何资源一上来就能抵得上这么大的规模。有人认为生活总会像以前一样继续下去的，总会有足够的能源支持美国的经济，而现在的实际情况完全不是他们想象的样子。

美国的石油进口占了世界石油市场的很大一部分。如果说当前最重要的问题是化石燃料的消耗量，那么紧跟这一问题的是石油、天然气生产和消费分布的显著变化。美国的石油产量在 40 年前就达到顶峰，当时美国生产了全世界 1/4 的石油，几乎达到自给自足。从此以后美国的产量开始逐渐下滑，现在只占世界总产量的不到 10%。阿拉斯加的油田给这一下滑带来了一个短暂的上扬，但现在该油田的产量也在急速下滑。进口量增长之快已使得美国进口了世界石油市场总交易量的 1/3（这一数字已扣除了生产国本国的消耗量）。随着以石油为基础的世界经济增长，不难看出将来需面临的问题——全球的石油产量完全跟不上经济发展的步伐。近期石油和汽油价格的上涨以及市场的波动已预示着未来将要出现的问题。

关于世界石油产量的走向存在两种完全不同的观点，在过去十年左右的时间里这两种观点互不相让，而现在两者可能要合在一起了。“经济学家的观点”认为随着油价的上涨，石油产量也会增长以满足未来的需求。通常很多预测都是基于这一假定的，从而可以预计产量会继续增长并且看不到尽头。另一个极端是“石油峰值”观点，支持该观点的是一些石油勘探地质学家，但并不是他们中的所有人。他们认为目前全球的石油总储量已经相当清楚，世界石油产量峰值的到来指日可待。一旦到了那一天，就像 1970 年美国国内石油产量峰值一样，下滑就是不可避免也是无法阻挡的事情了。最近 Campbell 提供了一份非常好的总结，他是“石油和天然气峰值研究协会”（Association for the Study of Peak Oil and Gas，ASPO）的创办人，一位非常有经验的石油勘探地质学家[6]。IEA（世界能源机构）的首席经济师 FatihBirol 在《世界能源展望 2008》中也支持这一观点，并大幅引用[7]。

现在对于“常规石油”产量的观点是一致的：它已经达到高点了。虽然不常这么说，但现在一致认为“常规石油”的产量，也就是那种容易开采、价格低廉的自由流动的“轻质”原油，可能已经在全球达到产量峰值。这是一个令人吃惊的发展速度，是一个新的论断，并预示着一个悲观的现实。“石油峰值”理论者曾习惯性地被嘲笑，但现在实际情况是越来越多的业内高层人士也在表达同样的观点：产量的峰值即将来临。他们认为峰值取决于很多因素，但最基本的一点在于满足现在需求的增长正变得越来越不可能。对于细节的争论还在继续——石油从业者认为这个峰值是持久的，是一个持续性很长的峰值，而“石油峰值”理论者则认为会很快下滑，他们的观点基于对过去油田下滑的观察。但是基本的事实是被大家认可的。需求的指数增长遇到了生产速度变慢、拉平乃至下滑这样一个事实是不受细节影响的。它所预示的东西是一成不变的。不可否认，当前经济的衰退、油价的攀升以及由此导致的石油消耗的减少掩盖了当前的一些客观事实。但是危机到来的延缓并不等于为此寻找到解决问题的方法。

天然气总是与石油紧密相关。曾有一些观点表示当石油产量下滑以后会出现一个“天然气之桥”，它可以填补石油短缺与非化石新能源之间的空白期，而典型的非化石能源包括风能和太阳能。然而天然气的峰值从机理上讲总是与石油的峰值紧密相关的。世界的天然气供应即便是在今天都没有保障，并且产量将会继续下滑，这与石油产量的下滑是有所关联的。需求分析表明全球电力年增长率将达到 9%左右。无论是否明确地承认，所有的分析都假定“丰富低廉”并且“环境友好”的天然气将担负起增长之重任。然而并没有实际的证据表明风能或者其它新的、广泛的、未明确的“替代能源”能够做出显著贡献。如果没有成本低廉的天然气，引向“替代能源”的“天然气之桥”将会崩塌。这个“桥”的另一端目前仅存在于想象中。

尽管从世界来看天然气基本上都是在有石油的地方产生的，但美国大部分的天然气都来自于纯天然气田。天然气有三种存在形式：伴生天然气，伴随油田而存在；非伴生天然气，来自于有明显边界的常规天然气田的干天然气；以及非常规的连通天然气田，它们往往存在于低渗透率地层、煤床气以及页岩。前两者边界清晰，渗透性强，因而采收率较高。非常规天然气田则边界分散，渗透性差，因而采收率较低（相应地价格也较高）。

世界上生产的天然气大部分都是“伴生天然气”，也就是那些与石油并存的天然气。世界上大的天然气产地一般与大的油田紧密联系在一起，并且可以预见的是它们往往都位于大的石油生产国。以前天然气一直都是石油的一种副产品。近来美国开采出了纯天然气，它并不与石油直接相关，已经成为国内天然气生产的主力。在过去的一百年间美国生产的天然气中大约有 2/3 都是非伴生天然气，而现在几乎全部产量都是非伴生天然气了。

来自连通天然气田的贡献也在增长。尤其是页岩气，关于它的未来有非常乐观的说法，我们将会介绍这一点。它的储量是相当丰富的，但是生产成本较高，而且因为其渗透性较差目前的矿井寿命十分有限，在刚开始的几个月里生产率就会下降 50%。

美国的常规天然气产量于 1972 年达到顶峰，大约比石油峰值晚来一两年，到 1983 年时就下滑了 1/3。由于钻井量的增加，开采活动又逐渐增长上来。现在产量保持平稳，与 1972 年时的产量基本持平。各种非常规资源也已开发。我们大约要进口 15%，主要是从加拿大通过管道进口。此外还有一小部分来自于液态天然气，国内新的天然气田被寄予厚望，但问题就在这里："全力奔跑，也只能保持在原来的位置"。

目前还没有建好像样的液态天然气基础设施以应对未来可能出现的国内天然气短缺，对此也没有认真地考虑过。整个北美只有 3%的天然气消费来自于液态天然气。从 1993—2005 年，加拿大的钻井数量增长到了原来的 4 倍，但产量只增长了 10%。由于经济下滑和需求放缓，目前的产量还出现了过剩，从而导致价格下跌。以目前的消费速度，对出现的结果有各种不同的预测，但普遍认为国内供应的时间范围会在 30—100 年。做出这些估计基于一个前提，即有相当大的开采量来自于非常规资源。

考虑到石油供应的现状，有人建议用天然气来驱动交通工具，并用天然气取代煤来发电，从而减少美国的二氧化碳排放量。这样显然会对天然气价格产生很大影响，并且这是否稳定还是一个问题。总而言之，这不是我们所期望的靠得住的能源供应途径。

天然气具有陆地局限性。一个主要的问题在于天然气比起石油来地域局限性更大。整个世界都面临着天然气的运输难题，如果没有管道的话天然气就没多大用武之地了，此外储存也是个问题。因为管道只适宜陆地铺设，液态天然气在运输成本上会增加，需要必须的设施，受到一定的限制。这样一来在没有其它更好选择的情况下，依然要使用数量较大的伴生天然气。然而问题在于（尽管不是很确定），大的伴生天然气田跟石油一样也就那么多。采收率就成了问题的关键，目前普遍认为天然气能够将总的碳水化合物的峰值向后推迟最多几年的时间。

煤的前景是最难以确定的。尽管世界各个大陆除了南极洲以外都在采煤，但它的分布很不均匀。储量最大的是美国和俄罗斯，紧随其后的是中国、印度、澳大利亚。美国拥有世界上 27%的煤，它一直被当作最后才会用的燃料。然而对于煤来讲最主要的问题是全球"经济可开采煤"划定得非常不准，并且与所用的技术有关。这种数量本身就定得很不准确，有些数字来自于 20 世纪 70 年代，当时做出了对全球储量的估测。而且，煤特殊的一点在于这些资源数字是有误导性的，因为可开采的煤显然只是地下煤资源的一部分。当前的预测全球煤产量峰值到来的时间应该在 2025—2050 年。如果二氧化碳排放也被考虑在内的话，煤受到的限制就会更大了。

碳基燃料很快就会变得越来越少。总的来看，今后几十年碳和碳水化合物的峰值就会来临而且逐渐衰退，这看起来是很明显的——应该在未来 25 年的时间或者可能更短。面对这样一个现状，很难理解为什么有人为这个国家核电发展的停滞而洋洋得意。具有一定规模的现实可行的补充能源必须站出来了，而且要快，然而现在什么都没有做。

4.5　铀是平稳过度期的关键

有组织的反核势力常提的几个说法之一是铀资源很有限。他们认为跟化石燃料一样铀资源数量很少，在未来的能源供应中它也只能做出很小的贡献。当然，仅根据一些基本的常识就可以知道这些都是无稽之谈，化石燃料来自于生物体，而铀则是一种矿物质，它是地壳的一个基本组成成分。根据现在铀分布的地质学知识我们完全可以确信核能能够贡献出巨大的能源。即便如此，让我们来回顾一些基本事实，这有助于我们理解一些重要的观点是如何得出的。

首先要记住天然铀刚采出来的时候含有 99.3%的 ^{238}U 和 0.71%的 ^{235}U。在常规的轻水堆中只有 ^{235}U 是可裂变的（^{238}U 对裂变的贡献非常小）。铀燃料最开始要进行浓缩，使 ^{235}U 的富集度达到 3%～5%。产生的能量均等地来自于 ^{235}U 和 ^{239}Pu 的裂变，而 ^{239}Pu 是在反应堆运行过程中由 ^{238}U 吸收中子后转化而来的。这些反应产生的能量用于推动汽轮机发电，热电转化效率大约为 33%。当 ^{235}U 的含量下降到 1%的时候燃料就要更换了。一个电功率 1 GW 的轻水堆核电厂每年消耗的燃料大约为 20 t，实际上它只消耗了其中的 1 t，剩余的物质目前被当作废物。

值得注意的是同等规模的燃煤电厂每天消耗的煤是 1 万吨，每年就是几百万吨（两者之间有着本质的区别：典型的化学反应每次能放出大约 20 eV 的能量，而一次核裂变反应释放的能量为 200 MeV，是化学反应释放能量的 1 000 万倍，如此一来便导致了所需燃料总量的巨大差别）。因而核能具有极高的能量密度，很小的一点燃料就能产生出巨大的能量。

铀是地壳中典型的一种矿物质，它在地壳中的平均含量为 2.7×10^{-6}，与锌相当。据估计，整个地壳中大约含有 40 万亿吨的铀。截止到现在，我们已经开采的尚不及此数的千万分之一。目前全世界每年消耗铀约 7 万吨。以每磅矿石 100 美元来计算（这基本上是目前现货市场的价格），它在每度电中占 0.55 美分的成本，是轻水堆电价的 25%。

最近新勘探出相当多的铀矿，使已知和预估的铀资源数量都有所增长。世界经合组织能源署（OECD Nuclear Energy Agency）和 IAEA 联合编制了世界铀资源数据，并且每两年更新一次[8]。2009 年报出的“已探明储量”是 540.4 万吨，而 2005 年的数据是 474.3 万吨。“已探明储量”包括“合理确定储量”和“推断储量”。此外，“未探明（预估和预期）储量”估计有 1 040 万吨。

已探明储量的显著增长得益于勘探工作的提升，这方面的工作一直在推进。自 20 世纪 90 年代中期以来的十年间，勘探的投入平均下来大约为每年 1 亿美元。然而，最近几年勘探开支一下飙升到了每年 10 亿美元。按照现在的消耗量和技术，已探明铀资源大约可以用 100 年，而未探明资源，按目前的消耗水平，计算下来可以再支持 200 年。

Deffeyes 和 MacGregor 给出了一张很有意思的表，它描述了地壳中铀的储量[9]。

表 4-1 铀矿储量

矿床类型	估计值/t	估计值/ppm
脉矿床	2×10^5	10 000+
结晶花岗岩，不整合面矿床	2×10^6	2 000～10 000
化石砂矿，砂岩	8×10^7	1 000～2 000
低品位化石砂矿，砂岩	1×10^8	200～1 000
火山岩矿床	2×10^9	100～200
黑色页岩	2×10^{10}	20～100
页岩，磷酸岩	8×10^{11}	10～20
花岗岩	2×10^{12}	3～10
地壳平均值	3×10^3	1～3
蒸发岩，硅质软泥，角岩	6×10^{12}	0.2～1
海洋地壳火成岩	8×10^{11}	0.1～0.2
海水	2×10^{10}	0.000 2～0.001
淡水	2×10^6	0.000 1～0.001

地壳中浓度达到经济指标的金属一般都是以矿石的形式存在。要利用它，必须将金属从矿石中分离出来。铀与碱金属和贵金属基本上是相当的。它在地壳中的含量大约为 2.7×10^{-6}，与锡、钨、钼等金属比较接近，像花岗岩和页岩等岩石中的铀含量大约在 5×10^{-6}～20×10^{-6}。此外，还有一些矿石中也含有数量可观的铀，处理过程并不复杂。

金属往往分布在多种不同类型的矿床里，易于经济开采，因为它对勘探发掘并没有苛刻的地质条件要求。目前已知的铀矿床有 14 种之多，地质年代差别大，地理分布很广。铀矿床并不稀缺，这在地质学上是有原因的，而最主要的原因就在于一方面铀相对来讲比较容易溶解，并在很长的地质期内存在于溶液中。另一方面在化学还原条件下它又比较容易从溶液中沉淀出来。与此相关的是它的另一大优势——母体矿石的地质年代分布很广，致使在很多地缘政治区域都可能存在质量较高的铀矿。

人类社会对铀资源的利用才刚刚开始。在 20 世纪 70 年代末价格攀升的带动下，当时建立起来的核生产能力只实现了勘探-发现-生产这样的一个产业链[10]。由于反核势力的影响，核建设受到限制，全球的核工业被限制在了一定的规模下，使得最初建立起来的产业链提供的铀资源已经可以满足过去的三十年以及未来几十年的需求。显然，现在要说铀资源紧张的话，是不成熟的，说得不好听一点就是无稽之谈。因为现在整个核工业还非常年轻，资源满足产业链就够了。

核能需求还处于很不成熟的阶段，与之对应的全球勘探也刚刚步入早期阶段，而 20 世纪 80 年代中期铀价的下跌阻碍了勘探的脚步。1970—1982 年的勘探获得了不小的投资，这理应大大促进露天铀矿的发现，因为放射性的探测是很容易的，然而依然只有很少的地方能像 1975 年以来加拿大阿萨巴斯卡盆地那样有所收获。

这个情况对于今后的铀资源勘探来讲是个好事，因为根据阿萨巴斯卡盆地的历史来看今后大部分资源只能在更高层次的勘探阶段才能发掘出来。具体来讲，目前在阿萨巴斯卡盆地已发现的635 000 t U_3O_8中只有1/4能够在地表勘探的第一阶段被发掘出来，而剩下的 3/4 需要在时间较长的第二阶段才能发现，该阶段需要借助于深地质物理模型方面取得的进步。

雪茄湖(Cigar Lake)有非常丰富的铀矿。普通矿开采出来以后铀的含量仅为 0.2%，而雪茄湖铀的含量能够达到普通矿的 100 倍，这样一下就增加了 57.7 万吨的铀[11]，这是完全出乎预料的。

像这样的发现有力地证明了铀资源的勘探还很不成熟，并且是否所有类型的矿都已经探明了还是一个问题。世界上任何的铀资源评估只要是在 30 年前做出的，那它一定忽视了整个的不整合面矿床这一分类。原因很简单，因为那时地质学家都还不知道这一分类的存在。而这种类型的矿使总产量大大提高。

没有任何证据证明按照目前全球的核电规模几百年后会面临铀资源枯竭的危险，即便继续使用当前的轻水堆技术也是如此。已探明的铀矿数量还是很大的，而且展望未来能够达到经济开采指标的新矿床也颇为可观。这一点说明，坚持否认铀资源的丰富性、断言世界上的铀资源将要耗尽显然是无稽之谈。当社会对核能寄予更大期望的时候，大肆宣称天然铀数量有限并认为这是核电的致命缺陷，准确的说这是不属实的。很少量的铀燃料就可以提供数量巨大的能量。

只有当化石燃料衰退并且必须用核能来替代的时候，铀资源合理高效的利用方式才会正式走上历史舞台。后面我们会看到，铀资源利用率和核废物处理方式两个因素相结合将使增殖堆在正确的方式下，成为解决世界能源问题的必经之路。

4.6 中国在以上问题中的重要性

按照中国正在实施的能源计划，在拥有大量火电站的同时，到 2020 年将有 50—60 个新的核电厂投入运行。中国经济一直以每年 8%的速度在增长，而电力需求的增长速度是这个数字的两倍。根据电力部门的预测，当前中国电力需求的 15%～20%是无法满足的，有 1 亿中国人将无电可用。要跟上经济的增长速度，中国预测必须每十年就使发电量增加一倍。目前中国的上网电量是 385 GW，仅次于美国。中国已成为世界上最大的能源消费国。

目前中国电量的 3/4 来自于煤电，持续增加煤电规模以应对不断增长的需求不是长远之计。中国铁路运输能力的 40%都已经贡献于此，每年要输送超过 10 亿 t 的煤。

中国目前正在系统地推进一个全方位的计划，目标是在核能技术方面成为世界领跑者。中国进口的商用核电站来自于俄罗斯、法国、加拿大以及美国，其目的一方面在于尽快用上核电，另一方面在于培养自己的工程和运行人才。现在中国有 13 个核电机组在运行，还有更多的正在建设，但是目前核电只占其总发电量的 2%。

中国政府计划选取其中一个反应堆设计（及其供应商）用在下一步要建的一批机组上，从而实现核电的标准化，而不是继续采用各种不同的设计、不同的供应商。目标是将核电装机规模扩大近 8 倍，也就是在 2020 年达到 80 个百万千瓦，而现在仅有 10 个百万千瓦。由于中国的电力规模太大，即便如此激进的做法也只能使核电装机所占的份额上升到 6%。这个规划意味着在未来 10 年里每年至少有 5 或 6 个新反应堆投运。到 2050 年时，中国计划达到 400 GW 电功率的核电规模，比现在全球核电的总量还要大[12]。这样的增长速度当然是可行的，这跟美国 20 世纪 70 年代时的情况类似，而之后美国有组织的反核活动使得核电没能继续增长下去。

中国核工业集团公司（China National Nuclear Corporation，CNNC）计划在现有的厂址上建更多的电厂，从而迅速扩大规模，采用的将是与现在在运的电厂一样的反应堆设计。更先进的下一代反应堆可能会在新的核电厂址上建设。这一计划受到国家高度重视。在引进的同时，国内研发也在进行中，以开发出国产常规核电站。中国将拥有独立的生产能力以满足国内需要，同时还会考虑出口。他们的研发项目瞄准了新一代核反应堆技术。

20 世纪 90 年代在北京的清华大学启动了高温气冷堆研发项目，这个大学常被称作中国的麻省理工。一个造价 3 千万美元功率为 10 MW 的高温气冷球床堆（HTR-10）于 1995 年开建，并于 2000 年开始热试，2003 年该反应堆并网发电。2004 年 HTR-10 反应堆验证了在失去冷却剂工况下的“被动安全性”。中国计划在 2020 年之前建成一个 195 MW 版本的 HTR-10，预计造价为 3 亿美元。中国核工业界计划将这些 200 MW 规模的反应堆卖给企业，并在偏远地区采用模块化的形式，这样就可以批量生产、快速组装，当电力需求增长后只需要再增加额外的模块即可。

但是核心的发展路线是先建压水堆再建增殖快堆，从而提高燃料的经济性。计划分三步走：中国实验快堆（CEFR），电功率为 25 MW，用 UO_2 和混合的 PuO_2-UO_2 作燃料；中国原型快堆（CPFR），电功率 800 MW，采用 PuO_2-UO_2 和金属燃料；然后是示范快堆 CDFR，电功率为 1 000—1 500 MW，采用金属燃料以提高钚的产量。目标是尽可能快地将这一体系推广开来。对于快堆来讲，计划采用封闭的一体化燃料循环。

然而，压水堆装机容量的快速增长会给全球的铀市场带来巨大影响。在这方面，就像石油、天然气、煤一样，中国将扮演越来越重要的角色。

4.7 能源的整体图景

不久以后，世界的能源需求将不会再由西方国家主导。2030 年之前中国的能源消耗量就将超过美国。按最理想的估计，石油产量到那时候就早已经达到了平衡。预计将会在石油进口方面出现激烈的竞争，因为这是两个最大的石油消耗国也是两个最大的石油进口国，同时还是地球上两个最强大的国家。

发电量将会保持很稳健的增长。电能将占到总的一次能源的近 50%。按照大部分预测，核电将只占一小部分，虽然也算重要但总量很小，不会发生太大变化。但值得注意的是，要使这些预测站得住脚，所有的增长都寄希望于煤和天然气了。

一些有资质的院所和研究机构对于产量峰值作出的预测是很接近的。对于峰值到来的日期虽然不同，但考虑到他们有不同的利益驱动，总的看一致性还是相当好的。石油峰值研究协会（ASPO）的研究表明全球常规石油产量将于 2006 年达到顶峰，见图 4-1[13-14]。而所有的液态燃料（包括非常规石油）和天然气的总和将于 2010 年左右达到顶峰。

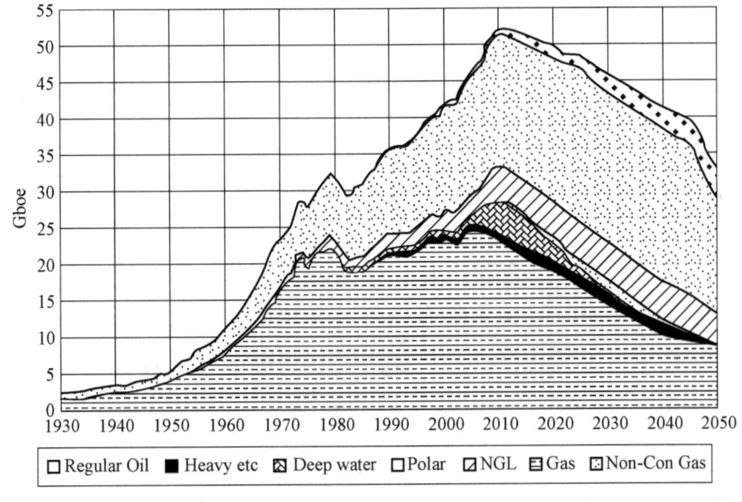

图 4-1 石油和天然气产量概况：基于 2006 年的分析，来自于 ASPO[13]

石油和天然气总和的峰值将决定全球能源产量和消耗的峰值——至少是第一个峰值。一个关于煤的类似的研究表明全球煤炭的峰值将会在石油/天然气峰值的十年之后到来。所以会有一个 10 年的间隔期，它于 2010 年开始，在这段时期内化石燃料总的产量下降缓慢，之后会迎来一个加速下滑的阶段。

美国煤的储量相当可观，今后可能会考虑用煤来生产液体燃料。这将使出口市场上煤的数量有所减少。石油峰值常被称作液态燃料危机（比如，由编写《2005 赫希报告（2005 Hirsch Report）》的团队发表的《世界石油产量峰值：影响、缓解和风险管理》[15]）将对交通领域产生根本上的影响。如果把天然气的区域局限性和全球采煤短期峰值也考虑在内的话，这个危机可能涉及得要更广，这将是一个化石燃料整体的能源危机，它产生的影响将波及到发电、取暖、农业等相关领域。

石油、天然气、煤三者相加供应了全球87%的能源，相当于每年生产了4×10^{26} BTU（注：英热单位，1 Btu 相当于 1.06 kJ）的能量。峰值一旦过去，按照过去的经验下滑的速度估计应该在每年 2.5%，这一估测还是比较客观合理的。要弥补所有化石燃料如此大的年下滑速度需要有新的能源每年提供 1×10^{25} BTU 的能量。做出这一预测是基于最理想的假设，即能源需求不会出现增长。而 1×10^{25} BTU 的能量仅相当于目前美国能量总产量的 10%左右。相比较而言，现今全球风能和太阳能总的装机容量，多年投资和建设的成果，还不到 1×10^{25} BTU。

焦油沙和页岩油的开采受限于处理过程中对天然气和水的消耗，提取能力必将大大受限。生物燃料的净能量产值低（因此要为生物质农作物投入很大面积的土地）并且它需要大量的淡水。其它的新能源中，目前贡献甚微的能源，太阳能、风能、潮汐、波浪、地热可能会有所增长，然而没有证据证明这些能源的增长幅度可以弥补三种化石燃料其中之一的下滑幅度，更不用说三个相加了。

这 1×10^{25} BTU 的能量只能来自于核能的发展。总有人认为核能的发展存在问题，因为未来铀资源数量有限。其实只要处理得当，在堆型选取上明智一点，这一论断就能被证明是错误的。成本的问题往往是被反核人士通过各种手段故意搞起来的。这个问题总是有转移注意力之嫌，核电站与其它电站建设的成本是相当的，并且投运以后它可以可靠地发电几十年，很快就能还清贷款。

2005 年能源部资助的《赫希报告》给出了社会对石油峰值的敏感度研究成果[15]，这也同样适用于煤炭峰值。研究发现，全社会对资源短缺的适应是需要时间的。如果不尽快减少对煤炭的依赖，峰值来临时经济将会遭受更大的挫折。

全球的化石能源很快就会减少，目前尚未有完美的替代者。气候模型专家和反核人士总是寄希望于制定政策以强制降低能源消耗并使全社会适应更低的能源消费水平。这样的政策将影响到各行各业，农业、交通、贸易、城市规划、国家电网以及以此为基础的所有行业，包括全球的广播通信。而用核能替代化石燃料来发电是理想的出路。但对于交通、农业等其它动力应用它就不适合了，不过电就是能量，而能量的使用可以有各种各样创新的途径，有了能量才会有解决办法。

美国会像很多环保运动人士想像的那样自愿回到农耕时代吗？在各种能源还比较丰富的时候这种想法还可以说说，但当能源真的枯竭的时候这些想法还能站得住脚吗？美国因为能源短缺而自愿退化到中世纪，而中国将会把自己打造成工业霸主。这样的结果有可能性吗？核能对美国贡献微薄，而正在消耗的能源已显现出无力支持其历史角色的态势，仍有人表示对此感到非常满意，而这些人往往在政坛占据举足轻重的地位。他们必须正视这些不争的事实了，他们能否做到呢？

4.8 小 结

化石燃料将继续服务于经济繁荣，其实也就是服务于人类文明本身。展望未来，难以令人心安。未来的几十年里它们都将达到峰值，流动的石油已经达到最高峰，而其它的能源也不远了。问题在于这些峰值的紧迫程度以及峰值过后的下滑速度。

核能是非化石能源中唯一一个在化石能源衰退后能以足够大的规模支撑起人类文明的能源。有一种类型的反应堆是不受铀资源供应限制的，那就是快中子增殖堆，它可以给自己制造燃料。一体化快堆近乎就要完成，但却因为政治上的原因被叫停了。下面我们将讲述一体化快堆及其主要的技术特征。

参考文献

[1] Daniel Yergin, "Ensuring Energy Security," *Foreign Affairs*, March-April 2006. http://www.foreignaffairs.org/20060301faessay85206/daniel-yergin/ensuring-energysecurity.html.

[2] National Petroleum Council, "Facing the Hard Truths about Energy," A report of Advisory Council to the Secretary of Energy on America's oil and natural gas position to 2030, July 2007.

[3] International Energy Agency, "World Energy Outlook 2010," OECD/IEA, 2011. http://www.iea.org/work/2011/Roundtable/WEO_Moscow_2feb11.pdf.

[4] "High Oil Prices Here To Stay," *Huffington Post*, March 11, 2011. http://www.huffingtonpost.com/2011/03/02/high-oil-prices_n_830166.html.

[5] "Nuclear Power Joint Fact-Finding," the Keystone Center, June 2007.

[6] C. J. Campbell, "Open Letter to the Guardian," November 2009. http://www.peakoil.net/Campbell.

[7] International Energy Agency, *World Energy Outlook 2008*, OECD/IEA 2008.

[8] OECD/NEA and IAEA, *Uranium 2009:Resources, Production and Demand*, 2010.

[9] K. S. Deffeyes and I. D. MacGreger, "World Uranium Resources" *Scientific American*, 242, 66-76, January 1980.

[10] C. MacDonald, "Rocks to Reactors:Uranium Exploration and the Market," *Proceedings of World Nuclear Association Symposium*, 2001.

[11] Canadian Nuclear Society, "Uranium Mining in Northern Saskatchewan,"

http://www.cna.ca/curriculum/cna_can_nuc_hist/uranium.

[12] Word Nuclear Association, "Nuclear Power in China," updated September 15, 2011. http://www.world-nuclear.org/info/inf63.html.

[13] The Association for the Study of Peak Oil and Gas(ASPO), Newsletter No. 74, February 2007. http://www.energiekrise.de/e/aspo_news/aspo/newsletter074.pdf.101.

[14] W. H. Ziegler, C. J. Campbell, and J. J. Zagar, "Peak Oil and Gas," Swiss Bull. Angew. Geol. Vol. 14, No. 1-2, 2009. http://www. angewandte-geologie. ch/Dokumente/Archiv/Vol14_1_2/1412_7Ziegleretal. pdf.

[15] R. L. Hirsch, et al., "Peak of World Oil Production:Impacts, Mitigation & RiskManagement,"2005. http://www.netl.doe.gov/energy-analyses/pubs/Oil Peaking_NETL.pdf.

第五章

技术选择

本章将介绍一体化快堆最重要的基础：材料和结构选择。它们对快堆很重要，并互为补充。按照美国物理学家 Hans Bethe 的说法，“所有部分都匹配得很完美”。它们将一体化快堆每个部分都打造出最佳特性，包括反应堆本身、乏燃料后处理以及最终废物处置技术。

5.1 目标和考虑因素

1984 年一体化快堆研发启动的时候，美国的核能正处于停滞状态。专业的反核活动家们正得势。在三哩岛核电站-2 事故后，安全成为公众十分担心的问题。由于其具有“永久”的性质，核废料也成了一个问题。印度在 1974 年成功的核武器试验，民用核能的增长被描述为导致了核武器扩散。这些断言可靠性有限。核能仍然在发展，当时的一些技术还处在开发的初级阶段。但是危险被人为地夸大了，他们成功地吓唬了之前支持民用核能发展的公众。

在 1983 年 11 月，国会彻底地取消了克林奇河增殖堆（CRBR）计划。CRBR 本来是要向全国首次大规模地示范增殖堆可行性的。但是，两个管理机构把它变成了一个政治皮球。1977 年作为全力以赴限制世界核能增长的一部分，它被包括很多反核活动家在内的卡特政府取消（最终它被国会保留了下来）。但 1983 年快完成的时候，当局就不再给它经费了。有希望实现无限电力和无限燃料供应的唯一技术不再是国家的优先考虑项目了。

阿贡曾在此研发计划中占有一席之地。当然在设计和建造 CRBR 工作中它不是主力，但是它有支持 CRBR 的很重要的发展计划。阿贡仍旧有能力做这一开发工作，它拥有受过极好训练、有极高积极性的工作人员和大型设施来做需要的实验。我们非常确定这一项目的成功对于国家和世界的重要性。基于此，我们开始开发一种形式更加完美的增殖堆系统。

CRBR 虽然带有很浓的政治色彩，但是 CRBR 技术路线的局限也增加了它的脆弱。它需要巨大、昂贵的后处理设施来实现燃料循环。这样的设施和用来为核武器提纯钚的设施是一样的——容易被误用或滥用。这种后处理设施目前除了一两个个例外，都被用于武器制造。安全性也令人担忧，计算表明最严重的事故（尽管看起来不像）有可能导致爆炸性的能量释放。更有甚者，认为 CRBR 的核废料量大，与乏燃料长期放置没有什么差别，放射性需要几十万年才能衰变至天然铀水平。此外虽然这种技术也能增殖，但并没有达到快堆核特性允许达到的最优值。

而一体化快堆开发计划首要的目的是提供一种能产生无限电力的能源方案，我们计划解决 CRBR 技术中的一些问题，并为一体化快堆所使用。我们将通过合适的技术选项来实现此目的。我们会消除，在无法消除的地方我们至少要改进，公众认为的关于现有核能形式的合情合理的担忧。我们想看看能做些什么。

很多选项，反应堆结构、使用的材料、燃料加工技术，决定了一个反应堆系统具有的特性。外观上一体化快堆将会很像其它任何核电厂，几英亩的建筑物里面安装了各种各样的服务设施、一个各式各样电力开关厂、冷却塔、安装在结实的安全壳里面的反应堆，一体化快堆还特别有一个小的燃料加工设施。但是它将和当今的反应堆有很大不同。它将会是一个“增殖堆”，它能“增殖”，通过铀的核裂变来产生更多新的钚燃料，多于它所消耗掉的燃料。它能一次次地循环利用，直到最后燃料使用效率比当今反应堆高 100 倍。并且这一过程只会产生更少的有毒废料，管理要求简单，更安全。

任何反应堆首先和最重要的材料选择就是燃料和冷却剂。运行和安全特性主要是由这些选择决定的。材料的内在性质决定设计。一体化快堆燃料采用的是铀-钚-锆合金，这还需要开发。之前的 EBR-Ⅱ的工作是它的基础，但它将是一种新的燃料类型。用液态金属钠作冷却剂，其优点远远压倒了其缺点，这一点从一开始就很明显并且从未削弱过。

5.2 燃料的选择

5.2.1 金属燃料

一体化快堆采用金属合金燃料是最重要的一项决定。这也是一个有争议的选择，因为在 20 世纪 60 年代早期，世界范围内都已经抛弃了金属燃料，并且将它遗忘了。

能在反应堆中长时间的辐照是非常重要的，然而 20 世纪 60 年代金属燃料连中等的辐照都不能经受，陶瓷燃料却可以经受深辐照。世界每个增殖堆都计划采用从商用水冷反应堆发展而来的陶瓷燃料——氧化物燃料。它开发充分，今天仍是世界上其它地方快堆实际上的首选燃料类型，它在钠冷快堆上的优点和缺点已经经过验证了，那么一体化快堆为何还要选择金属燃料呢？

对一个完整的快堆系统，堆安全、堆运行、燃料循环和废物管理等方面都是很重要的，金属燃料看起来有优势，它将使得成本降低并提高经济性。对快堆及其燃料循环不具有经济性的担忧总是给快堆的发展蒙上一层阴影。如果在快堆的温度和辐照条件下能采用一种金属燃料，那么经济性将会得到极大的提升。这种金属燃料是一种含有足够量钚（反应堆运行燃料循环需要的量）的金属。

在所有可能的燃料中金属燃料能够达到最大的增殖。高增殖意味着燃料供应可以很容易倍增，并维持在一定水平，也可以随意降低增殖。金属燃料和同样是金属的冷却剂液态钠完全不会发生反应。燃料包壳的破裂或者孔眼对于氧化物燃料非常重要，但对于金属燃料却并不是这样，还可以运行。燃料包壳失效的机理现在已经弄清楚了，金属燃料有可能经受长时间辐照。金属传热快，燃料中几乎不储存什么热量（储热会使事故进一步恶化）。金属极易加工，铸造简单并且价格便宜。在氧化物燃料生产中需要小心的问题和需要采取的步骤被简化，所需操作也简单。金属乏燃料可以使用便宜得多的技术进行后处理。最后强调一点，其再循环燃料具有强放射性，任何情况下不宜用作武器装料，处理起来危险性提高，除非进行远距离操作。

重要的问题是含有钚的铀合金具有足够高的熔点并且不损坏包壳，与此同时能保持 EBR-Ⅱ铀燃料耐长时间辐照的特性。早期金属燃料在辐照时会肿胀，这是放弃它的原因。现在全铀燃料的肿胀问题已经解决了。十多年来 EBR-Ⅱ一直在使用金属铀燃料以较深燃耗运行。金属燃料与包壳间留有空隙，其裕量使得长时间辐照后金属块肿胀仍不超过包壳的直径。如果尺寸合适，金属将在辐照初期几个月膨胀到与包壳接触，但其对包壳施加的应力是极小的。在那以后，燃料可以继续运行，并不会有任何明显的燃耗限值或者进一步的肿胀。

在金属膨胀到与包壳接触从而提高传热之前，通过填入的液态钠来保证传热。液态钠和金属铀的相容性使这成为可能。当燃料膨胀时，钠被挤到燃料棒顶端用于收集裂变气体的空腔里。导热层的钠非常重要，它能够抑制燃料表面和内部的温升。已经发现，肿胀本身是由于聚集在燃料孔中气体裂变产物压力增大导致的，这些小孔尺寸会随着运行而增大。当肿胀增加时，这些小孔会互相连接并且将气体释放到上部空腔。在燃耗接近 2%时候就会达到最大肿胀，小孔之间的互相连接变得足够大，钠会进入这些孔洞中。反过来，这具有修复导热的效果，会减小燃料的温升。

通过采用这种设计的几千根铀燃料棒在 EBR-Ⅱ辐照而没有失效，从而证实了这种铀燃料设计的有效性。但是现在，需要设计金属铀钚燃料来容纳肿胀。钚会使肿胀行为和铀合金不同吗？更令人担心的是，钚和铁会形成一种熔点低于运行温度的低熔点合金。需要一种新的合金元素来提升合金的熔点。锆对实现这一目的是有益的。锆还会抑制包壳中铁和镍等元素进入燃料中。铁和镍会形成一种低熔点的合金，更糟的是，它们是在与包壳紧邻的的燃料层形成这些合金。10%的锆是最优的，因为锆含量再高的话会使燃料熔点高到我们无法用现有技术加工这些燃料。10%含量的锆会使燃料和包壳有足够的相容性，达到一个满足运行要求的足够高的熔点，并且可以用简单的注入铸造技术生产。

因此燃料将会是一种 U-Pu-10Zr 合金。但是它会有效吗？10%的燃耗（在反应堆中大约辐照三年时间）是我们成功与否的标准。我们开始会做一系列的试验。试验中，燃料轻易越过了 10%燃耗。最终从反应堆卸出时已经达到了将近 20%而没有失效（例如包壳突然破裂）。首批制造的一体化快堆燃料组件的燃耗超过了之前 20 年氧化物燃料开发计划中可能达到的值。含钚的金属燃料通过了这项试验。使用这种燃料的确是可行的。这一方案将进入系列实验和详细分析阶段，以进一步明确其应用范围和限制。

5.2.2 钚

一体化快堆可实现铀-钚燃料循环。在这一过程中，非裂变的 ^{238}U 在整个燃料寿期中慢慢转化成 ^{239}Pu。如果可用燃料材料有净增加，那么这个反应堆就是一个增殖堆，如果没有，那么就像当今所有的商用堆一样是一个（铀到钚的）转换堆。但是所有的反应堆都会将一部分铀转换成钚。水堆转化了足够的钚，燃料最终产生的能量中大约有一半来自生成钚的燃烧，在乏燃料中还存在相当多的转换钚。

钚可作为大规模、持续性提供电力的核电系统主要燃料，这一宝贵材料实际上是一种极端重要的资源。某些政治活动家故意使得钚饱受争议，致使公众缺乏正确的认知，使钚成为不可接受的东西。这导致美国停止了增殖堆的开发，现在世界范围内也存在一些零星的开发。现有采用铀作燃料的反应堆也可以将铀转换成钚，但认为产出的钚与最好的增殖堆年产量相当的话就不对了（虚夸了）。增殖堆和转换堆之间有关钚的主要不同在于增殖堆会循环利用它们的钚燃料，一个循环接着一个循环地使用钚，从而确保燃料供应。现有反应堆把它们产生的钚当做废料。除非为了提高铀资源的利用率，否则缺乏循环使用钚的动因。也许要在燃料循环上多花费一些钱，可以使铀的利用率增加 20%（其他一些原因，例如废物处置，可能使热堆乏燃料后处理变得有吸引力，但是钚循环利用的收益不是热堆乏燃料后处理有吸引力的原因）（译者注：此处利用率增加 20%是相对一次通过而言，整体铀资源利用率仍然不足 1%）。

然而，正是因为钚具有无穷能量的潜力。钚在自然界只能以很微量的形式存在。它的半衰期是 24 900 年，从地球形成至今很久以前就衰变完了。它必须以我们刚刚讨论过的方式从铀转化而来。钚是一种金属，像铀或者铅一样重。就像如果摄入足够量的所有重金属一样，它也具有化学毒性，但是不像砒霜那样广泛使用了很多年。它具有天然放射性，但是不像广泛分布于地球表面的镭那样强。钚的主要元素 ^{239}Pu 能释放出低能辐射，很容易被例如几千分之一英寸厚的钢阻挡（在实验室中通常它也是这样进行防护的）。它化学性质活泼，因此细小颗粒的钚能与空气中的氧气迅速反应形成一种稳定陶瓷氧化钚。如果这种颗粒通过肺或者消化系统被摄入，人体通常会需要一个生理期将其排出。反核组织者们的一个流行口号便是“小小一点钚就会杀死你”。这完全是胡说八道，一点点的陶瓷氧化钚不会进一步发生反应，并且一般会无害的从身体排出。

过去几十年中，全世界通常在实验室、化学精炼厂和生产设施中少量或者大量地处理钚。所有这些过程中都没有因为处理钚而导致死亡的记录。战争时期 Hanford 钚生产工人的一项研究给出了出乎意料的结果：这些工人比那些没有暴露于钚群体的平均寿命更长。因为他们会因为参与到这项研究而进行更好和更经常的体检，寿命更长是很有可能的。

最后，^{239}Pu 是易裂变核素，可用于核武器，这是事实，像另外两种易裂变核素 ^{233}U 和 ^{235}U 一样。但是钚与他们不一样的地方在于，它可以通过化学方法从产生它的铀中分离出来，而不需要像从铀中分离 ^{235}U 那样要用到的大型、昂贵的扩散工厂。当然，随着离心机的发展厂房会变小，现在易裂变核素 ^{235}U 能够用离心机从铀中分离出来。操作钚时必须用很多辐照过的燃料、化学处理设备、操作设施、以及爆炸控制装置，而处理离铀，只需要有几乎不具有放射性的天然铀、能够增加数量以生产所需要量 ^{235}U 丰度的离心机，产品也几乎没有什么放射性，这些很容易进行机械处理和操作，会使核武器制造过程更加简单。钚在核武器扩散方面不再比铀更加敏感，不再被单独提出。事实上，许多最令人担心的国家有很大可能更倾向于选择铀来发展一种简单的武器，伊拉克现在的行动就是恰当的例子。

有放射性存在的情况下制造核武器是很复杂的。通过一体化快堆处理得到的钚仍然有很高放射性，它必须远程操作，对其精细加工就很困难了。铀则要容易的多。这并不意味着像 Los Alamos 或者 Livermore 这样的大型、复杂的武器实验室就不能使用这种核素不纯的反应堆级钚，可以说在有易处理得多的材料存在情况下它们不会选择这么做。新手会理所当然地避免一体化快堆钚必须的远程操作。

正如在一体化快堆中用到的钚一样，钚不能简单地被妖魔化并且被遗忘。它是实现无限能源的手段。只有快堆（利用在快谱中增殖钚这一特征优势，比使用任何铀核素有优势）能够从根本上大规模地改变能源的前景。它们的资源延伸性使得可用燃料的量增加了大约一百倍，足足两个数量级。不必进行仔细的计算。通过一种今天已经了解的技术和已经大量确立的知识就能知道，许多世纪的需要都能得到满足。这种技术不像聚变、太阳能方面的突破或者其它选项那样是推测性的，它是能实现的。

5.3 冷却剂的选择

快堆发展伊始，液态钠就被选作冷却剂，这是由于要达到好的增殖效果中子能量必须保持较高，而钠基本上不会慢化中子（水会慢化中子，因此没有什么增殖效果）。与此同时钠还有其它非常好的性质—易导热，可以快速地将热量从燃料处移走，热容很大，使其不必有很大温升就能吸收大量热量，沸点高，在运行温度下不会沸腾，即使在高于运行温度很多的情况下也不会沸腾，尽管钠在室温下是固体，但其熔点很低，可以在并不远远高出室温下保持液态。另外，钠和组成堆芯的结构材料（例如钢和锆）之间不发生一点化学反应。钠化学性质稳定，在高温和辐射下稳定，便宜且易获得。

此外，作为一种金属，钠和金属燃料一点也不反应，因此，不像氧化物燃料暴露于钠中会发生反应，钠和金属燃料不会发生燃料/冷却剂反应。在氧化物燃料中，如果包壳发生破裂，那么这种反应会形成体积比原来氧化物还大的反应产物。它们会继续扩大裂口，排出反应产物，并且有可能堵塞冷却剂流道、导致更进一步的问题。金属燃料可以消除这种顾虑。

对于反应堆运行而言，钠冷却剂有一个极大的优点：在常压下是液态，这使反应堆可以在常压下运行，这很重要。水作为冷却剂需要极高的压力使其在运行温度下保持液态，根据反应堆设计不同，必须维持 1 千到 2 千 psi（磅/英寸 ^{2}）的压力，这样就必须增加反应堆容器壁厚来包住堆芯和冷却剂。对于常压下工作的钠冷却剂，反应堆容器（或者叫反应堆罐）的直径可以变化的裕量很大，并不需要考虑耐压。如果发生钠泄漏，由于它们后面没有什么压力，这些泄露的钠将会滴出到空气里，一般会以一缕细烟的形式被人看到。重要的是不会有像高温高压水沿着泄漏路径发生爆裂那样的情况出现。

钠的主要缺点是极易和水或者空气中的氧发生化学反应，它绝对不能暴露于以上二者中，因此必须在一个惰性气体环境中保存钠。作为一种较常见的惰性气体，氩气自身完全不和其他物质反应，又有一定自重保持钠表面被覆盖，它是实现上述目的的首选保护气体。盛钠容器不透明是一个缺点，这些年已经开发了一些技术来解决这一问题。

5.4 反应堆结构选择

反应堆结构（包含有堆芯和必需管道的反应堆容器的布置）也是很重要的。运送在堆芯暴露于辐射环境中的钠冷却剂（也被称作一回路钠）的管道系统必须保证不泄露到大气中。一回路钠是有放射性的，会产生短寿命的 ^{24}Na，半衰期只有 14 h，衰变时会放出 1.38 MeV 和 2.75 MeV 两种高能伽马射线。这么高能量的伽马射线具有穿透性，对人有危害。它的半衰期非常短暂，很快就会消失掉。但是由于钠在空气中燃烧会伴有浓重的白烟，放射性将会在泄漏过程中扩散出来。池式结构消除了这一可能，它将所有一回路钠和相关管道系统包容在一个双层容器中。放射性钠永远不会泄露到大气中，如果一回路系统确实发生泄露，钠也被限制在钠池中。一回路钠中的热量在堆容器内的热交换器中传递给二回路冷却系统。只有二回路冷却系统中无放射性的钠运行才能被带出反应堆容器。这一管道系统可能会产生泄漏，但是绝不会有放射性从中扩散出来。在池式反应堆结构中，钠泄漏带来放射性是一个不会存在的问题。

正如燃料和冷却剂材料选择一样，选择池式结构也很重要。反应堆容器尺寸必须足够大以容纳所有一回路系统部件。堆芯、一回路管道、一回路换热器（带有放射性的一回路钠在这里将热量传递给二回路钠）全部浸没在一回路钠的大池中。容器边界没有贯穿件，是一个壁面光滑的容器，被包含于另一个直径更大的容器当中。这一保护容器为绝不发生钠泄漏提供了双保险。由于二者之间是负压，从主容器泄漏的钠会进入到两个容器之间的空间中。这一空间充有惰性的氩气，并设有仪表来监测任何有可能出现的泄漏情况（在 EBR-Ⅱ30 年寿期当中没有发生过这种事）。

应当注意的是，两种可能的反应堆结构（池式或者回路式）当中的每一种都适用于某种特定的冷却剂类型。水冷反应堆容器由于高压其直径不易过大，回路式设计几乎是必须的。钠冷反应堆由于压力低，可以采用任何尺寸的容器。一回路冷却剂是放射性的，因此最好将一回路部件、管道放置在主容器当中。池式是一个很自然的选择，20 世纪 50 年代阿贡 EBR-Ⅱ的设计者们也选择了池式结构。回路式结构当然也是可能的一种选择，事实上在 20 世纪 60 年代晚期和 20 世纪 70 年代美国开发的增殖堆都采用了回路式结构，世界其他地方建造的一些增殖堆也采用了这种结构。但是由于很多原因，它不是钠冷反应堆一种自然的选择。

正如在安全章节中描述的那样，增大钠池的尺寸提供足够的钠以吸收事故工况下的热量增加了该系统相当多的冗余安全性。这使得即使在事故发生时控制和安全系统失效的工况下仍然可以对反应堆功率进行调节。在这种事故中巨大的钠池提供了稳定因素——吸收热量，直到金属燃料堆芯的自然反应性反馈足够将反应堆功率降低到无害水平。

“自然反应性反馈”是指堆芯因事故温度升高体积膨胀而减小反应性。中子泄漏对于快堆的反应性要比热堆重要的多。在快堆中，中子截面很小，在吸收前通常会穿行几十厘米，相较而言，热堆中中子在吸收前只能穿行几毫米。堆芯的尺寸也比较小，有很大比例的中子是在靠近边界的地方产生的，会从反应堆中泄漏掉。堆芯直径由于温度升高而略有增大，反过来会增大轴向的中子泄漏，从而减小足够多的反应性以降低反应堆功率。

5.5 乏燃料后处理路线选择

快堆燃料循环和热堆燃料循环不同，例如已经实现的热堆燃料循环，是钚的循环，但两者钚的组成不一样。由于快中子谱的缘故，快堆中 ^{239}Pu 俘获中子较少（非生产性的俘获与裂变之比随着中子能量的增加而急剧下降），这就使增殖成为可能。钚 239 中子俘获减少，使得铀 238 有更多的中子可俘获，从而产生出更多的 ^{239}Pu 来，除了补充运行消耗掉的 ^{239}Pu 以外，还会增殖出更纯的 ^{239}Pu。由于 ^{239}Pu 的俘获生成 ^{240}Pu，因此较低的俘获意味着增殖来的钚中 ^{240}Pu 的比例不会像热堆中增加的那样快，因为热堆中 ^{239}Pu 中子俘获更多。

一种理想的快堆燃料循环方式是能够确保乏燃料中所有的锕系元素都返回到反应堆中复用，而不只是钚和铀。由于快堆燃料燃耗高，我们前面提到的 20%将是常见的，相当多的高放射性锕系元素将会积累。虽然人们通常更关注钚同位素而较少关注其它锕系元素，但是无论如何其他锕系元素对于燃料的反应性也有相当多的贡献。所有这些元素在快谱中都是可裂变的——以至于它们事实上是很好的快堆燃料。与此相对，在热堆中，锕系元素被当做反应性毒物，是乏燃料中主要的长寿命放射性产物，在再循环过程中不分离出来而直接进入到废物。它们在燃料中通过中子俘获产生，具有非常强的放射性，使废料在极长时间（几十万年）里仍具有很大的潜在危害。但是在一体化快堆中由于它们是燃料，会被燃烧掉，从而限制了它们在再循环中的存量，使其存量减少了至少两个数量级，否则如此多的锕系元素将会存在于废物当中。它们会在未来很长时间里产生热量，这对于长期废物管理有重要的影响。

尽管有不同的后处理方案，但应根据不同的目标选择适应的技术路线。纯钚产品会扫除用于核武器用途的一切障碍。快堆可以在通常围绕堆芯（即被称作“包层”的地方）的铀中产生大量有相当纯度的 ^{239}Pu，这并不是巧合——它就是为这一目的而开发的。而一种能够分离出非常纯钚的后处理技术正是我们不希望的，如一些国家采用的 PUREX 流程后处理技术对热堆燃料进行后处理生产出了纯钚产品，迄今为止世界上所有成功的武器计划都使用了这一处理技术。

在后面我们讲到高温过程化学时，将会看到有很多基本科学原因使得干法后处理很难甚至极有可能无法得到任何纯钚产品（可以说对生成非常不纯的钚产品这一目标而言也是一种技术胜利）。因此高温法，如果大规模成功开发的话，对快堆而言是很理想的。

这一处理技术批处理量不大，但是它能够增加生产线来得到比现在设想的更大的产量。由于装载入快堆的燃料量只相当于同等功率热堆的 1/10—1/5，因此两方面的考虑是匹配的。快堆燃料量比同样功率热堆少的多，这一处理技术可以很容易地处理这些更小的量。现在的规模适合于几百兆瓦到几个吉瓦的电站。

快堆燃料中裂变材料份额很高，水法后处理中溶液是有效慢化剂，使得临界成了一个持续令人担心的问题，过去已经发生过未曾预料的临界事件。因此水法后处理技术中常常采用稀释的办法降低裂变材料浓度，这一点很关键。但在一体化快堆后处理过程中临界问题就不突出了。设计良好的设施会避免使用慢化材料，因而根本不需要稀释。氢是慢化中子最有效的材料，因此也是引发临界问题的最有效材料。作为工作流体，含氢液体是 PUREX 后处理技术的基础。在一体化快堆高温冶金法后处理中根本不存在含氢液体，因此它非常适宜于快堆乏燃料的后处理，过程中无需对这些裂变成分进行稀释来解决临界问题。

PUREX 流程已使用了很长时间，流程长，工厂建造非常昂贵。日本用于热堆燃料后处理的 PUREX 工厂花费大约 200 亿美元左右。更多的新工厂肯定会又大又贵，对于快堆该流程并不是很理想。另一方面，就像我们在经济性那一章描述的那样，高温处理技术很便宜，并且正如我们已经看到的那样，这种处理技术非常适合快堆。PUREX 流程的优点仅适应纯钚的生产。这些年它在军用钚提取方面的优良特性已经得到充分展示。有必要深入比较高温法和已经确立的水法技术，但是我们仍旧认为已经确立的水法后处理技术非常不适合快堆，总体上也绝不是民用后处理的理想方案。

在选择基本材料和技术时若没有充分认识到快堆的特性，就可能带来损失。例如 20 世纪 60 年代，当简单地把完美适用于热堆和各种海军热堆的材料和结构搬到快堆上来时，快堆系统遭到了损失。随着燃耗加深，堆芯中原子量更大的钚同位素和其它锕系元素逐渐增加，而不是在包层中迅速地积累或者大量地增加。在处理技术中必须承担可能出现的核扩散风险带来的变更问题。

这就是为什么一体化快堆燃料循环后处理技术如此重要的原因，也是 PUREX 流程不适合于民用快堆的原因，就这一原因而言高温法是可取的。一体化快堆后处理以一种电解精炼方法将锕系元素从裂变产物中分离出来。直接目的就是要将铀恢复成一种产品，另一种产品是包括钚在内的超铀元素，第三种产品就是裂变产物废料了。

电解精炼器是一个直径和高度大约为一米的容器。其中包括适合这一处理技术的电极、熔盐电解液，在 500 ℃左右运行。超铀元素迁移到一阴极处（液态镉是关键），铀迁移到另一极（钢棒）。阳极是被切成短段的乏燃料。随着离子迁移到阴极，这些小段逐渐溶解到电解液中。各种元素在不同电压下迁移，通过选择不同电压，可以使我们想要的元素聚集到合适的阴极。大部分铀能够以非常纯的形式收集起来。但是其他原子量更大的锕系元素的电位太过接近，只能作为一组元素被收集，其中也包含一些铀。这样的条件下，铀和比钚更重的锕系元素在一起，得不到纯钚。

大量的放射性裂变产物仍存在于熔盐中，有待随后移出并固定在适合处置的长寿命废物中。金属裂变产物（总共约四十种元素）、结构材料和贵金属要与电解液分开，它们与切成短段的不锈钢包壳采用物理方法移出，进行废物整备以便于最终处置。

这些就是一体化快堆的主要技术选择。在后面的章节中，我们将会讨论一体化快堆技术是怎样使用的，以及从这些计划中得到的知识，什么是已知的，什么是相当确定的，哪里需要进行研究，还需要做哪些工作。

5.6 小　　结

适合于一体化快堆的材料和结构选项与当今主流的商用反应堆——热堆不同。所选燃料、冷却剂、反应堆结构很大程度上决定了反应堆所具有的特性。我们选择的是金属燃料、液态钠冷却剂、池式结构。这些不会成为热堆的选项，但是在快堆中金属燃料和金属冷却剂的结合却会带来更好的结果。加上池式结构，它们一起产生了一整套优秀特点。这些选项定义了一种对于未来能源系统而言真正具有革命性意义的反应堆类型。需要进行的开发工作将会逐项地在接下来的章节中描述。

第六章

IFR燃料性质，设计和经验

美国在EBR-Ⅱ上开展与燃料设计有关的实验工作几十年，但在一体化快堆（IFR）中使用的燃料是一种全新的燃料，这种燃料没有在其他任何反应堆上使用过。从1984—1994年的近10年中，对新的燃料进行了研发并在EBR-Ⅱ上进行了大量试验，此后又在FFTF上开展了进一步的试验。IFR的燃料具有很多优点，它便于反应堆运行，并使反应堆具有特殊的安全性，同时使得燃料循环体系得到简化，实现了更好的废物管理，燃料的选择是反应堆发展的第一步。

快堆燃料首先应该具有良好的运行特性，除了常用的氧化物燃料和金属燃料外，我们简单的评估了其他类型的燃料。得到的结论是，其他类型的燃料在技术与未来发展趋势上并不具有非常明显的优势，因此最后选择了金属燃料。本章介绍了IFR选择金属燃料的历程，20世纪70年代的示范快堆中使用氧化物燃料而未使用金属燃料的原因，以及阿贡实验室的进一步研发工作和金属燃料缺点及其改进工作，IFR燃料最终成为一种性能优异的燃料，同时给出了燃料研发过程中的一些关键因素，性能描述，燃料特性实验的一些总结。

我们对燃料精细结构进行了辐照后检验，这些结果显示了燃料辐照行为的机制。对于燃料来说应该具备很多的特性，但最重要的是在稳定高功率辐照下的良好性能。而实际上，反应堆的功率会随着运行工况的变化而变化，我们需要检验燃料应对功率瞬态变化的能力。同时，燃料应该具有良好的材料相容性以保证反应堆安全运行，即使发生包壳破损也不应造成反应堆污染或者引起其他风险。下一章将会介绍燃料的另外两个重要特性，它降低了燃料循环中堆外部分的要求，同时奠定了IFR应对严重事故能力的基础。

6.1 快堆燃料应具备的特性

耐高温与耐辐照能力是快堆燃料最重要的特性，这意味着辐照时间延长，从而减轻对燃料循环堆外部分的负担。在产生高功率的同时保持相对较低的燃料温度也是重要的特征。产生同样的电力，快堆对燃料的需要比热堆要少，毋庸置疑，富集度越高，需要的燃料越少。热堆的燃料富集度通常在 3%～4%，而快堆的燃料富集度则需要 20%～25%。几乎所有材料的快中子核反应截面都很小，因此对于快堆来说需要提高燃料中的易裂变材料的份额以补充截面小的不足。结果是每根燃料装载了较多的易裂变材料，为了降低发电对燃料的需求，在产生相同功率的前提下，每根棒必须产生相对较高的功率。因此燃料必须承受高功率密度及长期辐照。这两个量有一定关系，但并不相同。

燃料最基本的特性是堆内停留时间。燃料在反应堆中停留的时间越长，新燃料的需求量就越少。对于像 IFR 这样的燃料循环系统，乏燃料后处理的物料流小，这意味着后处理和新燃料制造设施规模更小、更加便宜。随着反应堆的燃耗加深，通过堆芯中钚的增殖可以将燃料中易裂变材料的比例保持在相对稳定的数值，因而仅通过加长在堆内的停留时间就能实现易裂变材料物质流的最小化。

理论上，通过设计足够长的燃料堆内停留时间的方式，可避免燃料的后处理，甚至是整个反应堆寿期都不进行换料，这些想法不断被提出来。一般来说功率密度必须很低。快堆中限制燃料寿命的是燃料包壳的辐照损伤，这也直接限制了功率密度。虽然高增殖比的堆芯设计可以保持后备反应性相对稳定，但燃料寿命仍受限于包壳。燃料包壳的中子通量与辐照时间-积分通量，是限制燃料寿命的重要因素，而不是燃料本身。结果是这样一个不换料的反应堆的堆芯功率非常低，或者具有一个超大的堆芯、主容器及堆内构件，两者之间别无选择，低功率密度的核电站，其工程造价是不可接受的。

另一种极端是经济上更可行的上世纪 60 年代早期 EBR-Ⅱ设计者们实施的方案。由于当时的金属燃料在堆内停留时间有限，他们通过低燃耗燃料的快速后处理、回堆复用的方式实现了堆内停留时间尽可能长。

为了做到这样，乏燃料后处理采取了非常简单的方式，在一个远距离高辐射环境中完成。燃料更新和重新回堆仅需要几周时间。这种方法可以使堆外燃料循环系统中燃料总量保持最小。

过程很简单，实际上是去掉包壳后将燃料在一个坩埚里熔化。裂变气体直接释放并收集，而其他裂变产物在与坩埚反应时去除。剩下的大部分材料重新加工成新燃料回到反应堆。但是当熔融的燃料与坩埚发生一些反应时，会有少量的燃料残留下来。

这个工艺称为“熔融精炼”或者“高温过程”。该工艺进展顺利，在几年时间里完成了五次再循环，但它被认为不是一个完整的处理方式，距离商业应用仍需进行持续的改进工作。

EBR-Ⅱ的新鲜燃料中几乎不含钚，即使有一点也是反应堆中增殖产生的，含量非常少。商用快堆循环则必须面对大量的钚，它是快堆燃料循环里的易裂变材料。熔融精炼工艺的简单改进无法适应新燃料中增加钚的处理需要，因此该工艺并不适合商用动力堆系统。但是这种简化的快堆燃料循环的思想，却被 IFR 采纳。IFR 所开发的系统，实现了高燃耗长堆内停留时间与简化的后处理工艺的完美结合。

如果反应堆要有效增殖，除了冷却剂之外，燃料本身也应该尽可能降低对中子的慢化作用。燃料中应尽可能的避免轻元素。而氧作为一种轻元素，对中子的慢化作用非常明显，因此氧化物燃料中由于氧的作用使得增殖能力大幅下降。这就是克林其河示范增殖堆的核心问题，它很难满足既定的增殖目标，在 20 世纪 80 年代仅部分建成。显然，对增殖最好的是以纯铀或钚作燃料，而不添加任何轻物质。

燃料选择同样会对反应堆的运行产生影响。如果发生了燃料棒泄漏，而反应堆继续运行，裂变产物将污染整个一回路系统。如果由于燃料溢出而发生堵流，便会成为一个安全问题。停堆更换失效的燃料组件将浪费宝贵的发电时间。一种好的燃料应具有较大的裕度，在发电的同时不会因为熔化或其他原因发生失效。同时燃料应该具有足够的应付始发事件的能力，特别是始发事件之一的超功率事件发生时。

最重要的是燃料，冷却剂和堆芯布置，面对初始事故时，不依赖人的干预或专设安全设施的响应而实现安全停堆。这种想法可以通过反应堆功率固有的根据冷却剂的流量自行调整来实现。那么对于最大可信事故之外的事故，发生了堆芯损坏后的结果如何呢？最坏的可能性是，随着堆芯功率的增长导致大部分堆芯熔化，熔化的燃料在某种程度上可能造成一个瞬间的功率峰值——就像一个爆炸，其威力足以造成安全壳的损坏，放射性物质直接进入环境。要解决这一问题，首先要引入足够的负反应性来终止功率的增长避免堆芯损坏。或者退一步讲，即使发生了堆芯损坏，也要将爆炸的能量控制在一个非常低的水平。这种情况下的破坏被限制在反应堆主容器内，安全壳作为后备屏障保持完好。

上述考虑都应包含在燃料选择里，在世界上快堆不同类型燃料的实验项目中已经开展了相关的研究工作。

6.2　候选燃料

早期所有快堆选择的都是金属燃料：美国的 EBR-Ⅰ，EBR-Ⅱ，Fermi-1，英国的唐瑞快堆（DFR）。它的优点是明显的，核特性好，能谱硬，增殖性能接近理论上限。

由于早期认为铀资源非常稀缺，因此增殖是一个非常重要的考虑因素。时至今日，对于一个需要以快堆为核心迅速形成规模的核电市场来说，这个因素依然是很重要。金属燃料与液态金属钠具有完全的相容性，两者不存在任何反应。金属燃料采用铸造的方式加工，制造简单，费用低。

然而，不久发现它在辐照下肿胀严重，很短时间后它会使包壳破裂，这就是阿贡实验室为 EBR-Ⅱ采用快速燃料循环方式的主要原因。无论怎么样的加工硬化或者退火操作，都无法改善其抗辐照肿胀。辐照肿胀的问题限制了金属燃料燃耗，最好的情况下达到了 3%，但这距离燃料循环经济性要求仍有很大的差距。因此，在 20 世纪 60 年代中期，人们放弃了金属燃料作为未来的快堆燃料。

1966 年 Fermi-1 堆的一个事件进一步促进了人们放弃金属燃料。在启动期间，由于一个结构部件的松动，造成了一盒燃料组件的堵流，结果造成了该燃料组件的局部熔化，周围组件也受到了影响。然而操作员并没有意识到发生了一盒组件丧失冷却的问题，而继续提升功率。当时从中得到的教训是，具有更高熔点的氧化物会更安全。氧化物燃料具有更大的安全裕量，或许燃料失效时影响会更小。事实也证明了这一点，当今大量运行的轻水堆都是以氧化物作为燃料。

然而氧化物也有它的不足，热传导能力非常有限，几乎近于绝热器，同时比热也不算大（在单位温升的条件下吸收热量的能力指标），这些特性造成了燃料温度对功率大小非常敏感。氧化物燃料在反应堆运行中将承受非常高的温度，燃料棒中心温度到了甚至超过了 2 000 ℃。在正常运行时，氧化物燃料耐高温的特点具有积极的特征，但在事故情况下，高温也就意味着释放更多的能量。氧化物燃料并没有与钠完全的兼容，但它抗辐照能力非常好，不存在辐照肿胀问题。氧化物快堆的增殖能力勉强可以接受，后面的章节会给出解释。选择它，是因为考虑到快堆处于刚刚起步阶段，氧化物的性能还是非常好的，至于更好的增殖燃料留给后人进一步开发。在这样的背景下，20 世纪 60 年代末 70 年代初，世界上多个国家建成了第一代氧化物燃料钠冷快堆示范电站。

这些反应堆以及后来建成的反应堆，使用了混合氧化铀钚（MOX）燃料。MOX 燃料进行了大量的试验，目前已经建立起了全面 MOX 燃料基础数据库，这些基础数据已经足够支撑未来的商用快堆的许可证申请。而高燃耗考验，甚至是超过 20%燃耗的考验工作也已经完成。氧化物燃料作为快堆的首选（基准）燃料得到了全世界的公认，不管它的性能好坏，至少这些性能数据都是很确定的。

快堆也曾尝试过其他类型的陶瓷燃料，在 20 世纪 70 年代中期碳化物和氮化物受到了特别关注。美国快堆发展计划出于提高快堆增殖能力的考虑，针对这两种燃料启动了一个庞大的项目。无论是碳化物还是氮化物，仍然属于陶瓷燃料，与氧化物燃料相比，其优势是具有更好的增殖能力和更短的快堆倍增时间。当时，在美国示范快堆工程（CRBR）中对燃料增殖能力极为关心，并为提高增殖比付出行动。20 世纪 70

年代早期对迅速膨胀的快堆的经济性还是很有信心的，预示着快堆将紧随轻水堆成为下一代核电。因此一个快堆碳化物和氮化物燃料的先进燃料试验计划开始了。

在两种候选燃料中，碳化物燃料更受喜欢。为了有效的传热，燃料与包壳需要非常紧密的接合——这很难做到，或者在陶瓷燃料与不锈钢包壳间充入某种物质以提高导热能力。试验的碳化物燃料棒通常使用氦或钠作为填充物，但在试验初期更多的是使用氦，大部分的辐照数据也都是来自充氦的燃料。结果显示碳化物燃料的辐照肿胀比氧化物燃料大，而且比预期的大。同时碳化物燃料易碎，辐照试验也发现了该问题。而容易开裂和破损的碳化物在反应堆中运行时会刺穿燃料包壳，这种燃料的芯快与包壳相互的机械作用在氧化物燃料中也曾担忧过，但没有像碳化物这样严重。

最后，碳化物燃料在反应堆里的性能并不比氧化物燃料好，它的增殖潜力也没有明显的提高。压垮它的最后一根稻草是在后处理中发现碳化物存在着更大的困难。这里需要提到的是印度的快增殖实验堆，它使用了全碳化物堆芯，燃料的最大燃耗达到了 10%。但由于碳化物后处理困难，在印度的 500 MW 原型快堆仍中采用氧化物燃料。

氮化物燃料辐照数据比碳化物燃料少。相比碳化物，氮化物燃料辐照肿胀小，裂变气体释放也少，但是在开堆和停堆的瞬态过程中，氮化物燃料更容易开裂和破损。氮化物的后处理比碳化物燃料容易的多，但是新燃料的制造困难，价格昂贵。自然界的氮中，主要是 ^{14}N，其中子截面很大，是一种中子毒物，同时反应后会产生对生物体有害的 ^{14}C。如果全部使用 ^{15}N，这个问题可以避免，但是花费巨大。氮化物的中子学特性，比如它的增殖能力，与锆合金燃料相似，但制造工艺困难，燃料容易开裂和破损（这个问题在金属燃料中不存在）。氮化物和碳化物没了新的吸引力，研发工作就这样结束了。

6.3　金属燃料开发的基础

在决定采用氧化物作为快堆推荐燃料后的十年，金属燃料的技术前景发生了很大变化。金属燃料的性能已经发生了改变，但是当时没有引起注意，在世界范围内甚至认为不重要。EBR-Ⅱ继续使用金属燃料运行着，但原子能委员会的决定停止了熔融精炼的后处理方式。与此同时，快通量实验堆（FFTF）的氧化物燃料安排在 EBR-Ⅱ上进行考验，随后 FFTF 在华盛顿州的汉福特建成。就这样，在一个以金属燃料运行的 EBR-Ⅱ上，进行了广泛的氧化物燃料辐照考验实验。当时的金属燃料燃耗很浅，所以几个月就需要进行一次换料，卸出的乏燃料又没有后处理加以利用，所以反应堆运行的费用是非常昂贵的。

为了降低成本，EBR-Ⅱ开始着手提高燃料燃耗的研发。20 世纪 60 年代后期，金属燃料有了重要的进展，并且在 20 世纪 70 年代积累了大量的辐照经验[6-8]。高燃耗的原理其实很简单的，不再试图通过改进冶炼技术（比如已经经过大量考验的冷加工和退火），而是通过改进燃料棒本身的设计，来解决材料的肿胀问题。由于钠和金属燃料的相容性很好，它可以填充在金属燃料和包壳之间起导热作用。这样，热量就能很容易地从燃料传递给包壳再到冷却剂，因此包壳与燃料之间不再需要紧密的结合。由于钠是液态的，它可以不必和包壳紧密的挤压在一起，同时提供了燃料在包壳内膨胀所需要的间隙。当燃料发生肿胀时，间隙中的钠便被挤压到燃料棒内燃料芯块上方的气腔中。这种新的设计给燃料肿胀提供了足够的空间，从而取代了通过包壳限制肿胀的方案。

实际上，对于肿胀必须有一个范围，当最终燃料肿胀到包壳时会发生什么？英国的 Bames[9]认为，燃料肿胀可能是由于裂变气体被困在燃料内造成的，当燃料继续肿胀时，其趋势可能会减弱，当肿胀到包壳时，可能不会对包壳产生强烈的挤压。这表明，随着燃耗的增加，裂变气体首先在燃料中产生大量的气泡，这就造成了燃料的膨胀，然后，当燃料的体积膨胀约 30%时，这些气泡开始相互连接，从而将裂变气体释放到燃料芯块表面。此时，燃料肿胀的趋势减弱，可以很轻易地将燃料的进一步肿胀限制在包壳内。

这种燃料经过长时间辐照提高燃耗之后会变成一个多孔的材料，它有两个很有用的特性。它不会对包壳产生较强的挤压，同时能为固体裂变产物的积累提供足够的空间。裂变气体的压力应保持在合理的水平，这也就决定了燃料芯块上部气腔的尺寸，这种设计使燃料长时间辐照提高燃耗成为可能。

改进的 EBR-Ⅱ燃料设计与早期的设计相差不大。燃料成分是相同的。从示意图上看，这种设计没什么不同。额外的间隙和加长的气腔只是简单的改进，但它们却导致了结果巨大差异。EBR-Ⅱ金属燃料的示意图如图 6-1 所示，图上可以看到燃料柱，填满钠的间隙以及上部气腔。燃料柱可以是一体的，也可以由叠在一起的独立的小燃料块组成，其性能是一样的。由于独立的小燃料块容易制造，大多数的燃料都是这种形式。

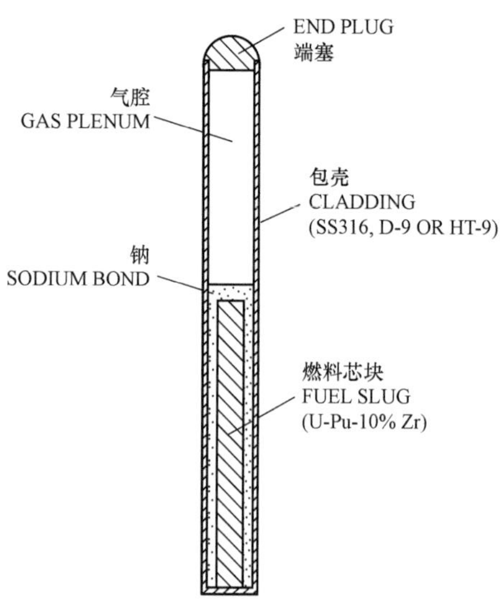

图 6-1　金属燃料示意图

这种小燃料芯块易于制造的特性对于钚、特别是回收利用的钚的制造是很重要的。回收的钚中包含了大量的质量数较高的钚同位素。它具有高放射性，若非必要，人工操作是不可取的。但是当操作很复杂时，人工操作几乎是必需的。在快堆中，燃料具有很高的功率密度，它需要良好的导热性，当在燃料和包壳之间缺少导热介质（比如钠）时，必须使燃料和包壳紧密的接触。在 FFTF 中，将独立的氧化物燃料芯块制作成合适的尺寸，以满足传热的需要。制造燃料所需的人工操作在防护上对燃料中钚的高原子数的同位素有含量限制。即使轻水堆再循环中钚的高原子数同位素含量小于快堆，它的放射性依然很高，使用人工操作也是很困难的，但在一定程度上可以勉强接受。对于快堆再循环燃料却无法接受，因此远程操作是很必要的，如果很多工序都是如此的话，需要增加经费并且满足其可靠性有难度。氧化物燃料制造就有这种问题，工艺复杂，步骤多，对于回收利用的快堆氧化物燃料，许多工序都需要远程操作，难度大，成本高，很难维护和运行。

步骤简单远程操作就容易实现，越简单就越好，这能节约大量成本。IFR 金属燃料很适合远程操作，因为燃料柱的制作采用简单的铸造工艺，包壳封装也很简单。EBR-Ⅱ的燃料芯块是通过将熔融的燃料注入玻璃管做的模具中制作而成的。为了在任何情况下都能应对燃料肿胀，燃料和包壳间留有足够的间隙，这就使得燃料芯块很容易装到包壳中。间隙充钠后焊接端塞，燃料棒就做成了。这些操作对于远程设备很适应，组装也廉价，这对于快堆用金属燃料是很有好处的。

应该说，燃料制造规模扩大的话，制造方法必须改进，而不能像制造 EBR-Ⅱ燃料时利用玻璃管模具，简单地将玻璃管敲碎，留下燃料柱。燃料会粘污碎玻璃，产生放射性废物，这种方法不可取也没必要。对此，在 IFR 项目的末期做过一些改进研究。其中，最吸引人的是用电磁场约束的方式使燃料芯块成型，但在没有任何实质性开发和评估之前，于 1994 年停止了所有的工作。

6.4　辐照经验：深燃耗燃料

EBR-Ⅱ的首炉燃料（Mark-1 型燃料）的有效密度为 85%。即，在横截面上，燃料占了包壳内面积的 85%。在发现燃料肿胀后，接下来的燃料设计（Mark-Ⅱ型燃料）有更多的间隙，有效密度约为 75%。燃耗也随之逐渐增加。最终，大部分 Mark-Ⅱ型燃料达到了 7－8%的燃耗。在 Mark-Ⅱ型燃料初期的设计中，为了防止燃料上下移动，在燃料柱上端面位置包壳管向内形成一个尖锐的凹陷进行限位。当这种限位点在 8%燃耗时发生了损坏。为了解决这个问题，将凹口设计为弧形，它获得了更高燃耗。这样的燃料，有一些达到了 18.5%的燃耗。在 20 世纪 80 年代初成功地考验了超过 40 000 根燃料棒。

在不含钚的燃料棒中，Mark-Ⅰ型燃料和 Mark-Ⅱ型燃料的金属成分为 95%的铀和 5%的模拟裂变产物合金。模拟裂变产物合金指的是人工制成的模拟熔融精炼再循环中裂变产物成分的合金。人们发现，用回收铀时裂变产物中的贵金属可以提高燃料的性能[10]。裂变产物合金的成分大致如下：钼 2.46%、钌 1.96%、铑 0.28%、钯 0.19%、锆 0.10%、铌 0.01%，总计 5.00%。在 1969 年终止燃料后处理之后，Mark-Ⅰ和 Mark-

Ⅱ型燃料中一直进行着添加模拟裂变产物合金的操作。

到 1984 年 IFR 研发开始时，普遍认为铀基金属燃料通过合理设计可以提供很深的燃耗。这种设计的基本原理已经建立。钠间隙给燃料在包壳内的肿胀提供足够的空间，在一段时间后肿胀会减弱，而且很重要的是恰当的初始燃料体积使得燃料有足够高的密度，以满足反应性与增殖的要求。这是一种很实用的燃料，尽管没必要，但当燃料有效密度只有金属铀密度的一半时依然可用。事实上，完全致密的氧化物燃料也不比它的密度大很多。开发符合 IFR 燃料的第一步就是证明金属燃料的深燃耗能力，在 20 世纪 80 年代初期这项工作就已经完成。

但是上述燃料是 EBR-Ⅱ的铀基燃料。IFR 反应堆所需要的含钚燃料仍有待开发。和其他的快堆一样，IFR 也将以铀钚燃料循环为基础（钍/铀-233 循环，或者其他方案远不适合于快堆的中子能谱）。IFR 的燃料合金，除了 ^{238}U，须包含相当大比例的钚，甚至可能达到铀装量的三分之一。众所周知，在燃料和包壳交接面，钚和钢形成的共晶体的熔点比较低，这种现象降低了金属燃料的运行温度。但是，在燃料中加入锆，取代裂变产物合金，可能阻止共晶体的形成。各种合金的早期辐照试验表明，锆和包壳有良好的兼容性，而且很重要的是，它能显著增加燃料合金的熔点和燃料包壳共晶体形成温度。无论如何，都需要添加大量的锆，（约 10%的质量分数，或者为铀质量的 40%，即燃料原子百分数的 25%）。这样做的效果已经经过测试。在添加了这些物质之后铀的肿胀行为还和之前相同吗？

当 Mark-Ⅱ型燃料组件达到其辐照限值时，EBR-Ⅱ的堆芯逐渐过渡到一个新的铀燃料（Mark-Ⅲ），U-10 w%Zr，和 D-9 包壳（一种耐肿胀的不锈钢），或 SS-316 不锈钢（更通用的不锈钢包壳）。之后，在 Mark-Ⅳ型燃料中引入了抗肿胀能力更好的 HT-9 包壳（在辐照中，一直比较关注结构钢肿胀的最小化快堆中，高能中子会对结构材料造成损害）。

对于铀基和钚基燃料，添加 10%的锆是一种参考合金剂。在研究新的铀/钚合金燃料制造时，EBR-Ⅱ已经开始辐照大量的铀/锆燃料了。燃料实验室（EFL），只准备了短短几个月的时间，就开始制造实际的 IFR 燃料，该燃料是一种含钚的三元合金燃料——U-Pu-10 w%Zr。在接下来的十年中，EBR-Ⅱ总共辐照了 16 811 根 U-Zr 燃料和 660 根的 U-Pu-Zr 燃料。40 根燃料棒达到了 16～18%的燃耗。没有任何损坏，表现非常优异。这种燃料的第一次试验就达到了当时大量氧化物燃料试验所没达到的燃耗深度（后来，氧化物也达到了类似的燃耗深度）。

使用 U-10Zr 的 EBR-Ⅱ的“驱动燃料”（支持反应堆运行的燃料）的燃耗受限于安全许可，在辐照试验清单中，燃耗为 8%或更浅的燃料就是这种被限制的驱动燃料，深燃耗的都是试验组件。在 1994 年终止运行前，不仅没有任何破损，而且这两种燃料还积累了大量的与燃耗能力相关的经验。

6.5　深燃耗燃料行为分析

锆合金金属燃料的辐照行为与铀模拟裂变产物合金非常相似。辐照后的 U-10Zr 燃料的形状和结构，以及形成的气孔，如图 6-2 所示。黑色的区域就是气孔，它们随着反应堆辐照时间的增长，开始相互连接，并释放到气腔中。保持燃料有效密度低于 75%对于气孔的相互连接是至关重要的。如图 6-3 所示，给出了包壳肿胀的最大值（形变峰值）及裂变气体释放率与 12.5%燃耗的 U-19Pu-10Zr 燃料有效密度的关系图。如果有效密度低于 75%，可以有约 85%的裂变气体从气孔的连接中释放出来，导致包壳的最小应力和最小变形。当燃料有效密度为 85%时，释放的裂变气体只有约 75%，这意味着在气孔中存在更多的裂变气体和持续的肿胀，造成包壳的形变大了约六倍。

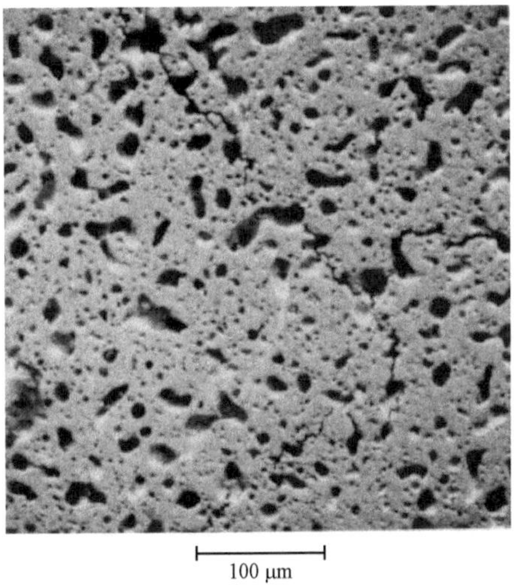

图 6-2　U-10Zr 燃料辐照后由裂变气体导致的气孔

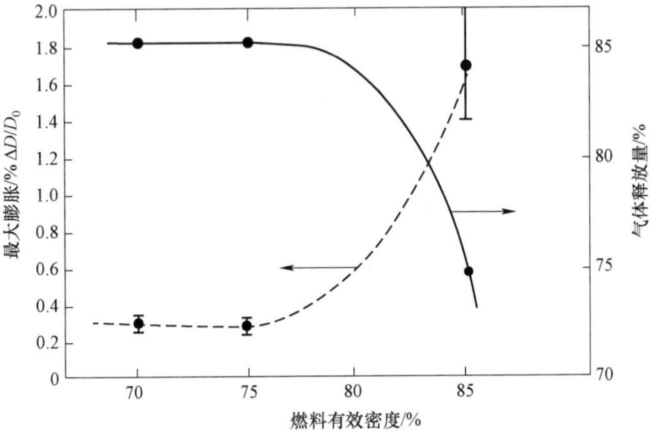

图 6-3　燃料有效密度对气体释放密度和包层径向形变的影响

具有高钚含量的三元合金燃料（U，Pu，Zr）有一个很有用的特征，在辐照的早期，三种成分将在径向燃料区重新分配，如图 6-4 所示。迁移主要由温度梯度驱动，它是一个明显的径向重新分布。如图 6-4 所示，给出了成分浓度的径向分布。锆朝着中心和周边迁移，铀正好相反，钚则基本不动。这种迁移有以下优点，熔点较高的锆移动到中心进一步提高了温度峰值区域燃料的熔点，移动到边缘，它有助于燃料和包壳的相容性。

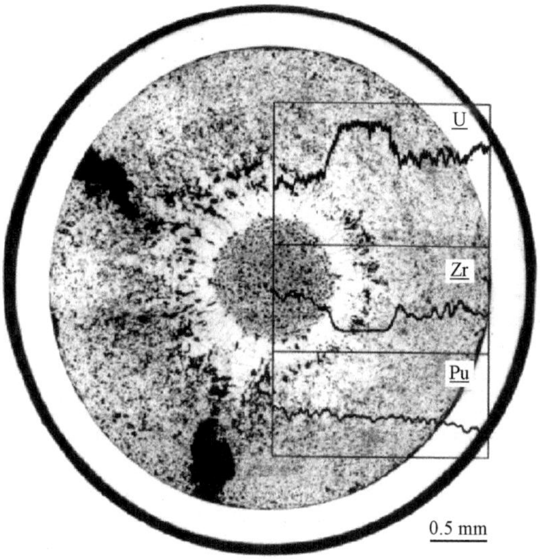

图 6-4　U-19Pu-10Zr 燃料成分重新分布与径向区块的形成

在辐照初期径向区域的再分布将显著促进径向肿胀。快速的径向肿胀将对四周的燃料产生足够的应力，促使裂纹的形成，如图 6-4 所示。最终，当辐照继续进行时，燃料中将形成大的裂缝。各向异性的肿胀（轴向和径向不相等）致使三元燃料的轴向肿胀远小于铀模拟裂变产物合金燃料或 U-Zr 燃料。在燃料的寿期末，铀基燃料轴向肿胀约 8～10%，而三元燃料只有 3～4%。

无论有没有燃料重构，大量的试验证明了三元金属燃料具有和铀基燃料相同的优良的稳态辐照特性。见表 6-1，给出了 U-Zr 燃料和 U-Pu-Zr 辐照试验的结果[11]。

表 6-1　EBR-Ⅱ的金属燃料辐照试验

试验编号	描述	包壳材料	棒直径/mm	钚含量/%HM	燃耗/at.%
X419	铅试验	D9	5.8	0/8.9/21.1	12.0
X420	铅试验	D9	5.8	0/8.9/21.1	17.1
X421	铅试验	D9	5.8	0/8.9/21.1	18.4
X423	铅试验	SS316	7.4	28.9 以下	5.0
X425	IFR 铅试验	HT9	5.8	0/8.9/21.1	19.3[1)]
X427	共熔试验	SS316	4.4	0	11.5
X429	制造试验	HT9/SS316	5.8	0/8.9/21.1	14.4
X430	先进 HT9 试验	HT9	7.4	28.9 以下	11.5[1)]

续表

试验编号	描述	包壳材料	棒直径/mm	钚含量/%HM	燃耗/at.%
XY-24	包壳破损后运行/高钚	SS316	4.4	0/21.1	7.6
XY-27	包壳破损后运行/中钚	SS316	4.4	0/8.9	6.6
X397	先进金属包层	D9	12.9	0	2.0
X431	HT9 包层试验	HT9	9.4	0	3.8[1)]
X432	HT9 包层试验	HT9	9.4	0	4.4[1)]
X435	Mk-Ⅲ验证	D9	5.8	0	19.9[1)]
X436	Mk-Ⅲ验证	D9	5.8	0	9.3[1)]
X437	Mk-Ⅲ验证	D9	5.8	0	10.3[1)]
X438	Mk-Ⅲ验证	D9	5.8	0	9.9[1)]
X441	Zr 含量：6/10/12%	HT9/D9	5.8	21.1	12.7
X447	Mk-Ⅲ高温	HT9/D9	5.8	0	10.1
X448	Mk-Ⅳ验证	HT9	5.8	0	14.8[1)]
X449	Mk-Ⅳ验证	HT9	5.8	0	11.3
X450	Mk-Ⅳ验证	HT9	5.8	0	10.2
X451	Mk-Ⅳ验证	HT9	5.8	0	13.8[1)]
X452	燃料杂质	D9	5.8	0	6.1
X453	燃料杂质	D9	5.8	0	8.5
X454	燃料杂质	D9	5.8	0	9.0
X455	燃料杂质	D9	5.8	0	9.0
X481	钚燃料试验	SS316	5.8	21.1	9.0
X482	包壳破损后运行/高钚	D9	5.8	21.1	13.5
X483	Mk-ⅢA 验证	SS316	5.8	0	15.0[1)]
X484	Mk-ⅢA 验证	SS316	5.8	0	11.7
X485	Mk-ⅢA 验证	SS316	5.8	0	10.5
X486	Mk-ⅢA 验证	SS316	5.8	0	13.9[1)]
X489	高钚的相容性	HT9/HT9M	5.8	21.1/31.1	5.4[1)]
X492	锆包覆材料	SS316	5.8	0/21.1	10.5[1)]
X496	长寿命	HT9	6.9	0	8.3[1)]
X501	锕系元素焚烧	HT9	5.8	0/22.2	5.9[1)]
X510	金属燃料源棒	HT9	5.8		1.9[1)]
X521	LWR 燃料合成	HT9	5.8		1.9[1)]

注：1）当 EBR-Ⅱ永久关闭时，仍在辐照中。试验的燃料棒的钚含量覆盖了感兴趣的范围。

表中“Pu 含量/%HM”给出了钚的重金属百分比含量，（0，8.9，21.1）表示钚的三种组分分别是不含钚、钚含量为 8.9%和 21.1%。

辐照考验方案设计中，涵盖了 IFR 燃料棒设计涉及的各种重要参数的组合变化。包壳材料分别为：SS316、D-9、HT-9 和 HT-9M；芯块直径分别为：4.4 mm、5.8 mm、6.9 mm、7.4 mm、9.4 mm 和 12.9 mm；钚在重金属中的含量为：3.3%、8.9%、21.1%、24.4%、28.9%和 31.3%；锆含量为：6%、10%和 12%；有效密度为：70%、75%和 85%；制造工艺（燃料中的杂质水平）；运行条件（最大线功率，包壳温度等），以上这些参数都进行过相关实验。

试验组件在不同的燃耗下，取出进行辐照检验，之后重新制成组件回到反应堆中继续辐照。表格中给出的燃耗水平是试验的最大值。在 1994 年 9 月 30 日 EBR-Ⅱ永久性关闭，表格中燃耗数据中带星号的是当时仍打算继续开展辐照试验的组件。

作为一个遗憾的例子，利用 U-Pu-Zr 合金作为燃料，代号为 X425 实验的燃耗达到 19.3%，同时代号为 X435 Mk-Ⅲ的燃料鉴定实验燃耗达到 19.9%。没有任何迹象表明实验需要结束。如果继续进行辐照实验，有可能达到更高的燃耗值。这样的实验数据需要多年的辐照积累才能获得，数据是非常珍贵的。在 IFR 项目匆匆终止的时候，这些试验结果，还有其他很多重要数据，管理部门没有进行过任何讨论评估就被闲置了。

6.6　在燃料设计中其他参数的影响试验：直径和长度

由于小型燃料棒（燃料棒直径 4.4 mm，长度 34.3 cm）的金属燃料在 EBR-Ⅱ中具有良好性能。而商用快堆燃料棒中燃料柱长度达到了 90 cm 或更长，金属燃料性能是否还能表现的同样好？Hanford 快中子通量装置（FFTF）圆满解决了这种担忧，它的燃料柱长度达到了 90 cm，与典型商用快堆燃料长度相当。FFTF 辐照了 7 个完整的金属燃料组件，实验结果见表 6-2。一个 IFR-1 的实验组件采用 U-Pu-Zr 合金，最大燃耗达到了 10.2%。其他 6 个实验燃料组件 U-Zr 燃料验证试验的一部分，采用 HT-9 包壳。这是 FFTF 考虑转化成金属燃料堆芯的燃料类型。所有这些实验组件最大燃耗都超过了 10%，其中最大的达到了 16%。克林顿政府否决了 FFTF 换成金属燃料的提议，并决定关闭 FFTF。

燃料柱的长度和重量对于长燃料的潜在性能影响需要进行验证，例如，裂变气体释放、燃料肿胀特性和燃料柱下端芯块与包壳机械相互作用。FFTF 上的检验结果表明，裂变气体释放到气腔的行为与 EBR-Ⅱ燃料结果很相似，成分迁移没有差异，轴向膨胀符合预期，没有任何迹象表明芯块与包壳机械相互作用加强。所有实验结果都非常令人满意，整个堆芯换成金属燃料的准备工作已经完成。

表 6-2　金属燃料在 FFTF 上的辐照实验

编号	说明	包壳类型	燃料芯块直径/mm	重金属钚的含量/%	百分比燃耗/%
IFR-1	Lead test	D9	6.9	0/8.9/21.1	10.2
MFF-1	燃料验证实验	HT9	6.9	0	10.0
MFF-2	燃料验证实验	HT9	6.9	0	15.9
MFF-3	燃料验证实验	HT9	6.9	0	16.0
MFF-4	燃料验证实验	HT9	6.9	0	14.8
MFF-5	燃料验证实验	HT9	6.9	0	11.4
MFF-6	燃料验证实验	HT9	6.9	0	11.0

6.7　反应堆功率瞬变影响的试验

下面介绍的是有关金属燃料在功率发生瞬变时（温度、尺寸和其他参数也会随之发生变化）的特性。金属燃料具有出色的应对功率瞬态的能力，没有必要对反应堆的瞬态运行或负荷进行跟踪限制。1986 年对 EBR-Ⅱ典型燃料组件固有及非能动的安全性进行了测试，试验测试结果表明金属燃料的稳定性很好。例如，反应堆频繁的启动，燃料超功率，试验时引起的燃料温度的迅速上升或下降，所有这些对任何反应堆燃料都是一种考验。由于 EBR-Ⅱ是实验堆，其目的就是测试实验组件在瞬态下的变化，因此它自身的燃料也经受着同样的考验。在像这样对燃料稳定性进行的瞬态试验中，金属燃料在所有的考验燃料中，性能最好。对于一个正常发电运行的反应堆，开堆后直到一年一次的停堆换料一般不存在瞬态运行，或者很少发生瞬态，经历 3 年后燃料就被换出了，而下面给出了试验的瞬态数据：

40 次　　反应堆启动和停堆
5 次　　15%超功率瞬态
3 次　　60%超功率瞬时
5 次　　满功率未能紧急停堆下的失流和失热阱试验。

6.8　燃料带破损运行试验

金属燃料在钠冷快堆中具有另一个优点，即在包壳发生破损以及燃料裸露的情况下反应堆可以继续运行而不污染冷却剂。氧化物燃料的包壳如果发生破损，燃料的腐蚀产物就会跑到冷却剂中。两种金属是不会发生反应的，与氧化物燃料相比，金属燃料和液态金属钠是不发生反应的。这对反应堆来说是非常有利的特性，金属燃料在发生包壳破损的情况下不会污染一回路，同时也不会因为燃料的腐蚀而堵流。

EBR-Ⅱ上有关这种特性的试验被称作燃料带破损运行（Run Beyond Cladding Breach，RBCB）。带破损的氧化物燃料的试验结果如图 6-5 所示。由于钠和燃料反应生成一种密度较小的产物 Na_3（PuU）O_4，其中少量 Na_3（PuU）O_4 被挤压到冷却剂中，因而燃料和包壳的应力导致破口变大。

金属燃料（12%燃耗）的 RBCB 实验结果如图 6-6 所示。开始时同样也有破口，但没有任何反应产物，燃料也几乎没有损失。图 6-6 所示辐照 169 天后的 RBCB 检验结果，破口没有变大的迹象。另外一个实验，金属燃料包壳破损后运行了 233 天，这期间反应堆多次启动和停堆，这种情况下破口尺寸也没有变大。经过以上的实验可以得出结论，金属燃料的可靠性很好，如果燃料棒发生破损，失效的燃料组件可以继续在反应堆中运行到寿期末，而不必担心出现运行和安全问题。这是快堆或轻水堆中使用的其他燃料做不到的。

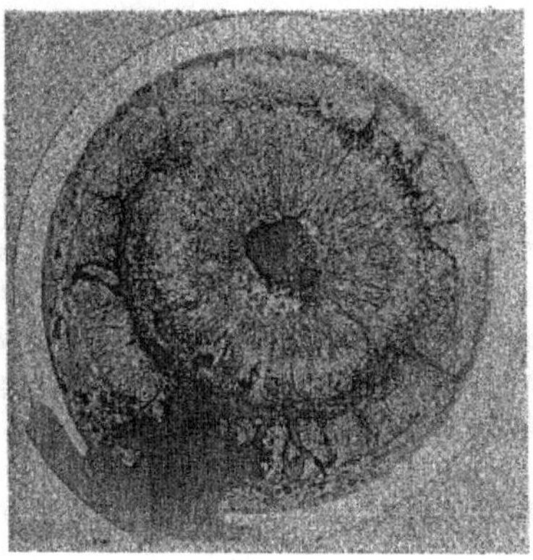

图 6-5　氧化物燃料（9%燃耗）

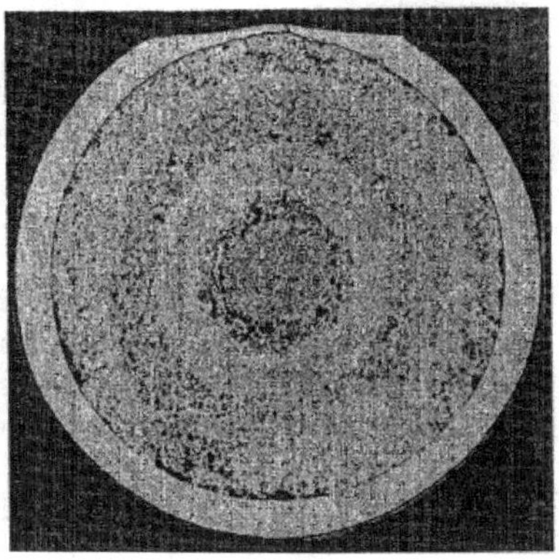

图 6-6　金属燃料（12%燃耗）

对于金属燃料来说，形成共熔体的主要参数是燃料和包壳之间的温度。燃料和包壳开始形成共熔体的温度为 700～725 ℃，具体温度取决于燃料合金和包壳类型。这种现象极难发生，实际上，即使超过共熔温度一百多度，每小时共熔体渗透到包壳上的量也极少。在没有保护层的情况下，只有当温度很高时，接近金属燃料熔点，共熔体渗透到包壳上才非常迅速。因此，即使在超功率瞬态下，共熔体的形成依然不是主要的安全问题。

在实际过程中，反应堆设计时都会限制冷却剂的出口温度从而确保在燃料和包壳间的温度低于形成共熔体的温度。冷却剂的出口温度在 500～510 ℃之间是非常保守的，即使达到 550 ℃，其裕量也足够。更多的经验告诉我们保守设计更加有利。

6.9　含次量锕系元素（MA）的燃料

IFR 平衡循环的燃料含超铀元素（原子质量与钚很接近），因此实验燃料组件也包括含 MA 的 U-Pu-Zr 燃料。典型轻水堆的乏燃料中超铀元素中 90%是钚，镎和镅各占 5%。IFR 的 U-20Pu-10Zr 三元合金燃料中，包含了 1%的镎和 1%的镅。辐照试验的燃料选取了含量的上限，即添加 1.3%的镎和 2%的镅。

由于镅的挥发性很强，在高温下制造任何含镅的燃料都是一个挑战。IFR 的金属燃料对标准的注入铸造技术进行了微小的改变，选择在熔融循环的后期再把 80Pu-20Am 作为供料注入熔融的燃料中去，这样可以减少 Am 在高温下的挥发。在 Pu-Am 添加的过程中，发现会有火花产生。这些火花主要是由 Pu-Am 原料中的杂质沸腾引起的，其中包含了 3%的钙和 $2\,000\times10^{-6}$ 的镁。这两种元素的沸点都低于铸造温度。这种熔池的扰动对于镅的挥发促进作用超过了预期。在三个已完成的燃料芯块铸造过程中发现，40%的镅挥发掉了。铸造时，在熔融物上方形成了一个局部的真空（10～25 托，译者注，1 Torr＝1 mmHg）并保持大约 20 分钟。利用钨丝进行的挥发率随压力变化的试验数据，可以推算当铸造压力约为 800 Torr 时，镅的挥发率可以降低 200 倍。此外，根据 U-Zr 铸造经验，即使模具中真空度升高到 150 Torr 时，模具仍然可被充满（填充技术首先在熔融物的上方形成局部真空，然后开始对熔融物加压，将熔融物向上挤入石英管中）。通过对铸造工艺参数的优化选择，消除挥发性杂质的影响，是实现添加 MA 燃料的关键。

含 MA 的元件棒（U-20Pu-1.3Np-1.2Am）在 EBR-Ⅱ中辐照到了 6%的燃耗，但是这个试验同样在 1994 年因 EBR-Ⅱ的关闭而提早结束。辐照后检查的结果令人满意。见图 6-7 的显微照片没有显示出与其他燃料有所不同。燃料成分的径向分布也如图 6-7

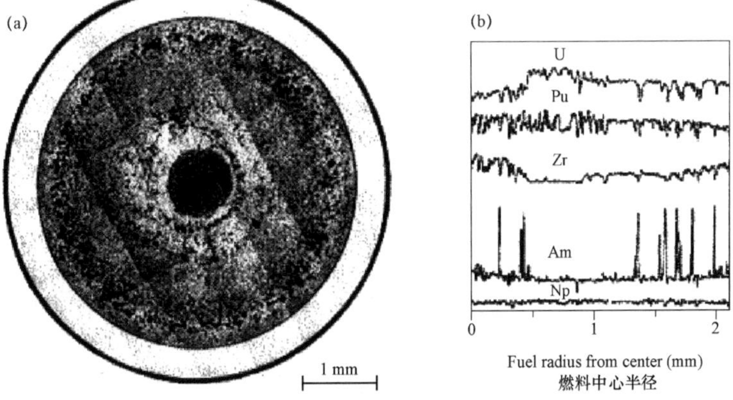

图 6-7　含 MA 的燃料在 6%燃耗下的辐照后检查（U-20Pu-1.3Np-1.2Am）

所示：铀、钚、锆的分布与标准的 U-Pu-Zr 燃料很相近，镎不发生迁移，镅一般伴随锆在气孔处析出，它在多孔燃料中更容易迁移。虽然这个试验还不充分，但它给出积极的信息，即在 IFR 的燃料循环中回收全部锕系元素与只回收主要核素相比，并没有增加新的困难。

6.10 其他特性

金属燃料极大地降低了堆外燃料循环的要求。制造简单、容易、价格低廉，后处理工艺步骤少，循环设施紧凑经济。深燃耗使得裂变物料流很小，因此金属燃料为更经济的燃料循环奠定了基础。图 6-8 所展示的铸造加工技术也易于实现远距离操作。

最后，金属燃料的特性增加了预防具有较大后果事故的能力，它可以在事故开始前就中止这样的事故，也能在事故发生时减轻其后果。金属燃料因为熔点低而不被看好。但是金属燃料有比氧化物燃料高 10 多倍的热导率，所以它的温升相对功率的提高显著减小。这意味着金属燃料在超功率事故中具有更大的安全裕量。高的热导率也会使燃料中心温度更低，有更好的固有安全性。最后，低的燃料温度在发生燃料熔化的严重事故下释放的能量更少，并以有限的事故后果使反应堆停堆。这些问题是下一章的议题，届时我们将详细讨论 IFR 的安全特性。

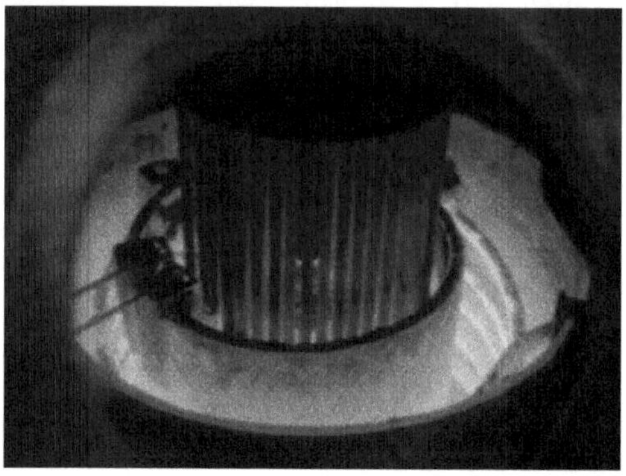

图 6-8 注入铸件设备

6.11 小　　结

虽然有着 EBR-Ⅱ几十年燃料设计的经验做参考，但 IFR 的燃料是全新的。IFR 使用钚作为燃料，在世界上是独一无二的。燃料的研发及试验工作从 1984—1994 年在 EBR-Ⅱ上开展了近 10 年，随后又在 FFTF 上开展了一两年的进一步试验。燃料的优良特性决定了 IFR 系统具有很多优点。反应堆易于运行，有非凡的安全特性，同时使得燃料循环体系得到简化，实现了更好的废物管理，这些优点极大地归因于它选择的金属燃料。

一体化快堆燃料，应该具有长的堆内停留时间，能够承受反复的功率瞬变，能够提供高的功率密度，具有较大应对超功率的裕量，良好的应对包壳失效的能力，制造简单，后处理工艺简单经济等特性。同时具有一系列的安全特性，这在下一章将详细介绍。

IFR 燃料可被视为一个弱燃料材料与一个强包壳的结合。在金属燃料装配过程中，留有相当大的芯快包壳初始间隙，以容纳寿期内金属燃料的肿胀。这种肿胀是由燃料内气孔中聚集的气体裂变产物引起的，随着辐照的进行和产生更多的气体，燃料会不断膨胀。当肿胀发展到某一临界点后，气孔互相连通。这时气体会大量地释放到间隙中，并在燃料棒上方的气腔中聚集。辐照肿胀便停止了，直至寿期末燃料都不会对包壳产生多大压力。这一简单的设计改变使燃料有一定肿胀空间，因此现在人们有信心使用拥有诸多优点的金属燃料，尽管在 20 世纪 60 年代金属燃料曾因其辐照肿胀而被放弃。

燃料在堆内的寿期是由包壳性能决定的，而非燃料自身。包壳必须承受快堆中的高温和高强度辐射。它的寿期通常是 3～4 年。单根燃料棒产生的功率很高，燃料中又包含非常多的易裂变材料。每根燃料棒产生的能量越高，提供一座反应堆运行功率所需的棒数目就越少，所需裂变材料总量也越少。金属燃料很适合高功率密度，这是因为它能迅速将热量传至冷却剂，从而使得燃料棒中的温度不会过高。这有两个非常好的效果，其一，燃料棒中心温度与冷却剂温度接近，即使在很高的功率密度下，温差也只有 100 ℃左右；其二，即使在温度热点燃料也不会熔化，最热点位于接近堆芯出口的燃料中心线处，那里的冷却剂温度最高。燃料能够承受相当大的超功率而不受损，即使反复发生超功率也能承受，这是一种可靠的燃料。

进一步而言，即使包壳完全失效，燃料仍然不会因腐蚀而污染整个一回路系统。金属燃料和液态金属冷却剂彼此不会发生反应，没有腐蚀发生，便没有腐蚀产物。

金属燃料对堆外燃料循环设施的要求很低。金属燃料的制造简单容易，经济性好，工艺过程步骤少，燃料循环所需的设备也简单且廉价。由于易裂变材料物流小，使得深燃耗燃料操作更容易，这些特性为经济的燃料循环提供了基础。

最后，对于导致严重后果的事故，燃料的选择能够提供更多的保护。在事故发生之前就能实现停堆，即使发生了事故，也能有效降低事故后果。金属燃料的熔点相对较低，因此存在争议。但是它的热导率大约是氧化物燃料的 10 倍之高，随着功率的升高，其温度的上升要缓慢得多。在超功率事故中，这个特性提供了更大的安全裕量。高热导率也意味着低得多的燃料中心温度，这反过来使得其他独特而重要的固有安全特性成为可能。最后，低燃料温度限制了任何熔堆严重事故中的能量释放，反应堆也能以有限的后果停堆。我们将在下一章详细讨论 IFR 的安全特性。

参考文献

[1] W. D. Leggett Ⅲ and R. D. Leggett, “A Decade of Progress in Fast Reactor Fuel,” *Proc. LMR: A Decade of LMR Progress and Promise*, Washington, D. C., November

11-15, 1990.

[2] D. C. Crawford, D. L. Porter and S. L. Hayes, "Fuels for Sodium-cooled Fast Reactors: U. S. Perspective, "*J. Nuclear Materials*, 371, 202-231, 2007.

[3] R. J. Herbst and R. W. Stratton, "LMR Advanced Fuels: (U, Pu)-Carbide Fabrication, Performance and Reliability," *Proc. Int. Conf. on Reliable Fuels for Liquid MetalReactors*, Tucson, Arizona, September 7-11, 1986.

[4] S. Govindarajan, et al., "Performance of FBTR Mixed Carbide Fuel," IAEA-TECDOC-1039, 1997.

[5] A. A. Bauer, P. Cybulskis, and J. L. Green, "Mixed-Nitride Performance in EBR-Ⅱ," *Proc. Symposium on Advanced LMFBR Fuels*, Tucson, Arizona, October 10-13, 1977.

[6] L. C. Walters, B. R. Seidel and J. H. Kittel, "Performance of Metallic Fuels and Blankets in Liquid-metal Fast Breeder Reactors," *Nucl. Technol.* 65, 179(1984).

[7] B. R. Seidel, L. C. Walters and Y. I. Chang, "Advances in Metallic Nuclear Fuel," *J. Metals*, 39, 10, 1987.

[8] G. L. Hofman and L. C. Walters, "Metallic Fast Reactor Fuels," in *Material Science and Technology: A Comprehensive Treatment*, eds., R. W. Cahn, P. Haasen, and E. J. Kramer, 10A, 1994.

[9] R. S. Barnes, *J. Nuclear Matters*, 11, 135-148, 1964.

[10] Charles E. Stevenson, *The* EBR-Ⅱ *Fuel Cycle Story*, American Nuclear Society 1987.

[11] Y. I. Chang, "Technical Rationale for Metal Fuel in Fast Reactors," *Nuclear engineering and Technology*, 39, pp. 161-170, 2007.

第七章

一体化快堆的安全性

本章将讨论关于反应堆安全的所有重要问题。对于反应堆，最让人担忧的是什么？大部分人会说是其自身的安全性。

反应堆是否安全？当人为失误或事故发生时，在不造成人员伤亡或不造成反应堆损坏的前提下，反应堆能应对吗？反应堆造价高，需用于发电，那么一体化快堆可靠性如何？与其他类型的反应堆相比怎样？有哪些证据支持一体化快堆的安全性？

一体化快堆技术是否会导致核武库材料增加？一体化快堆后处理得到的材料不能直接用于武器制造，与没有经过处理的乏燃料类似，若要用于武器制造还必须经过一些与一体化快堆技术无关的处理工序。一体化快堆后处理的化学与工艺不可能从辐照后的乏燃料中得到纯钚。因此，几乎不会加大核武器库存材料增加的风险。关于这方面的内容，我们将会在第十二章详细叙述。

本章主要解决的是反应堆自身安全性。从阐述防止事故后果开始，我们会看到目前所有反应堆都必须达到的标准要求，在提供防护方面这些要求已有好的实践并已写入法规，对所有反应堆来说都是基本要求，也包括一体化快堆。但是远不止于此，我们将引入非能动安全的概念。我们还描述了在一体化快堆中非能动安全是如何实现的，使得一体化快堆具有哪些独特的安全特性。然后考虑如何使其适应核安全监管要求，简化许可程序。最后，给出了详细的实验数据，证实一体化快堆具有的这些特性真实可靠。在大型核设施上进行了昂贵复杂的实验，这些核设施基本上就是为进行实验而特意建造的，实验提供的证据使得一体化快堆的安全特性不再是不确定的，而是被证实了的。

重要的一点是一体化快堆技术提供的安全保证在任何方面都超过目前的水堆。正如在第五章简要描述的那样，一体化快堆选择的材料刚好满足这些特点。这些材料在一体化快堆中表现良好，超过了在其他形式快堆中的表现，例如使用公认的标准氧化物燃料的快堆。对于一体化快堆来说，这些特性是固有和特有的。本章重点介绍这些特性，当事故发生时会有何种响应，为何事故能大致按预期的发展。接下来会详细展示从实验和分析中得到的数据，以证明这些特性真实可靠。从最小的扰动到假设的严重事故，一体化快堆的这些特性都能应付。这些特性在许多严重事故情况下确实显得十分重要，但目前尚未得到广泛的理解。

由于反应堆安全的重要性显而易见，在反应堆发展的整个历史中都有深入研究，这可以追溯到20世纪40年代，并逐渐形成一套专业术语，供主攻安全研究与开发和设计的科学家和工程师使用。我们会尽量避免使用对非专业人士构成障碍的专业术语。偶尔一些简单直白的表述会让专家不习惯，但希望有助于读者理解。

为了反应堆安全，设定了明确的目标。现在先来看看所有反应堆都要遵守的标准和潜在的逻辑。

7.1 所有反应堆的安全目标：纵深防御

这个目标定义为保证对公众健康和环境安全提供足够的保护，在设计和正常运行时，具有足够的安全裕量。对于任何预期会发生的事件，保护系统可以关闭反应堆而不发生损坏。最后，要求把发生概率低但后果可能很严重的事故后果降至最低水平，这个方法叫纵深防御。注意高质量的施工建造、严格的维护、正规的运行和维修规程、详细彻底的职业培训、可靠的控制系统和安全系统、对放射性释放采取多重实体屏障都属于纵深防御的范畴。

纵深防御在快堆中有三层含义。

第一是需要在设计中可靠地预防初因事件的发生。从正常运行状态到失效之间必须有很大的裕量。

第二是安全系统，可以停闭反应堆，排出余热，提供应急电源。每套系统都是安全级的，随着对质量关注的加强，需增加相应的造价，系统的质量都具有很高的水准，而且都各自具有一套备用系统以防失效。平时空闲的备用系统，也要时时监控、检查，定期测试以保证可以随时投入使用。一套反应堆停堆系统，单独供电。一套安全级应急余热排出系统，通过自然循环排出停堆后的衰变热。因此有两套独立的厂外电力系统，和一套厂内安全级的应急电源供应系统。

第三个层次是当发生非预计事故，或发生核电站设计未考虑到的事故时，为公众提供额外的保护。在装有反应堆堆芯的容器外面还有一个容器，这就是“保护容器”，它可以包容从主冷却系统破口流出的一回路冷却剂。它的尺寸可以保证反应堆堆芯被冷却剂钠所覆盖，所以即使是反应堆主容器失效也可以通过应急余热排出系统冷却。如果主冷却剂泄漏进入反应堆厂房的空气中，或者是发生包壳和主系统屏障失效导致气体裂变产物释放，反应堆厂房自身在设计上可以包容放射性（这里需要提到的是，地震之后损坏日本核电站反应堆厂房的氢气爆炸不可能在一体化快堆中发生，因为一体化快堆使用的冷却剂是钠，结构中没有氢也没有水，这点与轻水堆不同)。

7.2　一体化快堆的安全性：新特性描述

但是一体化快堆的安全性远不止于此。一体化快堆的目标是，即使所有正常的纵深防御都失效了，结果也是安全的。提供的安全网，在应对所有预计事故的专设安全设施失效时，也能保证安全。反应堆材料和结构的选择可以支持一体化快堆的这个安全特性。这是一体化快堆独有的，可以保证最终的安全性。

目标很简单：放射性物质必须包容在燃料包壳里面，而且在所有运行情况下堆芯外的材料活化必须是可以忽略的。更进一步地说，在所有事故工况下即使是最不可能发生的事故，燃料里的放射性物质必须安全的包容在反应堆容器中。

燃料外的屏障依次是包壳、主容器、保护容器和安全壳。一回路的冷却剂完全在反应堆容器里面，在堆芯高中子通量辐照下被活化具有放射性。堆容器的屏蔽可以避免二回路钠被活化。二回路的冷却剂钠在反应堆容器外面没有放射性，因此在反应堆运行时，人员有专用通道可以到达反应堆上方区域的热交换器和蒸汽发生器。这在回路式快堆是不可能的，因为放射性钠会流到二回路（一体化快堆采用池式结构——译者注）。

在一体化快堆中，正常功率运行时，所有的放射性物质都包容在主容器里面。事故工况下，燃料、包壳和冷却剂的组合使得燃料和冷却剂之间不会发生化学反应，避免因化学反应堵塞冷却剂通道，也不会出现像水堆那样因化学反应产生氢气的问题。

与水堆一样，一体化快堆本身也具有反应堆功率自动调整的能力，这使它具有了很好的固有安全性。功率偏高时，反应性随之降低使得功率减小，达到自我调节的作用。首先，反应性增加引起功率增加，使温度升高，温度升高反而使反应性降低，从而自动降低功率。这些效应都是固有的，反应性反馈并不需要控制棒动作或是操作动作。正是这种固有的反应性反馈和非能动余热排出相结合，可以阻止许多严重事故的发生，保持包壳完好无损，甚至没有放射性物质释放到冷却剂里。即使在极罕见的情况下，在燃料失效的超设计基准事故中，反应堆容器自身仍然会安全包容放射性。

7.3　在核安全监管中的重要性

这些非能动的安全特性，除了自身的重要性之外，对于核安全监管部门的要求来说也很重要。过去申请许可证时曾考虑过这些特性，但当时的反应堆还做不到。随着在先进反应堆设计中非能动安全特性的应用和逐步认同，监管部门已开始将这些要求写入申请许可。核管会在 1994 年对先进核动力堆管理的政策声明中引入了固有安全的概念[1]，即：

“在先进反应堆的设计中，需要考虑下列因素来增加其可接受性，以提高其获得许可的可能性：

更可靠且简单的停堆和余热排出系统。固有安全或非能动安全的应用意味着实现这一目标是很有可能的（负温度系数、自然循环等）。

简化的安全系统是在可能的情况下，减少所需的操作动作，减少环境恶化对设备的影响，减少需要用来保持安全的停堆工况的部件。这些简化的系统应该有助于操纵员的理解，让系统运行更可靠，让处理程序更明确。

通过在安全系统中提供足够的固有安全性、可靠性、冗余性、多样性和独立性，设计可以让可能的严重事故及其后果最小……”

7.4 快堆安全的演变：严重事故处理

所有这些非能动安全特性产生的效应其实就是“固有安全”的含义。构成反应堆的材料属性和这些材料的布置方式可以保证反应堆安全。

非能动安全特性很重要，这从安全分析和评价的历史就能看出来。安全系统总是设计成可以应对一系列各种系统失效所导致的事故，也就是“设计基准事故”。设计基准事故通常假设安全级系统中出现故障，但是仅仅是单一故障（重要的是，这时控制系统和安全系统本身没有失效）。这些事故在设计中都要考虑，而且必须将风险告诉公众，这些风险的值都符合法规标准。

但是超设计基准事故是假想的安全级系统中存在两个或更多的失效，而且是同时失效。这些事故经过详尽的研究，计算出发生的概率值极低，所以它们被称为“假想的”。然而，如果超设计基准事故确实发生了，后果将会很严重，有可能会使堆芯解体，如果发生了堆芯解体的超设计基准事故，那么典型情况是堆芯熔化。快堆燃料中含有大量易裂变材料，因而超设计基准事故后果的确很严重。这样的事故被称为“假想堆芯解体事故（HCDA）”，认为发生的频率低于 10^{-6}/堆年，也就是说一座反应堆一年的发生概率为百万分之一。但是，并不能排除超设计基准事故发生的可能性，更不能忽略它们。

在以往的钠冷快堆的取证审评中，因为这类事故可能导致严重的后果，所以对它的管理监督十分重视。目的是确认对于超设计基准事故，热工和结构上的安全裕量究竟是多少。通过对发生在事故进程中的现象进行详细的建模可算出，假想事故的后果，可以针对大量细节进行建模，但是，建模的复杂性要求一定要做实验来保证其正确性。通过相关的实验，现在计算中所用的模型都已经得到详细的测试，实验虽然精细、复杂且昂贵，但是使得结果具有高度的可信性。

快堆第一次广为接受是对极限事故的分析，是发表于 1956 年的“Bethe-Tait”事故[2]。文中，假设冷却剂钠已经完全消失，导致温度迅速上升，然后堆芯熔化，在重力作用下坍塌，作者估计了可能的最大爆炸当量。尽管计算模型太简单以至于可靠性不足，但开启了将真实现象的模型代入事故计算的先河。在随后的几十年里，建模变得越来越精细。在 20 世纪 70 年代后期和 20 世纪 80 年代早期的克林奇河增殖堆许可证审评中，HCDA（假想堆芯破裂事故）的建模和计算虽然超出了设计基准，但是得到了很大的关注。

对于像 CRBR 一样用氧化物燃料的快堆而言，典型的 HCDA 假设是由全厂断电（供电完全失效）引起的失流，第一套和第二套紧急停堆系统一起失效（一种假设，没有确定的已知原因）。结果是温度急剧升高，由于钠沸腾出现空泡将引入大的正反应性，反应堆达到瞬发临界，快速的功率剧增导致堆芯熔化。为了分析这类事故而研发了综合性的计算程序，例如 SAS4A[3]。这些程序追踪了反应堆堆芯、冷却剂、燃料元件和结构部分对事故的响应，计算事故的后果——释放出的能量，涉及到反应堆容器上的熔化堆芯碎片和周围的混凝土结构。这种处理方法的目的是确定这些后果是否可以被安全包容。

计算出来的能量释放（爆炸）对 CRBR 安全壳会造成严重的影响，应该引起真正的关注。但是，最后对这种现象建模，经过实验验证证实 CRBR 安全壳可以做到充分的包容。

尽管 HCDA 发生概率极低，但是需要做的工作很多，也需要花很多钱。许可证审评的要求不可避免深刻影响着反应堆的设计，设计者趋向于加入更多的安全系统。例如，考虑在第一套和第二套停堆系统之外加入一个自动作的具有磁性锁的安全停堆系统，可以在冷却剂温度升高至固定温度（居里点）之上时停堆。用于缓解事故的设施如堆芯下方的“堆芯捕集器”收集熔化的堆芯碎片。当然对于安全系统也不是越多越好，太多的安全系统使得系统失效的方式也更多了，有时适得其反。

7.5　采用非能动方式的安全性：固有安全性

与以上提到的方法形成对比的是，一体化快堆选择了一条很不一样的道路，一定程度上是由于阿贡实验室在 CRBR 安全计算和相关实验中扮演主角的结果。在处理 HCDA 时，我们没有添加专设安全系统，而是力争强调可能的非能动安全特征，这可以很好地应对那些导致超设计基准事故的各种故障。换句话说，就是提前阻止超设计基准事故发生。只要选择合适的堆芯材料，主要是燃料形式是可以做到这一点的。钠作为冷却剂实在有太多的优点，所以只能用钠。最后，一体化快堆工作的主要贡献证明了其固有安全性，这实在是意义重大的发现。

过高的温度会依次导致冷却剂沸腾，燃料熔化，和包壳失效。但是固有的中子学特征、水力学特征、热工特征可以限制温度升高到安全限值之上，这样就可以在超设计基准事故开始阶段阻止冷却剂沸腾。而且这种方式不会导致系统活化，也不需采取操作，这就是“固有安全性”的实质。

钠冷快堆采用的金属燃料，既是燃料又便于冷却。核管会的文件中阐明了它们具有令人满意的属性。钠的物理性质十分重要：沸点（881 ℃）很高意味着冷却剂系统不需要加压，而轻水堆、重水堆、气冷堆是需要加压的。液体钠具有优异的热传导能力（大约是水的 90 倍），所以热容易从燃料传递到液体钠，而且液体钠的比热值也合适（大约是水的 1/3），可以更好地吸收热量并带出堆芯。正是利用这些特性，才提供了优异的固有非能动安全特征。由于不再需要加压，简单的反应堆容器和保护容器就足够了，不用加压还排除了失去冷却剂的可能，这意义重大。更进一步的说，容器的直径不需考虑耐压的限制（壁面厚度随容器直径而增大），让池式设计成为可能，这对某些非能动特征来说是必需的。

金属燃料的特点和冷却剂钠相似，包括热导率和熔点都对非能动安全十分重要。热导率高，是几个非能动响应必需的。熔点高低非常讲究。一方面为了在安全运行时提供足够的熔化裕量，希望熔点足够高；另一方面是为了满足非能动特性，让能量释放足够少以保证放射性不致释放到环境中，而且最好保证在完全没有能量释放下结束多重失效事故，又希望熔点足够低。

7.6　反应堆停堆系统失效的严重事故处理方法

要确认导致严重事故的原因并不难，因素多种多样但结果相同——不能完全冷却反应堆。如果堆芯熔化结果严重，那么冷却不足是所有严重事故发生的根源。用安全专家的话来说，叫做“未能紧急停堆的预期瞬态（ATWS）”事件。这就是说，如果可以明确要发生的事件，可以预期功率会增大。一般来说，通过安全系统操作，这类事件会安全地结束。但是预期瞬态事件发生时，如果安全系统失效，没有有效的控制系统或是安全系统的动作有效地终止它，在大部分反应堆中，就会导致严重事故。

然而，由于一体化快堆的固有特性，这类事故可以得到完全安全的处理，而无任何损坏。最重要的物理因素就是在运行温度和沸腾温度之间有足够大的安全裕量，由于金属的热导率高，燃料的中心温度低，堆芯足够高的裂变转换率通过燃烧循环限制必要的反应性。对可能发生的未能紧急停堆的预期瞬态，这些因素都会起作用，做出趋向安全的响应。我们会逐个考察这些未能紧急停堆的预期瞬态事件，来展示非能动安全特性是如何阻止严重后果发生的。

7.6.1　无保护的失流事故

在这类事故中，厂外供电中断了对所有泵的电力供应，冷却剂流量惯性下降，主泵设计的半流量时间是 8 s，二回路泵是 6 s（这样的设计并不难，需要利用这些泵的惰转时间来应对最初几秒的功率峰值）。如果控制棒或安全棒动作，由于负反馈机制引入一定量的负反应性，减少的反应性已经足够使反应堆的功率减小。由于最初功率不能有效的匹配冷却剂流量，堆芯出口的冷却剂温度超过设定值，一旦负反应性进入，这种情况会很快消失。由多普勒效应（一种固有的反应性效应，随着温度改变中子反应截面也会改变，在金属燃料中效应小）引起正的反应性，可以防止反应性总体减少，燃料温度降低会使反应性升高，也有利于保持原来的功率水平。在整个系统中功率降低得越快，或温度上升得越慢，越容易保证反应堆不会发生损坏。

多普勒效应的大小在这类事故中尤为重要。事实就是金属的多普勒效应变化很小，比氧化物小得多，这是安全响应的关键。虽然温度变化一摄氏度时金属燃料的多普勒效应量级和导致的温度变化都比氧化物的大，但金属和氧化物的主要区别在于氧化物燃料的温度更高。运行时氧化物燃料的高温意味着，当反馈效应使得燃料温度不得不下降几百度时，会由多普勒效应产生更高的正反应性。产生的正多普勒反应性会减缓功率的减小。金属燃料的中心线温度比冷却剂温度高 200 ℃左右，而氧化物燃料的中心线温度却高 2 000 ℃左右。金属燃料中总的多普勒效应小，允许功率迅速下降，而不引入补偿反应性。没有任何通道的冷却剂温度会升高到接近沸点的程度。至少离沸点会有 150 ℃的裕量。功率平衡结束后，反应堆稳定在一个低的稳态功率，只有正常时的百分之几。这对反应堆是没有损害的。除了冷却剂循环泵的惰走时间，这个事件对任何参数改变的敏感性都不高。如果惰走时间可以适度延长，那么，冷却能力的提高还可以使得紧急时刻的安全裕量有一个重大的提升。

7.6.2　无保护的控制棒失控弹出

这类事故中，由于操作失误或控制系统失误，控制棒完全弹出反应堆。没有安全棒进入反应堆进行紧急停堆。反应性增加的速率由控制棒弹出时间决定。功率增加，冷却剂变热，引入反馈的反应性，与上述的事故类型相似。最后的结果也是相似的，功率和钠温度稳定在某个较高的水平，反应堆没有发生任何损坏。

7.6.3　无保护的热阱丧失

核电站的热是由蒸汽发生系统吸收的，一部分用来发电，余热随蒸汽送到冷却塔或是大型冷却水源。这就是电力生产的热力学过程。蒸汽系统就是“热阱”，这一点很重要。热阱吸收反应堆系统产生的热量。如果这个过程中断了，那么就马上会有麻烦。如果没有热阱，热量就无法排出。如果控制棒和安全棒没有动作来停止裂变过程，紧急停堆，那么温度会立即升高。

在一体化快堆中，蒸汽发生器冷却能力丧失，再加上控制系统插入控制棒失效，事故的结果与之前描述的类似。但在事故中没有突变量，相同的反馈效应使功率减小到正常的百分之几。此时的功率水平由裂变产物的衰变热维持，衰变热主要来源于短寿命裂变产物的放射性衰变。这些热由余热排出系统排出，该系统专门设计用来在没有动力的情况下将余热非能动地排出。事故中的温度峰值可以保持远远低于冷却剂沸点和使燃料失效的温度。应对这一类事故的要求与之前的稍微有些不同。增加的要求是将反应堆容器做得足够大使得池内的钠能吸收热量并排出整个反应堆系统的热量。池的大小需保证可以吸纳余热排出系统一周的热量。一周之后，余热排出系统开始工作排出产生的余热，然后池子就会逐渐冷却。在低功率下，反馈特性会将反应堆重新带回临界。在功率水平和余热排出能力精确匹配时，功率就可以维持在这个低水平。

7.6.4 无保护的过冷

任何会导致二回路钠过冷的蒸汽系统事故都会引起进入堆芯的主回路钠温度下降。如果控制棒不动作，最初的反馈效应会使反应性增加。这类事故与上面提到的无保护的控制棒弹出事故相似。功率增大，温度上升，以抵消最初的效应，达到平衡状态，没有发生任何损坏。

7.7 EBR-Ⅱ实验验证

1986 年四月在 EBR-Ⅱ上进行了两个有重大意义的实验，引人注目的是证明了非能动安全性效果。无保护的失流和热阱丧失，都是在满功率的反应堆里开展的。这些引人注目的实验明确证实了钠冷金属燃料快堆的固有安全性[4-5]。

无保护的失流事故可以是由全厂断电引起的。核电站电力供应有冗余，厂区内还有应急电力供应系统，如果替代的电力不可用、应急电力供应系统也失效，核电厂保护系统仍可以紧急停堆。核电厂保护系统同样具有冗余度，如果主紧急停堆系统失效，那么第二套紧急停堆系统就会被起作用。所有这些都失效的话，操纵员可以手动紧急停堆。EBR-Ⅱ中的无保护失流实验模拟了所有这些安全系统和操纵员动作都失效时，反应堆只依靠自身属性的极限情景。

图 7-1 的曲线给出了事件发生的顺序。在反应堆满功率时，切断主泵的动力。如图 7-1 左下图所示，冷却剂流量立即减少。如图 7-1 左上图所示，由于反应堆是满功率，这会引起冷却剂出口温度迅速升高（30 s 内升高 200 ℃）。冷却剂温度的升高引起堆芯部件的热膨胀，尤其是整体燃料组件，使得反应堆尺寸有轻微的变大。堆芯的密集度比之前略微变小，中子更容易逃脱，堆芯的中子泄漏增加使反应性减小。

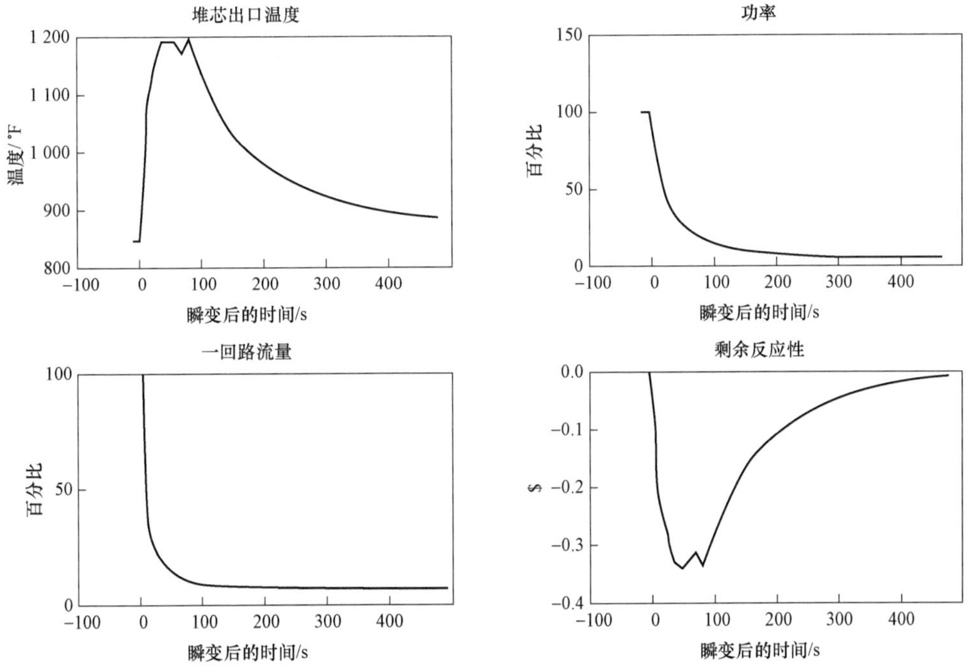

图 7-1　无保护的失流实验结果

在最初的十几秒，机械泵的惰性提供流量惰转，这对保持冷却剂温度不高于钠沸点是必要的，堆芯流量平缓过渡为自然循环对流。见图 7-1 右下图展示的是负反应性反馈；见图 7-1 右上图展示的是随之发生的功率下降。

随着负反应性引入，冷却剂温度停止上升，几分钟之后，随着自然循环带走系统热量，达到一个平衡的渐进温度。如图 7-2 所示，将无紧急停堆下失流实验的冷却剂出口预测温度响应和实验真实数据相比，图中结果相符程度十分好，证明事故结果的计算准确。

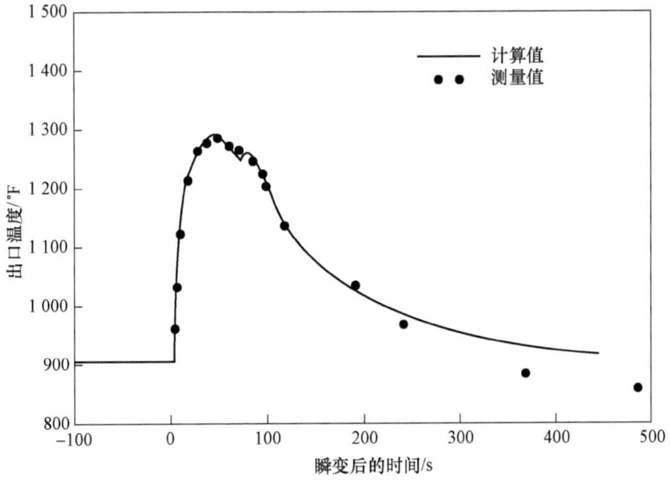

图 7-2　无保护失流事故的反应堆出口温度响应

上午进行了无保护失流事故的实验，同一天下午立即将反应堆重新启动，进行无保护热阱丧失实验。无保护热阱丧失事故是由中间回路泵的突然停闭引起的，而且将主系统与所有热阱隔离。主泵继续起作用，将堆芯的热传递给钠池中大量的钠。

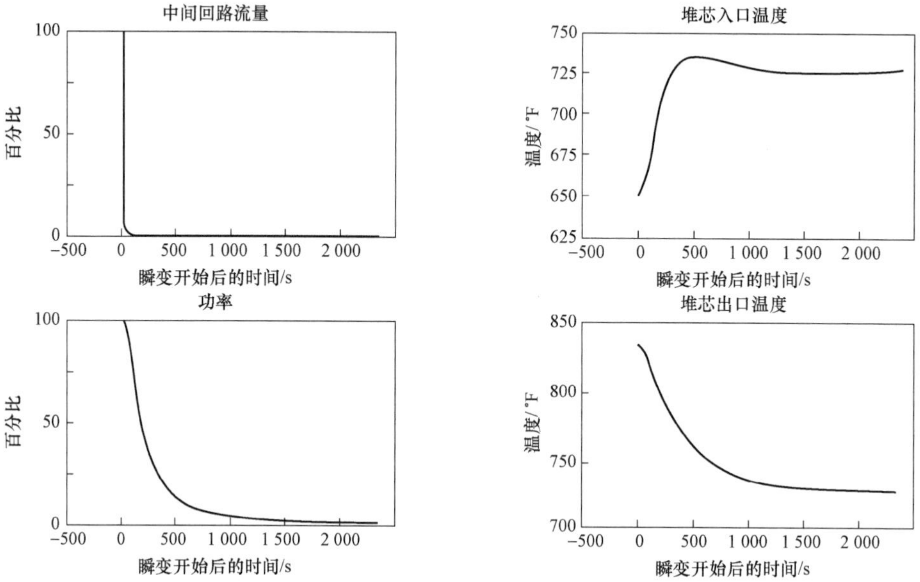

图 7-3　无保护热阱丧失实验结果

事故的顺序如图 7-3 所示。见图 7-3 中左上图展示了中间回路流量减小到 0，将反应堆与核电厂平衡提供的正常热阱隔离。堆芯的热被释放到钠池，钠池储存的钠足够吸收这些热量。堆芯的进口冷却剂来自钠池，所以进口温度升高，见图 7-3 右上图所示。结果变成了一个相当慢的瞬态，大约需要 10 分钟才能将一回路钠温度升高大约 40 ℃。反应堆进口温度的渐进升高引起的效应与之前的实验相同，热膨胀和中子泄漏增加，功率减小，见图 7-3 左下图所示。随着功率下降，反应堆出口温度减小，见图 7-3 右下图所示。将预测的温度与实验中真实测量的数据相比，反应堆的进出口温度如图 7-4 所示，又一次展示了数据相符程度十分好，证明了计算的准确性。

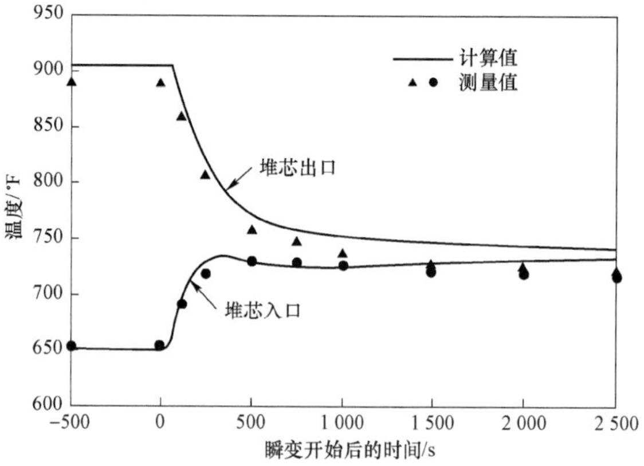

图 7-4　无保护失流试验中反应堆出口温度的变化

7.8　决定固有安全性的因素

EBR-Ⅱ证明了自身具有的特性明显有利于在严重事故中非能动响应，规模更大的一体化快堆同样拥有这些特性。

这些特性主要是：冷却剂钠离沸点的安全裕度大；

池式布置具有的热惰性大；

金属燃料具有的多普勒反应性小。

第一点很明显，最初的冷却剂温升一定是可控的。为了提供热量吸纳能力和为大型构件的热膨胀提供足够时间，第二点也是必需的，第三点不是那么明显，但是在上文已经解释过。也许通过金属燃料和氧化物燃料的对比能更好地说明该特性的重要性。区别金属燃料和氧化物燃料响应最重要的是两种燃料类型多普勒反应性差别。氧化物燃料多普勒反应性变化大，意味着在未能紧急停堆的失流事故中功率不会下降得那么迅速。更进一步的说，当功率减少到衰变热程度，与累积的多普勒反应性匹配，冷却剂温度平衡在一个更高的值，氧化物和金属堆芯的对比如图 7-5 所示。

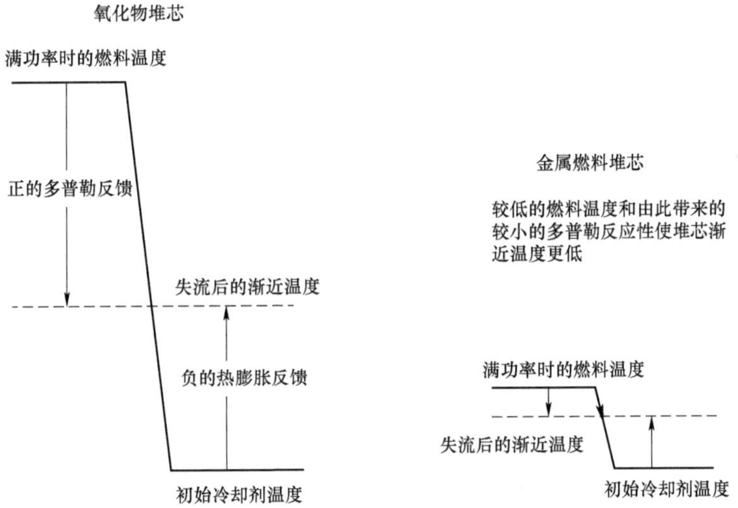

图 7-5　氧化物与金属燃料的对比：无保护失流事故中由反应性平衡决定的堆芯渐近温度

在典型大堆（1 350 MW）未紧急停堆的失流事故中，金属堆芯和氧化物堆芯的区别见图 7-6[6]。在整个瞬态演变的过程中，金属燃料反应堆对冷却剂沸腾保持大的裕量，而具有同等参数设计的氧化物燃料反应堆进入瞬态后 5 min 开始冷却剂沸腾，这是一个严重的问题。所有其他堆芯设计参数保持一致，所以响应特性的区别完全在于累积的多普勒反应性不同。

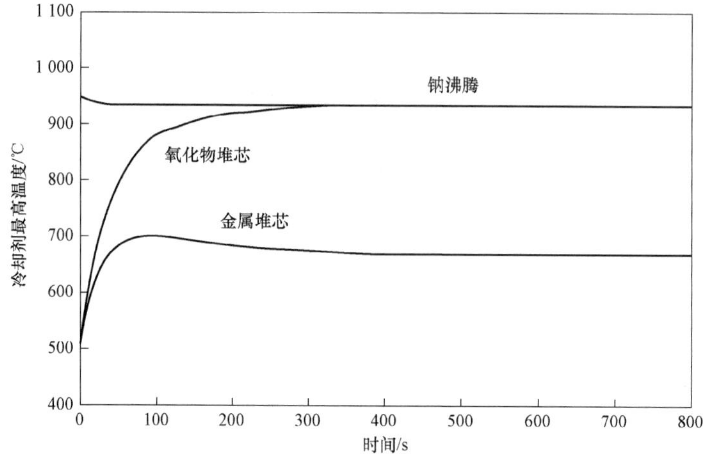

图 7-6　大堆满功率无保护失流事故时氧化物燃料和金属燃料比较

在 FFTF 上进行的固有安全实验与在 EBR-Ⅱ上进行的相似[7]。FFTF 堆芯燃料是氧化物燃料，未紧急停堆的失流实验在 50%功率下进行。更重要的是，专门设计了一个装置可以增加负反馈，实验是在负反馈增加的情况下进行的。气体膨胀模块（GEM）是底部末端开口的充气组件，这些模块装在紧挨堆芯的外围反射层区域。当冷却剂流量充分时，泵产生的压力会压缩气体，气体膨胀模块里充满了钠。无保护的失流事故中，当泵压头减小时，气体膨胀将钠挤出，组件内空白处增加了中子泄漏，使得负反馈反应性增大。

这类设备应该是有用的，但还不足以描述固有安全性的方方面面。还需要监测气体膨胀模块的完整性，以保证在需要使用时它们不会失效。由于在泵开启后或泵速度增加后会引入正反应性，气体膨胀模块会使操作过程更复杂。

关于 EBR-Ⅱ的非能动安全，一个很自然的问题是，是否仅在小堆芯里中子泄漏增加是反应性变化的主要因素。如果我们将 EBR-Ⅱ中进行的未能紧急停堆的无保护失流事故实验（如图 7-2 所示）与大堆的计算结果（如图 7-6 所示）进行比较，会发现其实两者结果很相似。在最初几分钟温度升高在量级上都很相似。EBR-Ⅱ是小堆，具有更强的负反应性反馈，所以温度总会回归到正常的出口温度。大堆却趋向于平衡在一个更高的渐进温度，但还是低于需要引起关注的温度值。

反应堆行为相似的原因是明确的——反馈本身是相似的。从满功率到停堆功率，引入的总正反应性基本上是累积的多普勒反应性，这点几乎与反应堆尺寸无关。小堆的负反应性比大堆大，所以为了平衡多普勒效应带来的正反应性，小堆的冷却剂温升应该比大堆少。然而，最初的温度升高很重要，因为它决定着冷却剂的沸腾，而冷却剂沸腾的裕量很大程度上与反应堆尺寸无关。如表 7-1 所示，对比了三种不同大小的反应堆在设计参数相当时，无保护丧失冷却剂事故和无保护丧失热阱事故的冷却剂沸腾裕量。

表 7-1　反应堆的大小对冷却剂沸腾裕量的影响

	471 MW·th	900 MW·th	3 500 MW·th
无保护失流	170	160	130
无保护失热阱	340	310	360

7.9　概率极低的严重事故的非能动缓解

如果堆芯结构受到很大的破坏，非能动自稳特性已经不能够充分控制功率，保护燃料免于受损，一体化快堆还有其他安全特性可以限制损坏。这一特性十分重要——快堆燃料熔化后结合紧密可能会更易达到临界，随之而来的是巨大的能量释放，这在氧化物作燃料的快堆中得到了详尽的研究。

在一体化快堆中，金属燃料的熔点低，当它熔化时则更趋向于分散，不利于此燃料达到临界。这就固有地限制了在这类事故中能量的产生。反应堆容器仍然完好无损，其中熔化堆芯中分散燃料的热量可以得到包容和冷却。因此即使是在如此极端的低概率事故中，也没有放射性释放。

无论是何种原因引起的结构失效或是突然有大的反应性增加，最后的极限结果就是燃料分散。在一体化快堆中，燃料分散是可以预期的。如果其他负反馈无效，燃料分散可以引入一个大的负反应性。当然，无论发生什么事故，目标都是放射性零释放，一体化快堆技术让这个目标变得可以实现。

1）反应堆容器和堆芯支撑结构的完好对反馈和包容放射性使其不释放出去都是很重要的。发生地震时，由地震隔离缓冲系统对反应堆进行保护，该系统是反应堆的一部分，是通过监测固有反馈机制保证其功能来实现的。值得一提的是，只有核电厂的核岛需要隔离。

2）潜在的正反应性有多种来源，它们必须各自都较小，而且独立起作用。首先要提到的是，与直觉相反，一体化快堆的最佳布置是内转换高，使得单根控制棒的价值有一个限制，可以通过非能动手段使意外的控制棒弹出事故安全。使得这类潜在事故不会对反应堆造成任何损坏。

3）极端事故情况下，冷却剂空泡效应的正反应性使得在事故急剧恶化之前，早期的金属燃料分散行为终止了事故进程。互相连接的多孔结构占燃料体积的比例多达30%，可以在高压时包容裂变气体，与燃料的低熔点相结合，就可以使燃料分散，离开反应堆，在堆内构件上凝固。在达到瞬发临界并发生重大损坏而引起放射性释放之前，金属燃料的分散行为可以结束这类事故。在发生未能紧急停堆的预期瞬态事件时，没有放射性释放，而且在不造成任何损坏的前提下，事故非能动地结束了。即使发生更严重的堆芯毁坏事故时，所有的裂变产物也能被安全的包容在反应堆容器中。

4）瞬发临界会伴随大量的能量释放，是事故主要后果的原因。瞬发临界也可以通过非能动的措施避免。在燃料棒很多和反应性大时无保护控制棒组弹出、突然堵塞而没有惯性流量等极低概率事故中，燃料分散可以在达到瞬发临界之前终止事故进程。不同燃料通道的温度和功率情况差别很大，引起燃料失效的时间也不同。这使得低温度下有一部分堆芯引入了一个大的负反应性，盖住了其他所有反应性的影响，可以终结只有一些组件失效引起的事故，避免了整个堆芯的损坏，释放的能量很少，不会发生瞬发临界，也不会有冲击波使反应堆容器发生损坏。在所有情况中，产生高能量的事故都有很大的裕量，不会发生也没有放射性释放。

5）反应堆容器可以容纳发生的事故，在容器中产生的碎片会形成一个稳定的次临界布置，能够得到充分的冷却不会重返临界。碎片的形状不规则，有很大的空隙，因此可以通过自然对流得到冷却。所有分析和实验结果可以得到如下结论，足够低的熔点、随之产生的移动性、高热导率、碎片形状，这些燃料固有的特性能够产生一个安全稳定得到冷却的次临界碎片床，反应堆容器完好无损，无论如何不会释放放射性。

一般性的结论是，金属燃料一体化快堆的物理特性可以提供非能动响应，将任何事故的损害限制到没有放射性从反应堆容器中释放出去。

7.10 严重事故的有限损坏试验验证

阐述的这些特点都很好，但有什么证据能证明它们呢？为了对计算的结果提供试验验证，在位于爱达荷州阿贡的反应堆瞬态试验装置（TREAT）上进行了复杂的试验。这座反应堆可以进行严重瞬态超功率试验，实质上是在一条独立的一体化快堆燃料通道中进行的，这些试验与各种事故工况行为相匹配。

7.10.1 TREAT 试验

在上文描述过的无保护超功率事故中，让人吃惊的是，金属燃料具有的特性会使得功率失效和随之产生的燃料分散的裕量更高。

TREAT 试验分别在被辐照过的氧化物燃料棒和金属燃料棒上进行。如图 7-7 所示，金属燃料的包壳失效裕量比氧化物燃料的大。氧化物燃料棒通常在 2.5～3 倍的额定功率峰值时失效，金属燃料棒在 4～4.5 倍的额定功率峰值时失效。

TREAT 试验也证明了在失效发生前，包壳内的金属燃料柱就会发生轴向突出。当超功率达到 4 倍的额定功率峰值时，燃料总装量的一半就熔化了，熔化的燃料成锥形分布，燃料柱底部的 1/3 是固体，中间开始熔化，熔化的燃料区域逐渐往上扩大，因此顶部的 80%～90%的部分都熔化了。裂变气体融入熔化的燃料中致使轴向膨胀和燃料柱凸起。燃料通过这样轴向变化，引入了很大的负反应性。变化的程度远远大于由简单热膨胀，反应性效应也相应的很大。

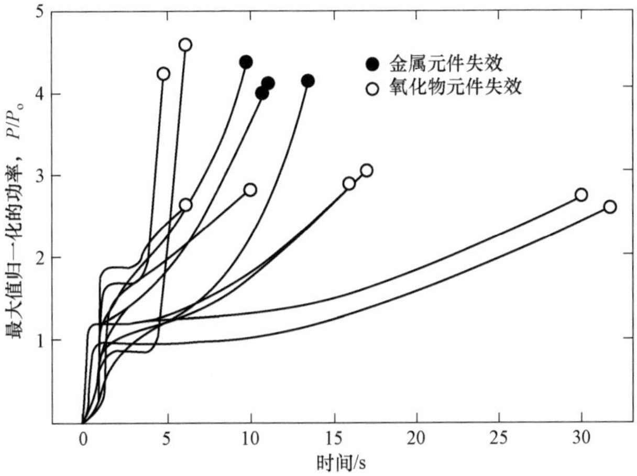

图 7-7　在 TREAT 上开展的超功率瞬变燃料破损试验证明金属燃料的裕量更大

如图 7-8 所示给出了测出的凸起值和简单模型的计算值。在燃耗低于 1%时，燃料基质里裂变气体数量随燃耗线性增加，轴向突起也是同样，可以达到 20%或更多的延伸。燃耗更高时，裂变气体逃逸到腔室，棒各处压力达到平衡。熔化燃料的膨胀由燃料和腔室之间的温度差驱动，凸起被限制到百分之几的范围。对延长的燃料柱而言，冷却不能使其塌回，失效前的轴向突起是永久性的。

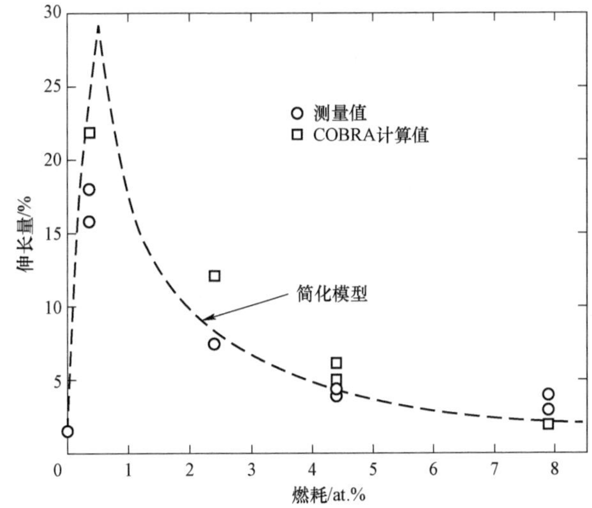

图 7-8　金属燃料破损前轴向膨胀随燃耗的变化

气体随着燃料冷却而冷却导致腔室内气体压力变小，燃料柱和包壳之间存在摩擦，这两者同时作用将保持燃料柱已经增加的长度。这些试验模拟了事故工况。在事故的任何阶段都是不希望发生也没有发现燃料向反应堆中心内向移动。在超功率情况下真实的燃料失效机制是腔室的超压使得包壳破裂，或者共晶体的形成使得包壳变薄而破裂，或者两者皆有。因为这两个引起失效的机制正好在燃料柱的上部或是在燃料柱上部的腔室里，当包壳失效时，熔化的燃料与燃料-包壳形成的共晶体一起注入流动的钠中。随着冷却剂流动，它们被清扫出堆芯，在包壳和组件上凝固。TREAT 试验证明了当燃料熔化时会发生更进一步的分散。在试验中发现的失效前凸起现象和失效后分散现象都能带来固有的大负反应性反馈。不论引起超功率瞬态的原因是什么，都能结束超功率瞬态。

7.10.2 EBR-Ⅰ部分熔毁

早在 20 世纪 50 年代，EBR-Ⅰ的部分堆芯熔毁同样提供了令人关注而确切的技术证据。它证明即使在假想的堆芯熔毁情景中，金属燃料堆芯具有上面描述的天生的分散特性而且会阻止再发生临界，而再临界无疑是一直被重点关注的。

EBR-Ⅰ于 1951 年启动，多年来已经开展了快堆物理学研究。这座反应堆计划在 1956 年改为备用。开展的最后一个实验测量了瞬时温度系数（是因为想要知道构成温度反应性系数的成分有哪些）。反应堆在很低的功率下启动，启动时设定的周期很短（快速的功率增加）让燃料温度上升到 500 ℃或 600 ℃。因为实验的目标只是获得燃料温度系数，所以停止了冷却剂流量。在收到负责专家指示后，控制台的技术人员本应该使用快速安全棒。然而在收到指示后，技术人员按动了慢速控制棒的按钮。专家发现问题后越过技术人员，按下了快速安全棒按钮，同时响应安全棒触发自动高功率停堆保护。最多延误了 2 秒，已足够使反应堆功率高到发生部分堆芯熔毁[8]。

EBR-Ⅰ堆芯小，只有足球大小。在事故后对熔化的堆芯进行了拆解，观察到相当数量的熔化燃料进入了上部反射层的冷却剂通道，往上最大的移动距离接近 5 英寸。下部的反射层区域也充入了来自燃料区的已经成为固体的物质。在堆芯区域，形成两个明显的海绵状区域，像是多孔区域。基于后来拆解堆芯的观察和测量，对毁坏堆芯的纵剖面做了示意再现，如图 7-9 所示，标明了各个区域被认为最有可能的密度值[9]。根据堆外实验推测，毁坏堆芯中心的多孔结构可能是由汽化的 NaK（液体的钠-钾冷却剂）夹带在熔化的燃料合金中由蒸汽膨胀引起的。更进一步，对 Ce-144 放射化学分析和对 ^{235}U 消耗进行的质谱分析表明，在熔化的体积内几乎没有发生混合，分散进入反射层的燃料来自堆芯的外层部分。燃料分散因此是向外的，最关键的是引入了负反应性。

之后详细分析了 EBR-Ⅰ功率剧增到结束究竟是堆芯分散还是手动紧急停堆所致[10]。分析得到的结论是，手动紧急停堆是事故结束的可能原因，但是分散的堆芯也及时结束了功率剧增，阻止了瞬发临界。

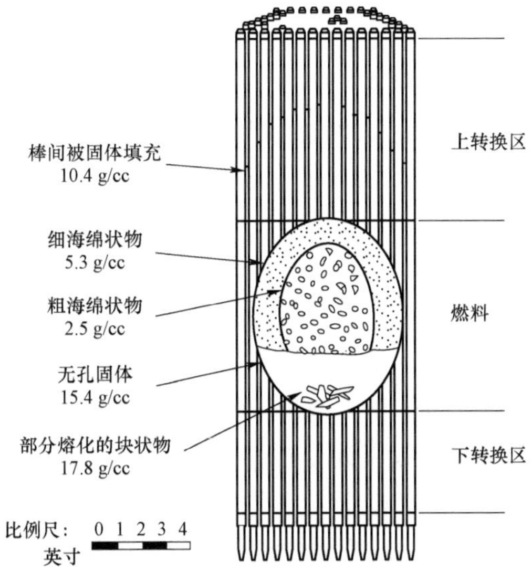

图 7-9　EBR-Ⅰ堆芯组件破损的轴向示意图

7.11　对许可取证的影响

所有这些对许可证申请有什么影响？通用设计准则已被编成 10CFR Part 50[11]，应用于现在的轻水堆许可中，经过修改将用于快中子通量试验装置（FFTF）和克林奇河增殖堆项目（CRBRP）。在 20 世纪 90 年代早期，先进液态金属反应堆项目包含固有非能动安全，但并不清楚如何使这种固有安全特性得到认可。NRC 推荐在专设安全系统和严重事故缓解系统中使用增加冗余度和多样性的传统方法[12]。

最近几年，强调风险指引决策的监管过程有所加强。概率风险评价在整个设计、安全评价、许可证申领和运行中都要用到。现在，所有在运的核电厂都需要对内部事件和外部事件进行概率风险分析（PRA），而且概率论的方法也应用到运行和管理的一些方面。NRC 正在研发作为 10CFR Part 50 的风险指引和行为的替代法规，用于未来先进核反应堆的许可证申请[13]。该法规基于 NRC 的安全目标[14]，但依然根据基本的安全原则，比如纵深防御和安全裕量。它结合了概率论和确定论（计算的事故序列），对有特定工艺需求的设计技术独立。

在新的法规框架下，概率论的评价会成为设计过程和安全评价中必需的一环，在许可证申领的过程中也给予了重要的位置。确定论标准和对放射性释放的多重防御仍然是必需的。在此方法下，许可取证中概率论分析会用于事故序列分析和对设备根据安全重要度进行分级。被选中的事件，称为许可基准事件（LBEs），需要用确定论分析来证明概率论分析是保守的。不断改进的风险指引法规框架会强调固有非能动安全的重要性。

概率论分析对于证明非能动安全性的有效性是很重要的。正如之前提到的那样，迄今为止在钠冷快堆的许可证申请中，十分关注会导致严重后果的超设计基准事故。概率论分析提供了一种方法，可以证明在数量上这类事件可能发生的概率低于 LBEs 的下限（目前的建议概率低于 10^{-7} 每年），尽管如此，纵深防御考虑仍然要求有缓解设施，例如低泄漏的安全壳。

在固有非能动安全的情况下，有时会提出使钠空泡反应性为负的这个目标，作为未来快堆的发展目标。俄罗斯的法规准则就包括这一条款。BN-600 由于使用高富集度的铀燃料，自然而然就有负的钠空泡反应性，而 BN-800 也采用了这个目标。这的确需要对堆芯几何结构进行更改（为了加强中子泄漏需要采用非最佳的堆芯尺寸）。CRBR 许可证申请时，正的钠空泡反应性在未能紧急停堆的失流导致堆芯损坏事故分析中具有关键作用。然而，如果反应堆的设计让它能够适应这样的事故而不产生冷却剂沸腾，那么正的钠空泡反应性本身就不那么重要了。重要的是整个温度反应性系数和功率反应性系数，包括所有反应性反馈，燃料、冷却剂、结构等等在整个功率范围内保持为负值。

7.12 钠与空气和水的反应

7.12.1 钠-水反应

就钠而言，最让人关注的是它的化学反应活性高。钠与水反应剧烈，钠在空气中会燃烧。与其他碱金属相比，钠比锂活泼，但没有钾活泼。高的化学活性意味着钠在自然界中只能以化合物的形式存在。

钠与水发生放热反应，豌豆那么小一块钠会在水面上跳跃直到耗尽，大块的钠会爆炸。钠与水反应会产生腐蚀性的氢氧化钠和氢气，反应产生的热会点燃氢气。正因为这样，在设计上需要避免钠与蒸汽发生器系统里的水或蒸汽接触。

一个十分保守的方法可以保证 EBR-Ⅱ中钠与水之间的隔离十分可靠。蒸汽发生器管道是直管而且是双层管道。这种设计的 EBR-Ⅱ蒸汽发生器在运行的整个三十年寿命中没有一根管道泄漏。早期的快堆虽然遇到了一些蒸汽发生器问题，主要是跟不同金属的焊接技术有关，但是一般情况下快堆蒸汽发生器还是可靠的。双层管道并未成为标准，与钠的反应产物不同，钠自身与结构材料是完全相容的，因此不会有腐蚀产物积累在管道壁的裂缝中，而腐蚀产物积累的现象对于轻水堆蒸汽发生器来说一直是个困扰。

流入蒸汽发生器的钠不是冷却反应堆一回路钠。中间热交换器将热量从放射性的一回路钠传到二回路钠。因此进入有水的蒸汽发生器中的钠是没有放射性的。在池式设计中，中间热交换器位于反应堆容器里，淹没在池子里。目的是保证放射性的一回路系统与蒸汽循环隔离，所以任何蒸汽发生器管道泄漏都不会直接影响一回路系统。

作为增加的安全措施，提供了蒸汽发生器的卸压系统和事故排放系统，在发生主蒸汽或水泄漏进入时缓解二回路压力。系统通过位于蒸汽发生器上的爆破片缓解超压，能够保护钠系统发生损坏。钠水反应产物被收集在爆破片下游的一个分离罐里，在罐里的液体和固体大部分被分离，剩下的夹带气固体和液体传递给离心分离罐，在罐中，剩下的液体和固体组分（都是非放射性的）被去除，气体产物通过氢气排放烟囱和点火器释放到大气中。

7.12.2　超凤凰堆燃料贮存容器中的钠泄漏

在法国 1 240 MWe 超凤凰快堆试运行阶段，燃料贮罐中发生了钠泄漏。尽管这次事件没有导致钠水反应，但是对反应堆运行仍然有重要的影响，反应堆因此被关闭了 18 个月。超凤凰堆在反应堆安全壳外面使用了一个大的燃料贮存容器，来储存新燃料组件和乏燃料组件。通过 A 形塔架燃料操纵装置，将新燃料从贮存容器送到反应堆容器，乏燃料通过同样的 A 形塔架燃料操纵装置被送到燃料贮存容器中冷却。燃料贮存容器很大，直径 9 m，深 10 m，可以包容 700 t 钠。容器壁内表面焊有托架，上面安装有充满钠的盘管用于冷却。外面还有一个保护容器将主贮存容器封闭在内，两个容器之间的环形空间（约 15 cm 宽）充满了氮气，保护容器底部安有泄漏监测器。

泄漏监测检查发现，在连接冷却盘管支持托架与容器壁之间沿焊缝有一条大约 60 cm 长的水平裂缝。在容器相似的位置上还发现了几条裂缝。经过彻底调查，得出的结论是：容器材料的选择是出现裂缝的原因。铁素体钢 15D3 由于其高温性能代替碳钢在凤凰堆中使用。对于它在钠环境中的行为没有足够的数据。三个额外因素加剧了裂缝变大：（1）焊接过程中可能引入微小裂缝，（2）容器测试时水中的氢对容器的侵蚀，（3）后续过程中锈与钠的反应。所有这些因素都会侵蚀容器。

并没有更换燃料贮存容器，只是移走了内部的主容器，在保护容器中充满氩气，并将其用作反应堆容器和堆外燃料贮存池之间的传送设备。这次钠泄漏事件并不是十年后政府将反应堆最终停闭的原因，真正的原因其实是政治因素。

7.12.3　钠火

液钠很容易与空气反应，这个氧化反应速度很快，会产生钠火。燃烧的钠会产生浓密的钠氧化物白烟。但是，产生的热比传统的碳氢化合物火焰少很多，火焰高度也低一个数量级。因为这两个原因，所以可以近距离进行消防。钠的燃点根据钠的形状、空气湿度和其他因素而有所不同。厚的钠块即使用火把也不能快速点燃。搅动的液体钠池甚至可以在 120 ℃的低温下点燃。

对于钠火而言，传统的灭火剂一般都没用。也不能使用液体灭火，因为液体要么是易燃的，要么与钠反应剧烈。只能用无机粉末来扑灭钠火。干的二氧化硅沙、MET-L-X（精细的处理过的 NaCl）和干苏打灰都可以。浓气溶胶并不妨碍消防。小钠火可以快速扑灭，但是大钠火难以扑灭。

反应堆会在设计上有效地限制钠泄漏和控制钠火。一回路系统里的钠上方覆盖着惰性气体，并有双层容器包容。反应堆容器有一个保护容器，管道外也有保护管道的套管。钠泄漏监测装置安装在两个容器间隙和两层管道间隙的惰性气体里。使用了各种各样的钠泄漏监测仪器。主要监测容器之间或管道之间环形钠气溶胶浓度。气溶胶是由液钠和惰性气体微量杂质氧或水汽发生化学反应而产生的。

惰性气体覆盖的一回路系统和蒸汽发生器之间的二回路钠系统中，利用了多种泄漏监测技术。主要监测方法包括，视觉和远程电视监测、电感烟探测器、火焰光度计、原子吸收、光发射和光吸收探测器等等[15]。为了防止钠与结构混凝土反应，还用钢制接钠盘来收集泄漏的钠。

最重要的是防止放射性的一回路钠与水或空气反应，需要有非放射性的二回路钠系统来隔离放射性的一回路钠和蒸汽发生器。其结果是，潜在的钠水反应或钠火只能发生在非放射性的二回路，不会牵涉一回路的完整性，预防系统和缓解系统都不是安全级系统。

被惰性气体保护的一回路钠不会发生钠火现象。我们假定也许发生过涉及采样管线或钠净化系统小管道里的微量钠的钠火事故，它们的影响无关紧要，但是尚未报道过。

在 EBR-Ⅱ30 年的寿命里，曾经在非放射性的二回路发生过几起小的钠火，被当作常规事件处理了。典型的情况是，监测到白烟通过管道保温层跑出，然后被 MET-L-X 覆盖，受到影响的区域钠冻结，然后切断管道，焊接一段新管道。一般来说，不需要将钠排空。最严重情况是，管道中的防冻塞使波纹管密封阀得不到足够的冷却而熔化，让钠从阀盖流出，然后钠被点燃。操纵员将二回路的钠排入储存罐里，阻燃剂可以有效地将其扑灭。

到目前为止，最严重的钠火事故发生在日本示范快堆文殊堆的非放射性二回路系统。在 1995 年 12 月进行的 40%功率实验中，由于中间热交换器出口温度高而响起警报，烟雾探测器的火警同时响起，紧接着是钠泄漏警报。反应堆开始进行降功率操作。初始警报拉响 80 min 之后，白烟在管道升起时，反应堆才手动进行紧急停堆。反应堆停堆后 95 min 后才开始排钠，80 min 后完成排钠。泄漏的原因是，一个钠管道中的热电偶套管因为流致振动而弯曲，留下一个直径为 1 cm 的开口。在采取有效措施之前的 4 小时内，泄漏和燃烧的钠总量为 640 kg。管道被抬高，由大约 1 m^3 的钠氧化物在泄漏处后方厚度为 6 mm 的钢地板衬上形成一个半圆形土堆，直径约 3 m，高度约

30 cm。热电偶套管正下方的通风管道上出现一个洞，已经扩展到超过周长的一半，开口周围都是沉淀块。钠气溶胶轻易地在管道室的地面上散开。

现在文殊堆已经重新设计了热电偶套管，不再受制于流致振动。但是起初这种热电偶套管在中间回路管道中并非必需的。作为示范堆，文殊堆比商用堆的仪表多。在重启之前还引入了一些其他的缓解措施，包括对二回路建筑的隔离，排放罐采用更大的管道将排放时间减少一半，采用氮气注入系统，作为惰性气体，氮气可以在 15 min 之内扑灭任何规模的钠火。

值得一提的是，这起事故并没有发生爆炸性的能量释放，也没有对人员和周围环境造成不利影响。在合理设计的钠冷快堆中，存在足够的预防和缓解措施来对付钠泄漏、钠水反应、钠火，因此反应堆绝不会处于危险的境地。非放射性二回路钠的风险并不比典型的普通工业安全高。

7.13　小　　结

一体化快堆在处理早期主要事故上的能力突出。随着对核电厂知识和经验的积累和常年的实践运用，这些最严重的事故越来越不可能发生。在 EBR-Ⅱ超过三十年的运行时间里，从没发生过后果严重的事故。然而事故的影响无论是真实的还是只是想象的，都会让人害怕。自然，放射性才是关键。在任何环境下都不允许有放射性释放。对于一体化快堆潜在的严重事故，重点是以下这些：

1）一体化大型商用快堆由于设备失效造成的初因事件，在需要的情况下，非能动反应性反馈特性可以停闭反应堆而不造成任何损害。考虑到多重备用设备，这些都是极不可能发生的。然而，两个主要的这类事故在核电历史上（其他堆型中）都发生过了：失流事故（切尔诺贝利核电站事故）和丧失热阱事故（三哩岛核电站事故和福岛核电站事故）。

2）如果因为任何原因，反馈不足以控制事件，那么燃料就会开始熔化，燃料熔化发生在燃料柱的顶部，然后熔化的燃料被冷却剂流、包含的裂变气体、燃料棒内的钠蒸汽压力冲出堆芯，导致丧失燃料，大大减少反应性，停止反应堆。重要的是对于这种潜在严重事故，金属熔点相对低是它的真正优势。能量逐渐积累和温度上升导致的解体具有爆破力，可能足以危及安全壳，而相对低的金属熔点如同一根引线，可以在那之前就发生有限的解体。值得注意的是，在发生这种熔化之前的反应堆功率在运行功率以上不会超过百分之几，这意味着该熔化效应对精确的功率控制仍很敏感。为了研究一体化快堆中的这些效应，在一座专门为此类实验设计的阿贡反应堆 TREAT 上进行了精确的试验，结果显示通常在 4 倍的正常功率时发生失效。重要的是，相比之下氧化物燃料的熔点大约为 3 000 ℃，不会有这种分散效应。更多的关注集中在：

这种情况下释放的爆炸能量可能会破坏安全壳。

3）由于操纵员失误可能造成燃料熔化。涉及的两个事件有① 1955 年发生在第一座液态金属冷却反应堆 EBR-Ⅰ上，这座反应堆尺寸和功率都很小，主要用于快中子反应堆物理学研究。为了在一个实验中测试燃料反馈，操纵员故意快速提升反应性。操纵员计划通过口头命令在危险水平达到手动停堆之前停止功率剧增。在最后时刻，命令被误解，紧急停堆进行迟了，一部分燃料已经熔化了。受钠蒸汽驱动，熔化的燃料从堆芯流走（因为能减少反应性所以这很重要），反应堆停闭几乎没有释放能量（后来这类初期实验甚至都无需关注）。② 1966 年发生在底特律爱迪生公司的费米 1 号反应堆，这座反应堆是一座 60 WMe 的钠冷堆，它的设计有问题，导致堆芯里的一个金属片松动。它堵塞了燃料通道，导致冷却剂流量减少。在启动时，操纵员并没有对指示出现问题的信号作出正确回应，而是继续增加功率直到 2 盒组件部分熔化 4 盒组件受到影响。反应堆控制系统紧急停闭了反应堆，没有发生能量释放。经过几年的清理，反应堆重新服役又运行了几年。这两起事故都发生在早期。两座反应堆都没有使用一体化快堆的锆合金燃料，EBR-Ⅰ没有使用钠作为冷却剂，而是使用了低熔点的钠钾共晶合金。

4）对于最终安全而言，如果事故发生了，最好的结果是反应堆可以自己停闭，不造成损坏，如果造成了损坏，也不会导致放射性释放。如果控制系统和安全系统在运行，那么通常可以不造成损坏而停闭反应堆。如果控制系统和安全系统没有运行，在一体化快堆中对于最可怕的初因事件，非能动响应可以停闭反应堆不造成损坏。如果对于这种事故不知何种原因，非能动响应不足，那么一体化快堆燃料的低温分散效应会在最热的上部区域使燃料先伸长，进而引入负反应性，如果这都不足以结束事故，燃料会因为各种效应在那个区域熔化，冲出堆芯，使得反应堆长时间次临界最后彻底停堆。

5）这些效应分析并未停留在理论上，通过阿贡国家实验室在爱达荷搭建的快堆实验装置进行的全尺寸实验已经证明了这些效应。

参考文献

[1] Nuclear Regulatory Commission, “Regulation of Advanced Nuclear Power Plants; Statement of Policy”, 59 FR 35461, July 12, 1994.

[2] H. A. Bethe and J. H. Tait, “An Estimate of the Order of Magnitude of the Explosion When the Core of a Fast Reactor Collapses”, U. S.-U. K. Reactor Hazard Meeting, RHM(56)/113, 1956.

[3] J. E. Cahalan and T. T. C. Wei, “Modeling Developments for the SAS4A and SASSYS

Computer Codes", *Proc. International Fast Reactor Safety Meeting*, Snowbird, Utah, August 12-16, 1990.

[4] S. H. Fistedis, ed., *The Experimental Breeder Reactor- Ⅱ Inherent Safety Demonstration*, North-Holland, 1987. (Reprinted from *Nuclear Engineering and Design*, 101[1], 1987.)

[5] D. C. Wade and Y. I. Chang, "The Integral Fast Reactor Concept: Physics of Operation and Safety", *Nucl. Sci. and Eng.*, 100, 507, 1988.

[6] C. E. Till and Y. I. Chang, "The Integral Fast Reactor", *Advances in Nuclear Science and Technology,* 20, 127, 1988.

[7] R. A. Harris, et al., "FFTF Passive Safety Flow Transient Test", *Proc. International Topical Meeting on Safety of Next Generation Power Reactors*, 424-430, Seattle, WA, 1988.

[8] "Domestic Licensing of Production and Utilization Facilities", *Code of Federal Regulations*, 10 CFR Part 50.

[9] Nuclear Regulatory Commission, "Pre-application Safety Evaluation Report for the Power Reactor Innovative Small Module(PRISM)Reactor", NUREG-1368, February 1994.

[10] Nuclear Regulatory Commission, "Framework for Development of a Risk-Informed, Performance-Based Alternative to 10 CFR Part 50", NUREG-1860, Working Draft, July 2006.

[11] Nuclear Regulatory Commission, "Safety Goals for the Operations of Nuclear Power Plants; Policy Statement", 51 Federal Registrar 30028, August 21, 1986.

[12] W. H. Zinn, "A Letter on EBR- Ⅰ Fuel Meltdown", *Nucleonics*, 14, No.6, 35, 1956.

[13] J. H. Kittel, M. Novick, R. F. Buchnan, and W. B. Doe, "Disassembly and Metallurgical Evaluation of the Melted-down EBR- Ⅰ Core", *Proc. International Conference on the Peaceful Uses of Atomic Energy*, Geneva, 7, 472, 1958.

[14] R. O. Brittan, "Analysis of the EBR- Ⅰ Core Meltdown", *Proc. International Conference on the Peaceful Uses of Atomic Energy*, Geneva, 12, 267, 1958.

[15] D. W. Cissel, et al., "Guidelines for Sodium Fire Prevention, Detection, and Control", ANL-7691, 1970.

第八章

干法后处理技术

我们将用三章的篇幅介绍一体化快堆（IFR）乏燃料后处理——电解精炼流程，这是快堆乏燃料干法后处理的核心。我们要了解电解精炼流程能做什么，也要了解它存在的问题。本章主要讨论一体化快堆乏燃料干法后处理的流程、装置、实验结果以及发展现状等。下一章重点讨论干法后处理过程中的化学问题，第十章讨论干法后处理技术在轻水堆乏燃料后处理中的应用。讨论完电解精炼流程的一些特性后，我们会深入讨论放射性废物处理流程。

很明显，一体化快堆需要后处理。任何反应堆，无论其使用何种燃料，对于燃料的“燃耗”都有一个严格的限值。一旦超过该限值，燃料的包壳会“失效”。即使包壳上只出现一个针孔，都有可能导致放射性物质泄漏进入冷却剂，也可能会更糟。如果包壳破损严重，将有大量放射性物质进入冷却剂而污染主回路。主回路系统污染是很严重的事故，无论反应堆是否设有常规通道，工作人员进入反应堆的主回路厂房都将非常困难。不锈钢包壳在堆芯会被中子特别是高能中子辐照而脆化，最终发生破损。不锈钢包壳与包壳内燃料接触以及包壳内气体衰变产物的累积也是造成包壳损坏的原因。因此，燃料元件在堆内燃烧一定时间后必须安全卸出。对于一体化快堆，燃料的在堆时间与其他反应堆类似，大概是 3～4 年。从反应堆卸出的乏燃料必须进行后处理，以便制造新鲜的燃料回堆复用。

此外，出于经济或资源方面的考虑，乏燃料也必须进行后处理。一体化快堆中的易裂变材料含量相当于轻水堆乏燃料的二十倍，因此快堆乏燃料后处理具有很高的经济性。核燃料在堆内不断循环利用大大提升了资源的利用率。此外，快堆增殖层的贫铀会不断生成新的易裂变材料——钚，这也需要经过后处理回收利用。最后，通过后处理还可以分离核废物中的长寿命核素。

我们做了相当大的努力来简化一体化快堆乏燃料处理流程，包括“必须做的”“条件允许时可以做的”“一定不能做的”以及“最好不做的”等。流程必须实现裂变产物与铀及超铀元素的分离。裂变产物、铀以及其他锕系元素都要分别回收。快堆增殖层中的铀和其他锕系元素也必须分别回收，回收的锕系元素用于制造新燃料。最好将所有的锕系元素回收并用在新的燃料元件内，一方面这些锕系元素都能在一体化快堆内燃烧，另一方面，这将大大降低长寿命放射性废物量。从防扩散的角度看，后处理的产品一定不可以是纯钚。此外，从经济性方面看，流程应该尽量简化。

8.1　早期的干法实验：20 世纪六十年代的 EBR-Ⅱ快堆

“干法后处理”包括一系列在高温下操作的过程，但这并不意味着流程仅依赖高温。电解精炼是一个很好的范例，它通过电流来控制想要的化学反应。电解精炼是 IFR 乏燃料干法后处理的基础。而在 20 世纪 60 年代，最早由美国阿贡国家实验室针对 EBR-Ⅱ开发的流程仅仅是一个高温冶金流程，只使用了高温[1]。该流程中，乏燃料只是简单的熔融。熔融过程除去一些裂变产物后，就可以重新铸造成燃料芯块并装在包壳内返回堆内复用。虽然只是一个粗糙的流程，但达到了一定目标，且效果还算令人满意。

EBR-Ⅱ的设计理念是实现完整的燃料循环。虽然 EBR-Ⅱ验证了乏燃料在快堆循环复用的可行性，但正如上文所述，最重要的一点是燃料在堆寿命有限。如果新燃料价格太高，则卸堆的乏燃料必须通过后处理回收有用的物质，重新制成燃料元件返回堆内使用。堆内辐照时间短，后处理任务重，成本增加。因此使用需要最简单易行的后处理方法：将乏燃料熔解并排出其中的气体裂变产物，然后重新回炉制造成新的燃料芯块。

这一过程被称作“熔解-精炼”，得到的部分精炼产品足以在 EBR-Ⅱ中循环使用。但也需要认识到，如果是用于商用快堆的燃料循环，这一流程还需要大幅度的优化。每个循环都会有一定的产品损失，对于商业化运行来说这是不可接受的。该流程只去除部分裂变产物，再加上过程中产品非人为的损失，它只能算是一个不可持续的循环过程。但总体而言，这一流程完成了 EBR-Ⅱ乏燃料的后处理并取得了满意的结果，使得快堆燃料快速循环复用成为可能。

燃料循环在一个与反应堆连接的燃料循环设施（FCF）中进行。如图 8-1 所示，设备包括一个矩形空气热室（燃料元件并不会暴露于空气之中），和一个环形氩气热室（氩气是惰性气体，不与裸露的燃料发生反应）。

贮存在吊篮中的乏燃料组件在反应堆压力壳内冷却 14 天后，运往空气热室解体成单根元件棒并运往氩气热室。在氩气热室内，元件棒采用物理去壳的方法去除不锈

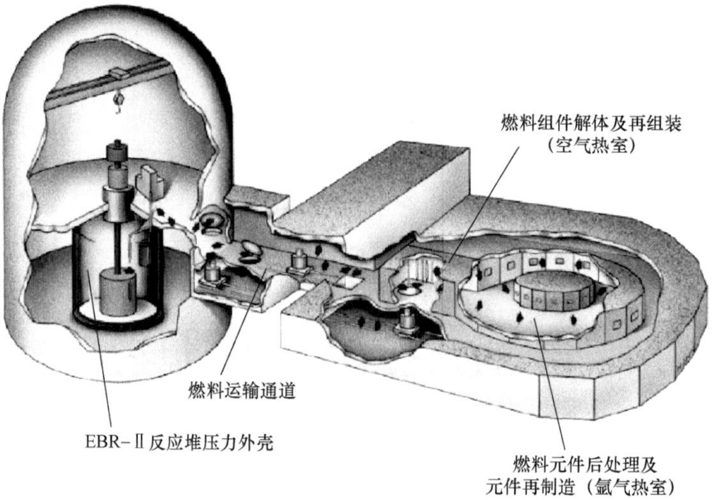

图 8-1　燃料循环设施和 EBR-Ⅱ反应堆外压力壳连接示意图

钢包壳，将燃料芯块切成小段后在一个氧化锆坩埚内熔解。燃料熔解后，气体裂变产物以及具有较高蒸汽压的裂变产物在沸腾过程中不断排出并被收集到一个捕集装置内。熔融燃料倒出后，其他裂变产物与氧化锆反应生成氧化物残渣留在坩埚内，称作坩埚渣皮，钼等贵金属裂变产物留在熔融物中。渣皮占熔液的 6%～8%，计作单次循环的损耗。每次循环后燃料的组成都要重新平衡，经过几个循环后，燃料的组成逐渐稳定，并累积了相当量的贵金属裂变产物。这在一定程度上改善了铀燃料在堆内的性能，随着燃料在堆复用周期的增加，燃料不再循环使用。平衡后的燃料组成近似为向燃料中加入了一定的添加剂，EBR-Ⅱ实际使用的燃料是这样制备的，此后 IFR 燃料却没有使用添加剂。

熔解-精炼后的铸锭在真空炉内重新加工成燃料元件，铸锭的再次熔解会使用一个氧化钍涂敷的石墨坩埚。坩埚上方有一簇 Vycor 管（一种玻璃）作为铸模，数量大约有一百支。燃料充分熔融后，将坩埚抬升至玻璃管下端浸入熔液中。熔炉快速加压，将熔液压入上方真空 Vycor 管内。几秒钟后，熔液在 Vycor 管内凝固，然后将 Vycor 管敲碎剥离就制得百余根燃料棒。这些燃料棒加上定量的钠一起装入不锈钢包壳内。钠在包壳内熔解，燃料棒靠重力作用就位。包壳端头装上端塞后进行焊封，就制得了燃料元件棒，这些元件棒可以重新装配成燃料组件返回堆内使用。

1964 年 9 月—1969 年 1 月，利用“熔解-精炼”流程进行了辐照元件的后处理。前后处理了三万根元件棒，近 5 300 kg（含废料）。从 FCF 接收乏燃料到燃料组件返回反应堆的平均周期是 45 天，有些燃料只用了 30 天。总的生产能力大约是一个月 100 kg，最高时可达 245 kg。

熔解-精炼不适合规模化生产，因而没有进一步的发展空间。金属燃料后处理过程中有相当一部分裂变产物留在坩埚内形成坩埚渣皮，燃耗较低时，贵金属裂变产物留在产品中的量是可以接受的，也不会对反应性有显著影响。但是燃耗提高至未来快堆设计燃耗 20%时，燃料中的贵金属杂质必须通过后处理除去。此外，熔解-精炼流程不会增加钚的浓度，也不能调整铀/钚比例。而堆芯燃料则需要流程提高钚/铀比。最后，残留在坩埚渣皮内的锕系元素量也是不能被接受的。

如果没有大幅改进，熔解-精炼流程几乎不可能用于商用快堆乏燃料的处理。一体化快堆需要新的后处理流程。电解精炼流程只是其中之一，我们接下来介绍针对 FCF 设计的电解精炼流程及相关设备。

8.2　干法后处理技术总结

在矿产行业，电解精炼流程常用来纯化铝、锌等金属。在乏燃料后处理过程中，电解精炼流程可以回收乏燃料中的铀、其他锕系元素以及裂变产物等有用组分[2-5]。见图 8-2 是 IFR 电解精炼流程的示意图。电解精炼装置直径 1 m，高 1 m。阳极，也就是正极，是一个装有乏燃料元件的短段吊篮；有两种不同的阴极，即负极。一种阴极是固体钢棒，用于收集铀，另外一种阴极是液态镉，收集其他锕系元素。电极浸在熔盐中。电极 2 悬在一层液态镉的上方，这些液态镉有助于收集反应过程中从阴极析出的铀和其他锕系元素。

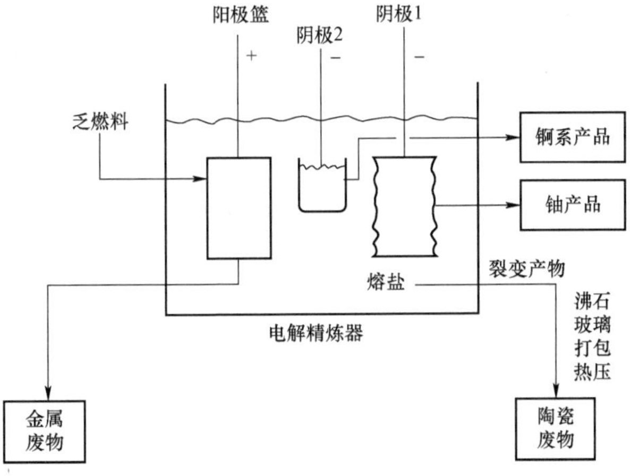

图 8-2　电解精炼示意图

燃料棒被剪切成短段，装入带孔的钢篮浸入熔盐中。电解池施加较低的电压（约 1 V）即可完成燃料的熔解，铀和其它锕系元素在熔盐中电迁移到相应的阴极，在阴极还原成金属沉积出来。阴极首先收集到的产品是大量铀。当固体阴极上沉积的大量金属铀被移除后，另外一些锕系元素及少量铀沉积在的液态镉阴极坩埚中。如图 8-3 所示，是电解精炼装置和其他相关组件。

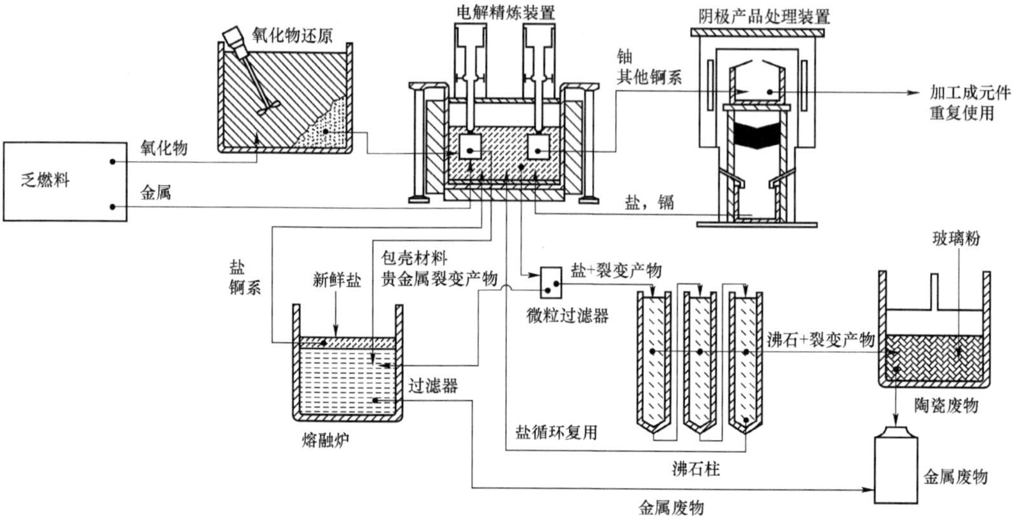

图 8-3 基于乏燃料处理的电解精炼流程图

阴极沉积物运至阴极产品处理装置，见图 8-3，纯化阴极产品的装置实际是一个高温真空炉。真空炉将沉积在阴极的金属铀熔融，而附着的杂质盐则被蒸发。而液态镉阴极中的沉积产物在此基础上还要增加一个镉的蒸发步骤，最终得到较纯的钚、铀及其他锕系元素混合而成的金属块。见图 8-3 下部是与废物处理有关的装置，这些装置的作用是将废物整备成适合处置的形式，下一章节我们会详细介绍。

下一章我们将稍微深入地介绍电解精炼过程的基础原理，这有助于我们对流程的认识和理解。如果只需对电解精炼有一个整体的认识，下一章可以跳过，接下来将介绍电解精炼流程的装置及运行过程。

8.3 燃料整备设施

本节我们重点关注两个问题：第一，在仅有机械手和其他远程操作设备的条件下运行过程的安全性及可靠性；第二，IFR 后处理流程涉及的设备如何紧凑和相对简单，设备模块有多少。

8.3.1 设施

早在 IFR 开始研发的时候，就需要以 EBR-Ⅱ为 IFR 原型堆设计一个全规模的闭合燃料循环，用来验证 IFR 概念的可行性。在 IFR 计划逐步推进期间，一旦时机成熟，早期为 EBR-Ⅱ乏燃料干法后处理建立燃料循环设施的 FCF 就可能恢复生产，当然这还需要大量的工作以满足当前的标准要求。

1969 年之后的数年，该设施主要用于辐照元件及材料的检验，因此设施名称变更为热元件检测设施-南区（HFEF-S）（在其旁边还新建了一座更为先进的检测设施-北区 HFEF-N）。一旦 IFR 计划开始实施，该设施会相应变更为燃料整备设施（FCF）。前面已经说过，FCF 包含两个屏蔽热室。矩形空气热室尺寸为 4.6 m × 14.3 m。环形氩气热室操作位的宽度 5 m，外径为 19 m。所有操作都是远距离控制。主/从机械手位于环形外围的操作位窥视窗旁边。从地下室可以进入环形热室中央的操作位进行特殊观测及特定的操作。每个热室都配置了重屏蔽（约 5 FT 厚的高密度混凝土），操作位配有铅玻璃。重物提升及运输由上方的吊装系统完成。

FCF 按照美国统一建筑规范标准建造，一份详细的动态地震分析表明，设计基准地震不会严重破坏设施主体结构。但现代地震分析表明，设计基准的风或者地震有可能给污染设备（设施建成后在顶部新增的设备）的放射性维修区造成一定的损失。因此需要在现有设施内部建设了一个新的放射性维修区域。

设备的检查维修等远距离操作非常重要。新的热室工艺设备都考虑了现场检修功能。如果现场检修无法完成，则将相应的模块或零件运至新的放射性维修区域进行处理。主要包括设备从热室内吊出的远程运输、远距离去污、一个用于起重机吊运车和电动机械手支架修理的特殊凹形区域、穿防护服的工作人员直接进入设备内部、以及设备和低放废物打包进出该维修区域的操作。

对密封系统作了两方面的改进：物理屏蔽通风和过滤系统。通用的孔道以及热室的机械手原来都是靠热室内的负压保持密封。新的安全级排风系统可以确保氩气热室即使在发生事故或地震时也不会有未过滤的气体泄漏。两个新的备用柴油发电机（每台功率 375 kW）放在一座新的建筑物内，该建筑物针对地震和飓风作了加固。

FCF 改造项目的准备工作始于 1988 年，于 1994 年 12 月完成，已做好接受正式审查的准备。

8.3.2　工艺设备的发展

EBR-Ⅱ乏燃料组件运至空气热室暂存及解体。整修和改进后的远程操作解体装置通过一个六角形管道将单根燃料元件移出。元件棒装在一个圆筒运输容器内，经一小型的运输闸门进入氩气热室。

在氩气热室内，燃料元件的精炼和重新加工只需要 5 套独立的设备。这些设备的位置与描述详见图 8-4。这些装备系统的设计、加工及认证都需要经过正式的审查，以确保设备质量达到最高标准。经过严格的常规工程设计与加工制造后，设备的认证需要三个步骤：装配、热室外远程操作与热室内远程操作。设备由设计人员进行装配及功能性检测后完成装配认证。设备未装入热室前的认证由最终在热室操作该设备的技术人员进行，他需要确认装配、操作及维护都可以实现远距离操控。然后在热室内的一个模拟车间完成同样的过程。最后，设备在热室内就位，并使用贫铀和辐照元件进行验证。

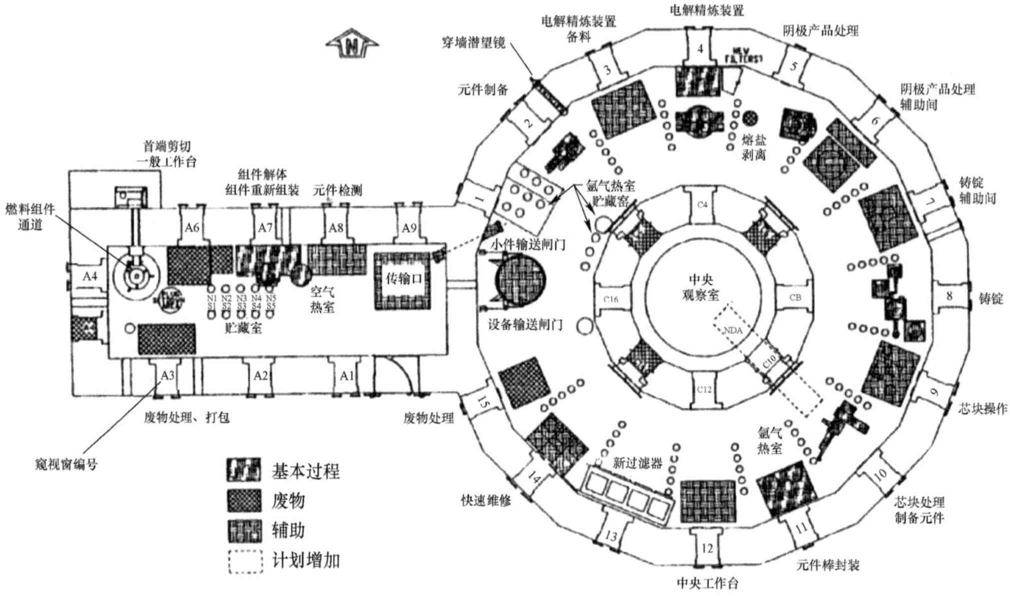

图 8-4　空气和氩气热室主要设备的布局图

运行的第一步是元件棒的剪切。完整的元件棒在精炼前要切成短段以露出燃料芯块，并去除绕丝、端头及包壳填充物等废料。强放射性的燃料段装入电解精炼装置的开孔不锈钢吊篮中。

电解精炼装置的结构如图 8-5 所示，包括具有加热和隔热功能的主容器（电解池）、顶盖、支架，电极和相关操作与定位装置，顶盖气体循环系统、搅拌、加料口、取样口及测量口等辅助系统，一套仪器与控制系统。一个电解精炼专用的工作站可以处理阴极和阳极、剥离阴极上的沉积物、清空阳极篮中的废包壳。该设计参考了位于伊利诺伊州化学技术部从 1987 年开始一直使用的工程规模电解精炼装置。

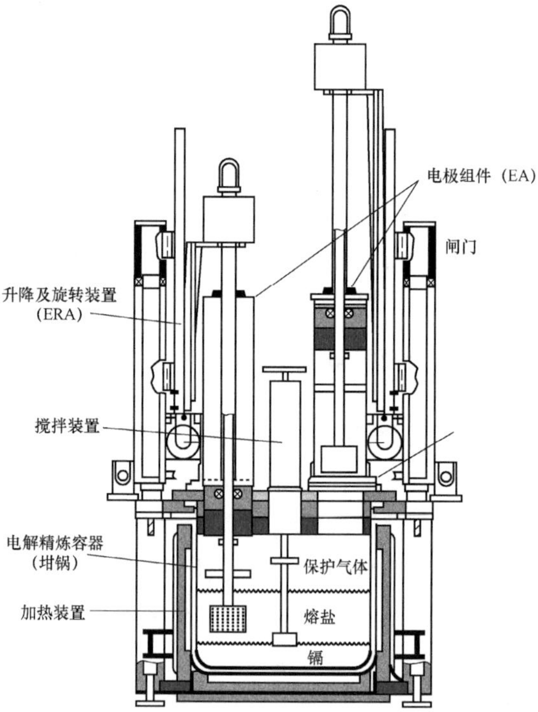

图 8-5　电解精炼装置

电解精炼装置的运行温度为 500 ℃。底层是 10 cm 厚的熔融镉层，上面是 6 cm 厚的熔盐。熔盐装在低密度陶瓷隔热容器内，由电阻炉以热辐射的方式加热。不锈钢顶盖布有圆形端口和热缓冲装置，直径 28 cm 的四个电极以及 20 cm 的搅拌器都通过这些端口装进电解池中。还有一些小的端口用于加料、取样或控制顶盖循环气体等。电极附件包括一个用于电极底部固定的长轴、一个旋转电机、旋转电气接头、端口盖、隔离罩及各种仪器组件。隔离罩的主要功能是隔离顶盖循环气体，避免其与热室内气体混合。这些电极附件的安装与移除通过主体结构上的提升器或旋转器完成。

装满乏燃料短段的吊篮接入阳极。阳极和阴极浸入电解精炼装置的电解池中。一次电解完成后，电极移出电解精炼装置送往专用的工作站处理。从阳极吊篮中移出剩余的废包壳，从阴极上剥离枝晶状沉积物或锕/镉金属块（见图 8-6）。阴极产品需作进一步分离纯化处理，废包壳送去废物处置，清理后的电极返回电解精炼装置继续使用。每次电解过程，金属铀首先在固体阴极上沉积出来。随着电解次数的增加，熔盐中铀浓度下降，其他锕系元素逐渐累积。当锕/铀比例达到 3 左右时，就可以接入液态镉阴极沉积其他锕系元素了。

下一步在阴极产品处理装置内纯化阴极沉积物，结构见图 8-7。从电解精炼装置里出来的阴极产品主要是锕系金属，夹杂着部分盐或者镉。这些粗产品装进坩埚内，在真空环境下加热熔融。镉及附着的盐相继从这些重元素金属间化合蒸发出去。蒸发出来的镉和盐在一个接收坩埚内冷凝。剩下的重元素金属重新熔融，在坩埚底部的凹槽内冷却、形成铸锭。

图 8-6　固体阴极上枝状金属铀产物

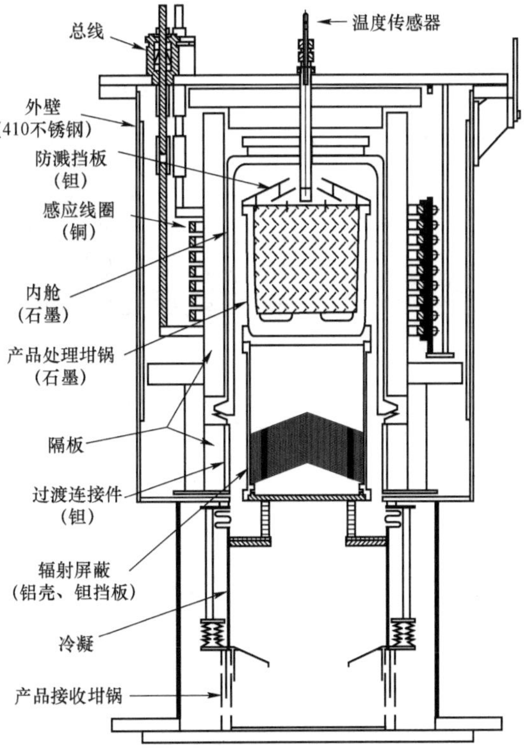

图 8-7　阴极产品处理装置

阴极产品处理装置内部是一个容器，感应炉位于上方，冷凝区域在下方。处理装置在底部进料，装置内部坩埚的升降由一个提升装置完成。在低位时，通过一个小推车把这些组件运至窥视窗附近便于坩埚的操作。

第三步在喷射铸造炉内进行。纯化后的阴极产品在这里重新铸成燃料芯块。自EBR-Ⅱ运行起，主要使用喷射铸造技术制造金属元件。出于临界安全考虑，FCF喷射铸造炉批次处理能力限定为10～25 kg。

喷射铸造炉的结构见图 8-8，喷射过程炉体可以实现密封。炉内坩埚材质为机加工的石墨。中央插入热电耦测量温度。炉体的气氛由一个独立高纯氩气源提供，可以避免污染热室气氛。喷射前需要先抽真空，通过一个带快动阀的压缩机实现快速喷射。燃料锭在石墨坩埚内与一定组成的原料（锆与铀/钚合金）、回收尾料（元件棒铸造碎料及回收后的元件棒碎料）混合。坩埚放在炉体的感应线圈内。所有的装、卸等常规操作都经“顶帽”完成。这套装置拆装简单，便于零件的维修或更换。所有的氩气及通风管路额外配有紧急截止阀，防止因安全基准事故导致的热室内气体污染。

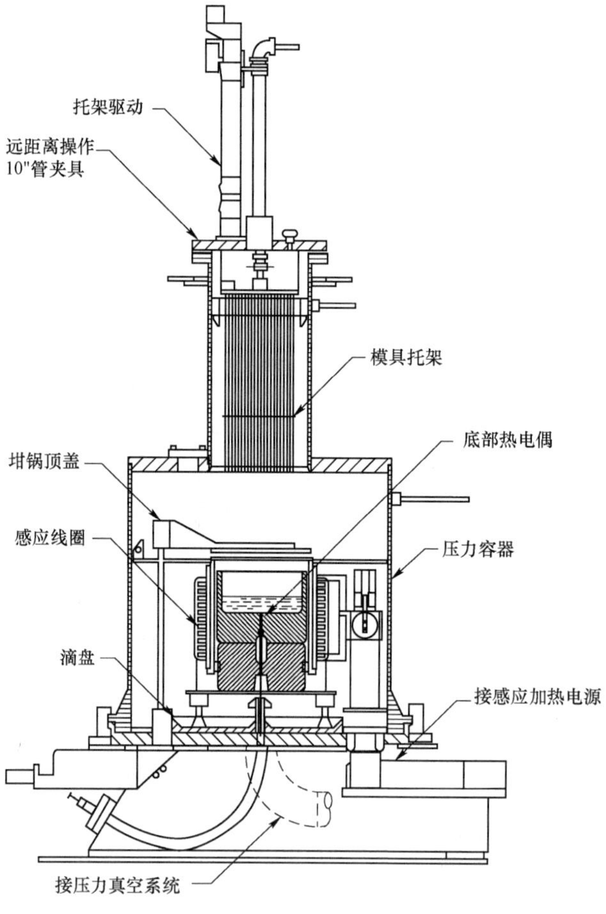

图 8-8　喷射铸造炉

第四步是燃料元件棒加工。纯化得到的燃料块装在一个元件棒加工装置的料斗内。先将玻璃模具破碎，然后把铸造成形的燃料块切成适合的长度并作一系列物理检测。检测合格的棒体直接装入包壳内，包壳内预装了用于导热的钠。不合格的棒体返回特定的容器回收复用。把端塞插入包壳并焊封，燃料棒体在钠填充层中就位后，由自动机械装置完成底盖的焊封。这些操作完成后，对加工好的元件棒和料斗去污，最后把元件棒送至空气热室。

最后一步是燃料组件的加工。在空气热室内，元件棒从料斗中卸出经自动检测后装入组装/解体装置上的组件格架中。一台整修过的机器专门用于组件的加工制造和送往 EBR-Ⅱ的运输。

工艺控制与计量系统是一套良好的系统。包含逻辑控制器、操作员控制台、中央数据采集和质量跟踪器。不同功能区域的布局图见图 8-9。逻辑控制器提供了工艺设备与控制系统间的接口。负责操作的技术人员通过操作员控制台监控所有重要的工艺参数。

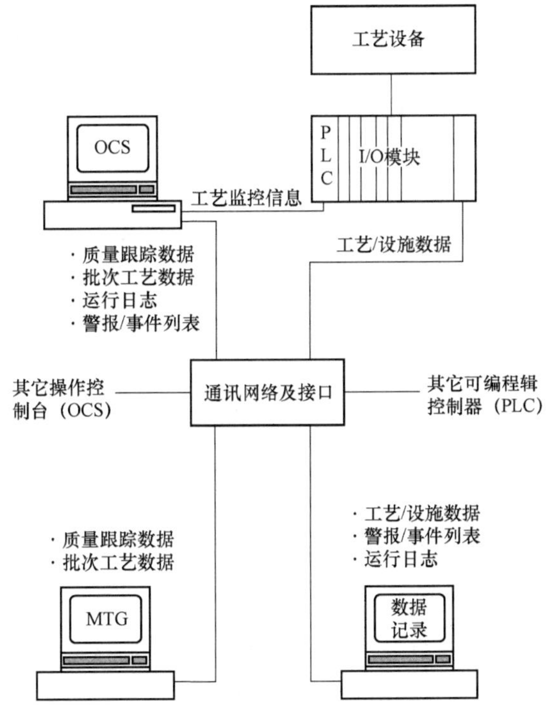

图 8-9　工艺控制和计量系统布局图

质量跟踪计算机系统负责监控物料转移、定位以及热室内所有放射性元素和同位素组成的近实时数据。此外，还可以跟踪工艺物料如化学试剂、裂变产物等的相关数据。监控的对象相对独立，比如元件棒、组件、贮存容器、坩埚及工艺设备的部件。这些数据由可编程控制器、操作员控制台和分析室测量提供。

质量跟踪系统可为运行及其服务人员提供物料控制与计量方面的数据，它符合临界安全和设施运行限值等的要求，并有助于控制和跟踪燃料加工过程。在某些工艺过程，操作员在特定工艺点需要得到质量跟踪系统的授权和指导。只有在质量追踪系统确认符合运行和临界安全限值的规定后，下一步操作才能继续。

把整个燃料循环设施定义为一个物料衡算区来进行易裂变材料的计量。接收的放射性物质总量由初始元件棒的质量经反应堆燃料数据进行计算修正后得到。至少每个组件取一个样进行化学分析，和这些经修正后的计算结果进行比对。选取几个有代表性的组件，经几组独立的分析测量以确定计算方法的精度。对新加工元件棒进行称重并对每批次铸造的单个芯块至少作一次样品分析，以确定初始燃料的质量。

在阴极产品处理装置处理完阴极产品后，通过比较进入剪切装置的物料量、电解精炼装置内物料组成的变化以及阴极产品处理装置得到的最终产品量来评估物料衡算。这可以为计量和工艺控制提供化学分离步骤的实时数据。作为物料衡算数据的一部分，需要对电解精炼装置中的熔盐以及镉层取样分析。此外，产品铸锭也要取样分析，这样可以对易裂变材料从入口到出口进行衡算。

8.4　EBR-Ⅱ乏燃料处理

DOE 宣布中止 IFR 计划后，已成功运行 30 年的 EBR-Ⅱ于 1994 年 9 月 30 日关闭。EBR-Ⅱ理论上还可以运行更长的时间。停堆后，所有辐照元件、在堆燃料元件以及这些年累积的乏燃料必须处理。EBR-Ⅱ驱动燃料用的是高浓铀，即使卸堆燃料 ^{235}U 含量也在 53～75%。对于任何一个处置库来说，在临界安全方面都是一个问题。而且，由于元件棒中有高化学活性的金属钠，也不允许直接处置。因此，必须去除乏燃料中的易裂变材料及高活性金属后，才能安全处置。

IFR 计划中止时，FCF 设施的重修基本完成，工艺设备的安装及现场的检验也进入最后阶段。综合成本效率、技术等多方面的因素，最终认为在 FCF 采用电解精炼技术仍然是处理 EBR-Ⅱ元件的最佳方案。这也正是其设计的宗旨所在。1995 年，DOE 联合阿贡国家实验室完成运行启动前检验。设施的运行还需要分别获得爱达荷州及联邦政府的环境许可。所有的环评工作于 1996 年 5 月顺利通过[6]。

EBR-Ⅱ乏燃料元件在 FCF 正式投料之前，需要完成 100 组驱动燃料组件及 25 组包覆层组件的热试验验证。3 年演示验证期间，由美国国家科学院国家研究委员会下属的化学科学技术部组成独立的专门小组进行评估。国家研究委员会特别委员会于 2000 年发布最终评估报告[7]。报告指出“委员会认为阿贡国家实验室的电化学冶金演示验证项目各项技术指标满足要求、顺利通过验收”“委员会认为该技术不存在任何技术障碍，可以处理剩余的 EBR-Ⅱ乏燃料元件”。

DOE 于 2000 年 7 月完成了最终版填充钠的乏燃料处理与管理环境影响报告书，EBR-Ⅱ乏燃料处理正式启动[8]。截至2010财年，FCF共处理830 kg驱动燃料和3 620 kg包覆层燃料，如图 8-10 所示。如果不是受限于资金和运行级别，FCF 的日处理能力还可以更高。

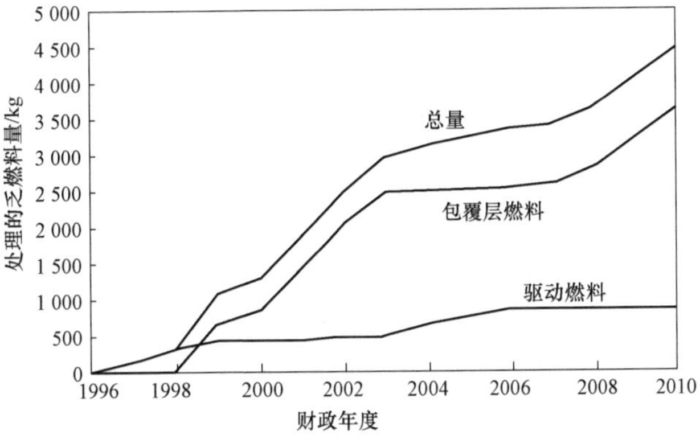

图 8-10　FCF 处理的 EBR-Ⅱ乏燃料总量

8.5　干法后处理过程的废物类别

电解精炼流程有别于传统的 PUREX 水法后处理流程。相对于欧洲和日本部署的传统 PUREX 流程设施，电解精炼流程的设施和设备规模很小，需要的投资也少得多。除了潜在的经济性之外，它在废物管理和防扩散方面也有重大的进步。电解精炼流程是针对金属燃料快堆一体化快堆 IFR 开发的，但是增加了氧化物金属的还原工艺后，该流程同样可以处理当前商业化轻水堆的氧化物燃料。

在乏燃料以及裂变产物废物中都有锕系元素存在。锕系元素的半衰期普遍较长，也因此具有长期放射毒性。而裂变产物的半衰期很短，数十年内它们的放射性非常强，几百年后基本衰变至天然矿石的水平。锕系元素应该从废物中分离。首先，这些锕系元素还可以返回快堆作为燃料裂变发电，其次，分离锕系元素可以大幅降低放射性废物的长期放射毒性。裂变产物必须单独处理，最好是在处置库暂存数百年，确保其放射性降至合理水平。之后这些废物还应该存放在处置库里，因为其中的一两种长寿命裂变产物还会有长期放射毒性的影响，尽管放射性水平很弱。

对于把核燃料当成废物处置这一难题，上述方法已经是目前为止最佳的解决方案了。危险的放射毒性逐渐消失，不会存在数十万年。而且也没有人能够预测或者描述这么长时间的处置期间会发生什么。但几百年还是可以预测的，也不会有悖于现代工程实践。我们周围的一些教堂存在时间都比几百年久，因此我们也没有必要成为这方面的行家。直觉告诉我们放射性废物在一个设计合理的处置库存放数百年没什么困难。处置库必须符合一定的要求，而如果没有锕系元素的问题，相关的管理标准很容易实现。而且处置库的处置容量也会相应增加。这是因为处置量受限于长期释热核素，即锕系元素。电解精炼流程无法完全消除处置库在这方面的要求，但通过技术手段很容易减轻处置库长期管理的负担。

基于电解精炼流程的燃料循环具有防扩散功能，不是因为它的分离能力，而是因为它的局限性。该流程不能从其他锕系元素和裂变产物中分离提取得到纯钚。如前述，产品形式主要是铀、钚、其他锕系元素及一些裂变产物的混合物，具有放射性强、不易转移的特点。乏燃料的电解精炼及新燃料的制造过程都需要厚重的屏蔽并通过机械手甚至是机器人远程操作，且常使用一些先进的专门设备。这些操作都有严格的规定。此外，电解精炼设备紧凑，完全可以安装在随堆设施内。这样就避免了向反应堆运输（含高浓铀的）新燃料，从乏燃料中回收的铀和钚返回堆内复用后，废物体积也大幅减少。

干法后处理过程产生的废物形式大致有几类。燃料废包壳以及电解精炼过程不熔的惰性裂变产物都装在阳极篮中，简单的熔融就可以制得抗腐蚀性能优良的合金。金属废物主要是不锈钢以及 15%锆基材。稀土、活性裂变产物以及附着的盐分固定在陶瓷废物中，形成一种结合玻璃的方纳石废物形式。锕系元素以氯化物形式存在于电解精炼装置中，为了减少这些元素的损失，在盐净化前通过一个"提取"的操作把锕系元素去除。含有锂还原剂的熔融合金与盐接触后，可以把其中的锕系还原成金属析出。避免了锕系元素的废盐与沸石接触，可以去除裂变产物。载盐的沸石加入新鲜的沸石和 25%的玻璃，经热处理过程制成整块废物。这一过程中，沸石结构变成了一种稳定的天然矿石结构——方纳石结构。该工艺可以分批次净化废熔盐并返回电解精炼装置复用。

电解精炼流程使用的化学试剂比如电解质盐都要回收复用，因此不会有大量低放工艺废物产生。流程产生的二次废物主要有废设备、抹布、包装材料、碎屑、元件制造过程的模具碎片、及其他各类废物。这些废物依照当前的标准分类处理。而电解精炼流程产生的特殊废物，比如燃料喷射过程的碎屑和模具碎片则要单独处理以回收其中的锕系元素。

8.5.1 金属废物

电解精炼完成后，阳极篮中的残留物包括不锈钢废包壳、燃料基材锆合金、贵金属裂变产物（钼、锝、钌、铑、钯、铌、碲等）以及附着的电解质盐。阳极篮中的物质在金属废物熔炉中加热蒸发掉其中的盐分，然后继续升温将剩余的物质熔融得到金属废物。金属废物的基体合金是掺杂了 15%锆的不锈钢，其浓度允许范围在 5%～20%之间。见图 8-11 是 Fe-Zr 的相图，锆浓度为 13%时有一个低温共熔点。由于有锆的存在，有可能形成结实的锆-铁金属间化合物。金属废物中夹带的极少量锕系元素很容易熔进合金相中，并有非常好的包容性。典型金属燃料棒的不锈钢/锆比约为 85:15，当给这些金属废物加压时，还要在金属废物固结之前额外加入一定量的锆。

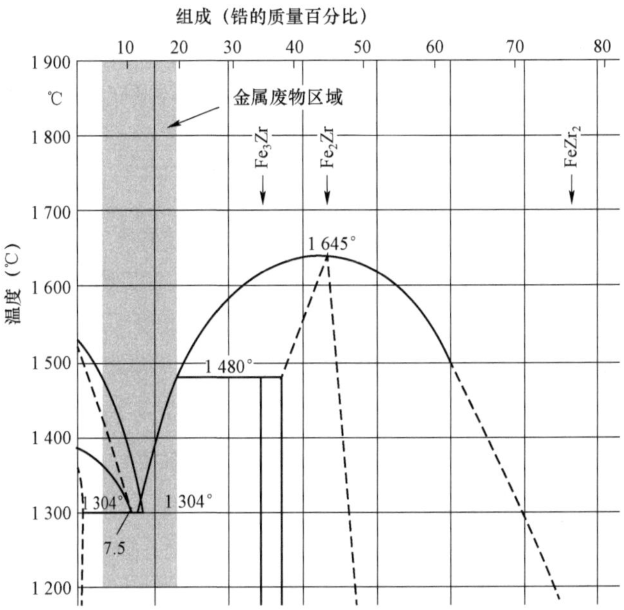

图 8-11　铁-锆相图[9]

后面将讨论压水堆乏燃料后处理，其包壳材料为锆合金，因此金属废物的基体为锆合金，铁含量约 15%，在铁-锆相图的另一侧可以找到相应的低温共熔点。

首先在阴极产品处理装置中蒸发掉附着的盐分，再在喷射炉中掺杂适量的锆固化制得最初的金属废物样品。随后又加工了一个专用的金属废物熔炉，可以生产 90 kg 金属铸锭，该设备安装在热元件检验设施（HFEF）内，其结构图见图 8-12。

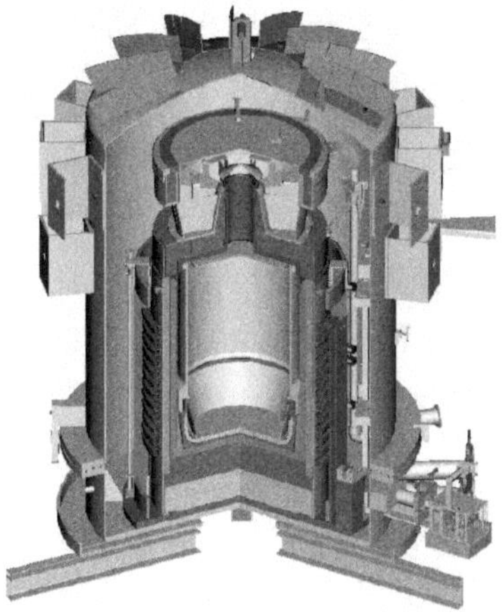

图 8-12　处理金属废物的熔炉

熔炉内的坩埚直径 47 cm，高 71 cm，有效容量约 75 L。坩埚包括两部分-坩埚环和连接榫槽接口的坩埚底。坩埚环底部的枪形部分内置法兰，便于坩埚环旋转及在坩埚底上固定。这样设计的好处在于坩埚可以整体进出炉体，而卸出铸锭时可以分体操作。坩埚环和坩埚底由石墨制成，内衬氧化铝耐高温材料，不会被熔融金属浸润也不会被氯化物熔盐腐蚀。

混合一定量锆的废包壳装在一个薄层不锈钢容器内，放进坩埚中。通过感应线圈将坩埚加热至 1 350 ℃，保温 90 min 用于附着盐分的蒸馏。盐蒸汽通过一根直径 10 cm 的管道，在坩埚上方的冷凝器中凝结。盐蒸汽冷凝后导致冷凝腔中形成负压，有利于盐蒸汽向其中扩散。蒸馏过程中，不锈钢容器可阻隔氯化物与坩埚内壁接触，操作完成后一起作废物处理。废物的固化需要继续升温至 1 630 ℃，并保温 3 h。

在顶部冷凝器的环形区域布置了可拆卸的不锈钢片，盐蒸汽在其中形成楔形固体。运行数次后，打开冷凝器取出冷凝的盐，返回电解精炼装置中复用。

8.5.2 陶瓷体废物

电解精炼后，除贵金属之外的多数裂变产物留在熔盐中，包括碱金属（Cs 和 Rb）、碱土金属（Sr 和 Ba）、卤化物（Br 和 I）及稀土元素（Y、Sm 和 Eu）。可以通过沸石吸附的方法使这些裂变产物固定。裂变产物阳离子通过离子交换的方式吸附到沸石表面，而一部分盐进入沸石内部——也就是说，这部分盐进入了沸石结构的分子笼内。吸附到沸石上的离子和盐都不容易被水浸出。将载盐的沸石与硼硅酸盐玻璃黏合，并在高温下烧结成一体，可以进一步降低浸出率。在高温下，沸石结构转变成方纳石结构，这是一种天然矿石的存在形态。如果温度和烧结时间控制得当，可以防止这种形态继续转变，但对于大规模废物处理过程，这种精确控制显然十分困难。无论如何，方纳石结构适合盐的保留。沸石结构的分子笼很大，适合吸收盐分子。而方纳石结构的分子笼较小，能有效阻止吸收的盐分子浸出。见图 8-13 是这两种结构的示意图。

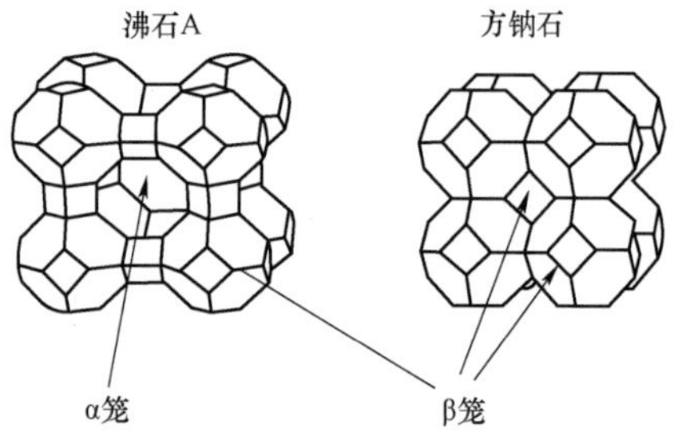

图 8-13　沸石与方钠石的分子结构

在 EBR-Ⅱ乏燃料处理时，元件棒填充的钠在电解过程中氧化为 NaCl。NaCl 在电解盐中的累积会导致熔盐熔点的升高，因此其限值设定为 6 wt%。NaCl 累积到这一限值，熔盐需要卸出处理。市售的沸石粉含水约 22 wt%，使用前需要干燥至 1 wt%。先把这些待处理的盐压碎至合适的颗粒大小，与沸石粉及 25 wt%的玻璃在 V 形混合器中混合，500 ℃下加热 15 h 以保证盐充分进入沸石的分子笼中。

如果与元件棒的填充钠相关的陶瓷体废物太多，而又要尽量控制陶瓷废物的总量，在元件首端剪切之前可以先把金属钠蒸发掉。废盐进入沸石柱，经过离子交换除去裂变产物后可以返回电解精炼装置中复用。显然，对于未来处理含钠的金属元件，这一方法更适合一些。

载带裂变产物的沸石经热等静压（850～900 ℃、14 500～25 000 psi）处理后完成固定。随后又开发了更易规模化和远距离操作的无压烧结技术。烧结的参考工艺为：窑温 850 ℃、时间 4 h、气氛为氩气、压力 1 Pa。

8.6 小　　结

针对一体化快堆 IFR 乏燃料开发了后处理回收复用锕系元素及废物处理技术，每一步工艺都在 EBR-Ⅱ的燃料整备设施（FCF）得以实施。设计、加工、调试并安装了各种必需的设备，远距离操作采用常规设备。燃料回收过程只需要 5 套设备。这 5 套设备都可以投入使用，同时还处理了若干吨 EBR-Ⅱ金属燃料。

同期开发了废物处理流程，并完成全规模设备的设计、加工、调试及安装。经处理后主要产生两类废物，贵金属裂变产物及结构材料与约含 15%锆的不锈钢基体形成的合金废物，基体材料可有效防止放射性毒物的浸出。电解盐中的活性裂变产物固定在结合玻璃的沸石中，形成整块方纳石，也可以防止放射性物质的浸出。这两类废物形式都适合处置库处理。

参考文献

[1] Charles E. Stevenson, *TheEBR- Ⅱ Fuel Cycle Story*, American Nuclear Society, 1987.

[2] R. D. Pierce and L. Burris, Pyroprocessing of Reactor Fuels, *Reactor Technology Selected Reviews,* TID-8540, p.411, 1964.

[3] L. Burris, R. K. Steunenberg, and W. E. Miller, The Application of Electrorefining for Recovery and Purification of Fuel from the Integral Fast Reactor, *Proc. Annual AIChEMeeting*, Miami, Florida, November 2-7, 1986.

[4] J. P. Ackerman, Chemical Basis for Pyroprocessing of Nuclear Fuel, *Industrial & Engineering Chemistry Research*, 30-1, 141, 1991.

[5] R. D. Pierce, er al., Progress in the Pyrochemical Processing of Spent Nucleal Fuels, *J. Metals*, 45, 40, 1993.

[6] DOE/EA-1148, Environmental Assessment: Electrometallurgical Treatment Research and Demonstration Project in the Fuel Conditioning Facility at Argonne National Laboratory-West, May 15, 1995.

[7] National Research Council, *Electrometallurgical Techniques for DOE Spent Fuel Treatment: Final Report*, NationalAcademy Press, 2000.

[8] DOE. EIS-0306, Final Environmental Impact Statement for the Treatment and Management of the Sodium-Bonded Spent Nuclear Fuel, U. S. Department of Energy. July 2000.

[9] T. B. Massalski, *Binary Alloy Phase Diagrams, Second Edition, American Sociaty of Metal*, 3: 1799, 1990.

注:

Blanket: 包覆层或转换层

Plenum sections: 气腔

第九章

电解精炼过程的化学基础

本章将深入介绍一体化快堆 IFR 干法后处理的核心部分——电解精炼的电化学基础。感谢阿贡国家实验室杰出的电化学家 John Ackerman 在本章编写中给予的宝贵建议和帮助。本章的行文尽可能浅显易懂。一些细节上的不当之处在所难免，但主要内容达到了目前大众对该领域的认知水平。

本章是对附录 A 的概述。附录 A 则是对电化学流程进行的详述，从基本资料到相关概念、热力学、一些反应动力学以及重要性质和产物的详细计算。需要深入了解该主题请参阅附录 A。

9.1 乏燃料电解精炼

一体化快堆燃料循环流程紧凑、成本低，能从乏燃料中有效提取出产品，这些能力全都依赖一种工艺设备——IFR 电解精炼装置。它基于电化学原理，电化学是一个电与化学的交叉学科。一类特殊的化学反应引发的电现象是所有电化学的基础。当一个电极（电子的导体）浸入电解质时（其中包括带电离子并能够传导电子），它便形成了一个“电池”。化学反应自然发生在电极和电解质的界面之间，这一过程像电池一样自发地把化学能转化为电能。但是，如果过程中需要一个特定的化学反应发生，可以采用这样一个反向措施：施加一个电压改变电现象以得到想要的化学反应。电子流动使得电能转化为化学能，通过化学成键或者断键得到需要的产物。电镀就是这样发生的，而 IFR 中的电解精炼也是类似的过程。

IFR 后处理流程中的电解液是 LiCl 和 KCl 混合熔盐。剪切后的燃料短段用作电解池的阳极，金属阴极收集产物。给电解池施加电压，乏燃料就逐渐发生熔解进入熔盐中。此时发生第一次非常重要的分离。乏燃料的放射性主要来自化学性质最活泼的（最容易发生反应的）裂变产物，乏燃料熔解后这类裂变产物立即同电解质中的离子化合物氯化铀（UCl_3）发生反应。可以认为这是一个触发反应，并在电解精炼过程持续发生。活泼的裂变产物从氯化铀中置换出了铀并形成相应的氯化物。活泼的氯化裂变产物一旦形成就非常稳定，当达到锕系元素精炼的电位时，它们也会一直保留在盐中，直到将其当作废物除去。带正电的铀和锕系元素离子在电解液中向阴极扩散，只有这些物质会在阴极中大量沉积，因为电解液中氯化物基体熔盐和已经熔解在其中的活性金属氯化物非常稳定，这一特性避免其被"还原"成金属或者在所加电压下沉积在阴极上。

9.2 能量转移：电解精炼过程中的热力学

原子、离子及电子在分子水平的行为是电解精炼过程的基础。化学反应的本质就是这些极小颗粒之间发生的相互作用。反应的过程会伴随很小的能量变化，而这些能量的变化决定了电解精炼过程可以发生什么样的反应。经典的热力学通过对能量关系的精确处理（比如，能量不能被创造或者消除），可以帮助我们预测哪些反应可以发生。只有在产物的内能总和小于反应物的内能总和时，化学反应才可能发生。反应过程中没有消耗掉并能推动反应进行的那部分能量叫作自由能。

自由能是在化学反应过程中可以转化为其他形式的最大能量。它是一种储存的势能，可以"向下流动"做有用功。各种元素形成氯化物离子化合物反应的自由能可以在文献中查到，见表 9-1 列出了部分相关元素的自由能值[1]。我们的流程正是基于这些元素或者化合物在电解精炼装置中形成氯化物的生成自由能差异实现分离的。反应能否发生，发生后反应进程如何，都与这些自由能的差值有关。

表 9-1　500 ℃时氯化物的生成自由能（kal/g-eq*）

元素中残留的元素（非常稳定的氯化物）		有效电迁移的元素		形成金属的元素（不稳定的氯化物）	
$BaCl_2$	87.9	$CmCl_3$	64.0	$ZrCl_2$	46.6
CsCl	87.8	$PuCl_3$	62.4	CdC_2	32.3
RbCl	87.0	$AmCl_3$	62.1	$FeCl_2$	29.2
KCl	86.7	$NpCl_3$	58.1	$NdCl_5$	26.7
$SrCl_2$	84.7	UCl_3	55.2	$MoCl_4$	16.8
LiCl	82.5			$TcCl_4$	11.0
NaCl	81.2			$RhCl_3$	10.0
$CaCl_2$	80.7			$PdCl_2$	9.0

续表

元素中残留的元素（非常稳定的氯化物）		有效电迁移的元素		形成金属的元素（不稳定的氯化物）	
$LaCl_3$	70.2			$RuCl_4$	6.0
$PrCl_3$	69.0				
$CeCl_3$	68.6				
$NdCl_3$	67.9				
YCl_3	65.1				

*注：kcal/g-eq 表示单位质量（克）的物质与一摩尔电子发生反应产生的能量（千卡）。（对于一价的元素，这一质量与原子质量克数相同；对于三价物质，比如铀，这一质量是原子重量的三分之一；等等。）这些数值都为负值。

氯化物可根据生成自由能的差异分为三组。每一组都不同。第一组是活泼金属，它在电解液中以氯化物的形式稳定存在，直到在之后的废物处理过程中被除掉。第二组是铀和超铀元素，它迁移至电解池的阴极，真正“电解精炼”的只有这些元素，也就是最终的产品。第三组是铁和贵金属等，它们在有活泼的元素存在时是不会形成稳定的氯化物的，它们作为金属形式在电解液下层的镉池中被收集，或者作为废包壳残留在阳极篮里。

因此，在熔盐中乏燃料的离子与不太稳定的氯化物（主要是三氯化铀）发生化学反应后，首先从废物中大量分离出来的是铀产品。对于留在阳极没有发生反应的元素，它们起到了类似的作用。对于大多数分离，尽管很重要，但似乎和所加的电压关系不大，主要取决于相关元素的能量。与能量直接相关的反应把不想要的裂变产物留在熔盐中，其他在液态镉池中，而不反应的物质留在阳极篮中。电解精炼过程向电解池施加的电压，作用在于把想要的元素电迁移至阴极，并将其还原为稳定的金属产品。

沉积在不锈钢阴极上的铀很纯，上面会附着一些盐。在含有大量氯化铀的电解液中，如前所述，钚和其他超铀元素不会以同样的方式沉积下来。它们形成的氯化物的稳定性远远大于氯化铀，也就是说，它们的自由能较大，比铀的自由能更负。因此，在电解精炼过程中，一旦它们在阴极上被还原成金属时，就会立即与氯化铀发生反应，再次形成稳定的氯化物。简单来说，它们只是发生了交换又回到了熔盐中。

通常情况下，当电解液中存在大量的氯化铀时，钚和其他超铀元素不能通过阴极电沉积的方法回收。但是，通过形成中间化合物改变自由能以及降低电解液中氯化铀的浓度，钚是可以在阴极沉积的。可以引入液态镉阴极改变自由能的关系。自由能更高的锕系元素（包括钚，重要的是不含铀）会与镉生成化合物，由两种金属组成的化合物，可称为“金属间化合物”，它的作用在于通过形成金属间化合物消耗掉的自由能抵消其氯化物的生成自由能。其结果是金属间化合物中钚的自由能几乎与铀的自由能一样，甚至会高一点，但也只是一点点。金属间化合物的生成使得钚及其他高自由能的锕系元素可以稳定留在镉池内。采用两种类型阴极的设计，金属阴极沉积铀，液态镉阴极用于沉积能量更高的锕系元素，完全有可能把铀与超铀元素充分分离，虽然这算不上完美。

但是，液态镉中的钚或者 $PuCd_6$ 与电解液中的氯化铀发生反应的自由能，仍然会使得沉积的金属钚与氯化铀中的铀发生交换。虽然金属间化合物可以消除铀、钚分别形成氯化物的生成自由能之间的差异，但没办法完全消除。即使 90%的差异已经消除，剩余的自由能差值还是足以使得钚和铀之间的交换反应发生（而与其对照的“逆反应”，$PuCl_3$ 与 U 交换反应生成金属钚和 UCl_3）。所以需要采取一些措施。不妨降低熔盐中 UCl_3 的浓度，调整 $PuCl_3$ 与 UCl_3 的比例到合适的程度，确保 $PuCl_3$ 到 UCl_3 的反应为主反应。

这里需要计算电解液中氯化钚与氯化铀之比，使上述“逆反应”占据主导地位，以得到足量的钚沉积物，这就需要我们简单介绍一下分子反应动力学。

9.3 反应动力学

分子间的化学反应来源于碰撞，碰撞时，能量高的分子发生反应。分子动能分布很广，随温度升高而增加。麦克斯韦-玻尔兹曼分布描绘了具有发生反应动能的分子数分布。与常见的铃形“正态分布”略有不同，麦克斯韦-玻尔兹曼分布是一个不对称的铃形，可以看到从最高处垂下一个高能“尾巴”。能量分布随着温度的增高而变宽，能量的最高值也随之增大。

具有可引发反应动能的分子分数与一个指数表达式成正比：$\exp((E_f-E_b)/RT)$，其中（E_f-E_b）是正逆反应的自由能差，RT 是相应温度 T 对应的能量。我们可以利用该公式计算出正反应与逆反应间的平衡。除了主要反应为“正”反应方向外，总会发生一些逆向反应。如果自由能差非常大，逆反应将很小或者极小，但逆反应不可避免。我们注意到，指数越小，两个自由能的差也就越小，正、逆反应速率就越接近，由此逆反应所占的比例将变大。而我们恰恰希望逆反应在 $PuCl_3$ 到金属钚这一环节发生，因此（E_f-E_b）越小（通过使用液态镉阴极），就越容易沉积出金属钚。

9.4 化学平衡

为了获得满意的金属钚沉积率，必须保证电解液中的 $PuCl_3/UCl_3$ 足以进行上述逆反应。所需的 $PuCl_3/UCl_3$ 比值可以通过平衡计算得到。实际上，哪种元素去哪里、量有多少、以何种形式都很重要，而这些通过各元素反应速率做简单的平衡计算就可以知道。平衡原理很简单、很通用，也非常有用。它规定了任何反应的正、逆反应速率最终都会相等。反应达到平衡后，逆反应还是会发生，产物的生成速率与消耗速率相当，产物会保持一定的量。逆反应速率（消耗产物并生成原始反应物的基本速率）可能会很小，实际上有可能极小，只有在罕见的统计数据波动情形下才能发现。即使这样，随着反应物减少和生成物的增加，正、逆反应速率最终还是会相同。对于这些逆反应速率极小的反应，逆反应只有在统计数据波动时才能观察到，通常会认为正反应已经反应完全。如果没有钚-镉金属间化合物对钚沉积自由能的影响，熔盐中 $PuCl_3$ 与 UCl_3 的比值理论上需要达到 1.0×10^6～1.2×10^6 才可能在固体阴极上沉积到金属钚。根据我们的经验，引入液态镉阴极以后，这一比值已经降到 4.69 了，这是一个完全可以实现的数据。

我们关心的反应是金属钚（在电解精炼中生成的）与电解液中的氯化铀发生反应形成金属铀和氯化钚（钚再次回到电解液中）。平衡反应式为

$$Pu + UCl_3 \leftrightarrow U + PuCl_3$$

反应式给出了一个事实：平衡时两个反应速率（正反应 $Pu + UCl_3$，和逆反应 $U + PuCl_3$）是相同的。逆反应生成的金属钚必然会增加，一直到正逆反应速率相等。

上述动力学指数关系可以得到正、逆反应速率比，其中 R 是气体常数，T 是温度，反应自由能（$E_f - E_b$）可以从文献资料中查到。浓度比见下式：

$$\exp((E_f - E_b)/RT) = (a_{PuCl_3}/a_{UCl_3})/(a_{Pu}/a_U).$$

反应速率与活度（用 a 来表示）成正比。反应速率与浓度近似成正比。说近似是因为浓度要由“活度系数”修正，活度系数是一个假想的因子，反应涉及活度系数可以查表得到。经修正后的浓度称作“活度”或者“化学活度”。实际上，活度就是有效参与反应的浓度。实际决定反应速率的活度-浓度只是一个近似值。

当活度系数为常数时，浓度可以直接使用。IFR 后处理过程中经常这么做[2]。熔解过程中只要有反应物存在时就可以近似认为活度系数是常量——即非饱和条件。对于液态镉阴极来说非常重要。假定活度系数为常数时可以简化计算，这样活度与浓度之间是一个线性正比的关系，其中的浓度范围从 0 到在镉中的饱和浓度，而当饱和时金属间化合物就开始沉淀出来。

指数关系 exp（（$E_f - E_b$）/RT）代表平衡常数 K_{eq}，它是反应过程中一个非常重要的常数（前面曾提到过，对于固体阴极，平衡常数是 1.2×10^6，而对于液体阴极，平衡常数为 4.69）。

$PuCl_3$ 的活度系数是 6.62，UCl_3 是 5.79（参见附录 A），二者之比为 6.62/5.79 或是 1.14。因此，盐中三氯化钚与三氯化铀浓度的平衡比是 4.69/1.14≈4.1，这是一个非常重要的数值。

$PuCl_3$ 与 UCl_3 平衡浓度比适用于铀、钚与镉的金属间化合物在液态镉中饱和以及与熔盐接触时的情形。这也为评估熔盐中的钚、铀氯化物之比对产品中铀钚比的影响提供了标准。平衡常数为：

$$K_{eq} = (a_{PuCl_3}/a_{UCl_3})(a_{Pu}/a_U)$$

通过上式，可以求算熔盐中任何钚、铀氯化物比的条件下产物中的钚、铀比例。

已知电解液中氯化钚与氯化铀的平衡比，不仅可以算出平衡时产物中钚与铀之比，还可以估算在非平衡条件下钚与铀之比。此外，在平衡条件下，铀和钚在镉阴极中饱和并与含锕系元素氯化物的熔盐接触时，熔盐中 $PuCl_3/UCl_3$ 之比为 4.1。

我们已知铀和钚在饱和时的活度，也知道它们的活动系数；替换上述等式中的值可以让我们计算出平衡时产物中钚与铀之比（计算细节在附录 A 中的 A.9 部分给出）这一重要的钚与铀之比为 1.55:1。

该值仅表征铀、钚达到饱和且锕系氯化物也在平衡状态时的产物组成。除非特别巧合，它指的并非液体阴极中的组成，而是指在铀和钚都刚好达到饱和且锕系产品先于其他固体沉积出来时产物的组成。实际上，这有助于评估我们镉阴极行为。但这并不能满足我们的要求。液态镉池中分散在各相中的铀、钚和镉才是我们产物的总量。我们最终关心的是每个元素的总量。

平衡时，电解液中 $PuCl_3$ 与 UCl_3 浓度比为 4.1，液态镉池中钚/铀之比约为 1.55。但如果熔盐中锕系元素氯化物比与 4.1 相差太多，镉中金属的比也会与 1.55 相差很多。如果一种锕系元素饱和，就拿钚来说，如果镉中的钚铀之比大于 1.55，氯化钚与氯化铀的浓度比也远高于 4.1，反之亦然。如果两种元素均饱和，氯化钚与氯化铀平衡比只能是 4.1。如果两种元素都不饱和，阴极中，钚铀之比趋向平衡值的过程会非常慢，只要一种元素饱和，这一过程就会变快。但通过设计只饱和钚，钚铀比可以增加，在电解液中锕系元素氯化物浓度比较合理的情况下也可以得到足量的钚。

锕系元素产品与裂变产物分离的效果如何也是一个重要的因素。我们用“分离系数”表征废物从产品中分离的程度，可以定量判断一个流程效果到底如何，所以分离系数越大越好。简而言之，以一个重要的裂变产物-铯与铀的分离系数为例，用氯化物体系中铯与铀之比除以金属产品中二者之比就是铯与铀的分离系数。分离系数描述了一个流程可以把废物与产品分离得多干净。这里有必要重申一下其原理，还是基于不同元素氯化物的生成自由能与三氧化铀生成自由能之间的差异。

分离系数的测量值见附录 A，引自 Ackerman 和 Johnson 的结果[3]。对于裂变产物，这些值变化很大，从 $43.1\sim1.6\times10^9$，而钚和超钚锕系元素从 $1.88\sim3.52$ 不等。对于 IFR 后处理而言，裂变产物的去污系数足够了，而钚与铀及其他超钚元素的不完全分离恰好满足了我们对于锕系元素分离的要求（核保障）。

9.5 液态镉中锕系元素的饱和度：足量的钚沉积物

在液态镉阴极运行过程中，饱和效应发挥一定作用。在一定限值下，饱和可能控制锕系元素产品的组成及总量[4]。当铀和钚都没有饱和或者只有一种元素饱和时，进入阴极的铀、钚浓度变化很大。而当两种元素都饱和时，情况会完全不同，但在这种状态下，实际反应过程相当困难。

电解精炼过程把锕系元素引入液态镉阴极中。起初，锕系元素开始熔解。但到达一定程度时，由于每一元素都有一个特定的溶解度，当浓度达到镉含量的 2%时，元素到达熔解上限。这时沉积的模式发生剧烈变化，它会影响钚铀之比和产物量。

当铀和钚都不饱和时，锕系元素含量足够低，它们的活度，也就是反应的驱动力，直接取决于其浓度。这样的设想多少都有一些误差，但在这些情况下，不会产生太大的差异。

阴极锕系元素金属和电解液中锕系元素氯化物活度之比满足平衡的固定表达式，在沉积过程中也会继续满足。过程平稳进行，没有大的变化发生，直到元素熔解使铀或者钚达到饱和。

当只有一种元素达到饱和时，沉积变化明显。钚是一个重要的例子。直到钚浓度达到熔解上限时才有固体 $PuCd_6$ 产生。当达到熔解限值时，不会再有饱和的钚金属进入熔液，钚以 $PuCd_6$ 固体的形式优先沉积。当 U 和 $PuCd_6$ 都达到饱和时，在熔液中有镉或者锕系元素氯化物存在时，铀和钚的沉积比例与熔盐中氯化钚和氯化铀比例一致。这些是可能存在的运行状态，但正如前面提到的，由于运行过程中的不确定因素，最后的状态并不重要。

自由能的变化总是与我们想要的反应方向相反，但是通过增加 $PuCl_3$ 提高 $PuCl_3/UCl_3$，新建立的平衡可以保证阴极的钚/铀比。了解电解精炼过程并不需要知道确切的平衡常数值，但它是一个非常重要的参考标准。对于了解该工艺过程来说，我们的计算值 4.1 应该足够了。锕系氯化物浓度比不平衡时，系统会作出调整使得元素在液态镉达到饱和，同时锕系氯化物之比也回复到相应的平衡比。

锕系元素氯化物的比率是 4.1 时，铀和 $PuCd_6$ 活度比与初始状态相同。二者同时饱和。所有数据在平衡时都很精确，Pu/U 之比大约为 1.55。但如果我们改变锕系元素氯化物之比，会发生什么。对于这些问题，平衡表达式提供了与之相符的方法。

1）锕系元素氯化物的比率是 4.1 时，铀和 $PuCd_6$ 活度比与初始状态时相同。它们的活度系数由“理想的近似”给定，饱和度乘以浓度与饱和浓度之比。铀和钚同时饱和，在平衡时得到的相关数据都很精确；

2）锕系元素氯化物比率为 2 时，活度比是饱和时的一半，当 $PuCd_6$ 只有半饱和时，铀会首先饱和。为了达到使氯化物比达到平衡值 4.1 必须降低 UCl_3，因此铀会先沉积，使锕系元素氯化物比率增加到 4.1。在这个体系中，镉的角色更像是固体阴极，沉淀物大部分是铀；

3）在另一种极端情况下，比如钚、铀氯化物比例达到 8，会发生反向影响，活度比是饱和时比例的 2 倍，$PuCd_6$ 将会饱和，系统则会首先沉积 $PuCd_6$ 以减少体系中的 $PuCl_3$，逐渐调整氯化物比例到 4.1。在这种情况下，沉积物主要是钚，钚铀比值大于上述 1 小节中两者都饱和时的 1.5。

不平衡时，反应体系总是试图达到饱和，锕系氯化物之比也回复到相应的平衡比值。日常运行中每天要考虑的一些问题会限制处理量。其中临界安全的考虑非常重要。阳极篮中盛放的乏燃料量有严格的限值，同样阴极的容量也有限制。相对于阳极和阴极来说，熔盐中的锕系元素含量较高且组成稳定。阳极投放原料的组成决定了调整体系的 $PuCl_3/UCl_3$ 比较困难，但在运行几个批次后，还是有可能调节的。其他对日常运行有影响的因素还包括阴极沉积物的生长等。

最后，还有一点很有意思。当体系内达到平衡时，钚、铀氯化物之比为 4.1，而产品中的钚、铀比为 1.55，比电解液中的比值减少了 2.65 倍。无论 $PuCl_3/UCl_3$ 是多少，在电解精炼过程都会降低，即该流程不会生产出纯的钚产品。

9.6　饱和度对化学活度的影响

现在，我们将讨论饱和度对化学活度的影响。当溶质在溶液中饱和后，该溶质在溶液中的活度与溶质的量没有关系。这是理解液态镉阴极过程的理论基础。一旦溶液饱和，溶质的化学活度也就固定了，这为镉阴极上收集钚提供了理论依据。当液态镉中的钚浓度达到溶解度限值后，就会有固态 $PuCd_6$ 析出（对于铀金属同理）。无论是铀或钚在熔液中饱和后，析出的金属不会再进入熔液中，而是作为固体相沉积出来。但是它们在饱和时的化学活度没有变化。一般纯固体或液体的活度为整数，所以纯铀相或 $PuCd_6$ 的活度均为 1。

从这一点上讲活度的意义还有些模糊，所以我们还是先弄清楚化学“活度”是什么。活度的大取决于触发一个反应的自由能，与一个指数方程成正比：$\exp(\Delta G_f^0/RT)$，这里 ΔG 是驱动该反应的自由能。上式反映了自由能变化的影响，它决定了反应的程度。ΔG 与活度的自然对数 $\ln a$ 成正比，如果 ΔG 为 0，则说明活度为 1。活度为 1 的意义是体系内没有净反应发生。除非是向只有一种纯物质的体系再加入另一种纯物质。活度为 1 并不是随意作出的归一化处理，它具有特殊的含义，即体系内没有净反应发生——没有驱动反应发生的自由能变。

拿钚来说，一个重要的实例，一旦钚饱和，它的活度就不会改变了。

$$a_U = K_{eq} a_{Pu}/(a_{PuCl_3}/a_{UCl_3})$$

已知 K_{eq} 和 a_{Pu} 是常数，代入任何氯化物的活度比（a_{PuCl_3}/a_{UCl_3}），我们都可以计算出相应铀的活度。进而根据铀在饱和时的量，我们便可以计算出产物中的铀（未饱和时）。我们知道饱和时钚的浓度，因此，我们便能计算出产物中钚与铀的比。对于铀、钚分别饱和或者全部饱和等情况，都可以用相似的方法计算。

这为提前估算产物中钚铀之比提供了理论基础。计算的细节在附录 A.11 中给出。

9.7 钚的回收实验

文献已报道从电解液到镉阴极 3 次千克量级钚提取实验结果[5]。第四次实验也已经完成[6-7]，结果与第三次相似。我们的目的也是在验证前面 3 次实验的结果及数据的重复性。下面对这 4 次实验进行分析。每一批实验的 $PuCl_3/UCl_3$ 比都不尽相同，但都控制在合理的范围内，以便可以用前述的方法估计产品中的钚量（实际只有第三、四次实验在前述的范围内）所有的实验设计的产品值为 1 kg，有 2 次实验的沉积产品达到了 1 kg。

钚的回收是从 EBR-Ⅱ乏燃料及包覆层燃料中回收铀计划的一部分。随着铀回收实验的进行，电解精炼装置的电解液中逐渐积累了相当量的钚。由于包覆层元件中的钚含量仅为 1～2%，所以钚的累积速度很慢。出于临界安全的考虑，钚的含量要严格控制。

我们已经知道，电解液中钚、铀氯化物的比越低，产品中的钚越少，而且总会含一定量的铀。4 次实验中，钚、铀氯化物比最高一次达到了 10，产品中仍然有 30%的铀。对于这些关键数据我们还要详细讨论。这些是到目前为止我们仅有的工程规模钚沉积数据。此外，我们针对结果的一些预测计算，也仅限于目前的认知水平。

镉阴极中钚、铀的浓度比对钚沉积影响的整个平衡计算过程可以参考附录 A。附录 A 的计算由 Dr John Ackerman 提供[4]。这些信息足够感兴趣的人用来重复计算，我们只归纳一些重要的数据。

如表 9-2 所示，前六行是测量值。后面七行包括：定义测量值的意义、浓度向活度的转化、金属相中钚或铀的量（不在液态镉中）、熔液中实际含量、元素的饱和体系以及饱和度。

表 9-2 镉饱和度的测量和计算数据

	实验 1	实验 2	实验 3	实验 4
初始 $PuCl_3/UCl_3$ 比（测量值）	10.2	5.1	3.7	3.45
终态 $PuCl_3/UCl_3$ 比（测量值）	5.66	3.31	2.86	2.85
终态 $PuCl_3$ 的浓度/wt%（测量）	2.67	2.46	2.38	2.85
终态 UCl_3 的浓度/wt%（测量）	0.47	0.74	0.83	0.84
阴极上的金属钚/kg（测量）	1.02	1.08	0.49	0.55
阴极上的金属铀/kg（测量）	0.34	0.66	0.82	0.77
终态活度比/$PuCl_3/UCl_3$	6.46	3.77	3.26	3.27
PuC_6 相中的钚/g	26.2	89.0	0.0	0.0

续表

	实验 1	实验 2	实验 3	实验 4
PuC_6相中的铀/g	0.0	48.4	204.4	171.0
镉熔液中的钚/g	997.8	991.0	492.0	553.0
镉熔液中的铀/g	341.0	610.6	616.6	616.6
钚饱和度/%	100	100	49	56
铀饱和度/%	55	100	100	100

根据 9.6 节的内容，我们可以计算每次实验最终的 $PuCl_3/UCl_3$ 之比，并与表 9-2 的测量值进行比较。

我们比较关注的一个重要数据是钚沉积产物中钚、铀的比。我们估算出来的值有多准确？我们可以从表 9-2 中查到每次实验结束时钚和铀的饱和度。每次实验都要得到 1 kg 左右的钚产品。3 次 $PuCl_3/UCl_3$ 比例变化较大的实验中，我们对于钚沉积物中铀含量的估算值是多少？

4 次实验结束时熔盐中钚、铀氯化物比分别为 5.66、3.31、2.86 和 2.85，这几个数据都要和铀、钚都饱和时的平衡比值 4.1 进行比对。实验 1 中，钚达到饱和，铀未饱和；实验 2，两者都饱和；实验 3，铀达到饱和，钚未饱和；实验 4，两者都未饱和。表 9-2 列出了达到饱和元素在金属相中的量（单位：g）。

如表 9-3 所示，通过简单的平衡表达式比较测量结果与计算结果。

表 9-3　产品中钚/铀比的计算值与测量值

	初始锕系元素氯化物浓度比	终态时锕系元素氯化物浓度比	产品中钚/铀比		
			测量值	过程测量值	终态测量值
实验 1	10.2	5.7	3.0	2.2	2.25
实验 2	5.1	3.3	1.6	1.6	1.6
实验 3	3.7	2.9	0.6	1.1	0.75
实验 4	3.5	2.9	0.7	1.1	0.78

修正了 Pu 对 UCl_3 反应的平衡常数，只与反应自由能的差有关。表中的钚、铀氯化物比都是指当其中一种元素在液态镉中饱和时的浓度比。当体系完全平衡后，$PuCl_3/UCl_3$ 比为 4.1，阴极产品的钚/铀比为 1.55。锕系氯化物比高于或低于 4.1 时，镉中的 U/Pu 比遵循平衡常数表达式。

反应平衡时，测量值与计算值大致一致。

1）$PuCl_3/UCl_3$ 之比为 5.7 大于平衡值 4.1，体系通过减少阴极上的铀而增加电解液中的 UCl_3，降低氯化物的比值，以达到平衡。$PuCl_3/UCl_3$ 之比为 5.7 时，产物中的铀量比计算值少；

2）$PuCl_3/UCl_3$ 之比为 3.32 小于平衡值 4.，两种物质的量都略微过饱和。熔盐中锕系元素的比小于平衡值 4.1，体系逐渐平衡时，一些沉积的钚会返回到熔盐中。但是，当 $PuCl_3/UCl_3$ 之比为 3.32 时，产品中钚铀比与计算值一致；

3）$PuCl_3/UCl_3$ 之比为 2.86 远小于平衡值 4.1，体系会引入阴极上的钚以增加熔盐中的氯化钚，减少阴极上的钚含量。这样，氯化物比为 2.87 时，阴极钚产品的实验值小于计算值。

4）$PuCl_3/UCl_3$ 之比为 2.85，与实验 3 基本相同。结果和计算以及测量的精确度也相同，实验 4 只可以保证结果的重复性，但不能提供其他新信息。

4 次实验运行结果表明，即使熔盐中钚铀比再高，产品中的钚铀比也高不了多少，根据平衡时 $PuCl_3/UCl_3$ 的比例 4.1 推算，这一值大概在 2.65 以内。换言之，得到不含铀的纯钚极其困难，如果还有其它锕系存在，根本不可能得到纯的钚产物。

同时，根据实验测量结果，保持适宜的钚、铀氯化物比时，钚产品中的钚含量足够用于反应堆燃料的再加工制造。无论是实验测量值还是计算值都不会非常精确。但是，通过平衡计算预测的一些数据还是非常让人满意的。

总之，我们现在有办法利用电解液中 $PuCl_3/UCl_3$ 之比，估算产物中的钚铀比。平衡时，钚和铀在液态镉中达到饱和，产物中钚和铀比是 1.55。实验 2 中氯化钚与氯化铀之比（3.32）最接近于计算平衡值（4.1）。给定的钚铀之比的测量值和计算值都是 1.6，这也许是偶然发生的，但对于该结果还是很让人满意的。得到的总体结论是，这些简单的考虑和表达式足够预测重要的钚铀比数据。

9.8 小　　结

一体化快堆燃料循环流程紧凑、成本低，能从乏燃料中有效提取出产物，全都依赖一种工艺设备——IFR 电解精炼装置。它的运行基于电化学原理，电化学是一个电与化学的交叉学科。一类特殊的化学反应引发的电现象是所有电化学的基础。当一个电极（电子的导体）浸入电解质时（其中包括带电离子并能够传导电子），它便形成了一个“电池”。化学反应自然发生在电极和电解质的界面之间，这一过程像电池一样自发地把化学能转化为电能。但是，如果过程中想要一个特定的化学反应发生，可以采用一个反向措施：施加一个电压改变电现象以得到想要的化学反应。电子流动使得电能转化为化学能，通过化学成键或者断键得到需要的产物。电镀就是这样发生的，而 IFR 中的电解精炼也是类似的过程。

乏燃料的放射性主要来自化学性质最活泼的（最容易发生反应的）裂变产物，乏燃料熔解后这类裂变产物立即同电解质中的离子化合物氯化铀（UCl_3）发生反应。活泼的氯化裂变产物一旦形成就非常稳定，当达到锕系元素精炼的电位时，它们也会一直保留在熔盐中，直到将其当作废物除去。带正电的铀和其他锕系元素离子在电解液中向阴极扩散，只有这些物质会在阴极中大量沉积，因为电解液中氯化物基体熔盐和已经熔解在其中的活性金属氯化物非常稳定，这一特性避免其被“还原”成金属或者在所加电压下沉积在阴极上。

经典的热力学通过对能量关系的精确处理可以帮助我们预测哪些反应可以发生。只有在产物的内能总和小于反应物的内能总和时，化学反应才会发生。反应过程中没有消耗掉并能推动反应进行的那部分能量叫作自由能。我们的流程正是基于这些元素或者化合物在电解精炼装置中形成氯化物的生成自由能差异实现分离的。反应能否发生，发生后反应进程如何，都与这些自由能的差值有关。

氯化物可根据生成自由能的差异分为三组。每一组都不同，第一组是活泼金属，它在电解液中以氯化物的形式稳定存在，直到在之后的废物处理过程中被除掉。第二组是铀和超铀元素，它电迁移至电解池的阴极，真正“电解精炼”的只有这些元素，也就是最终的产物。第三组是铁和贵金属等，它们在有活泼元素存在时不会形成稳定的氯化物，它们作为金属形式在电解液下层的镉池中被收集，或者作为废包壳残留在阳极篮里。

沉积在不锈钢阴极上的铀很纯，上面会附着一些盐。在含有大量氯化铀的电解液中，如前所述，钚和其他超铀元素不会以同样的方式沉积下来。它们形成的氯化物的稳定性远远大于氯化铀，也就是说，它们的自由能较大，比铀的自由能更负。但是，通过形成中间化合物改变自由能以及降低电解液中氯化铀的浓度，钚和其他高自由能的锕系元素是可以在阴极沉积的。可以引入液态镉阴极改变自由能的关系。钚和其它自由能更高的锕系元素与镉生成的“金属间化合物”能够有效降低钚及其他锕系元素氯化物的生成自由能到与铀的自由能相当的水平——会高一点，但也只有一点点。采用两种类型的阴极设计（金属阴极沉积铀，液态镉阴极用于沉积能量更高的锕系元素）完全有可能把铀与超铀元素充分分离，虽然算不上完美。

液态镉中的钚或者 $PuCd_6$ 与电解液中的氯化铀发生反应的自由能，仍然会使得沉积的金属钚与氯化铀中的铀发生交换。虽然金属间化合物可以消除铀、钚分别形成氯化物的生成自由能之间的差异，但没办法完全消除。剩余的自由能差值还是足以使得钚和铀之间的交换反应发生。降低熔盐中 UCl_3 的浓度，使其小于 $PuCl_3$ 的浓度，可以得到钚的沉积产物，但也只是钚与铀或其他锕系元素的混合产物。

分子间的化学反应来源于碰撞，碰撞时，能量高的分子发生反应。具有可引发反应的动能分子分数与一个指数表达式成正比：$\exp((E_f-E_b)/RT)$，其中（E_f-E_b）是正逆反应的自由能差，RT 是相应温度 T 对应的能量。除了主要反应为“正”反应方向外，总会发生一些逆向反应，如果自由能差非常大，逆反应将很小或者极小，但逆反应不可避免。可以利用这一指数关系式计算正、逆反应之间的平衡比。对于我们而言，恰恰希望逆反应（从 $PuCl_3$ 到金属钚）发生，因此（E_f-E_b）越小（通过使用液体镉阴极），就越容易沉积出金属钚。

为了获得满意的金属钚沉积速率，必须保证电解液中的 $PuCl_3/UCl_3$ 足以进行上述逆反应。所需的 $PuCl_3/UCl_3$ 比值可以通过平衡计算得到。实际上，哪种元素去哪里、量有多少、以何种形式都很重要，而这些可以通过各元素反应速率做简单的平衡计算就能知道。

平衡原理很简单、很通用、也非常有用。它规定了任何反应的正、逆反应速率最终都会相等。反应达到平衡后，逆反应还是会发生，产物的生成速率与消耗速率相当，则产物会保持一定的量。逆反应速率（消耗产物并生成原始反应物的基本速率）可能会很小，实际上可能会极小，只有在罕见的统计数据波动情形下才能发现。即使这样，随着反应物的减少和生成物的增加，正、逆反应速率最终还是会相同。对于这些逆反应速率极小的反应，逆反应只有在统计数据波动时才能观察到，通常会认为正反应已经反应完全。如果没有钚-镉金属间化合物对钚沉积自由能的影响，熔盐中 $PuCl_3$ 与 UCl_3 的比值理论上需要达到 1.0×10^6～1.2×10^6 才可能在固体阴上沉积到金属钚。根据我们的经验，引入液体镉阴极以后，这一比值已经降到 4.69 了，这是一个完全可以实现的数值。

金属钚（在电解精炼中生成的）与电解液中的氯化铀发生反应形成金属铀和氯化钚（钚再次回到电解液中）。平衡时两个反应速率—正反应 $Pu+UCl_3$，和逆反应 $U+PuCl_3$—是相同的。逆反应生成的金属钚必然会增加，一直到反应平衡为止。

$$Pu+UCl_3 \leftrightarrow U+PuCl_3$$

反应速率与活度（用 a 来表示）成正比。反应速率与浓度近似成正比。说近似是因为浓度要由“活度系数”修正，活度系数是一个假想的因子，我们反应涉及的活度系数可以查表得到。真正决定反应速率的是经修正后的浓度，称作“活度”或者“化学活度”。

平衡时的浓度分配见下式：

$$exp((E_f-E_b)/RT)=(a_{PuCl_3}/a_{UCl_3})/(a_{Pu}/a_U)=K_{eq}\text{，平衡常数}$$

平衡常数 K_{eq}，它是反应过程中一个非常重要的常数。对于液体阴极，平衡常数计算值为 4.69。$PuCl_3$ 与 UCl_3 活度系数之比为 1.14，所以熔盐中 $PuCl_3$ 与 UCl_3 平衡浓度的比是 4.69/1.14=4.1。

4.1 是一个非常重要的数据。该平衡浓度比适用于铀、钚与镉的金属间化合物在液态镉中饱和时以及与熔盐接触时的情形。这也为评估熔盐中的钚、铀氯化物之比对产品中铀钚比的影响提供了标准。

已知电解液中氯化钚与氯化铀的平衡比，不仅可以算出平衡时产物中钚与铀之比，还可以估算在非平衡条件下钚与铀之比。此外，在平衡条件下，铀和钚在镉阴极中饱和并与含锕系元素氯化物的熔盐接触时，熔盐中 $PuCl_3/UCl_3$ 之比为 4.1。

基于上述数据我们计算出平衡时产物中钚与铀之比，我们计算得到的这一重要数据为 1.55:1。

平衡时，电解液中 $PuCl_3$ 与 UCl_3 浓度比为 4.1，液体镉池中钚/铀之比约为 1.55。但如果熔盐中锕系元素氯化物比与 4.1 相差太多，镉中的金属的比也会与 1.55 相差很多。如果一种锕系元素饱和，就拿钚来说，如果镉中的钚铀之比大于 1.55，氯化钚与氯化铀的浓度比也远高于 4.1，反之亦然。如果两种元素均饱和，氯化钚与氯化铀平衡比只能是 4.1。

锕系元素氯化物的比率是 4.1 时，铀和 $PuCd_6$ 活度比与初始状态相同。二者同时饱和。所有数据在平衡时都很精确，Pu/U 之比大约为 1.55。但如果我们改变锕系元素氯化物之比，沉积有如下几种情况：

1）锕系元素氯化物的比率是 4.1 时，铀和 $PuCd_6$ 活度比与初始状态时相同。铀和钚同时饱和，在平衡时得到的相关数据都很精确；

2）锕系元素氯化物比率为 2 时，活度比是饱和时的一半，当 $PuCd_6$ 只有半饱和时，铀会首先饱和。为了达到使氯化物比达到平衡值 4.1 必须降低 UCl_3，因此铀会先沉积，使锕系元素氯化物比率增加到 4.1。在这个体系中，镉的角色更像是固体阴极，沉淀物大部分是铀；

3）在另一个极端情况下，比如钚、铀氯化物比例达到 8，会发生反向影响，活度比是饱和时比例的 2 倍，$PuCd_6$ 将会饱和，系统则会首先沉积 $PuCd_6$ 以减少体系中的 $PuCl_3$，逐渐调整氯化物比例到 4.1。在这种情况下，沉积物主要是钚，钚铀比值大于上述 1 小节中两者都饱和时的 1.5。

最后，还有一点很有意思。当体系达到平衡时，钚、铀氯化物之比为 4.1，而产品中的钚、铀比为 1.55，比电解液中的比值减少了 2.65 倍。无论 $PuCl_3/UCl_3$ 是多少，在电解精炼过程都会降低，即该流程不会生产出纯的钚产品。

铀和钚达到饱和度的状态是理解液态镉阴极过程的理论基础。一旦溶液饱和，溶质的化学活度就固定了。这为镉阴极上收集钚提供了理论依据。当液态镉中的钚浓度达到溶解度限值后，就会有固态 $PuCd_6$ 析出（对于铀金属同理）。无论是铀或钚在熔液中饱和后，析出的金属不会再进入熔液中，而是作为固体相沉积出来。但是它们在饱和时的化学活度没有变化。一般纯固体或液体的活度为整数，所以纯铀相或 $PuCd_6$ 的活度均为 1。无论是铀或者钚饱和时，我们都可以根据平衡常数关系计算另一元素的饱和度，进而推算产品中钚/铀的比值。

我们已经报道了 4 次公斤级钚萃取实验的结果。结果与计算值吻合较好，说明我们完全可以估算产品中的钚含量。利用文中给出的相对简单的平衡关系式计算的结果让人满意。计算值和实验测量值均表明，提高熔盐中的钚、铀氯化物比有利于钚的沉积。可以肯定的是，产品中的钚铀比远低于熔盐中的比值，根据平衡时 $PuCl_3/UCl_3$ 的比例 4.1 推算，这一值大概在 2.65 以内。换言之，得到不含铀的纯钚极其困难，如果还有其他锕系存在，根本不可能得到纯的钚产品。

总之，我们现在有办法利用电解液中 $PuCl_3/UCl_3$ 之比，估算产物中钚铀之比。文中提及的这些简单的考虑条件和表达关系式足以预测重要的钚铀比数据。

想深入了解本节主题的读者可以参阅附录 A 中的相关内容。

参考文献

[1] W. H. Hannum, Ed., The Technology of the Integral Fast Reactor and its Assoiated Fuel Cycle, Progress in Nuclear Energy, 31, nos. 1/2, Special Issue. 1997.

[2] J. P. Sckerman and T. R. Johnson, Partition of Actinides and Fission Products between Metal and Molten Salt Phases:Theory, Measurement and Application to Pyroprosess Development. Proc. Actinides-93 International Conference, Santa Fe, New Mexico, September 19-24, 1993.

[3] J. P. Ackerman and T. R. Johnson, New High-level Waste Management Technology for IFR Pyroprocessing Wastes. Global 93International Conference on Future Nuclear System, Emerging Fuel Cycles and Waste Disposal Options, Seattle, Wadhington, September 12-17. 1993.

[4] J. P. Ackerman, private communication.

[5] D. Vaden, S. X. Li, B. R. Westphal, and K. B. Davies, Engineering-Scale Liquid Cadmium Cathode Experiments. Nuclear Technology, 162, May 2008.

[6] D. Vaden, private communication.

[7] C. pope, private communication.

第十章

干法技术在轻水堆乏燃料后处理中的应用

第八、九章所描述的干法过程是针对一体化快堆（IFR）金属燃料后处理的。该技术能否用于轻水堆（LWR）乏燃料后处理呢？本章将对这个问题进行阐述。首先需要将LWR的氧化物乏燃料转化为金属，以便采用IFR后处理过程中的电解精炼工艺。此外，由于LWR乏燃料量大，因此需要对装置进行放大以增加处理通量。

10.1 背景

目前来自商业运行的压水堆和沸水堆（轻水堆（LWR）主要堆型）乏燃料都是氧化物。我们希望能用上述技术处理现有反应堆的乏燃料，使得废物简单，能够回收利用其中的有用组分，采用类似于IFR的快堆形式有效提高铀资源利用率（与一次通过相比能提高100多倍）。在写作本书的时候（2011年），奥巴马政府已经停止资助尤卡山地质处置库项目，而且很明显没有运行急需的废物处置设施的打算。因此，会在美国国内的上百个核电站附近进一步建造乏燃料水池和其他临时贮存设施。在核电站周围无限期的贮存这么多乏燃料没有必要也不明智。这可能存在难以预见的潜在环境危害，最近在日本发生的事件（福岛核电站事故）说明乏燃料也是一种放射性释放源。

本章将说明如何将IFR流程用于处理这种乏燃料。放射性裂变产物可以和长寿命锕系元素浓缩在一个小体积内，然后置于不易渗透的能长期稳定存在的容器内，分离得到的铀可以在反应堆内再次使用。这将提供一个更经济和更易处理的废物处理方案。

开发一体化快堆计划的关键是干法技术，日本研究机构对于该技术在乏燃料后处理领域的潜在经济性和防扩散性很感兴趣。在1989年日本中央电力研究院（CRIEPI）

就和阿贡国家实验室（ANL）建立了一项联合研究计划。早期的研究集中在干法技术本身。两年后，日本原子能公司作为其他机构的代表也加入进来，研究范围扩展到在西阿贡国家实验室（ANL-W）刚装修好的燃料整备设施（FCF）内进行计划中的核燃料循环验证。同时也分别和东京、关西和中部电力公司签订了合同，以考察应用干法后处理技术处理 LWR 乏燃料的可行性。另外在 1994 年一体化快堆计划取消前，美国还与日本核电站和核燃料循环开发公司（PNC，日本原子力研发机构前身）签订了一份合同。这些合同加起来日本共提供了 1 亿美元资金。但在一体化计划取消后这些合同也随即终止了。

虽然干法技术的开发主要集中在一体化快堆的应用上，但和三个日本研发机构的合同对于推进干法技术在 LWR 乏燃料后处理中的应用具有现实作用。作为联合计划的一部分，搭建了一个能处理 20 kg 氧化铀燃料的大型手套箱设施。早期将氧化物燃料还原为金属的工作主要是基于采用金属锂的还原过程[1]。采用该技术还原氧化铀取得了很好的结果，但该过程对于氧化钚的还原则并不满意。因此，开发了一个基于电还原技术的替代过程，研究结果表明还原效果相当满意。该过程会在 10.2 中进行详细讨论。

综上所述，电解精炼过程的放大是一个必须要考虑的问题。LWR 乏燃料和快堆乏燃料的主要区别在于锕系元素含量（在本文中，锕系元素指在元素周期表中比铀重的元素）。轻水堆乏燃料中含有 1～2%的锕系元素（取决于燃耗），而快堆乏燃料中则含有 20～30%的锕系元素。两者近 20 倍的差别意味着对于轻水堆乏燃料每批次处理的量可以比快堆乏燃料大得多，而不会造成处理快堆乏燃料中常见的临界问题。认为电解精炼技术更适用于小规模的处理快堆乏燃料而并不十分适用于轻水堆乏燃料的观念并不正确。事实上，在工业生产中，例如锌和铜，都是采用大规模的电解精炼技术。与之相关的事宜将在 10.3 节进行较为详细的讨论。

10.2 电解还原研究过程

10.2.1 研究阶段描述

电解还原步骤共有 3 个紧密相连的过程，它们都是基于金属锂将氧化物还原为金属的过程。研究工作仍在东阿贡国家实验室（ANL-E）和西阿贡国家实验室（ANL-W，现在为爱达荷国家实验室，INL）进行，其中早期的大部分工作都在西阿贡国家实验室进行[2-4]，后期采用真实乏燃料的工作则在爱达荷国家实验室进行[5-6]。

轻水堆的陶瓷氧化物燃料非常坚硬，就像贴在浴室中的瓷砖一样。由于它是绝缘体，因此不可能像一体化快堆中的金属燃料一样直接进行电解精炼。必须将其先转化为金属，然后才能电解精炼。早期在阿贡的两个地方开展了一些较初步的研究工作，目前在阿贡（伊利诺伊州）和爱达荷国家实验室（一部分为之前的西阿贡）进行。研究工作取得了相当大的成果，其他国家也开始了此项研究。特别是韩国和日本，都取得了很大的进展。

二氧化铀是新鲜燃料的唯一组分，辐照之后它仍然是主要成分。但是其他锕系元素也随之增多，它们和很多裂变产物都以氧化物的形式存在。经过还原过程之后，它们也都变成了金属。

早期阶段（高温化学还原阶段）：在 650 ℃的 LiCl 熔盐中采用金属锂进行直接高温化学还原。该过程没有电流的输入。锂被氧化生成氧化锂（Li_2O），它溶解在 LiCl 中，其含量必须加以控制，否则乏燃料中的其它氧化物（除了大量存在的铀和钚）就不能被有效还原。熔盐在另一个容器中通过除去 Li_2O 得到再生。此过程虽然有效，但通过电流将这两步合并成一步能进一步提高其效率。此外，通过早期工作加深了对这些过程的热力学理解。

电还原阶段：该过程中，在 LiCl 熔盐中加入少量 Li_2O。Li_2O 在熔盐中离子化，可以导电。氧化物燃料做阴极，金属铂做阳极。金属氧化物在阴极得到还原，过程产生的氧离子在阳极以氧气形式释放出来。此方式使 Li_2O 的浓度得到了控制。将电位控制使 Li_2O 溶解产生的 Li^+还原为金属锂时，反应得到的金属锂就能发生前文所述的高温还原反应，不同的是该金属锂由 Li_2O 电还原所得。

最新的电脱氧过程（直接电化学还原过程）：是由电还原衍化出来的，这里设置的电压能够直接电化学还原氧化铀。此电压能够直接还原 UO_2 但是不够还原 Li_2O。其优点是不产生金属锂液滴。但是在恒电流情况下操作，随着过程的进行，由于一系列的原因槽压逐渐上升，几小时后会形成直接电还原和金属锂辅助还原两种方式。

10.2.2 反应

所有氧化物的还原反应归结于所讨论的金属氧化物得到电子，生成金属本身和氧负离子。依据各个不同的过程，氧离子或形成另一个化合物（如 Li_2O，并溶解在电解液中），或带着电子迁移到阳极。在阳极形成的氧气随后释放出来。在任意一个例子中我们都得到了想要的金属产物。

我们以氧化铀为例（其他锕系元素氧化物类似），在一系列反应之后的最终结果很简单：

$$UO_2 \rightarrow U + O_2$$

基本反应是：

$$UO_2 + 4e^- \rightarrow U + 2O^- \tag{10-1}$$

这就是直接电化学还原过程的反应。槽压（电压）必须设置成合适的值才能发生上述反应。其值足够大才能引发该反应，但又不能过大以致造成 Li_2O 或电解液本身

LiCl 的分解（所有电压均为负值）。阳极反应为：

$$2O^{-} \rightarrow O_2 + 4e^{-} \quad (10\text{-}2)$$

现在让我们来讨论采用金属锂的电化学过程，电解液 LiCl 中含有 1 wt%的 Li_2O。发生的反应为：

$$UO_2 + 4Li \rightarrow U + 2Li_2O \quad (10\text{-}3)$$

当设置阴极电压比直接电化学还原还要负很多时（达到 Li_2O 的分解电位，但又不是太负造成电解液自身的分解），就能在阴极还原得到金属锂。阴极上的反应就是：

$$4Li^{+} + 4e^{-} \rightarrow 4Li\text{（金属）} \quad (10\text{-}4)$$

高温化学还原过程直接加入金属锂，并不通电，就发生（10-3）的反应。

相关的分解电压如下[5]：

$$\begin{aligned} &UO_2 \rightarrow U + O_2 && 2.40\ \text{V} \\ &Li_2O \rightarrow 2Li + 1/2O_2 && 2.47\ \text{V} \\ &LiCl \rightarrow Li + 1/2\ Cl_2 && 3.46\ \text{V} \end{aligned} \quad (10\text{-}5)$$

金属锂对于氧化铀的还原（反应（10-3）），650 ℃时的吉布斯自由能为 −6.5 kcal/mol。这是一个大的驱动力，虽然不如其他元素如钙的大。但是锂能和接下来的电解精炼过程相衔接，因此在早期的研究工作之后，用锂作还原剂进行了相当深入的研究。

Hermann 等[6]在原来装置的基础上作了一些改进，用以控制在阴极产生的金属锂，使其待在阴极的燃料上，而不通过熔盐扩散到阳极，致使阳极受到破坏。他们采用另一个独立的电源来为第二电流回路供电。该回路以阴极篮的壁为阳极，这样当金属锂接触到篮子壁时就被氧化为锂离子，然后在乏燃料上又被还原为金属锂，这样就能持续不断的保证还原过程的进行。

10.2.3　能量关系

在上一章中我们以吉布斯自由能变化的方式讨论了电化学能量关系。槽电压直接和吉布斯自由能的变化相关，可以用一个简单的数学表达式来表示：

$$\Delta G = -nFE$$

这里 ΔG 是指以 J 为单位的吉布斯自由能变化值（1 J = 0.239 cal），n 是电子转移数，F 为法拉第常数（96 485 A r/s，注：原文有误），E 是以 V 为单位的槽压。

正如我们前面所讨论的，要使过程能自发进行（不需要额外的电能）ΔG 必须为负值。金属锂过程的 ΔG 值为 −6.5 kcal/mol，就能满足要求。但是直接还原过程和通过溶解的 Li_2O 生成金属锂的过程需要施加 2.5V 的电压，如反应（10-5）所示。

对于其他锕系元素，特别是钚，有一个额外的情况。虽然金属锂还原 PuO_2 等锕系元素氧化物生成 Li_2O 的生成自由能与还原 UO_2 具有相同的数量级，理论上预计能将其完全还原为金属，但事实并非如此。若溶解在电解质中的 Li_2O 浓度过高，还原过程会形成一个中间产物——Pu_2O_3，而不是直接还原为金属。用金属锂还原该化合物生成金属钚和 Li_2O 过程的吉布斯自由能为正值（约 +4.5 kcal/mol），因此金属锂无法将其进一步还原成金属。解决此问题的一个方法是在还原过程中保持 LiCl 盐中 Li_2O 的浓度低于 3.3 w%。这样可以避免产生此中间产物，还原过程就能如预期的一样直接得到金属产品。

需要注意的是，部分稀土元素裂变产物的氧化物对于 Li_2O 也有类似浓度限制，比对于锕系元素的限制浓度还要低很多。为了还原稀土元素，Li_2O 浓度需要控制在 0.1%以下。由于 Li_2O 浓度下降，Li_2O 的分解电压就会上升，使得 Li_2O 的分解电位和 LiCl 的分解电位很接近，造成 LiCl 的分解，引起不想要的氯气的释放。未还原裂变产物的氧化物，在废渣中仍然以氧化物形式存在。幸运的是，大部分稀土元素裂变产物在 UO_2 基体中以金属形式存在，因此不需要还原。

10.2.4 装置

电解还原装置的原理示意图见图 10-1。在阳极上释放氧气，阴极过程所得的金属产品随后进行电解精炼。事实上，还原步骤的阴极篮可以直接转移到下一步骤的电解精炼器中用作阳极篮。

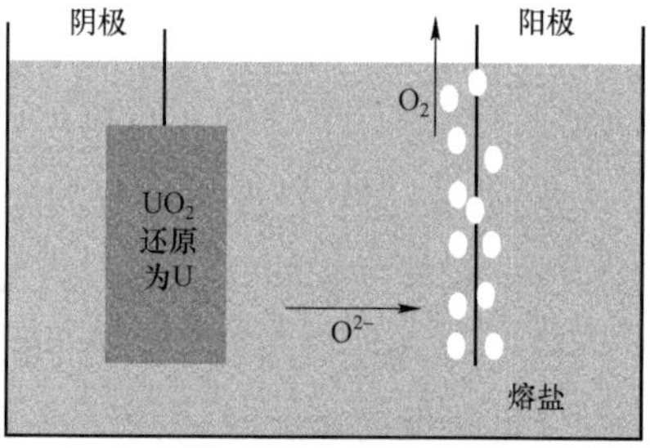

图 10-1　电还原过程

设计并制造了工程规模的电解还原槽，目前用它来研究得到过程放大所需的参数。特别是对阴极床厚度、氧气去除以及还原速率进行了研究。电解还原实验采用贫 UO_2 料以 1 kg 的规模进行研究，这些工程规模的试验能用于设计和模拟中试规模电解槽的电化学数据。到目前为止，试验取得了明显进展，电流效率能达到 40～65%，得到高质量的金属产品。虽然大部分电解槽试验采用铂阳极，也进行了部分采用陶瓷材料替代昂贵的铂的阳极实验。

确认了需要进一步研究的过程参数。其中之一是在电解槽中强制对流，这对于从工程规模到中试规模到工厂规模的放大具有非常重要的意义，实验也证明了在逐渐放大的过程中强制对流十分重要。我们希望氧化床的氧化性离子更容易流到阴极，但不希望液流中夹带氧气泡泡，这样会导致金属产物的再次氧化。这类改进不太容易。设计了一个能处理 250～500 kg 原料的还原容器，用于测试所有这些工程的相关参数。

10.2.5 经验

在东阿贡国家实验室已经采用 UO_2 和 UO_2-5wt%PuO_2 成功证实了电化学还原过程。东阿贡国家实验室初期实验采用 20～50 g 重金属证实了还原的程度和转化速率。

实验结果表明能将铀、钚和镅的氧化物实现完全还原（＞99.95%），而且还原速率也不低。该过程看起来很有前景，而且能够放大。

现在让我们看看建立该过程并能代表整个过程的两个系列的实验，我们发现这些实验对于掌握此还原过程的各个特点具有实际意义。

第一个系列以早期在 ANL-E 由 Gourishankar 等[3]进行的以建立直接电化学还原（即电脱氧）过程为目标的实验和所取得的进展为代表。在大多数情况下，实验以 15 g 尺寸在 45 μm～5 mm 的 UO_2 颗粒为原料。电解质为 LiCl-1%Li_2O，温度 650 ℃，电解槽采用 1 A 大小的电流进行恒流电解，该水平能促进氧气在阳极的释放而抑制氯气的释放。在过程初期，阳极电位逐渐下降。在所有实验中都观测到，4 h 后阴极电位急剧下降 300～500 mA，电位从 UO_2 的直接还原电位转变为金属锂的还原电位。

燃料颗粒表面金属附着层的形成，导致氧化物颗粒表面积的减少，阴极区域氧离子的累积会使得在采用恒流电解期间阴极电位会逐渐降至金属锂的析出电位。在这种情况下，生成的金属锂沉淀对于电解槽的电流和还原机理有很大的影响。直接电还原和金属锂化学还原两个过程的平衡取决于被还原颗粒的电化学隔离状况和过程所处的阶段。电流大小必须调节到不在阴极产生过量的金属锂，同时又能保证较高的还原速率。因此金属锂的生成必须和其被化学反应所消耗的量相匹配，在阴极区域设计搅拌是必须的。

金属产品按一定形状逐渐生成，形成一些细小的颗粒，同时会夹带部分熔盐。还原过程从外表面向内部进行，会在颗粒表面形成一层金属铀，导致还原速率的降低。由此可以推断，颗粒大小非常重要。

操作中有三个因素很重要。阳极电位必须低于氯离子的析出电位，阴极电位必须表面形成锂液滴或液膜，氧化性离子浓度对阴极和阳极反应均很重要，但作用相反，必须优化。其浓度是可以控制的，因此有优化的可行性。

第二个系列实验是采用真实乏燃料在爱达荷国家实验室进行[5]的。这里同样采用 650 ℃含 1 w%Li_2O 的 LiCl 熔盐。十次实验均采用 1979 年在比利时反应堆 BR-3 辐照过的 LWR 乏燃料，冷却时间较长。乏燃料被磨成小颗粒，每批次使用 50 g。采用两套电源，阴极插入到燃料中间，作为两套电源的共用阴极。主回路阳极的电位保持在铂阳极的溶解电位下，同时控制主回路阴极电位低于金属锂的析出电位。次回路的阳极就是盛乏燃料的篮子壁，当篮子的电位表明会有金属锂析出时，启动该回路。事实上，金属锂由篮子壁向燃料内迁移，这有助于还原过程，而且不会造成其他的麻烦。

燃料各组分在熔盐和金属之间的分布基本上跟预测的一致。易溶解的裂变产物，主要是含量较多且辐射穿透性较强的铯和锶，正如希望的一样，在熔盐内累积。稀土元素和锆部分还原，它们和惰性金属一起留在乏燃料篮中。锕系元素氧化物的还原也基本上跟预期的一致。还原率很高，铀 99.7%，钚＞97.8%，镎 98.8%，镅 90.2%。大体而言，研究结果表明此过程非常有效。需要进行进一步研究以实现锕系元素和裂变产物的分离。

总之，这项工作需要做的是证实该过程可放大，所需的装置目前正在 ANL-E 内安装。

10.3 电解精炼的放大

用于 LWR 乏燃料处理的电解精炼装置必须有更高的通量或者更大的批处理量。用于 EBR-Ⅱ乏燃料处理的电解精炼装置的设计表明这种放大事实上是相当简单的。首个电解精炼装置是安装在 FCF 的 Mark-Ⅳ，这是继 Mark-Ⅲ之后，在 ANL-E 运行多年的电解精炼装置。Mark-Ⅲ有一个直径为 28 英寸的容器和 4 个直径 10 英寸的电极口。Mark-Ⅳ设计为有两个平行的阳极篮和阴极。每个阳极篮能盛 10 kg 乏燃料剪切段。由于 EBR-Ⅱ燃料中 ^{235}U 含量大于 60%，因此装置尺寸的设计受到临界条件的限制。虽然 Mark-Ⅳ的处理能力大约为 10 kg/天，但这个尺寸对于验证 IFR 闭式燃料循环是足够的。

但是 EBR-Ⅱ增殖层乏燃料的量比较大，这个处理能力并不够，因此设计了 Mark-Ⅴ电解精炼装置，也安装在 FCF 中。它将同心的阳极-阴极模块布置在一个同 Mark-Ⅳ一样的装置中。阳极-阴极模块的设计是为了通过提高电流来提高处理量。但是电流不能超过传质极限。阴阳极反应的传质极限电流和电极在熔盐液面下的表面积成正比。缩短阴阳极之间的距离意味着较低的电阻，这有助于提高处理量。

如图 10-2 所示，同心的阳极-阴极模块完成了大部分的乏燃料处理任务。4 个电极模块的重金属装料量为 100 kg，阳极和阴极的面积都得到了增大，阴阳极之间的距离得到了缩短，因此 Mark-Ⅴ的处理量提高到了 50 kg/天。在相同大小的容器内，

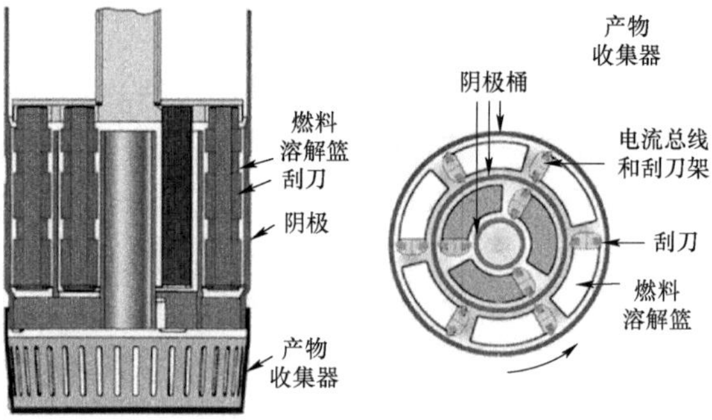

图 10-2　Mark-Ⅴ电极布置示意图

采用相同的电极数，处理量提高了 5 倍。在 Mark-Ⅴ的设计中，2 圈分隔的环状的阳极篮在 3 圈不动的同心阴极间旋转。阴极上的沉积物被装在阳极篮前缘的氧化铍刮刀刮下。刮下的沉积物掉落到底部，然后收集在产物收集篮中，定期取出。

对于 LWR 乏燃料的处理，由于临界问题变得不那么突出，因此能有更大的处理通量，所以更具有商业上的可行性。这种环状的阳极-阴极模块可以通过在半径上增加更多的电极环或增加高度来放大。然而，目前已经有了一种新的设计思路，且看起来更适用于大批次高通量的处理。将薄的矩形阳极篮垂直叠起来，中间夹有阴极板或者多功能棒的平行板，实际上就是展开的同心阳极-阴极模块，但是使得阳极篮的几何结构得到进一步简化，放大也变得更为容易。间断地刮阴极上的沉积物。马达驱动的刮片组件在电解时位于熔盐池的上方。在刮阴极沉积物时停止电解，以防止短路。刮下的物质掉在熔盐池内的斜坡上，然后滑到或者被推到电解容器底部的槽中。

正在进行这种平板电极的原型设计。在各种操作条件下能达到大于 90%的刮除效率。高电流下，阴极更易沉积颗粒状的沉积物，它们更易被刮除。采用平行板电极布置，预计设计每批处理量 500～1 000 kg 的电解精炼装置产量可以达到和 250～500 kg/天是可能的。这样即使采用批式处理模式，也还是具有很好的经济性。但是，若能连续操作会具有更好的经济性，开发连续操作模式也可以的。

10.4　LWR 乏燃料干法后处理设施的前概念设计

在我们开始讨论干法后处理设施的概念设计之前，必须要指出世界范围内目前存在两个干法流程适用于 LWR 氧化物乏燃料的处理。其中之一是由俄罗斯的原子反应堆研究所提出来的。该项技术来源于俄罗斯的电解精炼，得到的产品是 UO_2-PuO_2，早期曾用于 BOR-60 的小型快堆的燃料制造，采用的是振动密实法[7]。

在此电解精炼的应用过程中，在 650 ℃的 NaCl-CsCl 熔盐中 UO_2-PuO_2 在氧气存在的情况下和氯气发生反应而熔解。过程中必须要通过控制好熔盐上方的氯气-氧气比例来调控好钚的价态，以便在产品中得到理想的 UO_2-PuO_2 比值。UO_2-PuO_2 沉积在焦性石墨阴极上，当电极冷却时就很容易的掉落。沉积物先用水清洗，然后再压碎和筛选用于振动密实过程。采用该技术能得到高密度的燃料，事实上它的密度比造粒燃料的还高，它的辐照性能极佳。

虽然 20 世纪七十年代就已经证实该技术用于振动密实燃料制备过程的首端步骤是可行的，但该技术在乏燃料后处理领域中的应用直到 20 世纪八十年代后期才开始，且进展缓慢。由乏燃料各组分所组成的氯氧化物体系的动力学和热力学远比简单的二组分 UO_2-PuO_2 体系要复杂得多。然而，由于其与 MOX 燃料显而易见的匹配性，日本原子能机构（JAEA）选择将此过程作为“商业快堆循环系统的可行性”研究中的一个方案[8]。

另一个流程就是由我们提出的，将氧化物乏燃料转化为金属形式然后再对金属进行的电解精炼过程，这已经在工程规模得到了验证，作为 EBR-Ⅱ乏燃料处理工程的一部分。在电解还原在槽压为 3 V 的条件下操作，而电解精炼所需的槽压小于 1 V，但电解还原过程的处理量预计将比电解精炼过程大很多。一旦电解还原过程得到完全发展，氧化物直接还原步骤的成本相对金属燃料处理过程就必须降低。电解精炼更适于采用间歇操作而不是连续操作，但是这并不意味着过程放大就得采用很多个操作单元。正如前文所述，一个采用平行板电极布局的电解精炼装置的设计处理量就能达到每批 500 kg，甚至是每批 1 000 kg。

阿贡国家实验室已经开发了一个处理量为 100 t/年的中试规模干法后处理设施的初步研发设计［9］。这个概念设计是基于处理通量为 500 kg/天，一年运行 200 天，每年就能处理 100 t。该流程装置的布局鸟瞰图见图 10-3，平面布局图见图 10-4。里面有两个处理能力为 500 kg/天的电解精炼装置，保守估计该装置的运行时间能超过 24 h。由于电解还原装置的处理量大于电解精炼装置，因此只设置一个电解还原装置。电解还原装置的阴极篮设计成可移动式，当还原过程结束时，阴极篮就能带着还原得到的金属乏燃料转移到电解精炼装置中作为阳极。

图 10-3　年处理 100 t 轻水堆乏燃料的干法设施的鸟瞰图

一个更为详细的工程计划需要真正可靠的成本估算。但是，初步分析表明即使是一个用于 LWR 乏燃料干法处理的中试规模的设施从经济角度也是可行的。可以通过设置多个过程单元系统来实现放大，放大后会更具经济性。一个年处理量为 800 t 的干法后处理设施建设的资本费用远低于同等规模的水法设施。干法后处理设施的经济潜力将在后续关于经济性的章节里进行详细讨论。

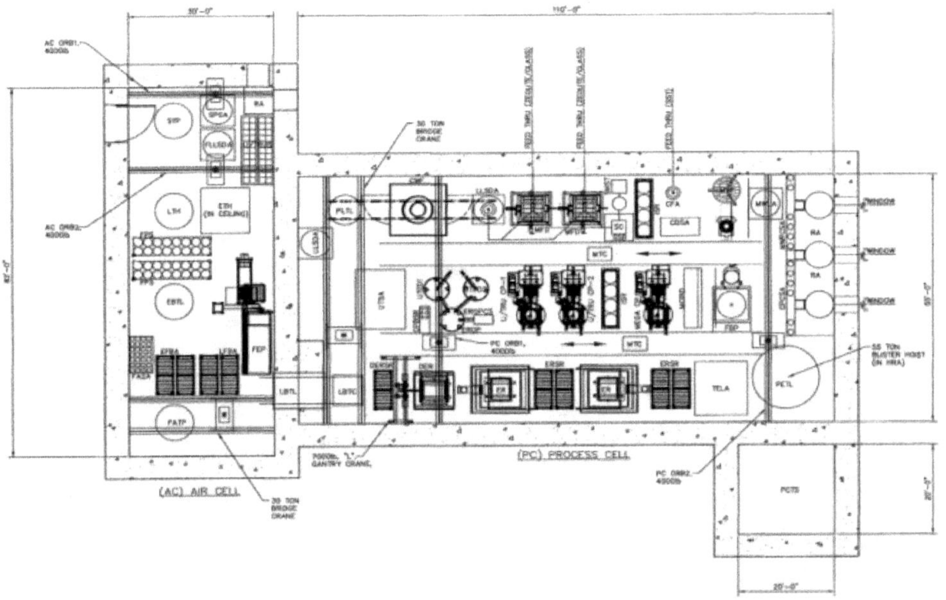

图 10-4　年处理 100 t 轻水堆乏燃料的干法设施的设备布局图

10.5　其他国家的干法后处理研究

我们曾提到俄罗斯正在开展另一个类型的干法后处理研究，该研究源于振动密实燃料制备技术的首端步骤。氧化物电解精炼能否成功地通过氯氧化物从氧化物乏燃料中回收锕系元素并未得到证实。但是若成功将会对干法过程具有非常重要的价值。

法国将精力主要集中在开发先进水法流程。该流程作为下一代后处理技术，能回收所有锕系元素。只开展了干法后处理技术的部分基础化学研究。

印度和中国对于干法后处理表现了较为浓厚的兴趣，并且开展了部分研究。

韩国提出了最具雄心的干法后处理发展计划。韩国国内目前有 21 座反应堆在运行，7 座在建，目前他们的能源计划提出到 2040 年核能达到 39 GW，占全国电力供应的 60%。目前在运行的大部分反应堆在几年后它们的乏燃料贮存将达到饱和，作为一个长期的解决措施，他们考虑在堆旁建立乏燃料干法后处理设施，然后再建设采用金属燃料的钠冷快堆[10]。

韩国的干法后处理研究由韩国原子能研究院承担。他们的研究基于阿贡国家实验室的流程，但是他们也有自己的创新，比如说更易于实现过程连续化的石墨阴极和在废盐处理过程中通过结晶法除去 Cs 和 Sr[11-12]。目前他们的研究活动主要集中在工程规模的系统集成验证设施。该设施称为 PRIDE（PyRoprocess Integrated inactive

Demonstration facility)，每年能处理 10 t 未辐照的模拟燃料，将于 2016 年建成。

10.6 小　结

目前来自商用 LWR 的乏燃料是氧化物。IFR 过程也适用于处理这类燃料。分离出的铀也能在反应堆中再次使用，数量不大的长寿命锕系元素可用于下一步燃料循环，放射性裂变产物则放入密闭容器中长期贮存，这样就能提供一个易处理且经济的核废物管理政策基础。

金属锂和氧化物反应并将氧化物还原为金属可分为三个紧密相连的过程。所有氧化物还原反应都可以归结为向金属氧化物提供电子得到金属和负氧离子。

第一个过程就是在 650 ℃的 LiCl 熔盐中用金属锂直接高温化学还原，并不施加电流并在第二个容器除去所形成的有害的 Li_2O。该过程可行，但是可以通过施加电流将两个容器的操作整合到一个容器中加以改进。

第二个过程中，在 LiCl 熔融电解质中加入少量 Li_2O。Li_2O 离子化后在电解初期用作载流子。金属氧化物在阴极被还原，所产生的氧离子在阳极转化为氧气而除去。用这种方式控制 Li_2O 的浓度。电压选择在能使 Li_2O 溶解的 Li^+在阴极转化为金属锂。这种方式下得到的金属锂能进行和前文所述的高温化学还原反应，但这里它来源于 Li_2O 的还原。

第三个过程将电压设置成能直接电化学还原氧化铀但低于 Li_2O 的分解电压。在控制电流的情况下，随着过程的进行，由于一系列的原因会导致电压的上升，数小时后会使直接还原和金属锂辅助还原过程同时进行。

所有这些氧化物的还原反应都可以归结为向金属氧化物提供电子，得到金属产物和氧负离子。基于各自的过程，氧离子可能会形成其他化合物如 Li_2O，而溶解在熔盐电解质中，或者在阳极放出电子，形成氧气被清扫走。无论在哪一个情况中我们都得到了想要的金属产物。

在东阿贡国家实验室采用 UO_2 和 UO_2-5wt%PuO_2 成功验证了该过程，在西阿贡国家实验室则用轻水堆乏燃料成功验证了该过程。ANL-E 的初期实验采用 20～50 g 重金属证实了还原程度和还原速率。实验结果表明，在满意的还原速率下实现了铀氧化物、钚氧化物和镅氧化物的完全转化（例如＞99.95%）。过程看起来是有发展前景且能放大的。目前主要需要做的是证实该过程可放大。该研究所需的设备目前正在 ANL-E 安装。

对于 LWR 乏燃料的处理，由于临界问题变得不是那么突出，因此能有更大的处理通量，所以更具有商业上的可行性。这种环状的阳极-阴极模块可以通过在半径上增加更多的电极环或增加高度来放大。然而，目前已经有了一种新的设计方案，且看起来更适于大批次高通量的处理。将薄的矩形阳极篮垂直叠起来，中间夹有阴极板或者多功能棒的平行板设计，实际上就是展平的同心阳极-阴极模块，但是使得阳极篮的几何结构得到进一步简化，放大也变得更为容易。间断地刮阴极上的沉积物。马达驱动的刮片组在电解时位于熔盐池的上方。在刮阴极沉积物时停止电解，以防止短路。刮下的物质掉在熔盐池内的斜坡上，然后滑到或者被推到电解容器底部的槽中。

阿贡国家实验室已经进行了一个处理量为 100 t/年的中试规模的干法后处理设施的初可研设计。这个初可研设计处理通量为 500 kg/天，一年中运行 200 天，每年处理 100 t。包含两个处理能力为 500 kg/天的电解精炼器，保守估计电解精炼器的运行时间能超过 24 h。由于电解还原器的处理量大于电解精炼器，因此只设置一个电解还原器。电解还原器的阴极篮设计成可转移式，当还原过程结束时，阴极篮就能带着还原得到的金属乏燃料转移到电解精炼器中作为阳极。

一个更为详细的工程计划需要一个真正可靠的成本估算。但是，初步分析表明即使是一个用于 LWR 乏燃料干法处理的中试规模的设施从经济角度也是可行的。可以通过设置多个过程单元系统来实现放大，放大后会更具经济性。一个年处理量为 800 t 的干法后处理设施建设的投资费用远低于同等规模的水法设施。

阿贡国家实验室的干法后处理研究计划引起了一些国家的兴趣，并且他们开展了部分研究。其中韩国制定了最具雄心的研究计划，并且取得了重要的研究进展。

处理现有反应堆的乏燃料使其变得更容易处置，同时回收其中有用的组分具有现实意义。这样做能比“一次通过”的乏燃料处理方式扩展上百倍的燃料资源。随着奥巴马政府在 2010 年停止了对尤卡山废物处置库的资助，美国就没有书面的计划和合适的流程用于处理 LWR 乏燃料。这样乏燃料就会在全国范围内的核电站旁进一步累积，从目前日本福岛核电站事件看来，这并不明智。

参考文献

[1] K. V. Gourishankar and E. J. Karell, “Application of Lithium in Molten-Salt Reduction Processes,” *Light Metals 1999*, ed., C. Edward Eckert, 1123-1128, The Minerals, Metals & Materials Society, 1999.

[2] K. V. Gourishanker, L. Redey and M Williamson, *Light Metals 2002*, ed. Wolfgang Schneider, The Minerals, Metals & Materials Society, 1075-1082, 2002.

[3] E. J. Karell, K. V. Gourishankar, J. L. Smith, L. S. Chow, and L. Redey, “Separation of Actinides from LWR Fuel using Molten Salt Based Electrochemical Processes,” *Nuclear Technology*, 136, 342-353, 2001.

[4] D. W. Dees and J. P. Ackerman, “Three-Electrode Metal Oxide Reduction Cell,” U. S.

Patent No.6911134B2, June 28, 2005.

[5] S. D. Herrmann, S. X. Li, M. F. Simpson, and S. Phongikaroon, "Electrolytic Reduction of Spent Nuclear Oxide Fuel as Part of an Integral Process to Separate and Recover Actinides from Fission Products," *Separation Science and Technology*, 41, 1965-1983, 2006.

[6] S. D. Herrmann, S. X. Li, D. A. Sell, and B. P. Westfall, "Electrolytic Reduction of Spent Nuclear Oxide Fuel—Effects of Fuel Form and Cathode Containment Materials on Bench-Scale Operations," *Proc. Global 2007, Advanced Nuclear Fuel Cycles and Systems*, Boise, Idaho 2007.

[7] V. Skiba, et al, "Development and Operation Experience of the Pilot Plant for Fuel Pin and Assembly Production based on Vibropac Uranium-Plutonium Oxide Fuel," *International Conference on Fast Reactors and Related Fuel Cycles*, Kyoto, Japan, October 28-November 1, 1991.

[8] Y. Sagayama, "Feasibility Study on Commercialized Fast Reactor Cycle Systems: Current Status of the Phase II Study," *Proc. GLOBAL-2005*, Tsukuba, Japan, October 9-13, 2005.

[9] A. Frigo, D. R. Wahlquist and J. L. Willit, "A Conceptual Advanced Pyroprocess Recycle Facility," *Proc. GLOBAL 2003*, New Orleans, November 2003.

[10] S. W. Park, "Why South Korea Needs Pyroprocessing," *Bulletin of the Atomic Scientists*, October 26, 2009. http://thebulletin.org/node/7982.

[11] H. Lee, et al., "Development of Pyroprocessing Technology at KAERI," *Proc. Global 2009*, 908-911, Paris, France, September 6-11, 2009.

[12] E. H. Kim, et al., "A New Approach to Minimize Pyroprocessing Waste Salts through a series of Fission Product Removal Process," *Nucl. Technol.*, 162, 208, 2008.

[13] K. C. Song, et al., "Status of Pyroprocessing Technology Development in Korea," *Nucl. Eng. and Technol.*, 42, 131, 2010.

第十一章

IFR干法流程在废物管理方面的应用

众所周知放射性废物管理是一件很重要的事，关系到公众能否接受核能。核燃料循环“后端”是薄弱环节，早期常被反核组织利用—争论、游行示威甚至影响立法。地质处置库从某种程度来说是很有必要的。全国范围内的乏燃料不可能一直在核电站旁边堆积。事实上，反核组织攻击核能说的就是核废物很难得到妥善处理。然而，正如第四章所述，核能的需求变得越来越明显，核废物必须得到处理，而且应该用一种合乎情理的方式得到处理。

为了实现核燃料的可持续性，核能要在未来的能源组成中发挥重要作用，发展快堆是必须的。核废物管理的益处有很多，例如随着快堆的引入，废物寿命从数百万年骤减至几百年，且可有效提高地质处置库的利用率。如果核能的装机容量扩展到能够替代目前的化石燃料，为了保护铀资源，首先就需要发展快堆，同时也需要解决核废物的处置问题。很显然，后处理能回收有用的锕系元素，废物中的长寿命组得到去除，才使得 LWR 乏燃料具有经济性。但是目前的情况有点复杂。

核废物地质处置许可长期悬而未决反映了核能支持者和反对者完全不同的目的。在法律范围内给出过放射性废物释放和合法掩埋的标准，但仍然存在争论。满足这些标准使得尤卡山或其他处置库前景难测，所以奥巴马政府撤销了尤卡山地质处置库许可申请。当然，此事件还有多种其他因素。

我们发展 IFR 技术的目的之一就是从核废物中除去主要的长寿命放射性释放组分。目标是从核废物中分离出它们，将它们再次入堆然后焚烧。IFR 流程不需要额外的费用也不需要增加流程复杂性就能实现这一目的。回收的各种元素（锕系元素和裂变产物）可用来发电。由于没有这些长寿命元素在废物中，目前很难达到的标准将不难达到，这是一条通向在合理时间内实现合法处置并能有满意效果的途径。

11.1 法律背景

1982 年颁布并于 1987 年修订的核废物政策法案（NWPA），将建造用于处置高放废物和乏燃料的地质处置库看作是政府的职责[1]。该法案由卡特政府制定，所有的乏燃料将整体进行处置，而不进行任何处理。

在 NWPA 中虽然有条款说要建造可监管的回收贮存设施（MRS，Monitored Retrieval Storage），但直到美国核管会（NRC）批准建造永久地质处置库时也并未建造 MRS，很明显这需要很长时间才能定下来。如果永久地质处置许可被撤销，或者 MRS 的建造停止，要 MRS 接收乏燃料也是不可能的。无论有意或者无意，结果很明显，那就是乏燃料在运行的核电站边不断地简单累积。福岛核电站事故中乏燃料池成了放射性释放的主要点，这使得该法案的落实变得没有价值。

电力公司乐于接受 NWPA。公司只需支付 1 厘/kWh（0.1 美分/kWh）就将乏燃料处置的责任转移到联邦政府头上。由于核燃料循环后端相关费用当时初步估计在 3～4 厘或者更多，因此这个处置费相当便宜了。

原先的法律指定在内华达州的尤卡山、华盛顿州的汉福特和德克萨斯州的戴夫史密斯县三个潜在的地质处置点平行地开展考察调研活动。1987 年的修订案指定只对其中的尤卡山一个地质处置点进行评估，而放弃对其他两个地点进行评估。

原先法律中的核废物拨款合同（Nuclear Waste Fund Contract）提到"在地质处置库开始运行后，管理办公室应尽快处理高放废物和乏燃料……；作为所支付费用的回报，办公室应在 1998 年 1 月 31 号前处理本合同所规定的高放废物或乏燃料。"

当立法完成后，地质处置库预计将于 1998 年 1 月 31 号开始运行。该条款在 1987 年的修订案中并不受重视。但是由于没有地质处置库（即使在今天，规定期限十多年后），各公司纷纷起诉能源部未能如期接收乏燃料。目前，对能源部已有 72 项不同的诉讼，指控其未能依照核废物政策法案接收乏燃料。

埃克森公司要求能源部（由于其不作为）偿还所交付的乏燃料贮存费用[2]。以往的乏燃料贮存费用为 8 000 万美元，包括未来的乏燃料贮存费用，已与能源部达成多达 3 亿美元的赔偿。其他公司也跟着做。这都是假设尤卡山按当时计划在 2010 年开始运行的基础上做出的推断。当前政府并未将尤卡山地质处置库放在台面上，因此费用会进一步累积。

在 NWPA 生效 29 年后，美国还并没有可以运行的地质处置库。但是没有其他任何一个国家，包括主要的核电国家像法国和日本，考虑他们的地质处置库，甚至没有提出最终的处置方案。回顾过去，1982 年的核废物政策法案虽然可以看作是乏燃料处理的重要进展，但可能早于它所在的时代。但是可以确定的是，要将更好的技术用于核废物处置，一个障碍就是核废物政策法案所达成的花 1 厘/kWh 费用就将乏燃料管理责任转移给能源部。当各个公司以很低的费用非常简单地将乏燃料交给给政府时，国会遇到了很大的麻烦。目前任何政策的改进都不得不去处理这件事，即使忽略它，其影响也不会消失。

11.2 废物处置规定

地质处置的标准和规定也存在争议。责任是分开的，授权环境保护局（EPA，Environmental Protection Agency）制定和颁布放射性废物释放标准，授权核管会（NRC，Nuclear Regulatory Commission）制定和颁布与 EPA 标准相符合的技术要求和许可证颁发准则。

EPA 在联邦法规（CFR，Code of Federal Regulation）40CFR（环境保护法）Part 191 颁布了“用于乏燃料、高放射性和超铀元素放射性废物的环境放射性防护标准”[5]。这个标准规定公众十年内的辐射剂量必须低于 15 雷姆（0.15 mSv）。根据放射性累计释放要求包容达到一万年。限值用概率的形式来表示：超过限值的概率小于十分之一，超过 10 倍限值的概率小于千分之一。

但是在 EPA 标准颁布前，NRC 在 1983 年发布了“高放废物地质处置法规”（10CFR Part60）。它规定了许可证要求、处置场选址原则、工程屏障系统的性能要求[6]。最重要的两个性能要求是：a）在一个由 NRC 规定的时间（不短于 300 年，不长于 1000 年）内能包容住置于容器中的高放废物；b）在这段时间内，任何一种放射性核素透过工程屏障系统的释放速率应该低于每年十万分之一。

由于它们和 EPA 的标准不一致，NRC 发布了关于 10CFR Part 60 部分的修正草案，但是这些修正案最终被放弃。最早于 1985 年颁布的 EPA 标准曾被起诉，最终在 1993 年又发布了部分细节修正案。

1992 年的《能源政策法案》授权 EPA 在美国国家科学院（NAS，National Academy of Sciences）研究成果和建议的基础上发布专用于尤卡山地质处置库的标准。该法案同时还要求 NRC 修订其技术需求和标准以便和 EPA 的新标准相符合。1992 年的《能源政策法案》基本上打回了 40CFR Part161 和第 10CFR Part60，使其能适用于尤卡山地质处置库。

NAS（国家科学院）关于尤卡山标准的专门技术委员会在 1995 年发表了最终报告[8]。NAS 的研究建议采用基于风险的标准而不是 EPA 所提的释放限制。但是 NAS 的研究并没有给出什么程度的风险是可以接受的。他们认为这不是一个科学问题，而是一个社会政策问题。

不过，为了回应 1992 年《能源政策法案》中的所提的问题，NAS 研究建议采用国际放射防护委员会（ICRP，International Commissionon Radiological Protection）所提的每年最大有效剂量为 100 rem（1 mSv）用于所有人工放射源和高放废物的处置，但不包括每年大概在 10～30 雷姆（0.1～0.3 mSv）的医疗照射。NAS 研究结果的另一个主要建议是要和高风险期（数万到数十万年）评估标准相符合。这远比 EPA 所提的上万年时间要长得多。

依据这些建议，EPA 在 2001 年颁布了 40CFR Part197 作为尤卡山地质处置库的标准[9]，包括如下内容：

“能源部必须采用性能评估证实，在地质处置后的 10 000 年内，个人从尤卡山地质处置库释放出来物质的最大年累计有效剂量等效于 150 μSv（15 rem）。”

NRC 接着在 10CFR Part63 中做了与 EPA 新标准相一致的规定。该规定同时还含有如下条款用于进一步完善个人防护的标准：

“能源部必须计算在地质处置 10 000 年后但仍在地质稳定期内合理最大照射下的个人峰值剂量。虽然对这些分析结果尚无适用的标准，但要求能源部在考察尤卡山地质处置库的影响时考虑这些分析结果，将其作为地质处置系统长期行为的评价风向标。”

之后，作为对内华达州诉讼的回应，哥伦比亚特区联邦上诉法院在 2004 年 7 月 9 号裁定 EPA 在发布规章要求 DOE 证实该设施能至少在 10 000 年内能一直满足防护要求方面违反了联邦法律。法院说 EPA 应该依照法律按照美国国家科学院的建议设定一个更长的满足辐射防护要求的期限。

依据法院裁决，EPA 于 2008 年对 40CFR Part173 作了修订，包含了在两段不同的时间框架内适用的标准：在前 10 000 年，15 rem（0.1 mSv）每年；在之后到一百万年的时间内（在地质稳定期），100 rem（1 mSv）每年。因此，NRC 在 2009 年 3 月修订了 10CFR Part63，采用两段不同时间段内的不同标准，以便和 EPA 的标准相一致。

所有这些都说明了尤卡山或者其他地质处置库许可证申请过程的曲折道路。既然当前政府放弃了尤卡山地质处置库，未来关于乏燃料的处置将进一步遇到问题。放射性释放量虽然极其小，但很难准确预测，我们所考察的时间都超过了任何有记录的人类历史，因此确实很难理解和预测。但是一个非常明确又很重要的结论是：如果放射源减到很少，这些标准就变得毫无意义了。我们能看到 IFR 流程能做的就是这件事。它对于在整个遥远的未来能除去并很大程度上减少放射性量，使得对于地质处置库的包容预测变得更有意义。包容时间必须限制在几百年，这样就能落在工程实践的范围内。目前存在的古代庙宇、墓穴和教堂就能证明一千年前的工程实践能力。

11.3 乏燃料的放射性寿命

轻水堆（LWR，light water reactor）乏燃料是由裂变产物（铀和钚原子核通过俘获中子发生裂变而产生的元素）、锕系元素（铀原子核通过俘获中子但不发生裂变而产生的元素）和未反应的铀所组成。目前，铀是最主要的组分，在乏燃料中所占比例约在 90%以上。

所存在的 3 种或者 4 种重金属（主要是铀和钚）能发生裂变反应。在所生成的数百种裂变产物同位素中大部分很快衰变成稳定（非放射性）同位素。其中两个非常重要的例外是 ^{90}Sr 和 ^{137}Cs，它们的半衰期分别为 29 年和 30 年。衰变时释放出很强的伽马射线。它们是最需要关注的两个裂变产物。同时也有长寿命裂变产物，如 ^{99}Tc、^{129}I 和 ^{135}Cs，它们衰变时放出低能 β 粒子（电子或正电子）。这是最低危害的放射性释放。基本上可以这么认为：长寿命放射性裂变产物释放低能量的放射线。

约 1%的重金属能俘获一个中子，接着发生衰变，这样就转变为更高的锕系元素（也称为超铀元素，TRU）。它们的半衰期普遍都长，一些能达到数十万年。它们经常通过释放 α 粒子的方式发生衰变，即使食入或吸入极少量仍具有危害。α 粒子就是氦核（2 个质子 2 个中子），具有原子级的重量，虽然它们的射程很短且穿透能力很弱（皮肤只能够阻挡外部的 α 粒子），但它们较强的能量对于内组织具有特别的危害。

占乏燃料 95%的铀对于乏燃料的放射毒性的贡献并不多。自然界中铀同位素具有很长的半衰期（^{238}U 为 4.5×10^9 年，^{235}U 为 4.5×10^8 年），因此它们的放射性活度相当低。

典型的 LWR 乏燃料放射性毒性随时间的变化如图 11-1 所示。这里的放射性毒性是指食入或者吸入后患癌症风险的相对度量，我们将天然铀矿的值设为 1。在开采过程中，铀矿石含有铀和其经过上百万年缓慢衰变逐渐累积的子体。这就是自然界中铀的组成形式，它在某些沉积区域累积，并在整个地球的陆地和水体内（铀化合物是可溶的）分配。

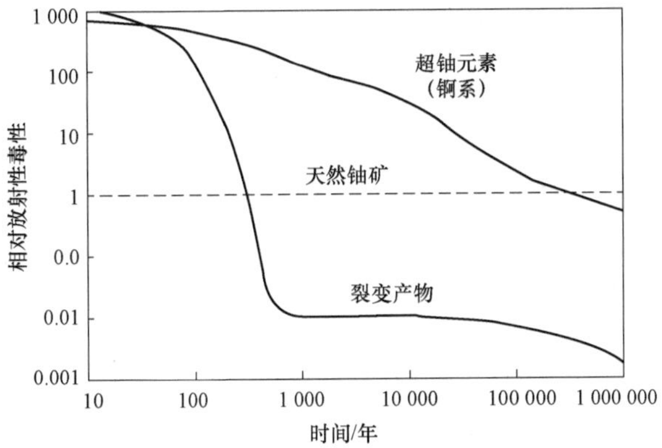

图 11-1　乏燃料组分的相对放射性毒性

我们选择了乏燃料的来源天然铀并将其值设为 1 作为标准。如果放射性毒性低于天然铀矿的水平，那么放射性核废物在自然界的危害就将比铀矿还低。乏燃料的放射性毒性低于天然铀的放射性所需的时间，就能轻松的定义为核废物的有效寿命。

由于锶铯占核废物裂变产物放射性比例高，依据锶和铯的半衰期，推断核废物放射性毒性的半衰期大约为 30 年。它降低到天然铀矿水平大概需要 300 年（10 个半衰期），在不到 1000 年的时间内变得几乎没有危害（降低 2 个数量级）。但是，从另一个角度，锕系元素相关的放射性毒性高于天然铀水平毒性的时间将比裂变产物至少高 3 个数量级，能达到数十万年。若将 99.9%的锕系元素从核废物中分离出来（见前面几章），那么 0.1%锕系元素的放射性毒性水平将在整个核废物的寿命内都比天然铀低，核废物的寿命就可以由裂变产物来决定。

目前在基于 Purex 流程的商业后处理过程中，只有铀和钚得到了回收。次锕系元素和其他裂变产物一起都作为废物处理。回收的钚以铀钚混合氧化物燃料（MOX）的形式循环一次，之后它们的乏燃料就被存储起来，在以后的快堆中再循环。钚在热堆中并不是一种特别好的裂变材料，其循环价值有限，具体原因会在下一部分中进行介绍。在单次 MOX 燃料的循环过程中，大概只有 1/3 的钚发生了裂变，余下的钚一部分（主要是 ^{239}Pu）转变成了含更高质量数的钚的同位素和重型锕系元素如镅、镎和锔。结果是经过 MOX 燃料循环后，其放射性毒性并没有改变。如图 11-2 所示。

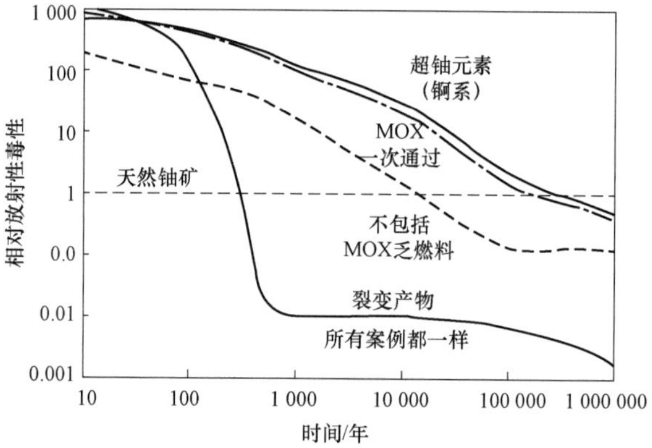

图 11-2　MOX 燃料循环对于放射性毒性的影响

原先乏燃料的放射性毒性全部转变为 MOX 乏燃料的放射性毒性。MOX 燃料循环经常被误认为能够降低放射性毒性并能将有效放射性寿命缩短为原来的 1/10。作出这样的判断是由于并未考虑到原先乏燃料中的锕系元素还会存在于 MOX 乏燃料中。这样就未考虑到 MOX 乏燃料的毒性，如图 11-2 所示。这么做的好处是 MOX 乏燃料不急于进行后处理，它最终将在快堆中循环。该理由同样适用于不经过 MOX 燃料循环的原先的乏燃料。循环过程中各核素量会有所变化。在热中子谱中改变了某种特定锕系元素的量，但是却未改变锕系元素的总量。

通过将地质处置库中各放射性组分规范化为一个容易理解的限值并且标明各组分超过该限值的程度，就能够非常形象的表明锕系元素的放射性毒性在乏燃料长期放射性毒性所占的重要程度。原先 40CFR Part191 的累积泄漏限值不再适用于尤卡山地质处置库，但是它们很容易理解，并且能作说明。依据 EPA 的累积限值，典型的 LWR

乏燃料各组分在 3 个不同时间点的放射性活度水平规范后列于表 11-1（就是说将地质处置库中乏燃料各组分的放射性活度值除以累积限值）。10 年那个点代表乏燃料准备装入容器后用于处置的那个点。1000 年那个点代表短寿命裂变产物衰变完的那个点。10 000 年那个点代表 EPA 规定累积泄漏限值的时间点。

如表 11-1 所示，同时列出了所有锕系元素（或者超铀元素同位素），其中“其他 FP”是指像 ^{135}Cs、^{126}Sn、^{93}Zr、^{93}Nb 和 ^{107}Pd 等长寿命同位素。它们并未在表中单独列出。

表 11-1　依据 EPA 累积泄漏限制归一化后的 LWR 乏燃料的放射性活性

放射性核素	10 年后活性	1000 年后活性	10 000 年后活性
^{90}Sr	60 000.00	0.00	0.00
^{137}Cs	90 000.00	0.00	0.00
^{129}I	0.30	0.30	0.30
^{99}Tc	1.40	1.40	1.40
其他裂变产物	1 050.00	5.10	4.40
锕系元素	76 000.00	19 000.00	4 000.00

10 年内的放射性活性主要由 ^{90}Sr 和 ^{137}Cs 所决定。它们的半衰期大概为 30 年，因此 1 000 年后它们都已经衰变完了。1 000 年后，主要是长寿命裂变产物和锕系元素。由于 ^{99}Tc 和 ^{129}I 很容易溶解在地下水中，因此很容易从地质处置库中泄漏出去，此外它们一直和累积泄漏限值一个数量级，所以需要特别注意。若地质处置库中它们的库存量都泄漏出去，那就能达到限制（原先 40CFR Part191 的累积泄漏限值）。对于尤卡山地质处置库所有系统性能的评价也证实了这一点[12]。该评价列出了在 10 万年内 ^{99}Tc 和 ^{129}I 的剂量大概在 2 mrem/a 和 0.05 mrem/a，明显低于 40CFR Part197 部分所规定的 15 mrem/a 的限值。

很明显即使在 1000 年后，锕系元素仍是放射活性的主要来源。由于锕系元素在地下水中的溶解性极低，它们并不容易从地质处置库中泄漏出来。由表 11-1 可知锕系元素的毒性比其他元素高 3 个数量级，这就造成了一些问题。若将锕系元素从乏燃料中分离出来，那么不管是 40CFR Part191 或者是 Part197 所规定的，还是规定了数千年甚至数百万年的 EPA 标准，都能有根据的得到满足。这是一个极其重要的结论。锕系元素只有在快堆中才能有效燃烧。这将在下一部分中进行详细讨论。

作为地质处置库的一个设计事项，处置库的温度必须严格控制以保证用于防止放射性泄漏的各隔离层的完整性。这里锕系元素又是主要的放热源。乏燃料中锕系元素和裂变产物的衰变热随时间的变化如图 11-3 所示。

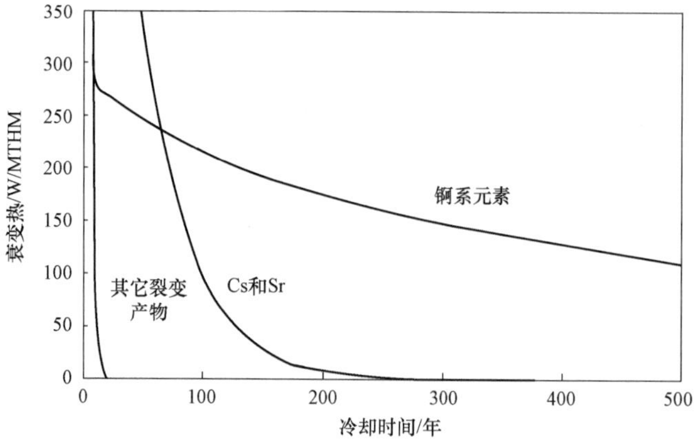

图 11-3 乏燃料中各组分的衰变热随时间的变化图（w/t 重金属）

“近场”和“远场”都有温度限值。所谓的“近场”是指堆积处（隧道），其中心线的温度必须低于熔化温度。废物容器的温度要保持较低（例如，低于 100 ℃），因为腐蚀速率会随着温度的升高而增大。堆积处墙体的温度必须保持在水的沸点下，以便减少在高温时热水和热力等过程相关的不确定性[12]。这就必须得有“地质处置库的制冷设计”，在前 300 年必须得有强制通风。这期间锕系元素释热贡献小于锶铯，分离出锕系元素并不能从很大程度上减少热量的释放（减少量小于 2 倍，取决于冷却时间）。但是，分离出锕系元素能缩短需要强制通风的时间，并且在废物的热量管理上能够更有余地。

“远场”温度是指堆放处之间的中点等地方的温度，峰值在数百—1000 年之间达到。若它们的数值是处置库容量的限制条件，分离出锕系元素能大大提高处置库的容量。

总之，在未处理的乏燃料的各组分中，锕系元素是长期放射性危害的主要来源。IFR 过程能够从目前的锕系元素含量大约为 1%的核废物中分离出锕系元素。这完全解决了在地质处置百年后放射性释放的问题。

99%以上的锕系元素进入 IFR 循环，下一部分将介绍锕系元素在快堆内的嬗变。

11.4 锕系元素嬗变

锕系元素嬗变，也称为“锕系元素焚烧”，即通过裂变的方式（裂变是唯一的方式）将锕系元素转变为非锕系元素。锕系元素捕获中子但不发生裂变，只能转变为更高质量的同位素或其他锕系元素，这些元素具有更强的放射性。为了充分焚烧锕系元素，就需要高能中子。LWR 的低能热中子谱和 IFR 的高能快中子谱的嬗变概率有很大的差别。典型热中子谱和快中子谱对于锕系元素同位素的嬗变概率（引发嬗变的中子占中子吸收总数的百分比）的比较列见表 11-2。

在热中子谱中，只有有限的锕系元素同位素发生了裂变。若核燃料连续循环，重锕系元素将不断产生直到其在乏燃料中与钚的数量相当，如表 11-3 所示。在快中子谱中，所有的锕系元素同位素发生了裂变，平衡组成中重锕系元素的含量相当低。如图 11-4 所示，在热堆中循环时的锕系元素同位素演变图。在不含铀的惰性基体采用纯锕系元素燃料时，会加速同位素演变过程。铀能够通过辐照产生其他锕系元素。易裂变核素如 ^{239}Pu 和 ^{241}Pu 能较容易的焚烧掉，但可增殖同位素如 ^{242}Pu，各种镅锔的同位素随着燃耗的加深逐渐累积。它们在热中子谱中没有反应性，因此在燃料中是没用的。

表 11-2　嬗变概率（%）

同位素	热中子谱	快中子谱
^{237}Np	3	27
^{238}Pu	7	70
^{239}Pu	63	85
^{240}Pu	1	55
^{241}PU	75	87
^{242}Pu	1	53
^{241}Am	1	21
^{242m}Am	75	94
^{243}Am	1	23
^{242}Cm	1	10
^{243}Cm	78	94
^{244}Cm	4	33

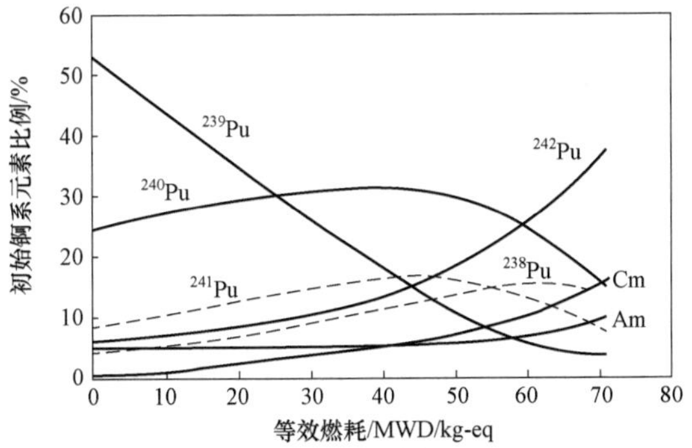

图 11-4　锕系元素在热中子谱中的同位素演变

表 11-3 连续循环模式下的燃料平衡组成

同位素	热中子谱	快中子谱
Np	5.5	0.8
Pu	51.1	97
Am	8.7	1.5
Cm	34.6	0.8
＞Bk	0.2	$<10^{-4}$

锕系元素的完全嬗变只有在快中子谱反应堆中才有可能。对于快堆来说，锕系元素都是有价值的燃料。这就是为什么在铀用尽后循环还能继续，反过来这就是为什么快堆的铀资源利用率能比热堆提高上百倍。IFR 中的核燃料循环和锕系元素焚烧同时完成了反应堆的两个主要目的：提高铀资源利用率和消除核废物中的长期放射性毒性。

11.5 长寿命低能量放射性同位素：锝和碘

接下来我们讨论一下对寿命极长的非锕系核素需要有多大的关注度。这两种长寿命裂变产物是 ^{99}Tc（半衰期为 2.13×10^5 年）和 ^{129}I（半衰期为 1.6×10^7 年）。它们能引起一些潜在的健康危害，因此需要特别注意。前文提到裂变产物的半衰期越长，其危害性就越低。目前也有提议说分离出这些长寿命裂变产物然后加以嬗变[15]。特别是日本，在 1998 年就开展雄心勃勃的研发计划（OMEGA 计划）。该计划跨过 2000 年，用以评价各种分离嬗变技术[16－17]。

特别是 ^{99}Tc，被单独分离出来。它具有一个很长的半衰期，213 000 年，但是产额很高。在所有的裂变产物中占 6%。和其他裂变产物和锕系元素相比其健康危害很小，仅比允许的限值高一点。在地壳中，它以氧化物的形式存在，易溶于地下水中，极易迁移。

虽然 ^{129}I 也曾被要求进行嬗变，但实际上由于在整个时间范围内其放射性活性只有锝的四分之一，因此很难看这样做的必要性。

用于估算放射性核素释放量的地质处置库模型基于对溶解-迁移行为的预测。放射性核素首先溶解在地下水中，然后通过地下水的流动而释放出去。在地质处置库长期性能评价中，这两项对早期剂量率有贡献。

^{99}Tc 和 ^{129}I 占据了核废物在地质处置库处置后 2.5～5 万年间的大部分放射性剂量。然而，正如前文所述，即使在地质处置库中这两种核素都释放出来，所产生的剂量也是和环境保护标准所允许的值在一个数量级内。锕系元素的情况则大大不同。它们会在很长的时间尺度内贡献大部分的放射性剂量。见图 11-5（来源于参考文献 12）说明了这一点，图中给出了满装量的尤卡山地质处置库整体系统剂量分析情况。对于每一

组分或事件的概率曲线都进行了分析，进行了上千次重复蒙特卡罗运行分析，给出了不同误差范围内的仿真计算结果，概率变化范围在 5%～95%。废物容器腐蚀速率和锕系元素迁移速率的估算值对于图中的结果影响很大。高镍含量容器在 2 万年内失效的概率几乎是零，计算结果也验证了这一假设。经计算，在 2 万年内，任何物质都不会泄漏出去。在此之后，计算过程考虑了碘和锝的释放，然后是锕系元素的缓慢释放（其释放速率受该元素在水中溶解性的影响）。大约 20 万年后，放射性剂量的释放达到峰值。若初期核废物容器有问题，该峰值的到来会更早。主要在于锕系元素的释放，它们对剂量的贡献是主要的。

很明显，若能将进入地质处置库的核废物中的锕系元素分离出来，不仅处置初期剂量就很小，而且能够在整个时间范围内满足标准。详细的模型假设变得一点都不重要了。具体来说，就是锕系元素的含量能减为原来的 1/1 000，在回收过程中允许 0.1% 的损失就可以了，环境保护局标准和 NRC 限值剂量就能在前提上相一致，而不用去管地质处置库的时间期限。不管是定义成 1 万年或者更长都没有关系。

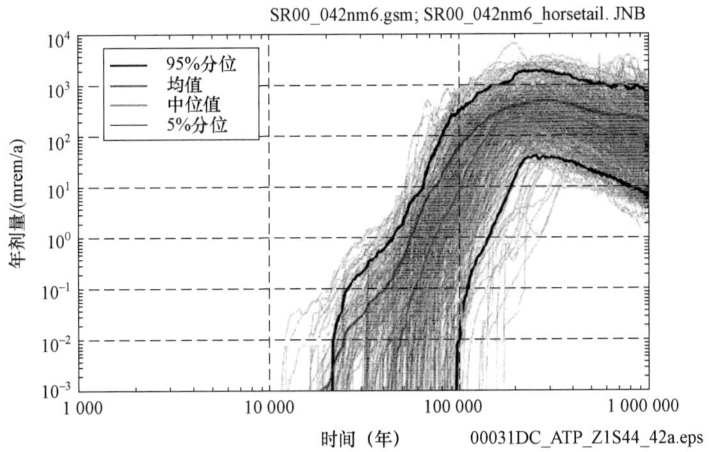

图 11-5　100 万年内长期剂量计算实例（来源文献［12］）

另外一点也很重要，就是若 ^{99}Tc 以一个更稳定的废物形式进行处置，其释放就能够进一步减少。电解精炼过程正好满足这一点，在电解精炼过程中，^{99}Tc 和其他惰性金属裂变产物一道留在阳极篮中，它们一起被融到稳定金属，主要是钢中形成一个比氧化物更难溶于水的废物形式。

11.6　强放射性中等寿命裂变产物：铯和锶

在几十年后（大部分裂变产物大约在一年后），强放射性短寿命裂变产物都衰变为稳定核素。^{90}Sr 和 ^{137}Cs 是两类半衰期为 30 年，且贡献了大部分放射性和衰变热的核素。目前这几年有人提议，将它们从核废物中分离出来单独贮存，让其衰变到能作为低放废物处置的水平[18－19]。若没有 Sr、Cs 和锕系元素，余下核素的处置就能不受地质处置库热容量的限制。能大大提高空间利用率。从地质处置库的各种温度限制来说，单将锕系元素从中分离出来就能将空间利用率提高 5.7 倍，但是若在分离出锕系元素的同时也将 Sr 和 Cs 分离出来，空间利用率就能够提高 225 倍[20]。

铯和锶限制了地质处置库隧道内壁的“近场”温度不能超过 200 ℃。采用该限值，能将处置库内热-流的不确定性和核废物容器的腐蚀行为大大降低，以保证长期性能。若能在早期通过分离出锕系元素（长期放射性的来源）就能保证地质处置库的长期性能，那么内壁的热限制就显得不是那么重要了。

前文引用的热分析说明了将 Sr 和 Cs 分离除去的种种好处，这里没有理由去怀疑该结论的正确性。需要考虑的倒是地质处置库如何确保能安全储存 Sr 和 Cs 数百年。只有在很长的时间范围内，10 000 年甚至更长，锕系元素才是问题的所在。这就是为什么在 NRC 的 10CFR Part60 规定中要求（1）300 年到 1 000 年之内要能包容住放射性；（2）超过此时间范围，有一个释放速率的限制值，主要是针对锕系元素的。若地质处置废物中不含锶铯和锕系元素（其他的裂变产物在数年内都衰变完了），地质处置库的工程要求就简化多了。

此外，对于分离出来的 Sr 和 Cs 废物需要至少 200 年才能衰变到低放水平。到那时，废物中还会含有部分锕系元素和极少量的长寿命 ^{135}Cs，无论在哪种情况下，作为低放废物在近地表处置都是足够的。但重要的是 10CFR Part60 中所定义的低放水平 C 类废物是指弱放水平医疗和工业放射性同位素，并不适用于高放废物经过贮存衰变废物的处置。

锶和铯是高放废物。它们还是要在地质处置库中得到处置，尽管是在 300 年的时间范围内。即使开始将它们分离出来了，也需要在地质处置库处置。尽管该废物在进处置库之前衰变热已经降低了，那也需要在处置库里处置。

11.7 小　　结

若核能在未来的能源结构中扮演更重要的角色，那么发展快堆是必须的。随之而来的其他好处，如大规模缩短核废物寿期（从上百万—几百年）、大大提高地质处置库的利用率等。但是，发展快堆的主要推动力是满足对于核能急剧增长需求的同时保护铀资源。LWR 乏燃料后处理，回收有用的锕系元素（详细情况见第 13 章）会提高其经济性，但却不能消除废物长期的放射性毒性。

EPA 和 NRC 关于地质处置库年剂量的限制每年 15 mrem（0.15 mSv）的规定，其实并不重要，不管在 1 万年之内或者之后，或是还有其他情况。重要的是如何证明能满足这些标准和规定。若将从核废物中回收的锕系元素用于快堆，核废物则相当干净（例如仅有 0.1%原来量的锕系元素留在核废物中），那么标准和规定在前提上就能得到满足，全面的证明就不必要了。

锕系元素是主要的关注点，将核废物中锕系元素的含量降低 3 个数量级是有可能的。在那个水平，残留的风险和其他裂变产物处于同一数量级，不需要进一步减少其量。来自长寿命裂变产物，如 ^{99}Tc 和 ^{129}I 的风险是类似的。若不分离它们，在最坏的情况下，就处在或接近释放限值。因此，控制它们的量是没有必要的。若 99.9%的锕系元素被除去，含有铯和锶的核废物在处置库中包容大约 300 年，这样在未来所有的时间范围内来自地质处置库对公众的危害将远低于天然本底。

分离出铯和锶可以减少地质处置库的热负荷。分离出来的铯和锶必须安全的储存 300 年，仍就需要地质处置库。若要使包装后的废物块储存一段时间使其衰变以减少释热，地质处置库本身就是储存它们最合适的地方。

IFR 燃料循环下的废物对锕系元素含量有严格要求（通过 IFR 流程来保证），废物中对锝的包容很高，耐浸出性能好于目前的玻璃废弃物，这样就能在核废物最终处置问题上前进一大步。

参考文献

[1] "Nuclear Waste Policy Act of 1982," Public Law 97-425, Enacted on January 7, 1983, and Amended as Public Law 100-203 on December 22, 1987.

[2] "Exelon Settles with DOE Over Yucca Delays," *The Energy Daily*, August 11, 2004. 3. "Analysis of the Total System Life Cycle Cost of the Civilian Radioactive Waste Management Program," DOE/RW-0533, May 2001.

[4] "Nuclear Waste Fund Fee Adequacy: An Assessment," DOR/RW-0534, 2001.

[5] Code of Federal Regulations, 40 CFR Part 191, "Environmental Radiation Protection Standards for Management and Disposal of Spent Nuclear Fuel, High-Level, and Transuranic Radioactive Wastes."

[6] "Disposal of High-Level Radioactive Wastes in Geologic Repositories," *Code of Federal Regulations*, 10CFR Part 60.

[7] "Energy Policy Act of 1992," Public Law 102-486, Section 801.

[8] National Research Council, *Technical Bases for Yucca Mountain Standards*, National Academy Press, 1995.

[9] "Public Health and Environmental Radiation Protection Standards for Yucca Mountain, Nevada," *Code of Federal Regulations*, 40CFR Part 197.

[10] “Disposal of High-Level Radioactive Wastes in a Geologic Repository at Yucca Mountain, Nevada,” *Code of Federal Regulations*, 10CFR Part 63.

[11] “Court Rejects Yucca Safety Standard in Big Win for Nevada,” *The Energy Daily*, July 12, 2004.

[12] “Yucca Mountain Science and Engineering Report,” DOE/RW-0539 Rev. 1, February 2002.

[13] Robert Avery, private communication.

[14] Robert N. Hill, private communication.

[15] National Research Council, *Nuclear Wastes: Technologies for Separations and Transmutation*, National Academy Press, 1996.

[16] T. Mukaiyama, “Partitioning and Transmutation Research and Development Program (OMEGA) in Japan,” IAEA-TECDOC-693, *Proc. IAEA Specialists Meeting on Use of Fast Reactors for Actinide Transmutation*, Obninsk, Russia, September 22-24, 1992.

[17] T. Inoue, et al., “Development of Partitioning and Transmutation Technology for Long-Lived Nuclides,” *Nuclear Technology*, 93, 206, 1991.

[18] F. Vandergrift, et al., “Designing and Demonstration of the UREX+Process Using Spent Nuclear Fuel,” *Proc. ATLANTE 2004: Advances for Future Nuclear Fuel Cycles International Conference*, Nimes, France, June 21-24, 2004.

[19] C. Pereira, et al., “Lab-Scale Demonstration of the UREX+2 Process Using Spent Fuel,” *Proc. Waste Management Symposium*, Tucson, Arizona, February 27-March 3, 2005.

[20] R. A. Wigeland, T. H. Bauer, T. H. Fanning, and E. E. Morris, “Separations and Transmutation Criteria to Improve Utilization of a Geologic Repository,” *NuclearTechnology*, 154, 95, 2006.

第十二章

IFR 的防扩散作用

限制核武器和无担保的武器用易裂变材料生产对于防止核扩散非常重要。民用核能并不会助推核扩散。虽然可以通过技术发展解决这个问题，但与之相反的是，多年来舆论一直担心包括民用核能在内的各种方式的核扩散问题。事实上，有多少民用核能能够促进核扩散，以及目前促进的程度又如何？IFR 的情况又是怎样？IFR 与防核扩散有关的技术特点非常重要，有待人们了解。

我们开发 IFR 技术的目的就是尽我们所能回应反对者对核电的质疑。但是我们知道，扩散已经成为反对民用核能发展的利器。此外，带有后处理的核燃料循环系统也备受指责。循环非常重要，它使得核电的扩展不再受到燃料短缺的限制。核燃料重复使用就需要对用过的乏燃料进行后处理。单纯的增加核电或进行后处理都无法实现再循环，这正是反对者所乐见的。在克林顿执政期间，美国政府就借此终止了 IFR 的开发。但事实究竟怎样呢？

本章将集中讨论 IFR 的核保障和防扩散特性。为了让读者了解背景，我们会先简短介绍一下武器发展的历史，不同时期控制核武器国家增加的原则，以及核电支持扩散缺乏证据的事实。随后，将回到我们本章的主题，介绍与 IFR 有关的特性。

12.1 引　　言

在某种程度上，评估民用反应堆技术在核武器扩散中的可能作用就是平衡利弊。核电的需求一直存在。一些国家已经发现通过其他方式提供能源并逐步淘汰核能只是权宜之计。在这些国家中，现实的情况可能是缺乏真正的替代品，在一段时间后又会出现一些反思。但是，可以肯定的是，人口众多的国家尤其是中国和印度，当然还有其他国家都在尽可能迅速增加核电站的数量。美国显然是个例外，但是可以预料这种情况不会持续太久。核电及其不可避免的增长还将持续下去，这是既不能否认，也不会消失的事实。从现实来看，风险/收益分析不在反应堆技术本身，而在于判断民用核电对未来核武器扩散有多少影响，还要看巨大而可靠、又无污染的核电能带来多大好处，其中存在很大的争论空间。

目前，经过 60 多年的发展，全球知名科研机构都具备了大量有关核科学的专业知识，那么在今天增加民用核电有多少核扩散的风险呢？防扩散的重要性无须置疑。争议在于民用核电是否起到了显著作用，以及是否会在核扩散中发挥重要作用。IFR 技术旨在改善目前防止将民用技术用于武器的现状。但是，在参议院反对者谈论终止 IFR 开发时却忽略了这个事实，他们在核扩散上大做文章[1]（对此的反驳参见 Blees 的“地球处方（Prescription for the Planet）”[2]）。

由于武器开发的详细资料是保密的，因此无法讨论，但是其中大多数事实无须过多探讨就很明确。激进的组织已经发表了很多著作和报告，为其反核制造声势。但是这些文章在很大程度上是出于政治的需求，并没有展示事实，反而在掩盖真相。其技术基础并不完整，而且很具有欺骗性。但是，通过公开文献，人们已经可以获得一些主要事实。

风险究竟在哪里？IFR 技术有利的一面是能带来无限的能源。另一方面，技术将有助于最大限度减少核扩散的可能性，但是不能完全消除。风险可以说是始终存在的，无论是否使用 IFR，但是真正的问题是如果使用 IFR，会增加多少风险，如果有的话？在某些方面，这是否能真正改善目前的状况？

几十年来，原子武器的“秘密”都已不是秘密。但有关武器制造的专业知识对理解 IFR 防核扩散帮助不大。多年来，防扩散的政策、定义和细微差别形成了很多术语，很难理解。要让大众充分了解还需要很长的一段时间。

国家开发核武器（动用国家所有的资源和优势）和地方组织尝试秘密安装武器（无论其目的是什么）之间存在明显的区别。国家可以成立由科学家和工程师组成的实验室，构建各类适合的反应堆和铀浓缩设施，并安装所需的所有辅助设施，以修建和维护核武器库。而地下组织则必须依靠秘密行动和偷窃。国家需要的是专业知识，而地下组织则需要盗窃武器或材料。国家可以修建设施发展核工业，如果是这样，也可以修建设施将现有民用设施中的材料转变为适用于武器装备的材料。如果采取这条途径，需要在核保障下挤占挪用民用的反应堆和资金。但是对于核武器国家，通用的做法是修建比较简单但可以生产武器级钚的反应堆，这些反应堆不具有发电能力。任何一个国家如果继续这样考虑和采取这种做法，都是政治问题，而不是技术的问题，但地下组织只能购买或盗窃。

曾有武器设计师指出理论上几乎各种钚化合物都能用于制造核武器[3]。但事实却并不是这样，20 世纪 60 年代美国进行了一次钚测试，当时采用的是“反应堆级钚”

（而不是钚-240 含量≤7%的“武器级钚”），其中钚-240 含量可能远远低于目前的“反应堆级”，但钚-240 的实用性一直未获得证实，此外英国在 20 世纪 50 年代，也进行了 2 次实验。1994 年，英国原子武器研究机构前主任（作者之一（Till））曾在一次伦敦钚处置会议中提出“我们多次尝试了反应堆级钚，我们不会再试。”事实上，历史已经证明，已经使用钚成功开发武器的国家都不约而同地使用了钚-239 至少为 93%的钚，这是有原因的。

和过去的做法一样，现在想得到武器钚的国家采取的路线都是用专门的反应堆和专门的后处理设施。并采取保密措施，控制反应堆条件、优化裂变材料含量，而不是利用民用核设施，其他选项则较少。核电也能提供易裂变材料钚，这是它唯一能与核武器挂上钩的地方。选择专门生产武器钚的简单反应堆（和美国及其他国家一样）可以避免许多麻烦，如不用冒违反核保障协议的风险，也不会只能得到不纯的钚产品，而且简单的反应堆系统不贵。

但实际上，在很大程度上核电与核扩散无关。因为它不是防止核武器的途径，几十年的历史和目前的经验都显示，过去使用的路线未来很可能还会使用。IFR 技术的风险/效益分析较为有利，它不仅能尽可能减少扩散的风险，还能最大限度提高全球铀资源利用率，因此应该很有前途。

12.2　历　　史

自卡特政府以来，美国的防扩散政策一直受到反核者的强烈影响，他们尤其关注钚的获取，但是获得任何级别的钚到成功地开发出核武器还有很长的路。获得裂变材料是必要的，但是还不够。除了合适的反应堆和生成的钚以外，还需要化学分离流程（PUREX 流程，专门用于提取武器用的纯钚），以及生产核武器（制作炸弹）所需的爆炸设计、触发器和运输工具等等。这需要意志、资本以及掩饰等。试验和试验自由也很重要（美国已经进行了数百次这样的测试）。获得钚虽然至关重要，但是，随着目前铀浓缩能力的提高，其重要性有所下降。曾经认为获得钚对核武器制造非常重要，但是现在这种观点有点过时了。对于铀装料的核武器，只需要从天然铀中提取出同位素铀-235，现在通过高速离心机就可以实现。事实上，现在各国根本不需要反应堆设施来生产核武器原料。

综合分析目前伊朗或朝鲜就能得到上述结论。前洛斯阿拉莫斯实验室主任 Siegfried Hecker 最近表示[4]，他已经证明 2010 年 11 月朝鲜具备了铀浓缩能力，再次说明发展核武器确实需要国家的努力。朝鲜多次宣称其武器计划依赖于通过 PUREX 流程处理专用反应堆（名义上是 5 MWe）核燃料得到的纯钚。他们进行了 2 次核试验，一次在 2006 年年底，另一次在 2009 年 5 月。试验的成功程度目前仍存在争议，至今仍未进行进一步的试验。另一方面，由于铀弹制造通常容易得多并且所需的试验数量少于钚弹。美国第一颗铀装料原子弹就未进行试验（但是必须说，原子弹是由美国最优秀的核物理学家和工程师制造的），因此铀-235 能力的开发（这确实是一个大项目）反而显得使用钚制造核武器相对困难。至少，其需要更广泛的试验，目前还未发生。

洛斯阿拉莫斯前核武器设计师和核武器研究主任 Stephen M.Younger 在最近一本可读性很强的核武器书籍（该书回顾了核武器的历史、现状、策略和政策）中强调了试验的必要性[5]。有关核扩散的章节非常具有启发性，尤其是着重强调了目前开发武器国家所面临的困难，因为他们之前的核武器国家非常了解有关核武器的事实。

引用："所有核武器国家的挫折都证明了制造核武器并不容易，即使他们拥有雄厚的资金（通常是每年几十亿美元）并获得国家的支持。"

他进一步补充到，法国早期计划遇到的困难就说明了这一点："所有核大国的成功都有赖于进行一次或多次核试验。核试验不仅是成功的演示，它还能使科学家更详细地了解核爆炸中发生的复杂过程。"

更进一步："……核武器开发还需要国家的资源。试想一下，一个没有可靠电力供应（笔者注：电力对于离心机操作至关重要）也很难获得工具或物资的恐怖组织怎么可能完成这样的工作呢。"

重要的是要记住，在卡特政府的前任政府中，美国曾通过将民用核能作为奖励，帮助那些放弃核武器的有野心的国家。艾森豪威尔的"和平利用原子能"计划曾帮助一些国家开展核能的和平利用，以换取他们放弃核武器计划的承诺，国际原子能机构就是这样诞生的。其主要作用就是监督协议的遵守以及相应的核保障措施。除极少数例外，这个国际制度运行良好。当时，至少有 12 个国家，也许有多达 20 多个国家参与了该计划。在随后 50 年中，只有印度、巴基斯坦、以色列（几乎可以肯定）以及朝鲜（不完全）成为核武器国家。印度 1974 年试验核装置的事件仍然记忆犹新，导致卡特政府采取新的政策来取代艾森豪威尔的政策。

12.3 国际核燃料循环评估

卡特政府计划通过在全球范围内禁止乏燃料后处理来制止裂变材料流入非核武器国家。截至此时，美国一直保持着在核反应堆发展方面的主导地位，而其他国家都在美国之后，随后，美国不再享有这样的优势，至少这些政策对我们自己的民用反应堆开发和实施构成了不利影响。卡特政府的主要措施对我们自己的计划构成了长期影响，主要是积极阻止辐照铀燃料的后处理（成功限制了我们自己的计划）并取消了美国增殖技术示范项目克林其河（Clinch River）增殖反应堆的开发（但是在经历了 6 年的国会斗争之后，该项目仍获得了成功）。

国际上通过两年一次的系列会议“国际核燃料循环评估”说服其他国家在其民用核电计划中限制或取消钚的使用[6]。尽管卡特政府将很多反核人士安排在重要职位上，实际上各国已经习惯了美国在核电领域的领导地位，因此有核计划的国家都乐于参与美国新一届政府的新计划。

美国取消了在南卡罗来纳州巴威尔（Barnwell）修建民用后处理厂项目，当时该工程已经接近尾声。工厂使用 PUREX 流程处理越来越多计划和在建轻水堆产生的乏燃料。由于取消了该项目，因此美国无法处理越来越多核电厂产生的乏燃料，处置核废料变得更加困难。

1977 年，政府还试图立即取消 Clinch River 增殖反应堆（CRBR），这是一个美国氧化物燃料增殖反应堆示范工程，当时计划建在田纳西州。由于国会的反对，该项目于 1983 年 11 月才被通过。

这样做的目的是给其他国家树立榜样。从这一点来看，是成功的，但其效果有限。INFCE 报告的结论是，在核燃料循环中“敏感”的有两点，一是铀浓缩设施（当时，由于采用扩散工艺，工厂非常庞大而且昂贵），二是钚分离设施（当时，完全采用水法 PUREX 流程，该流程专门用于生产纯钚）。这个结论并不奇怪，易裂变铀或纯易裂变钚的生产或积累，会导致武器制造。当然对于铀要由其同位素组成和之前提及的其他因素决定是否用于核武器，钚也是如此。但是，拥有这些能力或这些能力之一的国家都已经是“核武器国家”了，而且他们已经可以部署项目，积累燃料进行电力生产，也可以后处理乏燃料并采取适当的保障措施，这些都与过去一样。只有美国拒绝了，并取消了民用 PUREX 后处理工厂，宣布新的政策以处置没有处理过的乏燃料。

这些措施产生了一些影响，却都是不利的。在美国，压力在于目前乏燃料大幅增长，这需要储存库来处置，美国仍在解决由此产生的问题，可以说，到目前为止，这些措施都是完全失败的。Barnwell 民用后处理厂几乎完全取消，这并没有影响其他国家的工厂，英国、法国、日本和随后的意大利、巴基斯坦以及其他国家仍在进行后处理研究，却造成了美国现实的乏燃料无法处理的问题，美国是一个核武器国家，自二战以来，军方一直运行着 PUREX 工厂。美国尤卡山（Yucca Mountain）处置库目前已经处于不确定状态，核电厂乏燃料一直在增加。日本近期的经验表明，虽然美国不会出现地震和海啸，但这不是最佳的方法。

建设处置库的组织支持不后处理的决定。随后国际反核团体有组织地引用了该实例。在最终决定之前，美国需要对乏燃料小心贮存，如果可能就重新后处理，如果不可能就在处置库中安全处置。但是现在由于反对者的干扰，美国还没有制定相应的计划。

其他国家正在回收现有反应堆的钚，这种方法只能提取少量的能量，而且并不经济。在一定程度上，美国也在以这种不理想的方式“处置”目前已经过剩的武器钚。“处置”一词并不恰当，因为主要效果不是破坏钚，而是增加其中钚-240 或更高质量同位素的含量，使钚的同位素组成偏离“武器级”钚，不适宜制造核武器。讽刺的是这显然与之前的说法矛盾[7]，即“任何组成中的钚都能用于武器”，而这种表述是最早被卡特政府用来诋毁核能的主要理由。

另一方面，INFCE研究使得各国再次考虑在20世纪50年代就形成的反应堆类型和部署决策。而在美国，直接导致了开发IFR的阿贡倡议。

12.4 目前的政策

美国目前的政策仍专注于拒绝获得、拒绝建设武器所需的能力以及反复强调核反应堆易裂变材料对武器的适用性（见上述讽刺）。拒绝获得所需的易裂变材料在概念上确实非常简单。无可否认，如果乏燃料永远不处理，也就是说，一直埋藏在处置库中，就不可能用于核武器。但是，如果将其放入储存库，却很难一直让乏燃料在那里放着。随着时光的流失，放射性会逐渐降低，开始很快，然后变慢，最后留下很容易处理的产物，可以重新取回。乏燃料不断流入储存库，汇成巨量的乏燃料，其中包含了大量的钚。如果美国数百座反应堆乏燃料积累几十年，这确实会变成现实。如果反应堆乏燃料可以用于武器，那么随着时光的流失以及短寿命同位素的衰变，其获取会变得更加容易，也更容易用于武器。而其能量含量（虽然不小）与快堆获得的钚相比并无明显优势。

一般商业LWR反应堆乏燃料中钚的高质量同位素比例较高。虽然在武器高能中子谱中所有同位素都能裂变，但是它们并不适用于制造武器，因为它们产生的热量会破坏武器的稳定性，在简单设计中其自发中子会破坏引爆时序，而且它们还会衰变为其他同位素，造成放射性增加，从而危害武器的制造和使用。对此美国的立场是，它们不适合制造核武器，因为它们会增加“武器设计、制造和处理的复杂性”[8]。出于保密原因，模糊和削弱了各种可能和不可能的表述。但是，有一点很清楚，杂质具有乏燃料的各种特性，发射自发中子、发热并具有放射性等，使其并不可取。因此，不负责任的国家首先会寻求核武器，而试图制造恐怖引起关注的团体则希望秘密获得可用于核武器制造的材料。在武器制造、保存和引爆过程中，钚的要求太过复杂，因此对于新的国家，反应堆级钚并不适合于武器，其自身的放射性也使其很难用于武器。

12.5 钚

钚的存在毋庸置疑。全球钚库存约为2 000 t，大部分来自民用核电。主要包含在目前核电厂的乏燃料中，主要是轻水堆核电站乏燃料。在过去20年，全球分离钚的数量一直在增加。2004 年，分离民用钚的库存约为 230 t[9,10]。钚制成混合钚-铀氧化物（MOX）燃料，以便在 LWR 中复用，而美国和俄罗斯宣布过剩武器材料中的钚不包含在此估计中。目前，商业后处理厂，法国的阿格厂（La Hague）、英国的肖普厂（THORP）和日本的 6 个所厂（Rokkasho）每年都将回收约 30 t 钚。并不是所有的钚都被用到 LWR 中，因此分离钚的库存一直在增加。

所有核电厂都会产生钚。钚生产不是可选择的问题，它是铀燃料反应堆必然生成的。常见的铀同位素铀-238 首先嬗变为镎-239，然后在几天内通过放射性衰变变成钚-239。每年 LWR 乏燃料产生钚量相当，通常超过同等功率 IFR 产生的钚。当然，IFR 会产生更多的钚，但是其燃烧更充分。毕竟，其燃料就是钚。相比之下，LWR 燃烧的是裂变铀并生成钚，同时也燃烧一定数量的钚，并在乏燃料中留下很多未燃烧的钚。

早先反应堆开发时，有关钍燃料反应堆的实验开展很少（近几十年反核政府上台后，一直半真半假地提出钍铀-233 循环，无论行不行，都分散了对铀钚循环的注意力），美国曾修建了一、两座原型反应堆。一个基本事实是，钍并不是易裂变材料，无法用作燃料，因此必须用铀-235 或钚来装料使钍变成易裂变的铀-233。没有任何其他办法，用钍即意味着要后处理。起始阶段实际燃料是裂变铀-235 或是钚，随后才是铀-233。只有后处理才能得到由钍生成的铀-233，之后，进而将铀-233 用于钍铀循环。但是由于伴生的铀-232 衰变子体含有极具穿透力的 γ 射线，乏燃料短时间存储之后变得很难后处理。公平地说，由于钍铀循环自身的问题，除印度之外，在全球范围的核电计划一直未将钍铀循环作为发展重点。

“钚已经被妖魔化”，有关这种宝贵物质的陈述很多都扭曲了事实。在一本有关钚的书籍中，其最后一段包含了一种令人惊讶的说法：除了武器之外，“钚几乎毫无用处[11]。”其实，在各类水慢化堆（PWR、BWR 和 HWR）中，全球 40%核电来源于钚的裂变。现在，钚产生电力的比例可能更高，由于其燃烧时间长，因此未来将产生更多的电力。

与铀和钍类似，钚在重量和颜色上有点像铅。钚的放射性与镭类似（但镭广泛分布在地壳中）。钚的毒性类似于其他重金属，如砷（存在于地下水中）、镉（用于太阳能光伏电池）或汞（在燃烧煤炭发电时会释放到大气中）。谨慎操作，能够防止钚的毒性问题。钚作为易裂变材料用于武器则是非常危险的。从这一点上说，随着同位素分离技术的发展，铀也是危险材料。而铀存在与地壳中。一直诋毁钚的人似乎忽略了铀同样可适用于非法武器开发。由于反对者的反复强调，钚成为唯一的危险。但事实并不是这样。未来，钚会应用于大规模能源生产，早期，由于将钚用作武器在技术上非常复杂，美国一度认为其不会用于核武器，但在其他国家经过试验证明也能够生产钚武器之后，美国的观点改变了，开始控制钚的生产了。艾森豪威尔政府时期成立的国际原子能机构（IAEA），在减缓和限制核武器扩散方面取得了相当大但并不完全的成功。

12.6 钚和 IFR

12.6.1 快堆中子能谱的实用性

快堆提供了快中子谱，燃料中可以包含更多的吸收中子杂质，如裂变产物、较高的钚同位素以及反应堆产生的较高锕系元素。快堆可以燃烧锕系元素混合物，这是LWR 或其他热谱反应堆难以做到的。在快中子谱中所有锕系元素都能裂变。事实上，所有锕系元素都是 IFR 的良好燃料。正如之前所说，与热堆相反，这些锕系元素不会积累成为废物，它们会通过燃烧维持一个有限量。

快堆中钚-239 俘获截面较低，因此钚-239 吸收中子裂变的可能性高于生成钚-240的可能性。这也是增殖可行的原因。钚-239 中子捕获率较低使得中子数量超过了维持裂变临界所需的数量，大量铀-238 捕获了过量的中子并形成更多的钚-239。增殖更多的钚-239 加上只捕获少量中子生成钚-240，这意味着钚中钚-240 含量的增速将低于LWR 慢中子谱。在 IFR 堆芯燃料循环中，这并不敏感，因为复用的堆芯燃料中钚较高同位素组成的量较多。但是，快堆包覆层（增殖层）中生成的钚及其处理方式却很敏感。

包覆层中钚是慢慢积累起来的，时间约为 10 年左右。包覆层组件取出进行处理时也具有放射性，若和燃料组件混合在一起处理并再次循环使用，则可以维持燃料中钚或锕系元素混合物中钚-239 的一定比例（同时不适宜制作核武器）。电解精炼得到的钚中含有铀，难以得到纯钚。如第八章所述，要想在电极上沉淀出纯钚需要熔盐中铀含量非常低，即使这样，铀仍不可避免地与钚一起还原。即使对于辐照时间更长的包覆层燃料（钚的积累时间可以延长，钚的含量更高一点）电解精炼结果也是如此（如第八章所述，用 EBR-Ⅱ包覆层组件电解精炼的已进行了多年）。

如果包覆层组件单独处理，大量的铀首先在固体阴极上沉积，熔盐中钚的浓度慢慢提高。钚的含量继续提高，液体阴极产物中钚含量较高，但高质量同位素钚、镅、镎、锔，以及裂变产物含量也高，这一点不可避免，而且需要长时间沉积铀，一般需要几周甚至几个月，熔盐中杂质含量也在提高，这类活动需要监督。

电解精炼时首先要考虑的是每隔一定时间就必须把沉积的钚取出来以避免临界。由于铀的量大，频繁把沉积的铀取出来在操作上并不方便。实际上钚需要与四倍的铀混合才能再次在反应堆中复用。因此需要在下面两点中折中：一方面尽量减少从钚沉淀中提取铀，另一方面尽量减少镉阴极的处理量。

要把钚单独取出来还没有什么其他的好方法，流程非常长，操作易暴露因而易于核查。电解精炼方法进料易于核查，是按件计数。阴极处理器有钚存在的话会给出测量信号，通过专门开发的仪器可以连续、详细地监测处理器中的钚含量。获得覆盖层的纯钚不符合再循环优化组分的要求。电解精炼操作非常适合监测，如果显著改变操作，将留下很多痕迹。最重要的是目前还无法从包覆层组件中得到纯钚。现在得到的钚中含有大量的铀，以及少量的高质量锕系元素。

最后，实用性要求包覆层组件在堆内时间尽可能长，其中钚含量一直很低。获得钚需要操作大量的铀，这对于电解精炼的设备和人员来说都极为不利。包覆层在反应堆中的时间越长越合适，出堆时放射性就越强（钚-240 的比例高）。实际上，通过燃料组件在堆内的布置可以使熔盐电解时钚含量达到一个合适的水平，同时使产品中高质量同位素增加，这对核保障是非常有利的。

电解精炼后处理技术处理包覆层元件符合保障要求，包覆层中钚-239 始终与其他锕系元素和裂变产物的混合物循环使用。这一处理方案是快堆的理想选择，足以循环所有的锕系元素，因为快堆燃料燃耗高，之前我们已经提到是 20%，甚至还会进一步提高。电解精炼能以公开、透明的方式处理包覆层元件，这易于监督并使产品品质“变坏”。它不提供真正纯钚产品，还能满足快堆要求。

12.6.2　与 PUREX 后处理流程的比较

电解精炼能满足不提供纯钚的要求，但其并不是一项理想的技术。适用于武器制造的钚要纯，且钚-240 含量要低。民用核电并不需要生成钚-239 含量高的纯钚，后处理回收再利用的钚也不需要太纯。PUREX 流程能够分离纯钚并不是巧合，它是专门为武器计划开发的。

目前，PUREX 流程已经成为国际通用的后处理技术，技术上已经成熟。其开发是沉没成本，但是其工厂建造非常昂贵。日本处理热堆乏燃料的 PUREX 工厂成本接近 200 亿美元。可以肯定的是，新工厂成本将非常巨大。如之前有关经济的章节所述，高温处理相对低廉。新技术与水法后处理技术之间的竞争是不可避免的，尤其是在各种形式的 PUREX 技术之间。

过去 30 年左右的发展表明，PUREX 总体上不适合于民用反应堆乏燃料后处理，非常不适合于快堆。快堆的易裂变物质含量高，PUREX 流程的常用介质为水或有机相，其中氢是有效中子慢化剂，临界问题变得很突出。过去，水冶厂经常出现意外的临界问题[12]。IFR 干法后处理流程则不需要稀释易裂变物质和降低其浓度，设计良好的一体化快堆工厂将会严格限制慢化材料使用，临界也不再是个问题。处理的时候可以维持易裂变材料浓度，不引入含氢材料。

PUREX 能够提供纯钚产品。IFR 乏燃料后处理产品是钚和所有高质量锕系元素钚、镎、镅、锔等和铀以及一些残留裂变产物的混合物。铀的含量可能在 30%和超过钚的含量之间。这种材料需要通过溶剂萃取后处理才能纯化，实际上需要通过 PUREX 流程纯化后才能用于武器。电解精炼得到的钚类似于处理之前的乏燃料，含有各种锕系元素，仍保持较高的放射性，并不适用于武器。否则，早就遭到反核团体的一致批评了。如果采用 IFR 处理，需要在几英寸厚的混凝土后进行，通过含铅玻璃观察，并使用机械手、起重机和机器人进行远程操作。这些流程中，操作人员会十分辛苦。不仅因为 IFR 乏燃料具有很强的放射性，而且产物也具有放射性。IFR 后处理并不会使乏燃料变得适用于武器制造。

12.6.3 IFR 在钚管理中的作用

钚的管理必须放在完整的燃料循环中进行，即回收并进行发电，同时控制系统中钚的库存。这也正是 IFR 的作用。IFR 系统能够容纳大量的钚，并将其妥善保持在堆芯中，要么在发电，要么在远距离操作的燃料循环设施中进行安全的处理。对于 1 000 MWe 或更大容量的反应堆，生产一定数量电力所需的钚燃料（反应堆燃料）为 5 t/1 000 MWe，对于 300 MWe 的模块反应堆，所需燃料为 10 t/1 000 MWe。反应堆芯越小，中子泄漏越高，因此需要更多裂变物质，以维持临界。除了初始堆芯装料，在建立自持循环之前，每年还必须提供 2～3 次换料。总启动要求接近初始堆芯装料的 2 倍，在反应堆的整个寿命中，这些材料一直在堆中。

反应堆和处理设施之间唯一的薄弱环节在于乏燃料和新燃料运输，虽然单点之间衡算和连续监测比较容易做到。而如果燃料循环设施与反应堆建在一起，就和 EBR-Ⅱ和 IFR 一样，消除了运输这个薄弱环节。

循环钚比储存更可取。所有反应堆都会生成钚，1 000 MWe LWR 每年产生约 250 kg 钚。这相当于全球反应堆每年产生约 90 t 钚。随着 IFR 的部署，可以做到既不会浪费钚，也无须储存钚。相反，可以让其始终处于核电厂的反应堆中。不会随着能源生产不断地增长，其库存会安全地维持在能源生产所需的水平。

IFR 的转换比可以在 0.7～1.5 之间调整（增殖钚除以燃烧钚）。因此，它们可以不足、过剩或维持平衡。这个灵活性就可以完全控制钚库存了。采用转化比为 1—即生成的钚与燃烧的钚相同，就不会产生多余的钚。在 LWR 中也生成钚，但只燃烧其中一部分。其余的钚，如前所述 1 000 MWe LWR 每年约为 250 kg 将随乏燃料排出。在优化的产钚 IFR（产出钚用于启动其他 IFR）中，每年的净增长–IFR 中生成钚与燃烧钚的差值，大致等于或是略大于燃铀 LWR 中每年钚净产量。

12.6.4 IFR 的自我保护

IFR 得到的钚在燃料制造中仍需要远程操作，这将使得这些钚远远无法成为制造武器所需的清洁钚或铀-235，高浓铀只需戴上手套就可以安全开展离心法生产。PUREX 处理的清洁钚-239 也只需要戴上手套在手套箱中操作即可。而 IFR 处理后得到的产品，仍含有一些锕系元素（和微量裂变产物元素）的短寿命放射性衰变，具有危险的放射性。需要重型屏蔽、机械手处理，增加了其用于武器制造的难度。

12.7 使用易裂变材料制造武器的历史

不少信息引起了公众对“反应堆级钚”用于武器制造的关注。“级”是除钚-239之外其他钚同位素含量的一种表示。主要指钚-240，除钚-239外它是迄今为止库存最多的钚同位素。钚-240 自发裂变产生的中子会影响武器的可靠性（“提前点火”会导致武器失效，使武器在爆炸能量积累起来之前解体成碎片），至少在简单武器设计中是这样。

反核团体用核武器作为反对核电的一般理由，尤其是 IFR。其实掩盖了一些细节，故意模糊了概念。

美国在 1945 年爆炸的 2 件核武器中使用了不同的易裂变材料。广岛原子弹使用了铀-235，长崎原子弹则使用了钚-239。对铀弹设计把握性大，甚至无须试验，在其应用于战争之前确实没有进行过试验（这也说明当时全国最优秀的科学家和工程师是非常负责任的）。而组装长崎的钚弹之前，在内华达州沙漠进行了试验，其设计复杂性与铀弹有显著不同。

核武器需要由常规炸药引爆，将易裂变材料压缩到超临界，并保持足够长时间，以便在核武器爆炸之前积累足够的能量。只有中子才能引发链式反应。在将中子引入到压缩的易裂变材料之后，产生巨大的爆炸。在引入中子之前，保持易裂变材料压缩至关重要。超临界裂变材料引入中子之后立即发生爆炸，转瞬间就结束了。越超临界，爆炸威力越大。如果在材料充分压缩之前就引入中子，那么只会产生较小的爆炸“火花”，例如朝鲜进行的武器试验就是这样。

现代核武器使用的都是相当纯的钚-239。在最早的武器中（如长崎原子弹），两个亚临界钚球分开放置，用常规炸药爆炸力将其压缩在一起。现在则设计成简单地压缩一个亚临界球，也能获得同样的效果。易裂变材料铀天然存在，其同位素铀-235，是为希望有核武器国家制造核武器的首选材料（朝鲜和伊朗现在都在使用高速离心机来获得浓缩铀）。目前更倾向于采用更简单和更不易探测的方式，即将分开的易裂变材料（铀-235）以简便易行的方式结合起来达到临界（枪式设计，其中分开的铀-235 以“弹丸”击入另一个主要部分）。

钚同位素的组成和国家或流氓组织的能力仍有待具体分析，不能笼统地说“钚可以制造武器”。这个问题的关键是，民用“反应堆级”钚在武器制造中的作用，尤其是在武器设计者不具备现代国家实验室所需的广泛科学、技术和工程资源时。这种情况并不像预期的那样清楚。在某些情况下，当局在这些问题上的陈述并没有起到作用。当然保密是必须的，但是在某些情况下，更多是为了特定的政治观点服务。

提的较多的是：“反应堆级钚”已经应用于核武器试验，并且有证据表明美国取得了成功。事实上，50 年代初英国政府也曾进行过 2 次类似的测试。经检验，这些证据并不能令人完全相信，虽然在 3 次试验中使用了目前所谓的“反应堆级”钚。

1973 年发布的信息显示，美国曾在 1962 年使用“反应堆级”钚成功进行过核武器试验，并在 1993 年提供了额外的信息[13]。有关钚实际同位素组成的争论一直在持续，即反应堆级钚是否真的能用于制造武器。公开文献显示，钚很可能是“燃料级”的。如果是这样，按照目前的标准，这些材料都不是“反应堆级”的[13]。两个等级之间的差别在于钚-240 的比例，这非常重要。

20 世纪 70 年代之前，尤其是在 1962 年，钚只有两个等级：武器级（钚 240 含量不超过 7%）和反应堆级（钚 240 含量超过 7%）。在美国试验时，“反应堆级”的钚-240 含量超过“武器级”的 7%。在 20 世纪 70 年代初期，燃料级（钚-240 含量约为 7～19%）开始使用，这使得反应堆级定义变为钚-240 含量不低于 19%[13]。LWR 乏燃料中钚-240 含量提高到了 20%，除了钚-239 和钚-240 之外，还含有其他的同位素钚-238、钚-241 和钚-242，这是一种成分和放射性都与目前燃料级大为不同的混合物，可以在手套箱中进行常规处理。

众所周知，试验中使用的钚由英国按照 1958 年美/英共同防御协议提供[13，14]。协议规定从 1960—1979 年，将由大约 6 t 英国生产的钚送往美国，以换取氚和高浓铀。1962 年，英国的钚是在英国石墨慢化天然铀反应堆中生产的，当时英国的反应堆都是这类反应堆。选择对中子吸收低的镁合金作为燃料包壳，该堆型也被称为“Magnox 反应堆”。但是天然铀燃料石墨慢化的反应堆反应性限制了该反应堆的燃耗。而钚-240 的累积直接依赖于燃耗。燃耗越低，钚-240 的含量越低。在 Magnox 堆商业应用后，燃耗有所增加，钚-240 含量接近 20%，但早期反应堆的钚-240 含量较低。

美/英签订协议时，英国第一座商业 Magnox 反应堆才刚刚开始建设。英国在运行的专门生产武器钚的生产堆位于苏格兰的 Chapel Cross 和英国北部的温斯凯尔（Windscale），而钚生产和发电的两用堆位于 Calder Hall 附近。阿贡国家实验室从英国获得了数吨的钚，用于 60 年代早期第一座实验快堆。钚的其他同位素含量略高于武器级，但是远低于后来商业反应堆燃耗的 Magnox 钚。可以推测，这些材料可能来自 Calder Hall 的低燃耗乏燃料，也可能来自 Windscale 反应堆。问题的关键是，1962 年试验使用的反应堆级钚的同位素含量不可能大大超过武器级钚，而可能位于燃料级的下限，当然远不及目前的 LWR。

与卡特和克林顿政府关系密切的人士发言提供了一些帮助。尤其是参考文献中 Miller 和 Von Hippel 的陈述[15]：

“有关 1977 年试验披露的信息代表了卡特政府中政策制定者（他们希望强调民用钚的扩散风险）与保护武器设计信息负责人之间的妥协。”

卡特政府的政策制定者一直在推动本章开头提出的政策，而他们非常不诚实地将钚同位素组成称为“反应堆级”。

他们接着表示：“据我们所知，所有美国核武器都使用武器级钚，即同位素钚-239含量至少为 93.5%的钚。其他核武器国家的情况也大致相同。”

最后，他们表示：

“总之，我们知道扩散者不会放着武器级钚或高浓铀不用偏要选择反应堆级钚。但是，不排除反应堆级钚的可能性。”

使用“不排除反应堆级钚的可能性”是考虑到，武器级钚或铀可能会弱化过去明确使用的反应堆级钚。

20 世纪最重要的实验物理学家以及原子弹开发的重要人物之一，Luis Alvarez 在其自传中表示：

“现代武器级铀，本底中子速率低，以至于恐怖分子，假设他们拥有这样的材料，只需将一半材料砸向另一半，就能制造高强度的爆炸。大多数人似乎没有意识到，如果握有分离的铀-235，那么就有可能制造核爆炸，而如果只是拥有钚，那么据我所知，要使其爆炸是非常困难的[16]”。

1953 年英国“反应堆级钚”试验使用的材料钚-240 含量很可能只是略高于武器级钚。按照 Aldermaston 英国原子武器研究所前董事的说法，结果令人失望（“我们多次尝试了反应堆级钚，以后我们不会再试了”）。

我们的目的不是进行广泛的讨论，在大多数情况下，不是介绍反应堆乏燃料用作武器的可能性，而是让读者了解有关的问题。很明显，我们认为，现代反应堆乏燃料中的反应堆级钚很难用于核武器计划。我们还认为，武器级这个词使用的非常良好，对于有野心的扩散团体或国家，铀-235 是最佳的选择。通过适当的监督，核武器制造很难与民用反应堆联系在一起。

12.8 过程监测是必需的

在为反应堆提供燃料的流程中，有两个薄弱环节：LWR 一次通过燃料循环中，浓缩设施生产的浓缩铀；快堆回收系统中，后处理生产的纯钚。浓缩的情况很简单，生产适合武器用的铀-235 没有技术壁垒。因此浓缩厂需要认真对待。钚的情况就较复杂了。PUREX 厂能够生产非常纯的钚，但是核武器钚的质量取决于钚的来源。“生产堆”生产武器钚，其钚-239 以上同位素的含量较低，PUREX 流程去除了非钚锕系和裂变产物元素。在两类民用热堆中，重水慢化反应堆的较高钚同位素含量低于轻水堆。轻水堆中热中子谱平均能量较高，燃耗较高，从而会累积更高的锕系元素量。对于快堆燃料中含有较高的锕系元素量，放射性高。按照美国武器国家实验发布的研究结果表明，IFR 燃料的钚无法用于武器制造[17]。

快堆包覆层中的锕系元素含量低，PUREX 工厂处理的钚肯定可以用于生产武器。

但在电解精炼过程中，情况就不一样了。钚产品中钚-240和钚-241的含量较低，但含有更多的锕系元素，特别是镅（该同位素具有非常强的放射性，半衰期几百年）、还有一些铀和其他裂变产物。包覆层材料可以与燃料混合处理，不管怎样常规的保障和监测是必要的。

现场处理、无须异地运输、转移不容易掩盖、无武器级纯钚以及无须积累钚库存都为IFR的实施打下了坚实的基础。当然，它还有更多优点。

12.9 不宜用于武器：IFR燃料产品固有的优良属性

IFR高温过程得到的钚产品不纯，含有次锕系元素（镎、镅、锔等）、铀和裂变产物。IFR钚混合物具有三个不宜用于武器的属性：锕系元素发热、自发裂变中子和较高水平的γ辐射。

IFR燃料的特点与武器级钚和反应堆级钚的比较见表12-1[17]。

表12-1 重要的武器可用性特征

	武器级钚	反应堆级钚	IFR 锕系元素产物
生产	低燃耗，PUREX	高燃耗，PUREX	快堆，电解精炼
成分	纯钚，94%钚-239	纯钚，65%易裂变钚	Pu+MA+U，50%易裂变钚
热能/watts/kg	2～3	5～10	80～100
自发中子/n/s • g	60	200	300 000
γ辐射/r/h at ½ m	0.2	0.2	200

武器级钚的钚-239含量较高，通过PUREX流程纯化后纯度高。反应堆级钚是典型的LWR乏燃料，高质量钚同位素含量增高，也通过PUREX处理回收。本质上，除同位素组成外，其纯度与武器级钚相同。高钚同位素使其发热和自发中子数增加了3倍，这对于武器制造来说是非常不利的，但是并不是难以逾越的障碍，这还需要考虑武器设计的能力。

另一方面，IFR产品锕系元素混合物的产热比武器级钚高50倍。这种自热可能会导致周围炸药出现问题，如熔化，甚至是自我引爆。自发中子发射和γ辐射水平都远高于武器级或反应堆级钚，甚至超过千余倍。在组装过程中，中子可能会大幅增加中子剂量，加上γ射线，已经达到或超过了武器制造过程的致残剂量。热量往往会造成加工误差，释放中子干扰点火时序，从而影响武器的有效性。有关武器信息的分类掩盖了这些现象对武器的不适应性，但是在公开材料里还是能找到一些信息。尤其是洛斯阿拉莫斯国家实验室理论部副主任Carson Mark于1993年的一篇文章[18]。在这篇文章中他指出，自发裂变中子会比1945年武器钚试验时高40倍，预计达到设计爆炸当量的概率不到 1%，主要是由于提前点火的概率太高。

美国武器设计师表示，未经过进一步处理，IFR 乏燃料无法用于制造核武器[17]。IFR 后处理得到的锕系元素混合物可以进一步处理以纯化钚，但这需要用其他方法，但是 IFR 的处理流程只得到返回反应堆并作为燃料的产物。

12.10　高温处理提取纯钚的适用性

此前，我们已经指出电解精炼流程本身无法分离直接适用于武器生产的纯钚。但是，调整该流程是否能够完成这一任务呢？评估的重要问题是，钚、镎、镅和锔氯化物的自由能相当接近，这使得它们通常会一起沉淀。在实际电解精炼中，不可能以合理的速度分离不同的元素。理论上，自由能的微小差异都能用来分离钚，但是这种方法的速率太慢，不具有实用价值。在实践中，尚未显示调整电解精炼参数可以生产纯钚（很难分离铀、裂变产物和较高的锕系元素。在整个系统中，只有从纯钚开始，才能获得纯钚产品，这并不实用）。专家评估认为，电解精炼流程在本质上是防扩散的，无法直接用于生产武器材料[17, 19 – 22]。

电解精炼得到的是一种“粗”产物，流程设备系统非常紧凑，这意味着该流程更适合隐秘操作。事实上，电解精炼需要高温，大电流，以及非常纯净的惰性气体。不能“在一个车间内”就完成。要再接一套室温常压条件下操作的水法分离纯化方法则相当困难。实际上，如果使用高温处理方法来替换传统的水法后处理，那么防扩散能力会增加。

12.11　核　保　障

出于防扩散原因，燃料循环工厂一般都设有核保障系统。而 IFR 工厂本身有助于进行有效核保障。

高温处理工厂中所有操作，包括燃料的制造，都是在惰性气体热室中远程进行的，物料进出热室次数可查，安保系统的密封和监视简明易行。为保持热室惰性气体的纯度，需要授权才能通过气闸进入热室。监测惰性气体的纯度可以探测未经授权的出入。

和其他保障系统一样，材料控制和衡算是核保障的关键。常规的水法后处理，从乏燃料溶解槽可以取到浓度均匀的分析样品，分析值可以作为衡算的输入，而高温处理厂缺乏这个条件，因此衡算要复杂点。虽然水法后处理厂衡算输入很直接，但这也意味着溶解槽取样点以后的分析衡算很难，主要原因在于：工厂内有数百公里的管道，上千个各种储存容器。衡算的精度相当重要，在现有的工厂中，已经出现了很多物料泄漏的问题，有的甚至长期未被发现[12]。

高温后处理厂无法通过直接取样获得衡算输入。替代的方法是，根据燃料进入反应堆前的组成、反应堆中燃耗通过详细物理分析计算结果作为电解精炼衡算的输入。这几十年都是这么做的，并且通过实验测量能够以足够的精度进行校正。通过对燃料细棒进行统计抽样分析还能缩小不确定性。

除了衡算输入，IFR 燃料循环工厂的大多数操作都很明确：阴极产品、制造锭、成品燃料细棒等，这些都可以计数和称重。电解质是个例外，电解质可以取样分析。流程和可计数的物品都可以通过计算机控制，适宜于衡算。事实上，对于 EBR-Ⅱ乏燃料后处理已经成功开发和实施了质量跟踪系统[23－24]。

按照对各同位素和裂变产物近实时分析结果，该系统能够跟踪材料的数量和位置，还具有支持临界控制的功能。各处理步骤都可以分析建模，借此就能预测质量流，并根据实际数据结果更新分析实验室计算数据。

上述质量跟踪系统可以用于全球快堆燃料循环系统。随着超级计算机速度大幅提升以及几乎无限的数据存储能力，我们可以构建庞大的数据库，通过反应堆燃耗和成分变化，燃料循环厂处理步骤，下一个反应堆负荷或存储布置，跟踪组件制造和燃料棒的核材料。我们可以用第一座原型或商业反应堆数据库，随着全球联机反应堆的增加，积累数据库。计算机系统包括有关封隔和监视系统之间接口的数据，能够使快堆和燃料循环完全透明，并完善和提高物理安全措施。在理论上，也可以在现有商业反应堆系统中实施这类系统，但要回溯数百座反应堆 50 多年的历史数据并不现实。但是对于快堆系统，在实施新的商业反应堆之前，可以采用该系统建设数据库，这非常有用，可以作为国际核保障的一部分。

12.12 IFR 核保障和防扩散特性

从物理和化学性质上分析，IFR 系统具有核保障与防扩散的内在特性。这里对挪用风险和国家滥用风险做一个讨论。

12.12.1 挪用风险很小

由于产品放射性高，一般难以接近。IFR 乏燃料处理得到的钚产品含有次锕系元素（镎、镅和锔）、铀以及一些残留的裂变产物，是一个金属混合物。钚产品中始终有铀，数量从 30%到超过钚含量。武器制造需要净化，而进一步纯化钚产品需要通过一些其他与 IFR 无关的流程，如溶剂萃取的 PUREX（实际上这也是可能的选择）流程。在这一点上 IFR 后处理产品与乏燃料差别不大，都含有各种锕系元素并且仍具有很高的放射性。

由于放射性，产品一般难以接近。该操作需要在热室内进行，配有重屏蔽墙（通常是数英寸厚的混凝土），与 1 英寸厚的含铅玻璃窥视窗，通过远程操作工具如钳子、起重机等进行操作，未来还会通过机器人进行操作。IFR 乏燃料具有很强的放射性，产品也具有很强的放射性，而且必须始终进行远距离操作。

工厂中所有的钚都是不能接近的。反应堆堆芯中包含的大量钚和处理过程中的钚都按照核保障措施管理。唯一的薄弱环节在于场外运输，即在两点之间运输乏燃料和新鲜燃料。不过很容易衡算和连续监测。如果后处理厂与反应堆建在一起则可以取消场外运输。

12.12.2 IFR 后处理材料根本不可能被国家滥用于武器开发

IFR 乏燃料在处理前和处理后都需要远程操作。相比于清洁钚或铀-235，IFR 处理得到的钚很难简单处理，其放射性对手工制造非常危险。而离心法生产高浓铀只需戴手套就可以安全操作，PUREX 处理的清洁钚-239 的操作也与此类似。IFR 后处理的钚产品还会产生大量的热，放射性和发热对武器制造都不利，不如使用铀-235 或清洁的钚方便。与卡特和克林顿政府防扩散政策关系密切的人士也强调了这一点："据我们所知，所有美国的核武器制造都使用武器级钚，即同位素钚-239 含量至少为 93.5% 的钚。其他核武器国家的情况也大致相同。"[15]

另外，根据主要武器实验室之一的劳伦斯利弗摩尔国家实验室发表的研究结果表明：IFR 合成得到的钚并不适合用于核武器制造[17]。

IFR 乏燃料后处理产物作为武器材料主要有三个不利的因素：产热较高，自发裂变中子和 γ 射线水平较高。高温处理 IFR 乏燃料得到的钚产品中锕系元素混合物的热量输出比武器级钚高 50 倍左右，这可能会导致周围高爆炸药出现问题。自发裂变中子和 γ 辐射水平比武器级或反应堆级钚高 3 倍。在组装过程中，会大幅增加中子剂量。辐射给手工操作带来不便，这再次说明，该产物并不适合武器制造。

当然，该产物可以用其他流程进一步处理，如水法分离就能得到较高纯度的钚（当然，IFR 钚的同位素含量不变）。如果这样做，一开始用高温处理 IFR 乏燃料就没有必要了，因为一个水法流程适用于直接处理任何乏燃料。对于武器而言，白白增加了复杂性和费用。高温处理的目的就是使产品能够返回反应堆并作为燃料燃烧。

IFR 对铀包覆层组件的处理不同于对燃料的处理。钚在包覆盖层中积累慢，钚-240 增加更慢。包覆层组件电解精炼时，钚只有百分之几的水平，大量的铀将沉淀在固体阴极上，同时电解质中钚的含量会缓慢增加，但过程非常漫长。要使钚含量迅速增加（以便沉积钚），则必须引入钚含量高的燃料，其中就夹带有钚的高质量同位素和镅、镎、锔，以及裂变产物。如果想沉积包覆层中那点钚，需要漫长时间先沉积铀。需要多次运行以便在流程中积累大量的钚，几周甚至几个月的运行。这不可能逃脱任何核保障的关注。

电解精炼操作非常易于监测。钚浓度变化缓慢，如果操作时出现显著改变，将出现很多迹象。而且最后并不清楚纯的包覆层产物有多干净。其中肯定含有大量的铀，但也可能含有少量的高质量锕系元素。电解精炼是一个透明的流程，适合于监测，产品也偏离武器制造要求。该流程不会提供真正纯的产品，只会生成良好的 IFR 燃料。IFR 乏燃料后处理装置能够同时高效处理包覆层组件和燃料组件。

电解精炼流程本身并不能分离纯钚。要得到纯钚就需要引入另一个不相关的流程如 PUREX。无法靠调整 IFR 流程来完成这一任务。在该系统中，只有从纯钚开始，才能得到纯钚产品，但这并不实用。

12.12.3 IFR 流程中的基本电化学原理显示了其可以做什么和不能做什么

IFR 流程处理反应堆乏燃料和包覆层组件，主要成分都是铀，钚的含量不超过铀的 1/3（包覆层中钚更少），裂变产物和人造元素数量较多。使用的电解精炼流程有点类似冶金工业中铜和锌的电解流程，但在 IFR 流程中，使用氯化物熔融盐电解质。裂变产物元素由于其电化学特点，会留在电解液中，首先与其他物质分开。燃料中其他组分以氯化物形式熔解在电解液中，生成氯化铀、氯化钚等。首先沉积出铀产品，在电解质中铀含量降低到足够低时，钚和更高锕系元素才沉积出来。

电化学关系表明钚会在阴极上沉积出来，但只有在氯化铀浓度降到非常低之后才会出现。要使氯化铀含量低于氯化钚，必须使大多数铀首先在另一个阴极上沉积下来。只要在电解液中还有氯化铀，铀就会随钚和人造元素一起沉淀。产物中钚和铀的比例将随氯化钚和氯化铀的比例而变化。但是，产物中钚和铀的比例总是低于电解液中的比例。无铀的钚产品需要电解质不含氯化铀，但铀毕竟是燃料中的主要元素，实际上电解液总会含一些铀，以及一些镎、镅和较高锕系元素，这些元素必然会随着钚一起沉淀。

因此，钚和铀混合物的电化学关系（通常还含有较高的锕系元素）使得实际上不可能分离出干净的钚产品。在存在氯化铀的时候，钚根本不会单独沉积。钚产品中含有大量的铀，即使没有铀，还会沉淀较高的锕系元素。在进行 IFR 的电解精炼中，无法分离获得纯钚产品。

12.13 小　结

能源生产潜力无限的 IFR 技术不会排放温室气体，而且有助于减少核扩散风险。

那么 IFR 技术增加了多少向目前未拥有核武器国家扩散核武器的风险呢？核武器一直都在大型实验室中秘密开发。钚主要是存放的问题，无论有没有 IFR，都会存在钚，并且其数量还会大幅增加。在所有核电中，钚生产不是可以选择的问题。所有核电厂都会产生钚。目前，全球核电中 40%的电力来源于钚的裂变。未来全球核电中的大部分电力将由钚生产，因此其比例还会增加。

乏燃料后处理对于回收钚和随后的大规模能源生产至关重要。说起来后处理技术须满足后续元件制造，如电解精炼技术，但后处理技术没有必要过于好（意指水法后处理得到纯钚有点不合适了）。在 IFR 流程中，乏燃料较高的辐射水平需要远程处理，这使得 IFR 的钚很难处理，而且也不会像清洁钚或铀-235 一样能够用于制造武器。而离心法生产高浓铀只需穿戴手套就可以安全操作，PUREX 流程得到的清洁钚-239 也类似。IFR 处理的燃料，主要是因为一些较高锕系元素的短寿命放射性裂变产物衰变，仍具有危险的放射性并会生成大量的热。需要重屏蔽操作，增加了其未经授权使用的难度。需要使用机械手来处理 IFR 的钚使其不适合用于武器制造。

反应堆乏燃料具有很多武器制造的困难，因此也不适合国家核武器计划。我们还认为，武器级易裂变材料使用够好了，对于有野心的扩散团体或国家，铀-235 和钚-239 都是最佳的选择，通过适当的监督，民用反应堆系统很难隐秘生产。

IFR 提供现场处理，无须场外运输，很难隐藏挪用材料，无法提供武器级纯钚，而且也没有必要建立钚库存。IFR 高温流程只能生成不纯的放射性产物，这与 PUREX 有很大的不同。由于电解精炼设备系统的紧凑性，意味着该流程更适合隐秘操作，也只能生产需要进一步处理的粗产品。事实上，电解精炼需要高温操作以及在非常纯的惰性气体条下通过机械手和钳子进行远距离操作。

流程的性质和物品可计件非常适合计算机对材料控制和衡算。事实上，对于爱达荷国家实验室燃料工厂的 EBR-Ⅱ乏燃料处理，已经成功开发和实施了质量跟踪系统。在此基础上很可能会建成针对全球快堆燃料循环系统的质量跟踪系统。随着超级计算机速度大幅提升以及几乎无限的数据存储能力，我们可以构建庞大的数据库系统，能够通过反应堆燃耗和成分变化，燃料循环厂处理步骤，下一个反应堆负荷或存储布置，跟踪制造组件和燃料棒的燃料材料。可以用第一座原型或商业反应堆构建这类数据库，随着全球联机反应堆的增加，积累数据库。

最后，回到 IFR 的基本原理，钚和铀的电化学关系（通常还含有较高的锕系元素）使得实际上不可能分离出干净的钚产物。在存在氯化铀的时候，钚根本不会干净地沉淀。在产物中含有大量的铀，无论是否存在铀，都会沉淀较高的锕系元素。在进行 IFR 的电化学装置中，无法获得干净的钚产物。

参考文献

[1] Congressional Record, Senate, June 30, 1994.

[2] T. Blees, Prescription for the Planet: The Painless Remedy for our Energy and

Environmental Crisis, 319-343, 2008. http://www. prescriptionfortheplanet. com.
[3] T. B. Taylor, "Nuclear Power and Nuclear Weapons," Nuclear Age Peace Foundation, July 1996.
[4] S. G. Hecker, quoted in"Visiting North Korea," Physicstoday. org, February 23, 2011.
[5] S. M. Younger, The Bomb, A New History, Harper Collins Publishers, 2009.
[6] IAEA, "International Nuclear Fuel Cycle Evaluation Vol. 1-9," IAEA, Vienna, 1980. Barry Brook, private communication, 2010.
[7] U. S. Department of Energy, "Additional Information Concerning Underground Nuclear Weapons Test of Reactor-Grade Plutonium," June 1994.
[8] Alright, F. Berkhout, and W. Walker, World Inventory of Plutonium and Highly Enriched Uranium 1992, Oxford University Press, 1993.
[9] D. Albright, Separated Civil Plutonium Inventories: Current Status and Future Directions, Institute for Science and International Security, June 2004.
[10] J. Bernstein, Plutonium: A History of the World's Most Dangerous Element, Cornell University Press, 2007.
[11] T. P. McLaughlin, et al., "A Review of Criticality Accidents, 2000 Revision." LA-13638, May 2000.
[12] Additional Information Concerning Underground Nuclear Weapon Test of Reactor-Grade Plutonium," U. S. Department of Energy, June 1994. http://permanent.access.gpo.gov/websites/osti.gov/www.osti.gov/html/osti/opennet/document/press/pc29. html.
[13] 1958 US-UK Mutual Defense Agreement." British American Security Council, http://web.archive.org/web/20061130060326 http://www.basicint.org/nuclear/MDA.htm
[14] Marvin Miller and Frank von Hippel, "The Usability of Reactor-Grade Plutonium in Nuclear Weapons: A Reply to Alex deVolpi," Physics and Society Newsletter, 26, July 1997.
[15] Alvarez, L. W. Alvarez: Adventures of a Physicist, Alfred P Sloan Foundation Series Basic Books, 1987.
[16] D. L. Goldman, "Some Implications of Using IFR High-Transuranic Plutonium in a Proliferant Nuclear Weapon Program," LLNL Document No. CONDU-94-0199, March 1994.
[17] Carson Mark, "Explosive Properties of Reactor-Grade Plutonium," Science & Global Security, 4, 111-128, 1993.
[18] Nonproliferation Risks and Benefits of the Integral Fast Reactor," Prepared byInternational

Energy Associates Limited for Argonne National Laboratory, IEAL-R/86-100, 1986.

[19] U. S. Department of Energy, "Nonproliferation and Arms Control Assessment of Weapons-Usable Fissile Material Storage and Disposition Alternatives," Draft Report, October 1, 1996.

[20] R. Wymer et al. , an unpublished report prepared for the Department of State and the Department of Energy, 1992.

[21] Nonproliferation Impacts Assessment for the Treatment and Management of Sodium-Bonded Spent Nuclear Fuel," Office of Arms Control and Nonproliferation, U. S. Department of Energy, July 1999.

[22] C. Adams, et al., "The Mass Tracking System: Computerized Support for MC&A and Operations at FCF," Proc. ANS Topical Meeting on DOE Spent Nuclear Fuel and Fissile Material Management, Reno, Nevada, June 16-20, 1996.

[23] R. W. Benedict, et al., "Material Accountancy in an Electrometallurgical Fuel Conditioning Facility," Proc. ANS Topical Meeting on DOE Spent Nuclear Fuel and Fissile Material Management, Reno, Nevada, June 16-20, 1996.

第十三章

经　济　性

13.1　快堆资本成本

13.1.1　迄今从快堆建设经验中可以获得哪些经验？

根据过去快堆的建设经验，可以获得一些成本可能具有竞争力的观点，但是信息是非常有限的。可以说，全球早期快堆建设的每兆瓦（MWe）的资本成本远高于轻水堆（LWR），但这种比较并不明确。在与 LWR 的比较中，把两者之间的差异视作了快堆的成本增量。这有些不妥，因为快堆功率远小于商业发电 LWR，快堆数量也很少，大多数都是示范工厂，由政府负责开发。基本上每个国家都有一个示范快堆，但没有后继项目跟上，是提高功率还是同样功率复制，没有机会对首堆获得的经验加以改进。LWR 建造了很多，已经具有经济规模，不存在首堆成本。此外，LWR 是商业应用，因此后续经济要求促使成本逐步降低。目前，这些都不适用于快堆。

热堆以及其他大型建设的经验已经表明，在一系列规模不断扩大的示范电站可行性获得证实之后，资本成本自然会下降。每个国家都是这样，只是由于反核组织的挑战，预计施工的时间会延误较长。分阶段建设多个示范工厂的方法负担重，难以持续，况且根据目前世界各地的经验，可能无须快堆电站。没有这样的经验，很难估计“最终”的资本成本。不过，由于快堆经济竞争力是其商业部署的先决条件，因此我们需要了解快堆的潜在资本成本以及影响因素。

20 世纪 50 年代最早设计和建造的快堆难以提供有用的成本信息。它们的规模都太小，而且数量有限，20 MWe 的 EBR-Ⅱ、61 MWe 的 Fermi-1，以及英国大约 15 MWe

的 DFR。主要经验来自于 20 世纪 70 年代的氧化物燃料示范工厂。法国在 1974 年建造了 250 MWe 凤凰快堆（Phenix），到 2009 年停止运行。德国建造了 SNR-300，但是受到该国反核势力的影响，一直未投入使用。英国建造并运行着 270 MWe 原型增殖反应堆（PFR）。该反应堆非核部分系统存在一些问题，已经停止运行多年。日本建造和运行 300 MWe 文殊（Monju）反应堆，1995 年出现少量钠泄漏之后停堆，于 2011 年 5 月恢复运行。美国建造和运行一座测试反应堆（FFTF），热功率为 400 MWth，运行了 10 年，没有出现任何问题。由于其不具备发电能力，在需要提供快中子辐照时关闭了，美国之后没有再引入其他快堆。美国示范工厂，375 MWe 的 CRBR 已准备开工建造，但由于卡特政府反对而被迫取消，并最终于 1983 年终止。

在西方，法国是个例外，法国的示范电站具有商业规模。作为积极推进快堆发展的国家之一，更进一步推进快堆商业化。继 1967 年 40 MWth 实验快堆和 1974 年 250 MWe 凤凰快堆之后，于 1985 年开始运行 1 240 MWe 全尺寸超凤凰示范快堆（SuperPhenix）。但并未从凤凰堆中获得多少经验，因为超凤凰堆的设计与凤凰堆几乎同时进行。该项目由法国欧洲财团 Novatome 根据“交钥匙”合同建设。核蒸汽供应系统的固定价格约为 10 亿美元。法国电力公司 EdF 负责投资“兜底”[1]，约占总成本的 40%。超凤凰的资本成本约为法国 PWR 的 2.1 倍[2]。

在超凤凰建设的同时，Novatome 还设计了 1 500 MWe 的超凤凰-Ⅱ（Super Phenix-Ⅱ）。由于不再是首堆，估计成本降低了 20%，由于功率更高，成本再减少 17%。仅这两个因素就能使每千万（kWe）的费用降低到法国 PWR 成本的 1.4 倍。如表 13-1 所示[3]，超凤凰-Ⅱ的概念设计证实了每千瓦成本相对超凤凰的降低[1-2]。

超凤凰还显示，近商业规模的快堆比 LWR 更昂贵。但是，对于超凤凰并没有严格遵循法国设计的凤凰堆。凤凰堆设计简单，而超凤凰设计较为复杂。但是，根据超凤凰的经验估计是可以获得直接比较的。

表 13-1 基于每 kWe，超凤凰-Ⅱ与凤凰的建造量的比较

反应堆本体	0.52
燃料处理和储存系统	0.21
中间回路和辅助系统	0.55
主钠泵	0.33
IHX 和蒸汽发生器	0.80
衰变热排出系统（不包括烟囱）	0.57

从 250 MWe 扩大到 1 240 MWe 是一个巨大的跨越，保证反应堆满足实际操作是其主要目标。后续超凤凰-Ⅱ降低成本是其主要目标，如表 13-1 所示，大幅减少施工成本成为可能。这一估算于 1985 年完成，当时超凤凰-Ⅱ设计仍处于早期开发阶段。在一系列抗议、诉讼、暴力和低级破坏，包括绿党的火箭攻击，以及一些技术问题之

后，超凤凰最终于 1997 年永久关闭。绿党加入了新政府，加上超凤凰不稳定的运行记录，最终结束了其运行，之后一年退役。超凤凰-Ⅱ的前景也变得暗淡起来。尽管如此，表 13-1 的总结仍说明了成熟快堆设计降低成本的潜力。这表明，快堆经济竞争力的潜力是可以实现的，而且在大型成熟快堆中更可能实现。

除了法国的快堆计划，有史以来第二大的快堆是俄罗斯的 BN-600，它于 1980 年开始运行（早期的示范电站 BN-350 获得了令人满意的成果，能够生产电力并淡化海水）。按$/kWe 计算，BN-600 资本成本约为俄罗斯 LWR 的 1.5 倍。作为后续，原计划兴建 3 座 BN-800，但是随着苏联的解体，计划被搁置了。2006 年，在 Beloyarsk 重新启动了一座 BN-800 的建设。BN-800 每 kWe 的最新成本约为 BN-600 的 90%。与此同时，正在开发更大的 BN-1800，初步估计表明，每千瓦资本成本将降至 BN-600 的 48%[4]。这意味着确实具有与 LWR 相竞争的潜力。

印度也成功运行了一座小型快中子增殖实验堆（42.5 MWth/12 MWe），自 1985 年以来一直在运行，而且已经示范了完整的碳化物燃料堆芯。印度可能会成为首个商业化快堆的国家。2004 年，印度开始建设 1 座 500 MWe 原型快堆（PFBR）。该项目的资本成本估计为 6.22 亿美元。工程计划于 2014 年完成[5]。该项目之后，计划在 2 个不同地方成对安装 4 台类似的 500 MWe 设备。这些设备的资本成本估计为每台 5.44 亿美元。由于不同的材料和劳动力价格以及融资结构，很难判断如何将其转化为在美国修建的电站成本[5]。印度目前商业化反应堆为小型 200 MWe 重水反应堆，因此印度的 500 MWe 快堆具有不错的竞争力。但是，后续引入充分开发的 LWR 可能会具有更为显著的资本成本优势。

13.1.2 与 LWR 的一般比较

比较快堆与商业 LWR 的资本成本并不简单。首先，商业反应堆资本成本的确定很困难。美国 LWR 建于 20 多年前，施工环境也各不相同，一些建于反核运动成本增加之前，一些则修建于反核运动高涨的时候，还有一些则在之后。PWR、BWR、重水堆和气冷堆之间的比较也不成立，尽管都是水堆，我们只能根据实际经验处理。比较尚处于设计阶段的快堆就更不确定了。但是，资本成本组成的详细信息有助于我们进行比较。

能源部能源经济数据库（EEDB）定义了估计和分类此类成本组成的账目编码。为了便于说明，为 EEDB 制定的 PWR 参考资本成本明细表如表 13-2 所示[6]。自该数据库于 20 世纪 80 年代构建以来，绝对美元数与目前无关，因此成本明细表按总成本的百分比计算[7]。

标准化也难以直接比较两类反应堆的总成本。核电厂可分摊成不同组成成本，这些成本简要说明如下。

直接成本包括与运行电站结构、系统和组成有关的建设成本和安装成本。21 条是现场改善反应堆厂房以及工厂建筑物和结构的费用。其余直接成本与设备系统、设备本身有关的成本，运输和保险费用、运输固定装置和滑木包装计提、调试和验收测试设备、现场卸载和进行相关检查，以及安装费用。

表 13-2 标准化到总直接成本的典型资本成本组成

EEDB 账目编号	账目说明	EEDB，LWR	典型快堆
21	结构和改善	26	13
22	反应堆厂房设备	30	56
23	涡轮机厂房设备	24	14
24	电厂设备	11	11
25	杂项工厂设备	4	3
26	散热系统	5	3
	总直接成本	100	100
91	建设服务	21	19
92	总部办公室工程和服务	33	44
93	现场办公室工程和服务	16	9
94	业主成本	—	—
	总间接成本	70	72
	总直接和间接成本	170	172

91 条建设服务后面是间接成本，包括反应堆临时建筑施工、施工工具和设备、工作保险和税费、以及支付给联邦、州和地方政府的税费、许可证费。92 条为总部办公室工程服务，包括特定地点的工程和办公室服务。这些成本包括工程和设计、采购和赶工活动、成本估算和控制、工程规划和计划，以及总部办公室 QA 工程师和项目员工的服务。93 条现场办公室工程和服务，包括现场施工管理、现场 QA/QC、电站启动和测试有关的管理活动以及必需的支持费用。94 条包括业主负责项目管理、集成、许可、QA/QC 等的人员，运行初期的人员配置和培训、维护、监督和行政人员，备件、消耗品和供应品初始库存，以及钠和其他资本设备的初始库存。

间接成本的控制至关重要，而且不同项目的间接成本变化很大。根据过去美国的经验，间接成本决定了一些工厂的直接成本，一些间接成本增加到了荒谬的地步，甚至超过了直接成本。对于快堆指标竞争力的一个关键因素就是将间接成本降低到合理的水平，建设停滞是无法容忍的。在成熟度方面，快堆的间接成本不会高于 LWR。

降低间接成本的最有效措施就是规范工厂设计，从而可以避免特定厂址的工程和设计费用。地震阻尼系统有助于保持标准设计并适用于各种潜在的厂址，哪怕该厂址有特定的地震设计谱。地震阻尼系统本身就可以进行微调，以应付特定厂址的抗震设计标准，使得工厂结构满足标准设计要求[8-9]。

至于直接成本，快堆的设备成本可能较高，因为需要高温结构材料以及与中间热量输送系统有关的附加设备。另一方面，由于快堆无须高压密封，因此可以减少封闭建筑物和结构的大小与商品数量。快堆电站对于，例如汽轮机等系统装备的需求更低，主要归因于更高的热效率，也就是同等出力情况下更少的热量输出。综合来说，快堆资本成本大致与各种 LWR 的成本相当。

最近，日本原子能机构完成了商业可行性研究，其 1 500 MWe JAEA 钠冷快堆（JSFR）的资本成本估计将低于同等规模的 PWR。施工用品和建筑物大小的大幅减少主要是通过一些设计优化实现的，如将中间热交换器（IHX）和泵整合到一套设备中，使用先进合金缩短配管长度，并增大部件减少回路数[10－11]。

但是总体而言，由于首堆情况，前几座快堆核电站资本成本竞争力无法体现。重点不应放在早期反应堆，大型涉钠部件可靠性和系统工程方面的风险比扩大反应堆规模提高经济性更为重要。在扩大设计之前，快堆的过滤范围在 600 MWe 左右。成熟之后，自然提高到更大的过滤范围以实现规模经济。即使是成熟的 LWR，反应堆规模也仅为 1 000～1 300 MWe，目前只是针对下一代电站，才计划扩大到 1 500～1 800 MWe，而当前一代的反应堆已经拥有了几千堆年的经验。

最重要的是，快堆设计应利用钠的固有特性和固有安全特性，以便使系统获得较高的整体可靠性、易于操作并保持长寿命。在快堆成熟之后，才能实现良好的经济性。如果第一座商业化核电站不具有成本竞争力，那么初始快堆部署会受国家政策、保守规划、资源缺乏、成本观点以及其他因素的影响。初始快堆的资本成本主要由间接成本决定，对于建立包含这些成本的项目构架非常重要。EBR-Ⅱ项目由一些骨干专家（不超过 100 人）完成，他们完全负责从初始概念到工程、详细设计、采购、安装和最终验收测试。现代快堆，不论其大小，都需要更多的骨干，但是专业知识仍是最重要的，在规模上，仅需要几百名工程师[12]。良好的项目组织也是至关重要的，不仅有助于初始示范项目的成功，也有助于构建成熟设施建设架构。

13.2 LWR 燃料循环成本

13.2.1 组成

各 LWR 燃料成本组成略有不同，这取决于燃料类型、燃耗水平以及其他因素。但是，LWR 燃料循环的总成本对于特定燃料数据并不敏感。这里，我们参考了 2003 年麻省理工学院（MIT）的研究。新燃料铀-235 浓缩度 4.5%，燃耗 50 000 MWD/T，乏燃料组成为 93.4%的铀（其中铀-235 为 1.1%）、5.15%的裂变产物、1.33%的钚和 0.12%的次锕系元素[13]。MIT 的研究假设见表 13-3（铀价不是假设）。铀价取为$30/kgU

（= \$11.54/lbU_3O_8），这也是当时的普遍价格。未来\$30/lbU_3O_8 比较现实，我们采用其作为我们分析的参考值（铀到 U_3O_8 的转换因子为 1.18，kg 到 lb 的转换因子为 2.2，因此\$/lbU_3O_8 到\$/kgU 的转换因子为 2.6）。

会计部门使用的燃料循环成本方法相当复杂。不同时间发生的现金流都是现值、资本化负载燃料、折算为免税代码允许的数值。在我们的分析中，我们将所有的成本组成处理成开支（不是资本），忽略现金流的时间差（除了 10 年以上的较大区别，在燃料循环后端是常有的事，将在后面讨论）。这种简单的方法准确度不会太差，但是可以更好地量化各组成的影响并比较燃料循环后端的不同方案，也可以更好理解快堆。

表 13-3　成本假设

铀矿石开采/\$/lbU_3O_8	30
铀转化为 UF6/\$/kgU	8
铀浓缩/\$/SWU	100
元件制造/\$/kgU	275
处置费/mills/kWhr	1
后处理/\$/kgHM	1 000
MOX 燃料制造/\$/kgHM	1 500

在上表中，UF_6 是铀氟化物，一种可以进行浓缩的气体。MOX 是铀/钚氧化物的混合物。SWU（“分离功单位”）用于测量处理铀的数量以及浓缩的程度。Mills 定义为 1/10（美厘，千分之一美元—译者注）。HM，重金属，为铀和所有比铀重的同位素。

如表 13-4 所示，燃料循环费用按\$/kgHM 和 mills/kWh 表示。5.5 mills/kWh 与美国目前平均 5 mills/kWh 的平均燃料循环成本一致。UF_6 转化、浓缩和元件制造技术成熟，具有经济竞争力，其价格预计将保持稳定（如果可能，价格还会下降，尤其是采用新的浓缩技术之后）。虽然 2003 之前 15 年铀现货价格一直处于 10 \$/lb 附近，但后来现货价格短暂突破了 130 \$/lb，目前大概在 70 \$/lb 左右，如图 13-1 所示[14]。

表 13-4　LWR 燃料循环成本

	\$/kgHM	mills/kWh
铀	660	1.66
转化	70	0.17
浓缩	770	1.94
制造	275	0.69
处置费	400	1.00
总计	2 175	5.46

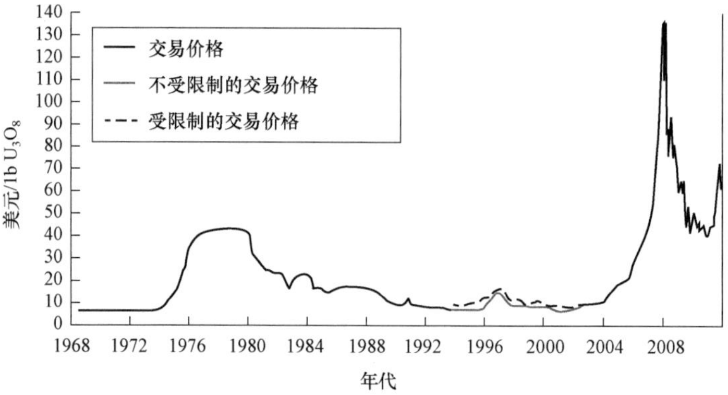

图 13-1　铀现货价格走势（来源：TradeTech[14]）

13.2.2　铀价的影响

铀价受长期合同影响，波动较小。20 世纪 70 年代中期铀价曾大幅增加，从 8$/lb 增加到 40 $/lb 以上，当时核电大幅增加。20 世纪 70 年代末和 80 年代初核电建设订单被推迟或取消，铀价开始稳步下降，历时约 25 年。长期合同供应占到了需求的 85%，其支持的铀价一直不太透明，因为没有终端市场报价，合同条款的全部细节也很少会披露。见图 13-2 显示了长期合同价格与欧洲原子能共同体（Euratom）估计欧洲市场现货价格之间的差异。Euratom 现货市场价格密切跟踪美国现货市场[15]。可以看出，长期合同价格跌涨较为温和。从 1996—1997 年，现货市场价格开始上涨，与长期合同价格的差距有所缩小。但是，在 20 世纪 90 年代末由于可以有武器级铀转为民用，现货市场价格走低。这一影响持续了几年，但是 2004 年以后铀价格开始急剧上升。目前美国公司采购的铀价如图 13-3 所示。毫无疑问，现货市场价格出现了大幅增加，全球核能持续增加也对长期合同价格构成了压力，美国市场犹是如此[16]。但是，很难预期未来铀的价格水平。

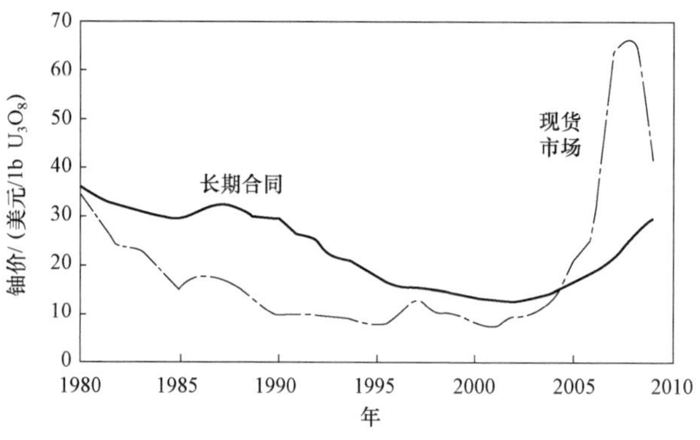

图 13-2　Euratom 年平均铀价：现货市场与长期合同（来源：Euratom 年度报告[15]）

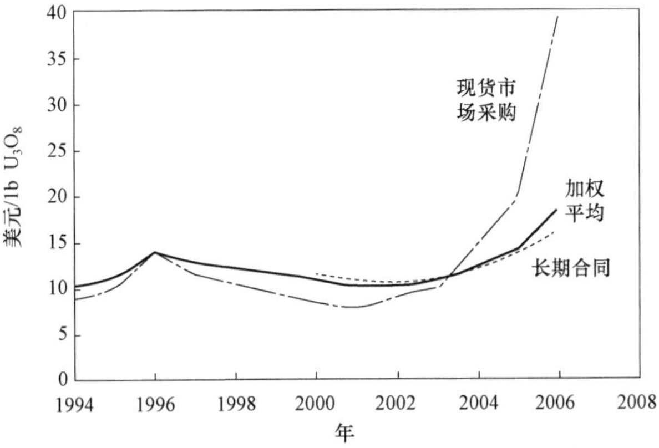

图 13-3　美国公司购买铀的加权平均价格

为了分析，我们假设以 30 \$/lb 作为参考值。见图 13-4 显示了不同铀价对燃料循环成本的影响。从下图中可以看到燃料循环成本对铀价的敏感度：如果铀价比此假设高 5 倍，即达到 150 \$/lb，那么燃料循环成本组成将增加 1 倍以上，达到 12 mills/kWh，同时对 LWR 燃料循环成本构成显著影响。

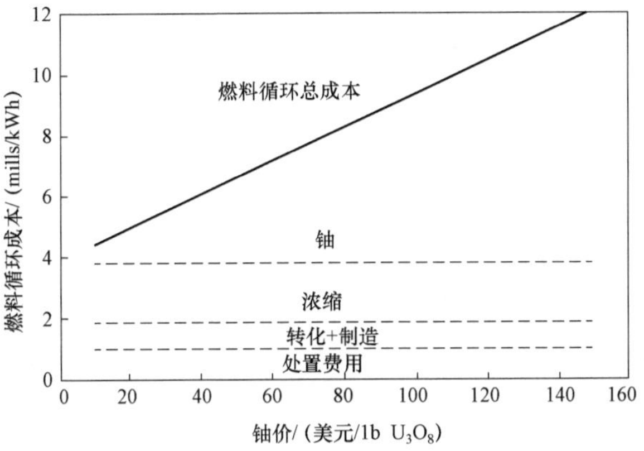

图 13-4　铀价对燃料循环成本的影响

13.2.3　对 LWR 循环的影响

铀价对后处理有明显影响。在拟议和目前实施的 LWR 有限燃料循环中，欧洲和日本的做法不一样。通过一次后处理回收钚并制成新的 MOX 燃料，美国和其他国家成本估算模型不同。我们先来看一下欧洲和日本的成本模型，然后再讨论美国循环经济性的问题。

首先看一下后处理。回收的铀再用于发电，可以抵消一部分后处理和随后废弃物的处理费用。由于后处理是在乏燃料冷却一段时间之后进行的，因此其未来成本是使用贴现率计算的现值。如果我们假设延迟时间为 10 年，贴现率为 5%/年，那么后处理成本的现值约为未来现金支出的 60%。后处理将减少高放废物体积，相比乏燃料直接处理会减少处置费用。我们假设处置费用将减少到直接处置费的一半，该成本也是未来成本的现值。对于美国的情况，在卸出燃料时征收 1 mill/kWh 的高放废物处置费，这是现值，无须贴现。

LWR 有限闭式燃料循环的成本见表 13-5，并与一次通过成本相比较。由于增加了后处理成本，因此闭式燃料循环的成本比一次通过燃料循环的成本高 15%。但是这里没有讨论铀钚循环抵消增加的成本。

表 13-5　封闭燃料循环与一次通过成本的比较（$/kgHM）

	封闭燃料循环	一次通过
铀	660	660
转换	70	70
浓缩	770	770
制造	275	275
后处理	610	–
处置费	120	400
总计	2 505	2 175

反应堆一次使用，低浓缩铀燃料中铀-235 不会完全燃烧。卸出时，含有约 20%的初始天然铀当量值，约 5%的分离功单位（SWU）值。后处理铀的利用尚不明朗。如果将后处理铀再浓缩，那么同时也浓缩了其中的铀-236，使得铀-235 浓缩需提高约 15%，以抵消铀-236 吸收造成的反应性亏损。这将导致分离功单位增加，部分抵消了节省的天然铀。从反应堆物理来看，铀-236 是个麻烦，但对辐射防护影响不大。更麻烦的是高燃耗乏燃料中微量钚-236 的 α 衰变生成的铀-232，对铀产品的影响。根据燃耗水平，铀-232 含量会积累达到十亿分之 0.5～5。铀-232 经过一系列 α 衰变后，会释放非常强的 γ 射线，对人体有害。浓缩厂和元件制造生产线的污染问题将会妨碍后处理铀的使用。将后处理铀用于混合氧化物燃料元件制造，可以通过调整钚的含量以抵消铀-236 吸收中子的影响，或者将后处理铀用于快堆，在快堆中铀-236 没有影响。因此，目前后处理铀通常暂存在临时储存库中，待到铀价走高后或可使用。

13.2.4　回收钚作为混合氧化物燃料

与后处理铀不同，后处理钚可用钚作为混合氧化物（MOX）燃料在一些选定的反应堆中使用。但是，钚在 LWR 热谱中的反应价值仅为铀-235 的一半。回收所有钚只能节省 10～15%当量的天然铀。MOX 制造费用高（大约是铀燃料制造费用的 5 倍），再循环 MOX 燃料经济上诱因弱。

见表 13-6，给出了 MOX 燃料循环与 UO_x 燃料循环中各环节成本比较。

表 13-6　MOX 与 UO_x 燃料循环成本比较（$/kgHM）

	UO_x	MOX
铀	660	78
转变	70	8
浓缩	770	0
制造	275	1 500
后处理	610	610
处置费	120	120
总计	2 505	2 316

如果后处理和 MOX 制造以及相关的钚处理设施已经建成并且其资本成本已经摊销，那么闭合燃料循环在经济上还是可以承担的。如果没有这些基础设施，那么后处理 LWR 乏燃料在经济上吸引力不大。美国目前的情况就是这样。

另一个审视后处理经济诱因的方法是考虑乏燃料直接处置。如果乏燃料直接处置于处置库中，那么 1 mill/kWh 或 400 $/kg（按 50 000 MWD/T 燃耗计算）就足够了。如果铀价走高，那么需要达到多少才能为回收提供激励呢？如图 13-5 所示，假设后处理成本为 1 000 美元/kg，那么铀价必须上涨到约 120 $/lb，才能使回收在经济上可行。或者，如果后处理成本降低到 500 美元/kg，那么在铀价为 40 $/lb 时，回收在经济上也是可行的。

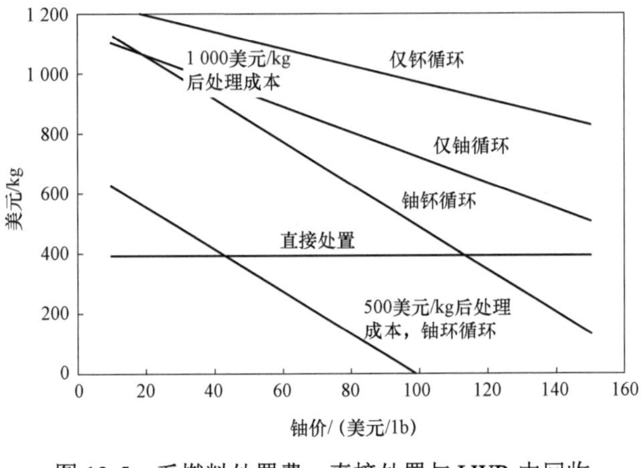

图 13-5　乏燃料处置费：直接处置与 LWR 中回收

仅从经济的观点，还无法根据目前的经济参数断定 LWR 闭路循环优劣，也无法预测其未来。因为目前法国和日本，正在开展的有限钚循环，是迈向未来快堆长期完整燃料闭合循环的一个中间阶段。

LWR 循环的另一个潜在好处可能就是废物管理。但是，为了废物管理，必须从中分离出长寿命锕系元素并将其在反应堆中燃烧。目前尚未开展这方面的工作，更重要的是，与之前讨论的相同，LWR 热谱无法有效燃烧锕系元素。

13.3 快堆燃料闭式循环

与 LWR 相比，快堆燃料必然需要闭式燃料循环，它需要回收可裂变物质，同时增加了资源利用率，减少了废物。主要问题是其经济性。除了减少对新鲜铀燃料的短期和中期需求以外，其间接的经济效益还在于资源扩展和废物管理方面，有助于抵消使用快堆燃料闭式循环的直接成本。但是，后处理成本是最重要的因素。经济可行的燃料循环将有助于减少快堆早期部署的经济障碍。这个问题的核心是选择后处理技术。

基于金属燃料和高温处理的 IFR 燃料循环在经济上优于传统的氧化物燃料和水法后处理。在欧洲和日本，水法后处理已经商业化应用于 LWR 乏燃料处理。原则上，可以使用相同的工艺来处理快堆氧化物乏燃料。但是，快堆乏燃料有一些新问题：含有较多的锕系元素（达到 20%），而 LWR 乏燃料通常为 1%，高锕系元素氧化物燃料很难像铀燃料一样容易溶解于硝酸；重要的是，临界约束也限制了处理设备的规模，此外快堆燃耗高，采用不锈钢包壳，包壳比放射性比 LWR 锆包壳高；快堆元件首先要处理残留的冷却剂钠，这些都给水法后处理工程实施带来了困难。

已经在法国马库尔（Marcoule）、英国唐瑞（Dounreay）和日本东海村（Tokai）进行了实验室规模的快堆乏燃料水法后处理示范研究。Marcoule 研究设施代号 TOR，处理能力 5～10 t/y。快堆氧化物燃料处理还无法达到像 LWR 后处理厂一样的经济规模。英国和法国计划将 60 t/a 处理量定为下一个试验工厂的目标。

此外，含锕系元素氧化物燃料的远程制造难度增大。氧化铀燃料制造目前是开放式操作，芯块打磨精度要求高。混合氧化物制造可以远程完成，但是维护还需要手工操作。含锕系元素燃料制造和维护都需要远程操作，这是一项大的挑战，会大大影响其经济性。

但是，使用浇铸法就很容易实现 IFR 金属燃料远程制造，能够与高温处理过程兼容，两个流程都很紧凑，能改善快堆燃料闭合循环的经济性。虽然许多专家认可改善的潜力，但是由于技术成熟度的差异，准确定量非常困难。水法后处理发展已较充分，尤其是对于 LWR 乏燃料的后处理。金属元件远程制造比氧化物燃料方便。除了技术成熟度水平存在很大差异之外，水法和干法流程在各方面都完全不同，很难进行直接的比较。

工程化必须首先进行自下而上的概念设计，水法与干法的基本规则相同。然后估算资本成本。干法的全面概念设计工作已于 20 世纪 80 年代中期开始，因此可以进行比较。阿贡国家实验室针对 1 400 MWe 快堆，根据高温处理和金属燃料制造工艺制定了详细的商业规模燃料循环设施的前期概念设计[17]。橡树林国家实验室和汉福特工程技术开发实验室则针对同样大小的反应堆[18]共同开发了基于水法后处理和混合氧化物制造的燃料循环设施。

高温处理燃料循环设施只涉及几个处理步骤，所有的处理设备系统都非常紧凑。在后处理、再制造和废物处理方面，都会带来大幅度的简化和成本的降低。这些设施费用的比较见表 13-7。

表 13-7　1 400 MWe 快堆燃料循环工厂的比较

	高温处理	水法后处理
规模和材料		
建筑容积/ft^3	852 500	5 314 000
处理设备容积/ft^3	41 260	424 300
高密度混凝土/cy	133	3 000
正常密度混凝土/cy	7 970	35～40 000
资本成本，百万$ （2 011 $）		
设施和建筑	65.2	186.0
设备系统	31.0	311.0
临时费用	24.0	124.2
总计	120.2	621.2

高温处理燃料循环工厂的资本成本比同等规模的水法后处理燃料循环工厂少 5 倍。通过比较规模和设备系统所需的材料（减少了 5 倍，同时建筑材料减少了 5～10 倍），很容易就能理解如此大的差异。这项比较耗费了不少的人工，工作量达到了 200 人/月。这是迄今为止，高温处理和水法后处理经济潜力最全面的比较了。此后，还进行了一些粗略的评估，得到的结果与此大致相同。

水法处理技术相对成熟，而高温处理技术尚未工程化实施，因此这一比较还是初步的。但是，技术细节不确定性对成本估算的影响不会太大。电解精炼还需要进一步工程开发，详细的流程参数，如电流密度和电压还需要进一步优化。但这些改进都不会影响电解精炼方法、设备的尺寸或是设施的布局。成本估计不会出现明显改变。不同方法对成本的影响大，造成工艺设备、数量和大小的不同。这一点见表 13-8。

1994 年后 EBR-Ⅱ乏燃料处理的经验表明高温处理经济性优于水法后处理。高浓钚或锕系元素，含量为重金属的 20%～30%，需要小批量或小容器操作，以便控制临界，这些都适合于批量操作的高温处理模式。进一步开发工作将集中于流程参数优化，但是整体设备尺寸或结构不会变化。简言之，如果高温处理实现工程化，将比水法流程更加经济，但是还需要更多研发才能固化流程。

表 13-8 后处理设备的比较

高温处理	水法后处理
1 拆卸/切割站	104 储罐
1 阳极装载站	17 离心机和接触器
1 卤化物排渣炉	11 剥离器和分离器
1 锭清洁站	2 蒸汽发生器
1 取样和锭称重站	8 过滤器
2 电解精炼厂	7 汽化器和蒸发器
2 阴极处理器	9 弯管
3 储存库	15 保留和回收床
1 分析取样站	6 垫圈
1 分析实验室设备	1 吸收塔
1 室内支持设备	1 压缩机
	1 净化蒸馏
	1 酸分馏器
	2 沼气池
	1 旋转分散器
	1 燃料清洗室
	1 拆卸站
	1 剪切室
	1 还原炉
	1 脱硝炉
	1 联合脱硝炉
	大量的管道和连接器

早在 20 世纪 60 年代远距离制造金属元件的浇铸工艺经过了实验考验。安保要求提高后，在西阿贡（Argonne-West）新建了燃料制造厂（FMF），该厂于 1987 年 3 月投产，并放大了浇铸工艺。EBR-Ⅱ浇铸炉一直按每批 5 kg 金属运行，该厂装配了 2 个每批 10 kg 金属的浇铸炉，足以为 EBR-Ⅱ和 FFTF 提供燃料。该厂建造和设备系统的总成本约为 400 万美元（相比于为 FFTF 提供氧化燃料的远程生产线（SAF 生产线）低了将近 1 亿美元或以上，而且后者运行困难）。虽然 FMF 只制造铀燃料，但是估计增加 100 万美元就能制造钚燃料了。花不多的成本就可改进燃料制造设施，将为金属燃料闭式循环提供强有力的经济支持。

13.4 IFR 燃料循环成本

1985 年就开始了 IFR 燃料循环设施的预先概念设计，之前已经提到，其规模是针对 1 400 MWe 快堆燃料循环的。在商业应用后，需要更大区域燃料循环设施来为多个快堆服务，这些设施可能同厂址，这样规模经济更好。上述 1.202 亿美元的资本成本估计可能过于乐观了，但技术成熟之后规模经济效应会降低成本。我们在下列燃料循环成本分析中，对 1 000 MWe 电站采用 1 亿美元作为燃料循环设施的资本成本。

LWR 燃料循环成本的传统细分并不能直接适用于 IFR 燃料循环。对于 IFR 燃料循环工厂，也需要热室进行后处理和元件再制造，其成本是在一起的。

对于 IFR 燃料循环，成本分为四个部分：燃料循环工厂资本固定成本、运行和维护费用、堆芯与转换区燃料配件供应费、以及废物处置费。

燃料循环工厂的资本化算法与核电站一样。初始资本投资包括建设成本、建设期利息和业主开办费。传统上，燃料循环工厂的固定费用较高，这是由于其市场风险较高和资本结构不同造成的。但是，IFR 燃料循环工厂是反应堆工厂的一部分，而且其固定费用与核电站一样。在这里，我们假设每年的资本固定费率为 15%，包括资本投资的摊销和适用税费等。对于 1 亿美元的假设资金成本，每年的固定费用应为 1 500 万美元。

燃料循环工厂的运行和维护成本包括，工程人员和支持人员的费用，估计为 600 万美元，以及消耗品、备件和公共事业，估计为 400 万美元，总计每年 1 000 万美元。

堆芯与转换区燃料配件供应费，如外包壳、端头、绕丝、元件管等，都与损耗品分开计算，因为这些物品不包括在流程操作之中，这部分成本作为开支处理。控制杆和屏蔽组件的费用不包括在燃料循环成本中，包括在反应堆运行和维护成本中。除了初始安装成本外，这些硬件开支预计为每年 600 万美元。

IFR 燃料循环成本见表 13-9，我们假设处置费为 LWR 1 mill/kWh 直接处置费的一半，这主要是放射性废物寿命减少造成的。

表 13-9　IFR 燃料循环成本

	百万$/GWe-a	mill/kWh
资本固定费用	15	1.90
运行和维护	10	1.27
流程损耗品等	6	0.76
处置费	4	0.50
总计	35	4.43

在 IFR 启动之后，随着易裂变材料的积累，反应堆燃料供应将实现自持，燃料是宝贵的，因此这部分成本不会增加（丰富的易裂变材料足以维持数百年的运行）。相比之下，根据铀资源或浓缩成本，LWR 燃料循环成本可能会有所增加，如图 13-6 所示。因此，IFR 燃料循环成本的不确定性阶段假设为基准情况的 50%。

和进口液化天然气（LNG）在天然气价格中有外场抑制作用一样，IFR 对铀价上升也有类似的抑制作用。如果 U_3O_8 的价格为 50 $/lb，分离功为 100 $/SWU，那么 LWR 中使用的裂变价值折合成铀-235 质量价格为 40 $/gm-U235。假定快堆转换区组件后处理边际成本为 300 $/kg，转换区钚含量达 2%，相比之下，快堆转换区钚的回收成本折合成易裂变材料每克只有 15$/g。目前，这两个数字都是合理的。快堆核电站以具有经济竞争力的规模部署后，发电的同时还以副产品形式生产易裂变材料。实际上，按目前的铀价格计算，若采用快堆，则相当于增加了 100 座铀资源基地。浓缩铀的裂变价值是铀矿石价格的函数，而快堆转换区作为副产品回收的钚成本在很大一个铀价范围内基本不变，见图 13-7（在 LWR 中铀-235 与钚的一对一替换价值较低，而在快堆中较高，这是由它们的物理特性造成的，对铀价的场外抑制作用的观点是正确的）。

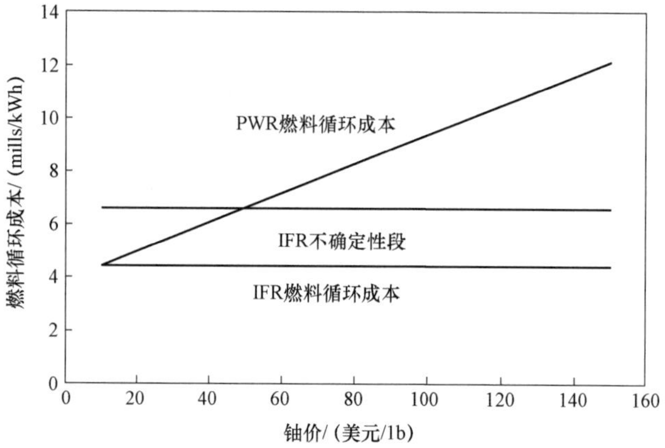

图 13-6　IFR 燃料循环成本与 LWR 的比较，以铀价的函数

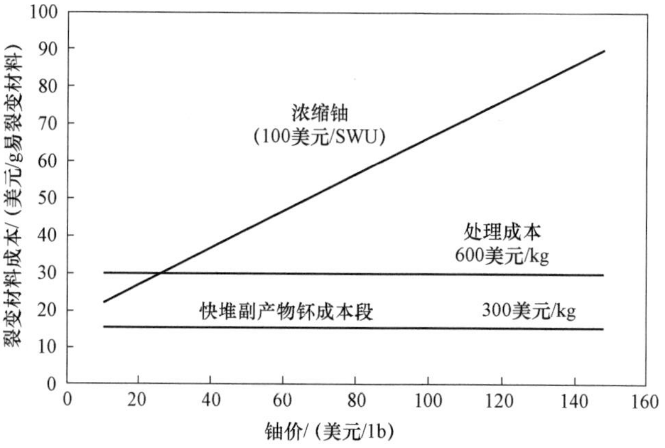

图 13-7　浓缩铀和快堆回收钚副产品当量裂变成本之间的比较

13.5　高温处理在 LWR 乏燃料后处理中的应用

高温处理方法会大幅提高快堆燃料闭式循环的经济性，人们自然会想到将该方法用于 LWR 乏燃料后处理。LWR 乏燃料与快堆乏燃料的主要区别在于锕系元素含量。

LWR 乏燃料锕系元素含量较低，根据燃耗约为 1%～2%。处理量大时水法后处理具有规模经济优势，但在处理量不大时高温处理尤其具有吸引力。因此，首要的问题是高温处理能否实现 LWR 乏燃料规模化处理要求。

快堆高温处理能够与元件远程制造共用热室。对于 LWR 水法后处理则不行，后处理与元件再制造需要不同的设施。下面分析一下，高温处理和大容量水法后处理厂相比能否具有经济可比性。法国目前正在运行的 La Hague 后处理基地有一个 UP_2 厂，容量已从 400 T/a 提高到 800 T/a，一座新的 UP_3 厂，容量为 800 T/a。据报道，两者总成本在 1987 年为 82 亿美元[19]，折合到 2011 年为 160 亿美元。日本 6 个所（Rokkasho）厂的容量为 800 T/y，估计成本约为 200 亿美元。

本质上高温处理更适合于批次操作，而不是连续处理。很难对多个操作单元扩大来增加处理量。如第 10 章所述，单个集成了平面电极结构的电解精炼装置每批次适宜处理量为 500 kg，或者再大一点达到 1 000 kg，这样年处理量将达到 100 t。已经在阿贡开发了容量为 100 T/a 试验规模 LWR 乏燃料高温处理厂预概念设计（如第 10 章所述）。

根据这项工作和之前 EBR-Ⅱ燃料整备工厂改造后外推结果，估计这类设施的成本约为 5 亿美元。大致分配如下：

工程..............1.50 亿

施工..............1.30 亿

设备系统.......1.20 亿

预备费...........1.00 亿

总计　　　　5.00 亿美元

通过复制该流程设备系统可以提高处理量，以达到一定的规模经济。有望以 25 亿美元的成本建设处理量为 800 ton/a 的高温处理厂，这一成本远远低于之前讨论的大型水法后处理厂的资本成本。

13.6　系统方面

之前已经讨论了基于单个反应堆的经济性。但忽略了引入 IFR 对系统整体经济性的显著影响，如与铀资源和处置库有关的成本。

长期看核电是增长的，引入 IFR 对整体铀资源需求会有很大影响，总体上可以将铀需求维持在合理的水平和价格。另一方面，仅凭借 LWR，要满足相同的电力需求往往需要大量的铀资源，这将使铀资源成本升高（即需要开采低品位铀矿，采冶费用升高）。这种关系可以线性放大，以优化一个核电系统，其中将优化反应堆组合以尽可能降低系统总成本。在国际核燃料循环评估（INFCE）研究中可以使用这种模型[20]，目前正使用该模型分析快堆的最佳比例，以尽可能减少系统的总成本[21]。

该系统性模型已用来阐明核燃料循环系统各个方面，包括只考虑反应堆情况下无法涵盖的经济性比较。我们将在 14.7 中以全球核电装机容量为例，来说明该模型的应用。

线性优化中使用下列价格假定：

1）LWR 资本成本为 3 000 \$/kWe，运行维护（O&M）成本为 1.2 亿\$/GWe-a，燃料循环成本为 3 000 万\$/GWe-a，不包括铀成本。

2）IFR 运行维护成本为 1.2 亿\$/GWe-a，燃料循环成本为 4 500 万\$/a，包括回收成本，资本成本变化与 LWR 有关。

3）铀资源约 630 万吨（MTU），铀价为 30 \$/lbU_3O_8。铀资源 1 670 万吨，铀价为 100 \$/lb，最高铀价为 200\$/lb。第一个量是业已探明的铀资源，第二个量尚未探明。

4）本分析以美元计。

5）资本成本按每年 10%平摊（股权和债务）到 60 年寿命中。

6）未来收益/成本按每年 3%折算。

如果铀价为\$30/lb，IFR 的发电成本略高于 LWR。因此，就单个反应堆而言，引入 IFR 经济上缺乏优势。但是，如图 13-8 所示，即使 IFR 资本成本比 LWR 高 30%，系统总的折算成本仍较低，因为从长期来看，引入 IFR 节省了大量的铀成本。

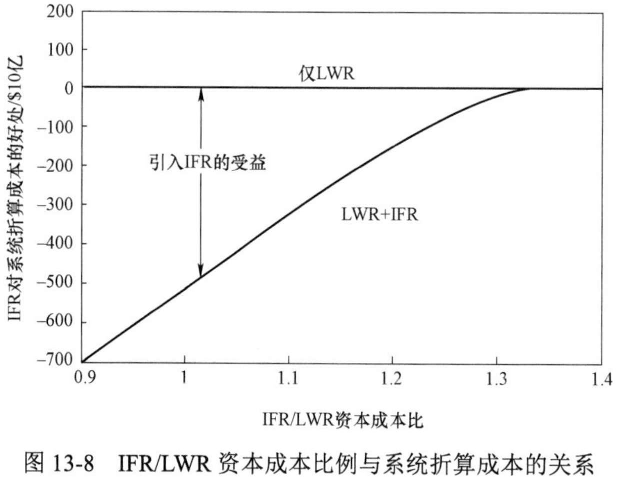

图 13-8　IFR/LWR 资本成本比例与系统折算成本的关系

如图 13-8 所示，如果 IFR 资本成本与 LWR 持平，那么系统总的折算成本效益为 5 000 亿美元。随着资本成本比例的增加，高资本成本的效益将会减少。但是引入 IFR，将会减少系统的成本。IFR 的引入方式如 14.8 所述，2050 年以后维持 IFR 一定比例（所需的锕系有 LWR 维持）。如果放宽这个比例，那么将需要更早引入更多的 IFR。最大 IFR 引入将资本成本比例维持在 1.2，高于这个值，最佳 IFR 引入日期将会推迟，如果资本成本比例为 1.4 或更高，系统在经济上就不合算。

虽然具体的值随不同假设有所变化，但是这种线性优化还是提供了重要信息。即使现在建设 IFR 非常贵，但是从现开始起步才能更好地降低庞大的铀需求。单个企业无法做出这样的决策，这将是一项福及子孙的国家政策。

更为重要的是，IFR 甚至可能在早期，就能对高放废弃物处置库构成系统影响。通过高温流程分离出锕系后，可以将几十万年的辐射危害减少到几百年，此外还可以大大降低废物的长期衰变热，而正是衰变热限制了处置库的容量。去除锕系元素后处置库空间利用率将提高 5 倍。如果这样的好处量化到线性系统模型中，就能提前在更高资本成本时引入 IFR。其实，即使对于 LWR，如果废物问题不解决，增加 LWR 也将是非常困难的。

13.7　小　　结

20 世纪 60 年代末和 70 年代初多个国家修建快堆示范电站的资本成本很难为目前修建快堆的可能成本提供有价值的信息，尤其是对 IFR 型快堆，50 年代以前的早期反应堆也无法提供类似信息。由于快堆仍在发展，所有信息都难以推广。可借鉴的最佳信息来自法国 20 世纪 80 年代建设的 1 240 MWe 超凤凰堆（SuperPhenix），由于反对党的干扰，该堆于 20 世纪 90 年代关闭。由于该核电站非常大，其成本为当时法国类似 LWR 的 2 倍（LWR 非常成熟，在之前 10 年，法国已经建成了数十座 PWR 机组）。后续快堆的成本估计比法国 LWR 高约 40%，后续设计改进将会进一步缩小成本差距。总而言之，已有的经验表明，首座反应堆的成本较高，在吸收其他建设经验之后，重复建设时成本会大幅下降。

快堆和轻水堆建设的成本分析强调了间接成本对两种反应堆总体成本的重要性。美国的经验大多来自 20 世纪 70 年代反核呼声高涨期间，以至这段时期核工程建设一再延期，间接费用增加，占了总成本的很大比例，与施工量和材料没有一点关系，即使放在现在，这也会掩盖快堆和轻水堆之间的成本差异。间接费用由施工进度、工程管理质量以及各自施工中的设计方案决定。反应堆类型不同，成本会有一些区别，但是相对高间接成本而言体现不出来。

建快堆就必须有后处理，回收易裂变材料，因此 IFR 燃料循环是经济的。水法后处理和 IFR 的高温后处理相比，后者的成本要低很多。高燃耗快堆燃料含有锕系元素，元件制造需远程操作。远程操作适宜于 IFR 的金属燃料制造和高温处理过程。在水法后处理以及与之相配的含锕系元素氧化物燃料制造中，远程操作困难，或者经济花费高。

从 IFR 燃料循环设施较为详细的概念设计看，IFR 燃料循环成本估计约为 4.5 美厘/kWh。成本如此低，原因在于施工材料少以及 IFR 流程设备较少。如果当时上述设计按计划实施，估计最终费用不会有太多变化。

LWR 的燃料成本目前约为 5 美厘/kWh，但是随着铀价的上涨还会增加。IFR 燃料成本不依赖于铀价，因此 IFR 燃料循环成本对未来裂变材料成本增加有抑制作用。在 LWR 中，积累的铀-232 和铀-236 会使铀的循环复用很难，对于铀钚混合氧化物燃料的使用，经济性不是很明显。

使用 IFR 干法处理技术处理 LWR 乏燃料，确实有吸引力。即使在电解精炼之前增加一个步骤，即将氧化物还原为金属，也是值得的。因为这样一个工厂成本约为 5 亿美元，经济性不会差，虽然仍需要继续开发。

引入 IFR，有助于解决 LWR 废物管理上的被动局面，并带来相关效益。IFR 缓解了铀资源的压力并减轻了对处置库的需求，这些虽然没有包含在工厂成本估算中，但都是经济效益，IFR 技术确定具有经济性。

参考文献

[1] M. Rosenholc, NOVATOM, unpublished presentations, Novermber 1981.

[2] M. Rapin, “Fast Breeder Fuel Cycle: World and French Prospects,” *Proc. BNES Conf. on Fast Reactor Fuel Cycles*, 1981

[3] M. Barberger, “The French Nuclear Power Program,” unpublished paper, 1985

[4] A. Zrodnikov, “The Closing of Nuclear Power in Russia,” presentation at International Workshop on Future Nuclear Systems and Fuel Cycles, Karlsruhe, Germany, September 1-2, 2005.

[5] S. C. Chetal, “India‘s Fast Reactor Programme,” presentation at International Workshop on Future Nuclear Systems and Fuel Cycles, Jeju, Korea, September 7-8, 2006.

[6] “Guide for the Economic Evaluation of Nuclear Reactor Plant Designs,” NUS-531, 1969.

[7] “Nuclear Energy Cost Data Base—A Reference Data Base for Nuclear and Coal-Fired Power Plant Generation Cost Analysis,” DOE/NE-0095, 1988.

[8] “Large LMFBR Pool Plant,” unpublished report, Rockwell International Corporation and Argonne National Laboratory, 1983.

[9] J. S. McDonald, et al., “Cost-Competitive, Inherently Safe LMFBR Pool Plant,” *Proc. American Power Conference*, 46, 696, 1984.

[10] *Phase II Final Report of Feasibility Study on Commercialized Fast Reactor Cycle Systems*, Japan Atomic Energy Agency and Japan Atomic Power Company, March 2006.

[11] M. Ichimiya, T. Mizuno and S. Kotake, “A Next Generation Sodium-cooled Fast reactor Concept ans its R&D Program,” *Nuclear Engineering and Technology*, 39, 171-186, 2007.

[12] L. J. Koch, *Experimental Breeder Reactor- II: An Integrated Experimental Fast Reactor Nuclear Power Station*, Argonne National Laboratory.

[13] *The Future of Nuclear Power*, MIT, 2003.

[14] TradeTech website: www. uranium. info.

[15] Euratom Supply Agency, *Annual Report 2009*. http://ec.europa.eu/euratom/ar/ar2009.pdf

[16] Energy Information Administration, “Uranium Purchased by Owners and Operators of U. S. Civilian Nuclear Power,” data released on May 16, 2007.

[17] M. J. Lineberry, R. D. Phipps, and J. P. Burelbach, “Commercial-size IFR Fuel Cycle Facility: Conceptual Design and Cost Estimate,” unpublished report, Argonne National Laboratory, 1985.

[18] W. D. Burch, H. R. York and R. E. Lerch, “A Study of Options for the LMR Fuel Cycle,” unpublished report, Oak Ridge National Laboratory, 1986.

[19] F. Chenevier and C. Bernard, “COGEMA Expands LaHague,” *Nuclear Engineering International*, 41, August 1987.

[20] C. E. Till and Y. I. Chang, “Application of an LP Model to Breeder Strategy Studies,” *Proc. ANS Topical meeting on Computational Methods in Nuclear Engineering*, Williamsburg, VA, April 23-25, 1979.

[21] J. Lee, Y. H. Jeong, Y. I. Chang and S. H. Chang, “Linear programming Optimization of Nuclear Energy Strategy with Sodium-cooled Fast reactors,” *Nuclear Engineering and Technology*, 43, 383-390, 2011.

第十四章

设计方案、实施和未来发展

一体化快堆的核特性使其在设计上具有很大的灵活性，通过设置不同的含锕系燃料，能够增殖出新的燃料，维持自己的燃料需求，还能焚烧锕系元素。只要付诸实施，未来无论多大的能源需求都可以满足。在一体化快堆堆芯的设计中，可以按照我们的需要侧重某一特性。其中最重要的一点就是设计人员可以根据需要自由地选择增殖性能，从而维持易裂变材料库存量，可选范围大。在讨论如何设计之前，我们先来描述一下一体化快堆核电厂的模样。由于除钠以外的很多冷却剂最近正备受关注，我们会对氦气、铅和铅-铋合金冷却剂进行梳理，并将它们的特性与钠进行比较。结果会发现很大程度上钠仍然是最好的。本章会介绍一些与增殖相关的物理原理，以及目前世界上几种主要反应堆的增殖性能。对于一体化快堆，元件芯块直径是决定燃料增殖的重要因素，明确了这一点，再来阐述热、流体和机械等影响因素。最后，我们再来权衡各方面因素以找到最佳设计。

然后再回顾快堆过去的发展经验，讨论一下出现的各种问题和困难，并与 EBR-Ⅱ成功运行 30 年的经验做对比。这些年来，EBR-Ⅱ一直承担着为一体化快堆技术做示范的重任，它的安全运行和灵活性，正如在它上面所做的大量实验结果展示的那样，证明了一体化快堆将提供高水平的反应性、可靠性、可维修性、可操作性和长寿命。

至于一体化快堆的部署，即其发展的动力，其实取决于全球铀资源的需求。按照世界核学会预测的 21 世纪核能发展规模，分析表明有必要及早阐述大规模部署一体化快堆的必要性。

当然，首先需要建立干法后处理中间工厂。它是发展一体化快堆的第一步，也是最重要的一步。接着讨论了实施的途径。目前中国、俄罗斯、印度等国家的快堆发展走在前面，而一体化快堆技术是有优势的。为了证明这一点，如有需要的话，如以前做过的那样，可以在美国示范，由美国自己来做或由美国倡议采取国际合作的方式进行示范。

14.1　一体化快堆概貌

一体化快堆和其他核电厂一样：占地几英亩，反应堆厂房带有安全壳，还有不同类型的辅助厂房，如常见的冷却塔和电气开关装置。与反应堆厂房相邻或相连的一座厂房将会是处理乏燃料和新燃料制造的燃料循环工厂。EBR-Ⅱ燃料循环工厂是配有铅玻璃窥视窗的热室，由一些数英寸厚的混凝土墙隔开，用机械手操作。未来燃料循环工厂也会有类似屏蔽设备的热室，完全自动化间接操作，顶部安装探头，用机器人进行维修。热室内部具有高放射性，工作人员不允许进入。尽管反应堆有可能放在地下，但反应堆上面密封的圆顶盖部分可以置于地面上，这要视具体情况而定。

在池式设计中，反应堆堆芯、冷却剂泵、连接热交换器的管道和热交换器都放置在反应堆钠池内，它的外层被氩气覆盖着。在反应堆容器外面是一个保护容器，用来支撑反应堆容器。两个容器之间有 6～9 英寸的间隔，里面也充满氩气。这间隔便于机器人检查反应堆容器的完整性，并且用来放置检测钠泄漏的仪表。确定容器的体积时，必须保证即使钠泄漏到保护容器，堆芯也还在钠池中，并且保证热交换器和泵正常工作。

容器内中间的热交换器将热量交换给非放射性的钠，这些钠将热量带到蒸汽发生系统。通过这种方式避免放射性扩散，钠-蒸汽发生器不会被放射性污染。

整个放射性区域的“主回路系统”用几英寸厚的重混凝土屏蔽起来。二回路非放射性钠从容器顶部通过贯穿件进入主回路和热交换器连接，将热量带出给外部发电系统。容器顶部足够坚固，就像在 EBR-Ⅱ中那样，有足够的屏蔽，在运行期间允许操作员靠近，在容器墙壁上没有贯穿件。

不论堆芯是处于冷却、停堆或运行状态，都要确保堆芯一直处于钠池中，这是安全的主要保障。主回路系统容器可以通过改变直径增加屏蔽层厚度，进一步提高安全性。

一体化快堆电厂和现今商业反应堆基本相同，最大的区别是一体化快堆的冷却剂是钠（主要是增殖需要）而不是水。我们下面会讨论冷却剂的选择、相关物理原理、一体化快堆的设计方案及其选择。

14.2　冷却剂选择

快堆冷却剂最重要的是不能慢化中子，以保持快中子状态。这就将氢化物排除了。冷却剂其他主要特征也非常重要：热转换系数高、热容高、沸点高、熔点低、与结构材料相容性好，以及在辐射和高温条件下化学稳定性高。

满足所有标准的理想冷却剂是没有的，采用钠做冷却剂也是综合比较的结果，并且是迄今为止几乎所有运行快堆的选择。表 14-1 列出了钠的特性，并与其他一些冷却剂作比较[1]。

表 14-1　快堆各种冷却剂的性能

	钠	钠（56%） 钾（44%）	钠（22%） 钾（78%）	铅	铅（44.5%） 铋（55.5%）	氦
密度/g/cc	0.82	0.76	0.74	10.41	10.02	0.000 18
黏度/厘泊	0.23	0.19	0.18	1.69	1.19	0.018
沸点/℃	881	826	784	1 737	1 670	—
熔点/℃	98	19	–11	327	125	—
比热/J/gK	1.26	1.04	0.875	0.145	0.146	5.2
热容/J/ccK	1.03	0.79	0.65	1.51	1.46	0.000 9
导热系数/mK	64	28	26	15	14	0.15

表 14-1 也提到了钠-钾合金，它的主要优点是熔点比钠低。钠（56%）-钾（44%）共晶的熔点是 19 ℃，钠（22%）-钾（78%）共晶的熔点是 –11 ℃。因为在常温下钠-钾合金是液体，所以 EBR-Ⅰ和唐瑞快堆（Dounreay）（西方第一座快堆）都选择了钠-钾合金作为主要冷却剂。但是钠-钾合金其他的热力学性质，如沸点、比热、导热系数，都比不上钠。钠是随后所有快堆的主要冷却剂。但是，在需要将反应堆系统的余热转移到热泵（空气泵热交换器）而热交换系统又停止工作的紧急情况下，曾经使用过钠-钾，有可能今后也会使用。因为钠-钾的熔点低，即使没有能动热系统，钠-钾也可以用作冷却剂。

近年来，有人建议使用铅合金或氦气作为快堆冷却剂[2]，下面会讨论这些快堆冷却剂的利弊。

14.2.1　铅合金

铅和铅-铋共晶都被推荐为冷却剂。如表 14-1 所示，与钠熔点为 98 ℃相比，铅的熔点为 327 ℃。铅冷却剂必须保持高温，因而要求耐高温的结构材料。而熔点为 125 ℃的铅-铋合金的缺点是铋俘获中子生成钋-210，钋-210 的放射性高并且会对操作员和维修人员产生辐射剂量。除了这些差别以外，下面的讨论对铅和铅-铋合金两者都适用。

尽管铅合金的比热比钠小一个数量级，但它的密度比钠大一个数量级。因此，两者单位体积的热容差不多，栅格设计参数也相似。然而，燃料棒之间冷却剂压差与冷却剂密度成正比。如果铅冷却剂采用相似的栅格设计，将会出现高压差，以及泵不可接受的高功率需求，由于后者与压差成正比。对于钠冷快堆来说，泵功率需求占反应堆输出的 2%～3%，再大一个数量级是不可接受的。

压差与冷却剂流速的平方成正比。假如冷却剂流速降低 1/3，那么压差将会降低到原来的 1/9。然而冷却剂体积将会增加 3 倍。这意味着栅格设计间隔增大，需要网格型间隔装置，常规的绕丝间隔装置不能满足元件棒的几何间隔。对于相同尺寸的反应堆，冷却剂体积大和密度高意味着铅冷却剂的总质量是钠的 15 倍。功率为 1 000 MWe 的典型钠冷堆包含几百吨的钠，而相同的铅冷堆的铅则有几千吨。

沉重的冷却剂质量导致了两种设计影响。首先，反应堆容器和结构部件需要增加厚度来支撑较重的静态重量。其次，针对地震引起的事故，沉重的液体质量是设计的主要挑战。这些因素有可能限制反应堆容器的大小和反应堆功率。

但是，我们最关注的是铅与反应堆结构材料的相容性。由于铅有消融金属的能力，所以它对结构材料有很大的腐蚀作用。例如，在 600 ℃时，镍在铅中的溶解度为 $37\,000 \times 10^{-6}$，而在铋中金属的溶解度比在铅中的溶解度更大。俄罗斯 α 级潜艇使用了铅-铋冷却快堆，他们发现在构件（尤其是包壳）表面覆盖一层氧化物可以解决腐蚀问题。但是氧化物覆盖层是变化的。温度在 550 ℃以上，它会变厚和不稳定。由黏性导致的高流速冷却剂和高切变应力能够腐蚀氧化物覆盖层。通过在冷却剂流体中添加氧化铅珠来控制含氧量，同时通过在氦载体上通氢气形成水来除氧[3]。非均匀氧化物分布形成了非均匀覆盖层，可能发生隙缝腐蚀。

液态金属的脆变也需关注，它是由铅的吸附作用导致结构材料的结合力增强而引起的。假如在 400 ℃以下液体铅和钢密切接触，马氏体钢，例如 9 铬-1 钼合金，特别容易受液态金属脆变影响。而通过添加氧化物覆盖层阻止钢和液体铅的直接接触可以解决这个问题。已经提出用难熔金属替代钢氧化物膜来抵抗铅的作用，但是它们的机械性能不适于反应堆应用方面。

我们怀疑铅的腐蚀问题是缩短 α 级潜艇寿命的罪魁祸首。1972 年一艘原型 α 级潜艇初次下水，但是一场冷却剂冻结事故摧毁了反应堆，它在 1974 年被拆卸。1977—1983 年之间，有 6 艘 α 级潜艇下水。最终，4/7 的 α 级潜艇都有反应堆故障的经历[4-5]。再举一个例子，1982 年，蒸汽发生器故障导致大约 2 t 的铅-铋泄漏到反应堆舱，给反应堆造成无法挽回的损害。

对于某个先进应用场景，需要非常高的出口温度，同时始终存在的腐蚀问题也得到了圆满解决，铅合金可以作为冷却剂。但是，对于常规反应堆电厂应用，铅的缺点使它不能够替代钠作为冷却剂。

14.2.2 氦气

早期人们考虑过气冷快堆，但是在 20 世纪 70 年代末放弃了。然而，近些年人们重新表现了对氦气冷却的兴趣[2]。见表 14-1 也列出了氦的热物理特性。氦的比热是钠的 4 倍，但是密度非常小，钠密度是它的 5 000 倍。因而，它的体积热容比钠要小三个数量级。即使氦气加压到 100 个大气压，对于钠冷堆中使用的典型栅格设计参数，冷却剂流速将只增加 10 倍。氦冷却剂流速要求在 100 m/s 范围内，可能引起流致振动事故，而这在反应堆结构设计中是很重要的。氦热导率非常低，比钠的要低 400 倍，因此即使冷却剂流速高，热交换也比较少，而包壳表面需要变粗糙以增加表面热交换。

从热力学角度来看，无疑氦对于高功率快堆来说不是很好的冷却剂，但使用它的理由来自其他方面。考虑氦冷快堆的一个起因来自热中子高温气冷堆。对于热堆常用石墨作慢化剂，在所有这类反应堆中使用大量石墨，在失去冷却剂事故的情况下，恰好（非能动的）提供了事故初期的热阱。对于快堆而言，这种石墨热阱是不存在的，因此必须有冷却剂，能动安全系统必须能够可靠的停堆并导出余热。对于高压高流速的氦冷系统，失流和失压事故是不能避免的。对快堆，在有保护事故下，为防止堆芯熔化，应急冷却系统是必须的。而无保护的瞬态事故，其结果就是堆芯的解体（注：瞬发临界导致机械能释放，即爆炸）。

为了给预期瞬态提供缓冲，发展了新型燃料，包括金属陶瓷燃料和燃料结构形式，它们能够提高部分热容[6]，但是其辐射特性尚未得到充分证实。

14.2.3 钠

钠除了在热力学性质方面的优点外，另一个特点是它与反应堆金属结构材料具有相容性。在系统内循环和存积的放射性腐蚀产物量不会很大，否则的话会给维护带来极大不便。进入钠冷系统维护很简单，并且对个人的辐射剂量是很低的。无腐蚀的冷却剂也意味着钠行为优良、可靠。EBR-Ⅱ的实验证明了浸入钠池的部件比暴露在氩气或空气中的相同部件更可靠。

因为钠作为快堆冷却剂的良好性能，除了钠钾冷却的 EBR-Ⅰ和 DFR 以外，世界上现有运行中的 16 座快堆都用钠作为冷却剂。实验效果非常好，细节部分我们将在 14.7 节中讨论。钠唯一的缺点是它在空气和水中的化学不稳定性，这是一个相当容易处理的不产生安全影响的问题，这方面的细节部分在 7.12 节中讨论过。总之，未来快堆很可能继续选择钠作为冷却剂。

14.3 增殖的物理原理

增殖的基本原理依赖于在快中子谱中实现的中子经济性。快堆增殖主要依赖易裂变同位素每吸收一个中子产生的平均中子数，通常叫作 η（eta）。增殖比（BR）通常定义为产生的易裂变材料与消耗的易裂变材料的比值，通常可以用下面的中子平衡公式来表示，式中每一项都规为易裂变同位素的中子吸收。

$$BR=\eta+\varepsilon-1-A-L-D,$$

其中，

η = 易裂变同位素裂变发出的中子数；

ε = 转换材料的快中子裂变效应（译者注）；

A = 非燃料材料吸收的中子数；

L = 泄漏中损失的中子数；

D = 为易裂变同位素衰变损失量。

可获得的中子 η 和 ε，其中除了结构材料吸收和泄漏出去的以外，必须有一个中子要维持链式反应，其余的均被可增殖材料俘获。见图 14-1，列出了各种易裂变同位素的 η 值，η 是诱发裂变中子能量的函数。在热谱（能量＜0.1 eV）中中子产生量略大于 2 且基本不变，而在快谱（＞100 keV）中它随着中子能量的增加而不断增大，这是达到高增值的关键。

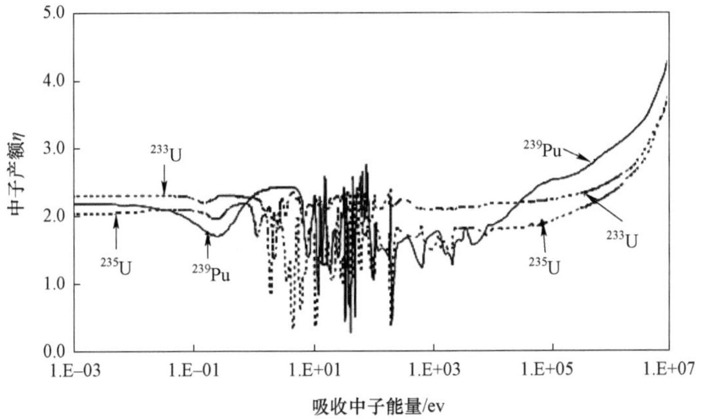

图 14-1　中子产额与中子能谱的关系

图 14-2 给出了典型一体化快堆和轻水堆的中子能谱。轻水堆谱有两个峰：一个在 1 MeV 左右，另一个在 0.1 eV 左右。尽管热中子通量比快中子通量低（数量级的低），但热中子反应截面（与物质引起核反应的概率）比快中子大 2～3 个数量级，因此在轻水堆中中子性能是由热中子决定。对于一体化快堆，大部分中子能量在几百 keV 范围内甚至更高，由快中子主导中子平衡。

在热堆中，^{239}Pu 的 η 值似乎大于 ^{235}U 的，实际上其平均值小于 ^{235}U 的 η，因为超热谱相当大能量范围内 ^{239}Pu 的 η 值都较低。在热谱中 ^{233}U 的 η 值最大，大约为 2.3。因此，在 ^{233}U 作燃料（准确地说是以钍-232 为燃料的反应堆）在热堆热增殖是可能的。甚至在过去十年里，海军核动力反应堆项目已经深入研究了以铀-233 作燃料的反应堆增殖比。显示了它刚刚超过 1，在 1.00 和 1.001 之间。因此，裂变产物和结构材料额外的俘获以及中子泄漏必须非常低。

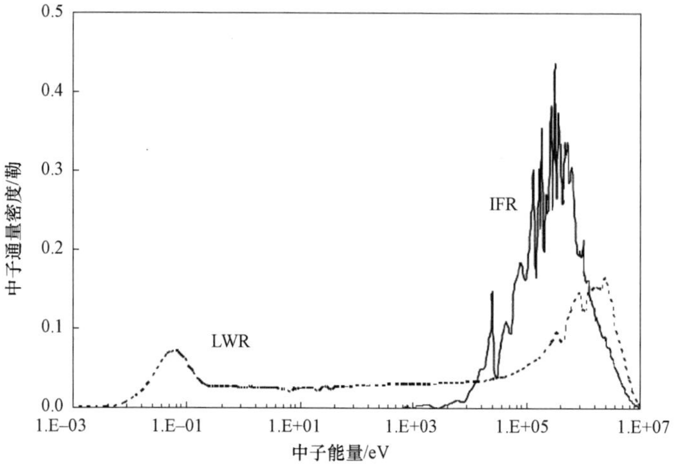

图 14-2　LWR 与 IFR 中子能谱的对比

表 14-2 对世界上较重要反应堆的一些典型中子平衡作了对比[7]。轻水堆的转换比（相当于快堆所说的增殖比）是 0.59。重水堆的转换比较高达到了 0.74，因此它的铀资源利用率也比较高。如表 4-2 所示，由于 η 和 ε 的值较高，即使是氧化物燃料快堆也能达到相对较高的增殖比。

表 14-2　各种反应堆中子平衡的比较

	HWR	LWR	SFR
η	2.03	1.92	2.28
ε	0.02	0.09	0.36
$\eta+\varepsilon-1$	1.05	1.01	1.64
损失：结构材料	0.09	0.03	0.16
冷却剂	0.03	0.08	0.01
裂变产物	0.11	0.16	0.06
泄漏	0.08	0.15	0.05
衰变	—	—	0.03
总损失	0.31	0.42	0.31
剩余中子（BR 或 CR）	0.74	0.59	1.33

14.4　堆芯设计原则和方法

14.4.1　燃料体积分数的影响

如图 14-1 所示，当中子能谱硬化时（高能量中子比低能量中子多）η 值稳步增加。

为了保持硬谱获得高增殖比在堆芯设计中应该尽量减少轻质材料量，如使中子减速的冷却剂和某些结构材料，换句话就是在堆芯栅格设计中燃料体积分数须最大化。

六角形栅格排列比所有轻水堆中采用的矩形栅格更容易获得高燃料体积分数。对于一个给定的栅格间距和棒直径，六角形栅格能得到高达 15%的燃料体积分数。如图 14-3 所示，燃料引脚就这样在六角形组件管道内呈六角形阵列。如图 14-4 所示，六角形燃料组件以同样的方式排列在六角形堆芯中。没有边组件是为了使堆芯能够装入最小的圆柱形反应堆容器。

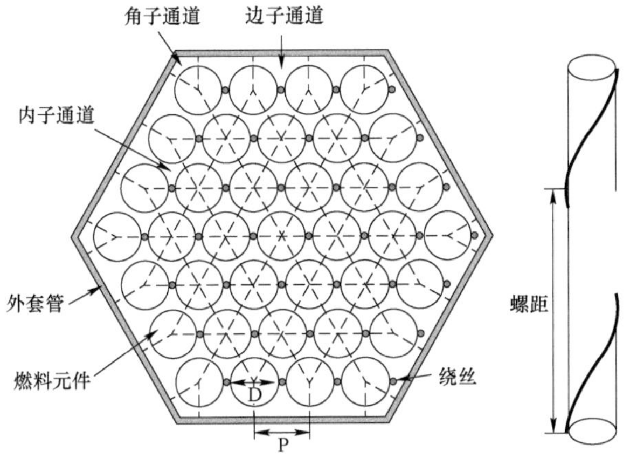

图 14-3　六角管中燃料棒的排布

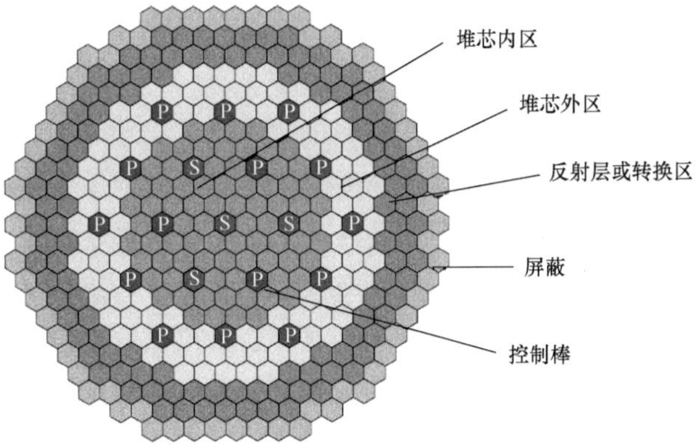

图 14-4　典型的六边形堆芯布置

对于给定的六角形栅格，通过增加燃料棒直径和减少栅格间距（减少冷却剂面积）来获得高燃料体积分数。通过减少包壳厚度和六角形管道壁厚使结构体积分数最小化。这些设计参数都受到热工水力学设计的限制，后面我们会具体讨论。但是，首先我们要了解棒直径对体积分数的影响，如表 14-3 所示。只有棒直径是多变的，其他设计参数都受到热工水力学设计的限制。

表 14-3 燃料元件直径对体积比的影响

棒直径/cm	P/D	栅距/cm	燃料体积份额	冷却剂体积份额	结构材料体积份额
0.9	1.269	16.2	0.279	0.377	0.203
1	1.217	17.2	0.415	0.345	0.189
1.1	1.177	18.2	0.347	0.316	0.178
1.2	1.147	19.2	0.376	0.29	0.168

如表 14-3 所示，棒直径微小的变化都对燃料体积分数有很大影响，而燃料体积分数对增殖比和堆芯其他性能有很大影响。体积分数加起来不是整数，因为忽略了边界钠，当燃料膨胀溢出包壳时，它把堆芯向上部空间推动。

14.4.2 热工水力学设计限制

热工水力学限制的基本原理是燃料棒或堆芯产生的功率被冷却剂带出并转移到动力转换系统。生热率等式如下所示：

$$P = \rho A v C_p \Delta T$$

其中，

P = 功率；

ρ = 冷却剂密度；

A = 冷却剂面积；

v = 冷却剂流速；

C_p = 冷却剂热容；

ΔT = 冷却剂通过堆芯后增加的温度。

在上述等式中，ρAv 是质量流速。燃料的功率（热产生率）P，等于冷却剂散热率——冷却剂质流率乘以热容和升高的温度。以上等式适用于整个反应堆功率或平均燃料棒。在我们的讨论中，考虑周围都是冷却剂的单位栅格燃料棒。整个反应堆功率除以燃料棒数目和高度可以得到平均线功率或线热传导率，线功率或线热导率是一个方便计算的设计参数，因为给定一个冷却剂温度，就可以算出包壳和燃料温度。穿过包壳和燃料的辐射温升分别与线热传导率成正比，与包壳和燃料的热传导率成反比。燃料和包壳温度峰值直接影响燃料性能，对于任何给定的燃料类型，一般有一个可接受的线热传导率峰值。对于金属燃料，线热传导率峰值为 45 kW/m，平均线热传导率为 30 kW/m。这个线热传导率不是限定的，只是各种条件权衡下具有代表性的值。

参考线热传导率的选择是堆芯迭代设计的起点。通过堆芯的冷却剂温升常数大约为 150 ℃。随着温升变大，冷却剂质量流速会降低，而且给包壳造成更高的热压力，相邻组件之间热交换更困难，可能在内部结构上形成热区（随机热流和冷流，造成循环压力而导致材料的疲劳裂缝）。

14.4.3 设计权衡方案

根据上述内容，线热传导率的选择和温升是各种因素折中的结果。折中贯穿设计始终。对于给定的线热传导率和温升，质量流速是由热等式决定的。单位栅格内的冷却剂面积等于质量流速除以冷却剂流速。冷却剂流速越高，冷却剂面积越小，燃料体积分数越大。然而，压差越大（与流速平方成正比），将增加泵功率和减少自然循环。因此，冷却剂根据需要要严格控制，使得压差保持在给定值以下。如表 14-3 所示的设计参数，线功率采用 30.8 kW/m，温升采用 155 ℃，压差采用 15 psi。给定一个棒直径，可以计算出冷却剂面积，固定单位栅格来获得燃料体积分数、冷却剂体积分数和结构体积分数。

包壳厚度为 0.05 cm，六角形管道壁厚为 0.3 cm，如图 14-3 所示的定位绕丝，与燃料棒（每个组件 169 根）相同。如表 14-4 所示，第 n 圈六角形燃料组件数为 $3n（n-1）+1$。如图 14-5 所示，组件的数量增加到 217，结构分数会进一步减小，燃料体积分数增加。组件重量也会增大，给容器内燃料装卸机械造成压力。堆芯的组件数减小，将导致控制棒数目和位置优化的灵活性会降低。一般而言，反应堆越小，组件内的棒数量越少，而反应堆尺寸增加，组件内的棒数量也增加。

表 14-4　六边形布置中棒的组件数量

圈数	总棒数
1	1
2	7
3	19
4	37
5	61
6	91
7	127
8	169
9	217
10	271

一般而言，燃料体积分数越大，中子（经济性越好）平衡越好，易裂变材料富集度变低，内转换比增大，燃烧期间反应性变化减小。通过最小化初始剩余反应性，减少必要的控制棒数量，偶然反应性引入事件将更容易控制。一般而言，一体化快堆的剩余反应性比热堆的剩余反应性小很多，如图 14-6 所示。在热谱中，燃料装卸间歇反应性变化非常大，另外，如氙和钐等裂变产物的累积消耗了大量的反应性。一个循环开始时，热堆的堆芯必须有很大的剩余反应性，通过控制棒和可燃毒物来控制。一体

化快堆堆芯需求的剩余反应性非常小。除了其他好处，这一点还排除了严重反应性引入事故发生的可能性。

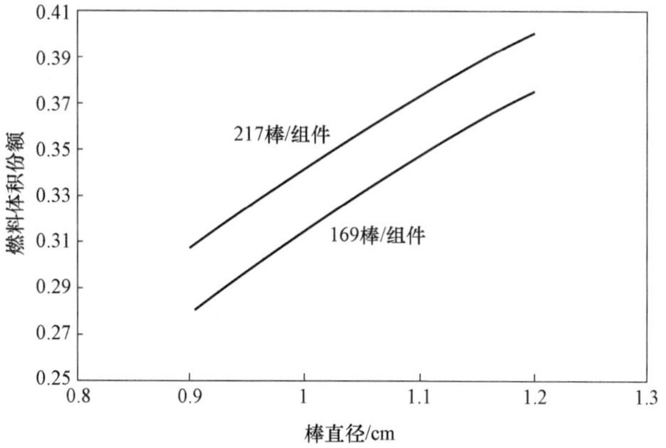

图 14-5　含 169 与 217 根元件的组件燃料体积比随元件棒直径的变化关系

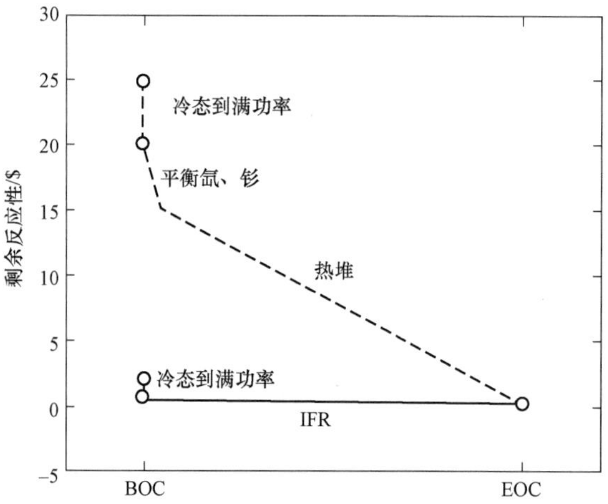

图 14-6　IFR 与热堆剩余反应性的对比

另一方面，从增加裂变产物和重金属以及变大的整体堆芯尺寸方面来看，高燃料体积分数设计是有劣势的。另外，要达到给定的燃耗水平，低功率意味着燃料的滞留时间增加。高能（>100 keV）中子计量，也称为通量密度（中子通量的时间积分），随着滞留时间延长而增加，它是包壳寿命的控制参数，而不是燃耗。

由于一体化快堆堆芯设计比热堆更自由，热工水力学、力学、和中子学设计限制了钚固化堆芯设计参数。因此，堆芯设计过程就是反复操作以平衡各方条件以达到整个堆芯的性能指标。

如图 14-4 所示，一个典型快堆燃料棒直径约为 1 cm，由宽约为 20 cm 的六角形管道围起来，充满整个堆芯和再生区。管道中大约有 200 根燃料棒，管道输送冷却剂流体，每个管道流体流速不一样。就是用这种方式控制冷却剂出口温度使热效应最大化。为了最大化热效应，堆芯出口温度必须高，对于每个管道来说都一样，但是不超过燃料包壳温度（550～600 ℃）的限值。

反应堆堆芯区燃料棒中可裂变材料富集度大约为 20%。围绕堆芯的再生区由仅含铀的棒组件组成，棒直径一般比堆芯区的直径略大，在低功率下仍能一直保持合适的棒温度。它们的目的是增殖，但是在堆芯安全相关的性能设计方面也给了一定的自由度，有时候，它们是堆芯的一部分。然而，再生区组件一般上下左右围绕着堆芯。它们的目的是俘获从堆芯泄漏的中子，否则这些中子将会作废。再生区越厚，俘获的中子越多，增殖越大。但是，由于从堆芯泄漏的径向中子比从顶部和底部（堆芯的直径至少是高的 1 倍）泄漏的中子要少很多，即使是为了最大增殖比径向再生区的最佳厚度也只是 2～3 层。为了维持自持反应性，一层再生区是必要的，锕系元素净焚烧堆没有铀再生区，只有钢屏蔽层。如图 14-4 所示，是一个功率为 350 MWe 的反应堆堆芯的布置图，尺寸由燃料组件数量决定，组件设计也一样。

14.4.4　反应堆大小的影响

上面所述的单元栅格设计原则适用于独立的反应堆功率。大型反应堆需要更多单元栅格或更多燃料棒和组件。堆芯尺寸在径向和轴向方向都会增大。但是当堆芯高度增加 3 英尺左右时，任何扩展都是在径向方向。尽管燃料纵向长度只有 3 英尺，但是加上高压气体、上部和下部屏蔽（或再生区）、入口和出口管嘴，整个组件长度可能超过 12 或 13 英尺。因为燃料棒的移动和乏燃料从堆芯卸出必须在钠条件下操作，钠池深度和容器高度必须随着堆芯高度的增加而增加。但是 3 英尺不一定是最佳尺寸。如果堆芯强调不同的性能，高度和直径在一定电力输出下的设计可以不同。但是一座 350 MWe 电厂的典型堆芯直径大约是 10 英尺，一些 1 000 MWe 电厂的堆芯直径大约是 15 英尺，它们的堆芯高度都是 3 英尺。

堆芯尺寸影响的关键问题是大型反应堆是否能达到小型 EBR-Ⅱ堆的固有安全性，或是否有尺寸限制。其他反应堆设计考虑的一些固有安全性，例如辐射热量的排出，确实与反应堆尺寸相关。然而，一体化快堆的固有安全性与堆芯尺寸无关。如 7.8 节所述，它的独立性是因为反应性反馈机制与堆芯尺寸无关。如 7.1 所述那样，其结果就是在无保护失流和无保护失去热阱事故情况下使得冷却剂不致于沸腾。

堆芯尺寸的一个重要影响就是它对易裂变燃料装载量的影响。因为单元设计都一样，重金属总量直接与反应堆功率成正比。然而，裂变燃料质量不是这个比例，因为裂变燃料富集度（裂变燃料质量在重金属质量中所占的比例）随着较大堆芯的中子泄漏的减少而降低。堆芯中更多的中子用于保持原增殖比，这将进一步降低富集度。如图 14-7 所示，反应堆功率低，锕系装载量反而急剧增加，300 MVe 反应堆的锕系核素存量大约是 10 MT/GWe，而 1 GWe 反应堆的锕系核素存量大约是 5 MT/GWe。这些数据是仅在堆芯内装载的量，实际包含的量必须加上堆芯外的，也就是转换区燃料，这部分燃料经过处理后还可加工变成新燃料。对于反应堆的自生和保持反应性的燃料装载，为了建立再循环必须增加两次年度再装载，大概是堆芯总量的 1/2～2/3。如图 14-7 所示，不同的缩写词表示不同的设计：通用电气公司的两种 PRISM 堆芯设计[8－9]和能源部门的三种设计[10－12]。

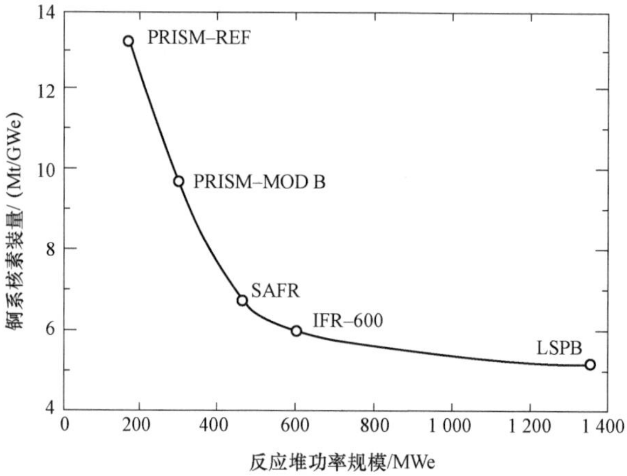

图 14-7　堆芯初始装载随功率规模的变化关系

关于一体化快堆的燃料管理，燃料的典型滞留时间是 3 年，所以堆芯 1/3 的燃料每年都会更换。对于 1 000 MWe 反应堆，堆芯燃料中包含 10～15 t 重金属（锕系核素，主要按初始铀计），并且再生区组件每年都更换。IFR 燃料棒被燃耗达到了 150 兆瓦日/千克或者大约 15%的重金属，至今运行良好。3 年内，燃料棒中大约 15%的铀和钚发生裂变，因此将初始装料用完得花 20 年。

燃料棒的寿命不仅受燃烧过程中成分变化的影响（裂变产物份额增加），还受燃料包壳的辐射损伤影响。IFR 的中子硬谱（高能中子占多数），具有的特性如增殖，确实增加了这样的损伤。但是燃料的 3 年或 4 年的滞留时间是很足够的，实际上适用于所有功率的反应堆。

14.5　焚烧与增殖分析

人们建议其他反应堆产生的锕系核素应该在快堆中通过辐照嬗变。目前世界上轻水堆的钚存量不断增加，武器级钚也过剩了，可以改变反应堆设计以便使烧毁的锕系元素多于产生的。IFR 堆芯可以设计为锕系的焚烧堆也可设计为增殖易裂变同位素的增殖堆。在 IFR 中子谱中所有锕系核素都是可裂变的。如图 14-5 所示，堆芯周围是反射层组件（钢部件将中子反射回堆芯，以此方式节约中子），甚至堆芯将不能充分增殖，让生成易裂变核素的转换中断，堆芯将变成裂变同位素和所有锕系核素的焚烧器。

如果再生区用贫铀组件代替反射层组件，铀将俘获泄漏中子并生成钚，钚进行高温冶金处理用来制造新燃料棒。如果再生区足够大（包括径向和轴向），增殖比（产生的裂变材料与消耗的裂变材料之比）可以超过 1。在反应堆寿期内任何时间停堆换料，可以轻松地通过参数配置调整再生区获得所需的自持反应性、单位增殖比、任何焚烧或增殖。

作为一个经验规则，运行 30 年的轻水堆产生的锕系核素足够启动一座 IFR。世界上目前运行轻水堆功率约为 375 GWe，如运行寿期为 60 年，将产生足够多的锕系核素来启动总功率约为 750 GWe 的一体化快堆。即使仅有小部分轻水堆乏燃料经过再处理，也可以建立大量的不需要增殖的一体化快堆。增殖堆需要对再生区组件进行处理，这意味着更多的重金属装料。如果布置反射层，则可以避免后处理直到需要增殖的时候。

提出了两个参量以便设计者将他们的注意力集中在锕系核素的嬗变上而不是增殖上[13]。很清楚，在一体化快堆中焚烧锕系核素是有利的。其中一个参数用于强调焚烧锕系核素而不是转化或增殖，用 kg/GWe-yr 为单位表示锕系核素的消耗率。这强调不含增殖燃料（燃料中只有少量铀或没有铀），甚至可以不用反应堆，例如加速器次临界系统可以作为最佳选择。

通过考察堆芯高度降低导致堆芯泄漏中子增加的情况就可以判断锕系核素焚烧设计的敏感性。将 3 英尺的堆芯高度减半，也就是 1.5 英尺，增殖也近似地减半。如果用增殖料做燃料，那燃料焚烧量会减半。在 1 000 MWe 反应堆中，每年有 300～400 kg 的锕系元素被烧毁。对于 1.5 英尺高度堆芯运行期间剩余反应性下降，因为裂变材料补偿大幅度减少，而 3 英尺高度堆芯可保持它的剩余反应性，因此只能通过提高富集度以保持临界状态。意味着需要通过提高控制棒价值从而压制堆芯初期过高的剩余反应性。这样可能会降低控制棒失控提起的固有安全性，具体的影响跟控制棒价值的增加幅度有关。中子泄漏的增加确实降低了冷却剂的反应性效应，一体化快堆固有的停堆安全特性可以保证任何事故下的堆芯安全，不需要冷却剂效应发挥作用。当然，冷却剂效应也不会引发什么事故。然而这样的设计必然带来其他堆芯性能的变化。通过这种方式的嬗变意味着增殖比或转化比的降低，对于核能的可持续发展起到了相反的作用，这一问题将在后面章节结合未来发展情景详细阐述。

另一个不一定要采用的参量是锕系元素产生堆（轻水堆）与锕系核素焚烧堆（IFR）之比。在反应堆布置中，将锕系核素焚烧反应堆最小化，意味着核能的目标重点是锕系再循环，锕系焚烧堆（IFRs）没有经济性。锕系再循环的目的是使永久处置的锕系量最小化。但是，最好是在一体化快堆中利用锕系核素作为燃料，在一定程度上使得它对堆芯性能、燃料性能、安全性能和经济情况的影响最小。锕系核素可以暂存，但不能长期储存，要么将其焚烧，要么将其作为废物长期地质处置，但是锕系是有用的资源。这种情况下，锕系产出应该最大化，这是最优的。作为一个实际问题，如果存在大量来自轻水堆的锕系核素，那么 IFR 不需要增殖，在这种情况下一体化快堆堆芯外部没有再生区。按字面意思，这样的堆芯被称为焚烧堆，但是锕系核素的焚烧本身不是目的。长期来看，增殖可使核能增长，如果铀价格持续升高的话，还要求给热堆供应低成本裂变材料，附加的好处就是不需要大量的设备（相关的讨论见 13.4 节图 13-7）。

换一种方式描述就是一体化快堆最重要的特点是它增殖新燃料的能力。一体化快堆的金属燃料给设计者提供了有利的设计条件。我们讨论了增殖所需的高燃料体积分数的重要性。对于给定的燃料体积分数，较高的燃料密度有更高效率的中子经济，不同燃料类型的理论密度如表 14-5 所示。

表 14-5　各种燃料的理论密度（g/cc，Pu/U 的比例为 20/80）

	燃料密度	重金属密度
氧化物	11.1	9.7
碳化物	13.6	12.8
氮化物	14.3	13.4
金属	19.2	19.2
U-Pu-10%Zr 合金	15.7	14.1

如表 14-5 所示，所有类型燃料中，金属燃料有最高的金属密度，结果是它比其他燃料有更好的中子经济性，如表 14-6 所示。不同类型燃料增殖比的范围如图 14-8 所示[7]。这些是最适合增殖的，通过设计可使某一燃料材料的增殖比更大或更小。改变燃料棒直径就是改变一部分堆芯包含物即燃料（冷却剂和结构）的简单方法。燃料分数越高，增殖比越大，影响增殖的方式如图 14-8 所示。金属燃料一直比氧化物燃料好，碳化物燃料位于两者之间，但是所有的都在一定范围内变化。过去，增殖比的定义仅与裂变同位素有关（产生的裂变材料/消耗的裂变材料），但是随着一体化快堆中非易裂变锕系核素作为可转化燃料，增殖比定义为总产生的锕系核素与总消耗的锕系核素之比。然而，即使对于 IFR 来说，两者的区别也是非常小的。

表 14-6　快堆各燃料类型中子平衡对比

	氧化物	碳化物	金属
η	2.283	2.353	2.45
ε	0.356	0.429	0.509
$\eta+\varepsilon-1$	1.639	1.782	1.959
损失：结构材料	0.158	0.131	0.127
冷却剂	0.01	0.009	0.008
裂变产物	0.055	0.058	0.058
氧、碳、锆	0.008	0.009	0.025

续表

	氧化物	碳化物	金属
泄漏	0.046	0.051	0.082
衰变	0.031	0.029	0.032
总损失	0.308	0.279	0.332
剩余中子（BR）	1.331	1.503	1.627

较高的增殖比必然有较高的裂变物含量，两者之间有一个最佳值。也就是说，多长时间才能达到开始含量的 2 倍？一体化快堆金属燃料的最佳“倍增时间”如图 14-9 所示[7]。计算了具有最小堆芯以外存量的大型一体化快堆的倍增时间，它给出了最大增长潜力。对一个快速建造的快堆项目，金属燃料可以获得低于 10 年的倍增时间。

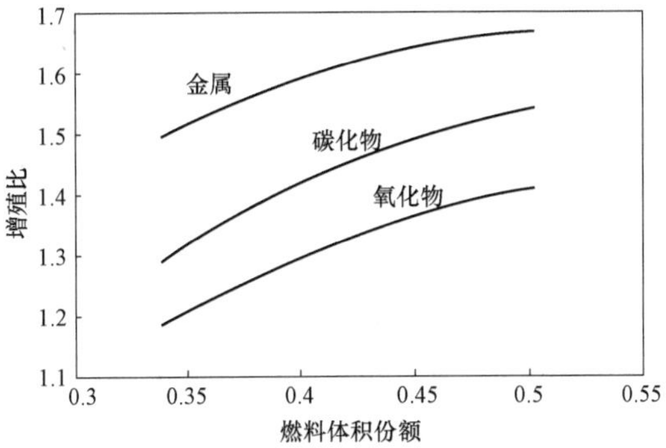

图 14-8　各燃料类型的增殖比

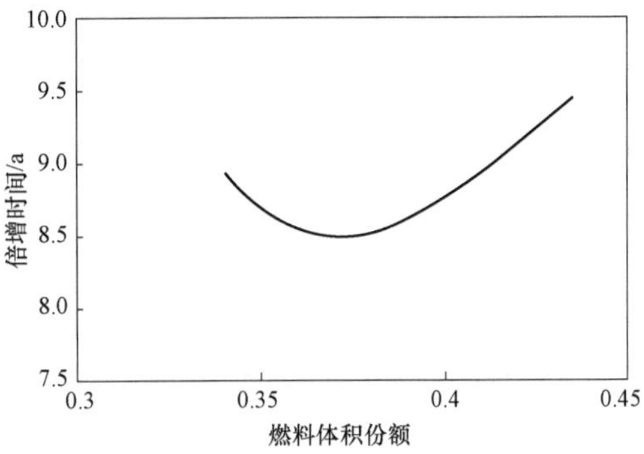

图 14-9　装载金属燃料的 IFR 倍增时间

14.6　长寿命堆芯设计原则

近年来，建议开展长寿命堆芯概念的设计。为了获得长寿命堆芯，中子平衡必须达到一个值使得裂变材料充分增殖以致很长时间内不换料也能保持反应性。因此，长寿命堆芯只能在快中子谱中，并且采用金属燃料使燃料体积分数较高。理论上，如果通过适当的设计使中子平衡最大化，那么在很长时间内都可以保持反应性。

然而，在设计中也会面临三类约束。首先是燃料燃耗限值。目前为止，随着包壳材料的试验和发展，能够预测的最大燃耗限值峰值是 200 000 MWD/T。每次裂变大约释放 200 MeV 的能量，或者 1 g 材料裂变时大约有 1 MWD。那么 200 000 MWD/T 的燃耗意味着每吨重金属中有 200 kg 已经发生裂变，占初始重金属燃料的 20%，并且转化为裂变产物。气体裂变产物积聚在上腔室中。气体给包壳施加压力，再加上辐照引起的蠕变，给包壳造成辐照损伤，限制了包壳的寿命。累积的固体裂变产物也能给较高的燃耗带来不利影响，因此 20%是可以接受的燃耗限值，取决于燃料棒设计的特点。

对于常规的设计，大约 5 年的辐射可以达到这个燃耗限值。对于给定的燃耗限值，为了获得长寿命堆芯，必须减小功率系数。由于以 MWd/t 为单位的燃耗等于功率系数（MW/kg）乘以满功率运行的天数，所以只能通过降低功率系数来达到长寿命。例如，如果需要 30 年堆芯寿命，与常规的 5 年堆芯（实际上每年都换堆芯的 1/5）相比，功率系数必须减少到 1/6，并且在长寿命反应堆开始运行时提供的锕系核素量是典型 IFR 所需燃料的 6 倍。换个方式，最初安装 6 个反应堆堆芯，并且以 1/6 燃耗率缓慢燃烧来达到 30 年堆芯寿命。因为大型堆芯的需求，建议大部分长寿命堆芯的功率在 5～50 MWe 范围内。尽管装载的重金属直接与堆芯寿命成正比，但是装载的裂变材料并非以相同的比例增加，因为在较大堆芯中中子泄漏减少，并且裂变材料富集度也相应地降低。

一次通过长寿命堆芯不能显著地提高铀资源利用率。作为参考，高燃耗轻水堆燃料需要 4.5%的富集度来获得 5%的燃耗。大约 88%的天然铀在富集过程中变成了贫铀。12%的铀载入堆芯，只有 5%发生裂变，导致天然铀的利用率只有 0.6%。大型快堆一般要求 15%的富集度，而不是 4.5%，它意味着 96.5%的铀被作为贫铀而废弃。即使剩余 3.5%的铀，燃耗为 20%，整个利用率是 0.7%，与轻水堆一次通过循环的 0.6%利用率差别不大。这种情况如图 14-7 所示，因此最能接受的长寿命堆芯设计极限是比 1%多一点的铀利用率。

长寿命堆芯设计的第二个约束是快中子（＞0.1 MeV）通量密度限值。快中子通量密度（中子通量乘以辐射时间）造成包壳材料的损坏。对于常规设计，快中子通量密度限值与燃耗限值范围一样，因此没有特别关注快中子通量密度。然而，对于长寿命堆芯，快中子通量密度随着时间持续增大。包壳由辐照引起的蠕变损伤将超过常规设计限值，并且成为长寿命堆芯的限制，大部分长寿命堆芯的快中子通量密度大约是常规设计堆芯的 3～4 倍。

第三个约束涉及热工水力学。包壳寿命对温度非常敏感，这就有了温度峰值限值。在限值范围内，为了保持高平均温度，组件中冷却剂出口温度要求尽可能相同。在常规堆芯设计中，通过提供小部分组件入口管嘴的孔使得冷却剂流速与功率匹配来实现这一目的。因为辐照期间组件功率变化，对于所有组件来说，不可能得到相同的功率和流速。对于长寿命堆芯来说，功率变化更重要并且分布在整个堆芯中，研究一个可行的在整个寿期都有效的开孔计划更具有挑战性。

总的来说，通过优化的设计可以解决中子和燃耗限制，但是中子通量密度限制不能够解决除非发现了“神奇的”包壳材料。热工水力学孔限制也是一个严峻的挑战，特别是对于大型堆芯来说。

14.7　世界快堆经验和现状

前面的章节讨论了美国的实验快堆——EBR-Ⅰ，EBR-Ⅱ，Fermi-1，FFTF。早期美国快堆发展成功后，别的国家也开始建造快堆。包括美国的反应堆，世界上大约有20座快堆建成并运行。如表14-7所示[14－17]。

表 14-7　快堆运行总结

国家	反应堆	热/电功率	运行时间
美国	EBR-Ⅰ	1/0.2	1951—63
	EBR-Ⅱ	62.5/20	1964—94
	Fermi-1	200/61	1965—72
	FFTF	400/0	1980—92
俄罗斯	BR-5/10	8/0	1958—02
	BOR-60	60/12	1969—
	BN-350	1 000/150	1973—99
	BN-600	1 470/600	1980—
法国	Rapsodie	40/0	1967—83
	Phenix	590/250	1974—99
	SuperPhenix	3 000/1 240	1985—97
日本	Joyo	140/0	1978—
	Monju	714/300	1994—
德国	KNK-Ⅱ	58/21	1972—91
印度	FBTR	42.5/12	1985—
中国	CEFR	65/20	2011—

早期一些不以商用反应堆为发展主线的快堆没列在表14-7中。1957—1958年，钠冷快堆用来给潜艇“海狼”提供能量。1957—1964年，国际原子能机构管理着一座6.5 MWe钠冷实验快堆（SRE）。LAMPRE是一座均匀反应堆，采用熔融钚燃料和钠冷却剂，1961—1963年间，以1 MWth功率运行。1969—1972年，通用电气公司在阿肯色州经营着功率为20 MWth的SEFOR。

也有建成但是没运行的钠冷快堆：1987年意大利中止了120 MWth PEC的前期建造工程；1985年德国完成了SNR-300的建造，但是从来没有开堆；在NRC证件办理快圆满结束时，美国中止了克林奇河增殖反应堆（1 000 MWth/380 MWe）。

见表14-7中列出的快堆有一份很复杂的运行记录。大部分都是各国建成的第一类示范电厂，其中一些发生了设计错误，还有一些设备故障，特别是在电厂的非核部分，一部分钠泄漏或着火，在EBR-Ⅰ和Fermi-1中，部分堆芯发生熔化，这在前面章节中讨论过。另一方面，EBR-Ⅱ10 年的成功，小额资本预算，有了其他地方失败的经验，使人们更加相信，适当的设计和运行，加上通过更成熟的工业积累的经验，快堆是安全可靠，运行和维护简单的。

钠故障包括各种泄漏（主要在二次系统和蒸汽发生器系统），冷却剂自身污染，气溶胶沉淀物的影响。二次系统管道钠泄漏容易被发现，并且扑灭它引起的烟雾或钠火不是很困难，也不会产生严重后果。如第七章所述，最大的钠火事故发生在日本的文殊堆，这是一个示范堆，需要很长时间才会再次开堆。实际上不是技术问题。不相关的东海村低放废物厂的火灾、承包公司的不相关临界事故、高一级法院裁定原许可无效、以及当地居民的抵制等结合起来造成了停堆时间的延长。最终文殊堆在 2010 年 5 月再次开堆。

最初运行期间部分反应堆的蒸汽发生器有泄漏问题。大部分泄漏发生在管道与管道之间的焊接处，大部分是由施工（焊接）缺陷造成的。一部分是由材料缺陷和缺少焊后热处理造成的。对于可靠设备，施工技术和材料选择同样重要。部分设备故障是因为选择的先进材料在钠升温条件下的实验很少。早期不锈钢蒸汽发生器做了应力腐蚀断裂实验。目前，2-1/4Cr-1Mo 是蒸汽发生器的主要材料，并且有令人满意的运行试验结果。作为未来应用的 9Cr-1Mo 被认为是 2-1/4Cr-1Mo 的改进版，并且取得了 ASME 合格证书。对于主系统，已经成功地使用了 316 型和 304 型不锈钢。对于燃料组件，铁素体 HT-9 被证明是包壳和六角形管道最可靠的低膨胀材料。

作为精心设计的反应堆 EBR-Ⅱ在所有反应堆中是最突出的，它成功地运行了很长时间，并且在没有明确寿命限制的情况下能够继续运行。使得 EBR-Ⅱ别出心裁的设计甚至用于了前几章所讨论的金属燃料的成功研发，EBR-Ⅱ的固有安全测试和闭式燃料循环示范具有里程碑意义。但是 EBR-Ⅱ的工程需要更多的投资。EBR-Ⅱ是在它被 EBR-Ⅲ取代之前会运行一些年的假设下建成的。相反，它运行了 30 年，它的长寿命证明了设计的优秀，其成功运行在未来计划里是非常重要和值得借鉴的。

钠与钢的兼容性是一个重要的特性。当适用于反应堆的钠初次载入 EBR-Ⅱ后（必要时添加过），使用寿命超过 30 年。在正常运行中，杂质通过冷凝管排出。当停堆后反应堆容器的钠排干时，初次装配期间在容器内部画上的粉笔记号清晰地呈现在遥控摄像机内。没有腐蚀现象。实验说明了钠与结构材料的完美兼容性，甚至证明了浸入钠池的设备在整个 30 年寿期内都保持着原始状态。

非腐蚀性冷却剂保证了设备的可靠性。对于快堆运行，蒸汽发生器性能特别重要，因为它包含钠和水并且两者不能直接接触。在轻水堆中蒸汽发生器管道故障是由水的化学性质和换热器外壳隙缝中的累积腐蚀产物引起的。钠冷快堆中，通过外壳的非腐蚀性钠和隙缝中累积的腐蚀产物是极少的。蒸汽包含在管道内，简单的几何结构阻止了腐蚀产物的积累。EBR-Ⅱ蒸汽发生器中的管道是双层直管道，连续超过 30 年运行的结果是没有一个单一管道泄漏。

最少的腐蚀产物积累也暗示着维修的方便以及电厂个人的辐照剂量最小。腐蚀产物有放射性，我们一直期望蒸汽发生器、汽轮发电机、蒸汽给水泵和设备以及其他部分的维修和检查中不要有放射性剂量。EBR-Ⅱ和其他钠冷快堆中工作剂量比轻水堆中的工作剂量少一个数量级不是巧合。钠设备可靠性也意味着电厂实用性提高。甚至由于燃料实验导致的 EBR-Ⅱ频繁换料（平均每年 5 倍）停堆时提供的各种辐照测试和实验，较高的容积因子大于 80%，是在 EBR-Ⅱ运行的后几年间获得的。

EBR-Ⅱ实验证明经过精心设计，并且随着技术的进一步发展，钠冷快堆能有非常高的可靠性、可维护性、可操作性和持久性。基本设计必须是一个简单容易理解的设计，避免复杂性和避免安全系统层次化，通过它的固有安全性来实现这一点。

关于快堆的前景，随着 30 年来的间断发展，近年来世界已经看到了快堆的一些益处。在俄罗斯，BN-600 已经成功地运行了 30 多年，BN-800 的建造，初始计划建于 1980 年，但是在 1990 年早期的政治漩涡中被中断，几年前又开始重建，现在计划大约在 2014 年开堆。中国原子能科学研究院建成了中国实验快堆（CEFR），热功率为 65 MW，电功率为 20 MW（EBR-Ⅱ的功率），在 2010 年临界，2011 年首次并网发电。中国计划在 2020 年与俄罗斯合作建造另外 2 座功率为 800 MWe 的快堆。在印度，快中子增殖实验堆（FBTR）在 1985 年首次临界，并已经成功运行，使用的是碳化物燃料堆芯。现在印度正在建一座功率为 500 MWe 的原型快中子增殖堆（PFBR），2014 年试运行。4 个相同尺寸的装置计划在 2020 年建成（位于 2 处，每处 2 个）。印度可能是世界上首个建立商业快堆的国家。法国和日本预计在 2045—2050 年间启动商业快堆，并且在 2020—2025 期间完成他们的原型示范项目。韩国也正在发展原型钠冷快堆，预计在 2028 年建成[18－19]。

14.8　典型的核电部署情景

理解一体化快堆的部署影响非常重要。从核能合理发展情景可给出其影响的形象说明，见图 14-10。世界核协会调查了它的成员国，汇集了或低或高的核能发展情景[20]。在 2030 年，最低是 552 GWe，最高是 1 203 GWe；在 2060 年，最低和最高分别是 1 136 GWe 和 3 488 GWe；在 2100 年他们分别是 2 050 GWe 和 11 000 GWe。在图 14-10 中，我们取较低和较高情况的平均值。这不是预测，我们的目标是说明在铀资源有限的情况下一体化快堆发展比例的影响。

如图 14-10 所示，假定短期内核能增长由现存反应堆延寿加上许可新建的 1 575 GWe（到 60 年寿期）以满足整个 2050 年的能量需求，其中考虑了退役轻水堆和到那时可能引进的快堆数量。一体化快堆 2030 年达到 10 GWe，2040 年限制为 30 GWe，2050 年限制为 80 GWe，这样的占比比较可行。之后，一体化快堆的发展受启动所需的锕系核素存量限制。用轻水堆积累的锕系元素启动一体化快堆，快堆大约限制在 3 300 GWe。进一步提高快堆比例必须依靠一体化快堆的增殖。2070 年后新一体化快堆由自身增殖来满足。

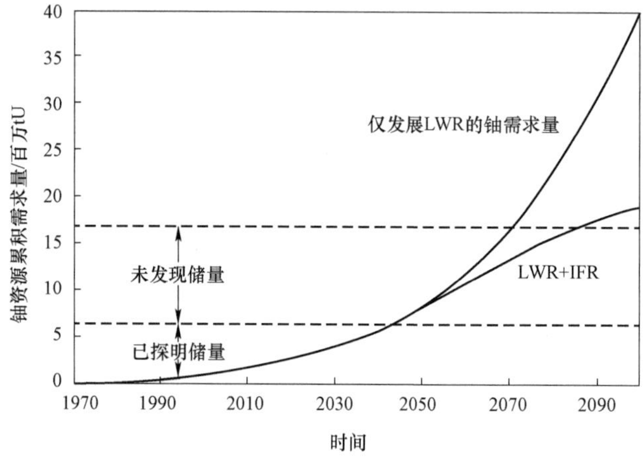

图 14-10　全球核能增长态势的情景示例

TomBlees 最近出版的书："Prescription for the Planet"[21]（《地球处方》），提倡在与气候变化斗争中发展一体化快堆用以替代化石燃料。作者假定了更快的增长率，这个增长率是可以达到的。采用金属燃料，并优化一体化快堆设计，使得 8-9 年内的倍增时间最小化。

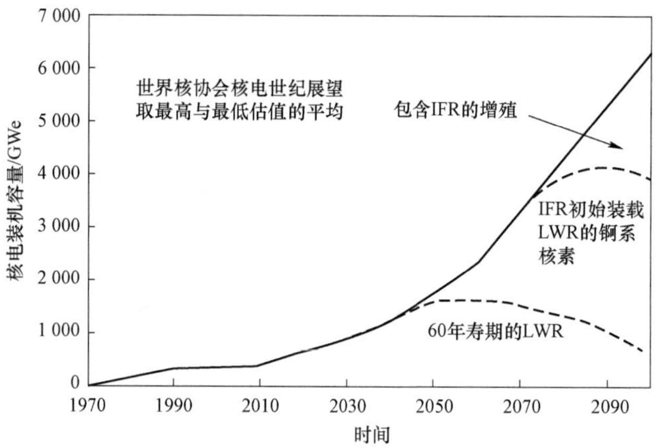

图 14-11　是否发展 IFR 对铀资源需求和供应关系的影响

核能发展情景见图 14-10，一体化快堆的发展对铀资源的影响见图 14-11。一体化快堆的发展可能会减轻渐增铀的需求，它正好超过"已探明储量"和"未探明储量"的总和[22]。如果图 14-10 中的核电由轻水堆满足，到 2070 年铀需求将快速增长并超过未探明储量的范围，当然年度需求量也会持续增长并超过它。在间接证据和地质推断的基础上，与铀有关的未探明储量是存在的，但其规模与提取成本尚不明确。实际上，采用以探明储量限值作为铀资源的限值是合理的，因为预计核电发展必须以反应堆整个寿期内铀资源有保障为基础。

有一种概念是廉价铀有很多（这些人不接受增殖，与反核者不同，反核者认为铀是稀缺的）。实际上，许多核电公司都有长期铀供应合同。现货市场少量的铀买卖与长期合同供应还是存在区别的，俄罗斯冗余武器 500 t 浓缩铀经稀释已投放铀市场，暂时降低了铀价。然而，500 t 浓缩铀折合等于 90 000 t 天然铀，只能满足全球当前运行反应堆不到 2 年的铀需求。

如果核能发展与我们估算的一样高，而铀资源依旧与目前掌握的相同，按上述概念，如果到 2050 年才开始 IFR 大规模部署，将会出现铀资源短缺。

14.9　怎样布置干法工厂

在前面章节讨论一体化快堆和高温后处理时，我们假设燃料循环工厂和反应堆厂房在一处，就像 EBR-Ⅱ和它的燃料循环工厂一样。对于初期发展的一体化快堆这是合理的选择。因为临界限制，高温后处理和再制造设备系统的大小恰好能够服务单个反应堆或 2 个反应堆。位于同一地点的燃料循环工厂避免了乏燃料和新燃料的运输。但是随着越来越多一体化快堆的建立，可以服务数个 IFR 的地区燃料循环中心可能更好，特别在理位置邻近情况下，可以扩大规模以提高经济性。

如果轻水堆乏燃料也用高温化学方法后处理，首先要考虑的是它是否与一体化快堆乏燃料后处理在同一个工厂。轻水堆乏燃料包含 1%的锕系元素，而一体化快堆乏燃料包含 20%的锕系元素。IFR 后处理中限制设备大小的临界要求对于轻水堆乏燃料后处理来说是宽松的。初步考虑，由于易裂变材料含量低，轻水堆乏燃料后处理的批处理设备可以放大接近 20 倍，因而更具备经济性。如第十章所述，对于氧化物燃料要先转化为金属，因而轻水堆乏燃料后处理需要增加首端步骤。其他设备可以共享，例如产品和废物处理。然而，即使是这些处理过程也需要多个设备系统。总的来说，两者的处理能力和需求有很大不同，最好是将轻水堆乏燃料后处理与 IFR 乏燃料后处理所需的设备系统分开。将两种复杂的衡算结合起来，也没有任何突出的优势。如果规模可以扩大，IFR 燃料循环工厂应该为多个一体化快堆而设计。轻水堆乏燃料干法后处理厂根据需要也应尽可能多处理轻水堆乏燃料。

相关的问题是轻水堆乏燃料后处理厂是应该集中在一起还是分散在不同地区。目前，美国的轻水堆乏燃料每年的卸出大约 2 000 t。轻水堆乏燃料后处理能力应该在每年 3 000 t 范围内，除处理每年产生的乏燃料外还处理部分库存的乏燃料。目前运行中的单个水法后处理厂每年处理 800 t 乏燃料。但是更大的集中厂每年处理 2 000 t～3 000 t 乏燃料是可能的，经济上更有优势。在 20 世纪 70 年代建成的巴威尔（Barnwell）

后处理厂设计为每年处理 1 500 t 乏燃料。

干法后处理厂产量太低则不具备经济规模效应。超级大的中心工厂也没有必要。目前商业后处理能力 800 t/年也许是一个合理的指标。如果干法后处理中间工厂达到 100 t/年，要提高到 800 t/年，可以多设置设备系统，并考虑这些系统的规模经济成本。可以考虑 3～4 个区域干法后处理中心，位于尽量减少运输的地方。这些工厂的系列建设可以积累经验，模块化建设将更占优势。

一体化快堆的初始金属燃料制造可以在服务一体化快堆的独立燃料循环工厂进行。锕系元素和铀可以从轻水堆乏燃料后处理厂运送到一体化快堆燃料循环工厂，并且在再循环系统中制作成金属燃料棒。轻水堆干法后处理厂不需要有燃料制造线，燃料制造随着一体化快堆的不同而不同。

14.10 发展途径

没有什么是最好的，关键是立足当前，如何起步并发展下去。我们需要引入大型一体化快堆来满足未来的能源需求，同时我们需要解决核废物问题。可以这样提出问题：既然一体化快堆/后处理如此占优势，为什么拥有快堆和已经建成快堆的其他国家不采用它？法国和日本都有很好的快堆发展项目，并且有长期的国家政策和相应的 R&D 资金支持。两个国家到 2045—2050 年都需要快堆，拥有最先进技术的原型示范快堆项目将在 2025 年左右开始施工。然而，由于他们在氧化物燃料和水法后处理的常规技术方面投入了太多资金，还有多个上亿美元的工厂基础设施，他们不能轻易放弃所拥有的而投入另一个没有被完全证实的方向，至少在后处理方面还没有。一体化快堆技术在美国也需要进一步验证。如果一体化快堆技术的优越性被证实了，美国的能源经济将是赢家，其他国家也会采用它。美国将有权影响它的发展方式。

实际上，当前其他国家正在建造快堆。如我们所提到的，印度和中国或多或少的在自己发展快堆技术，他们的成果集中在建成的项目上。他们可能看到了金属燃料和后处理的优点，但是他们没有我们发展的技术基础。他们会很欢迎一体化快堆技术方面的合作，但是现在我们没有项目去共同发展。如果要做，应通过我们或者与国际组织合作但由我们来主导完成，示范一体化快堆将在美国实现。

据说，国内已经花了大量的资金在先进反应堆概念方面，因此如果一体化快堆是有前途的，为什么不建一座？这个问题问得很好。任何先进反应堆概念都将承担较高的成本和风险。与商业化标准设计相比，任何新反应堆示范项目在设计和工程方面需要付出的更多，直到新标准设计产生。新制造基础设施也是必要的，它的成本也必须并入示范项目中。许可方面不确定因素也需要考虑。核管会正计划颁布适用于先进反应堆的新法规，但是制定规则需要花费一段时间。

核电公司不能开工任何新的先进反应堆，直到经济和许可问题得到解决。对于新反应堆概念的经济性证明和许可，政府负有主要责任。如果理由充足、目标明确，政府应该接受。一体化快堆概念有长期获取巨大利益的潜力，但是目前，示范项目将远远超出公司的财政能力和他们计划的范围。

我们有必要证实有循环工厂的一体化快堆电站，以及证明轻水堆乏燃料干法后处理应用。近期示范项目应分步进行。第一步，应该优先示范轻水堆乏燃料由氧化物转化为金属（100 t/年），这涉及乏燃料管理策略的变化，是至关重要的一步。将乏燃料无限期暂存在政策上和技术上都不是好方法。水法后处理成本高，并且对于减少乏燃料的长期放射性作用不大，还存在扩散问题。第二步考虑轻水堆乏燃料干法后处理中间规模示范，同时也要令人信服地证实一体化快堆的干法处理过程。

估价 5 亿美元的中间实验厂（100 t/年），提出如下建议：

设计分为两个阶段完成。首先是一个 2 年初步设计阶段，提供初步建造成本的评估，同时编制初步安全信息文件（PSID）以便 NRC 对它进行早期非正式的审查。安全评估意见将在下一阶段被用来完善设计和完善安全分析。第二阶段将编制详细的设计和成本评估，这是决定是否继续建造实验厂不可或缺的。为了获得建造许可，将为 NRC 的审查准备一份初步安全分析报告（PSAR）。最终设计包含竣工图，并且为了运行许可证为 NRC 的审查准备一份最终安全分析报告（FSAR）。NRC 许可证以联邦法规全书的第 70 章（特殊核材料（燃料循环工厂）的国内许可部分）为依据。

这项目可能历时 9 年。开始 2 年需要做初步设计和成本估算；接着 2 年做详细设计，PSAR 和详细成本概算。从第二年以后始终都有许可证审查，然而，建造许可证是在 PSAR 提交 2 年正式审查后发放的。整个第八年都在进行最终设计，建造是在第六年之后开始的，建造时间是 3 年。

接下来是示范一体化快堆。后处理的成功为发展完整示范一体化快堆系统提供了依据。正如其他日益强大的国家已经开始的那样这可以为处理轻水堆乏燃料中的长寿命锕系核素和开始美国反应堆建造提供长期动力。

14.11　小　　结

一体化快堆技术在核特性设计方面有很大的灵活性，以实现燃料的增殖、自持或焚烧锕系元素。实际上最好的发展几乎可以满足未来电力的所有需求。一体化快堆堆芯设计在一定程度上会侧重于一个或另一个重要的特性。尤其是设计者可以选择增殖特性和易裂变材料份额来得到任何所需的增殖性能。在为增殖或自持而设计堆芯和为嬗变锕系而设计的堆芯两个方案中，堆芯设计、燃料装量和质量流量是不同的。通过停堆换料期间置换棒组件，在反应堆寿期内任何时间都可以进行增殖和焚烧模式的转换。

冷却剂的选择非常重要，氦气或铅和铅-铋合金在热力学性质方面次于钠。钠与反应堆结构和部件的兼容性也很重要，铅和铅-铋合金没有这一特性。辐射腐蚀产物不会大量产生，电厂个人的辐照剂量非常低，并且维修简单。钠的缺点是与空气和水反应，这可以通过改进设计来解决。钠泄漏，主要在没有辐射的二次系统但偶尔也会在蒸汽发生器系统，在首座示范电厂这种没有引起很大困难的特殊问题就被解决了。引起的烟雾或火焰很容易发现，还没有造成重大事故就被扑灭了。仅有一例导致了重大问题——日本示范电厂：文殊堆，在相对轻微的清理后，反核运动和相关政治问题导致了停堆时间的延长。

关于增殖的物理基础在实际高增殖设计中有所体现。描述了世界主要反应堆类型可能有的增殖特性。接着关注一体化快堆设计，据我们所知堆芯燃料棒直径是决定增殖的重要因素，以及与此相关的热学、水力学和力学限制方式都必须是优化的。最后，我们讨论了权衡方案，这是最佳设计所必须的。

然后我们转向过去快堆发展所做的实验，调查各种问题和困难。快堆运行实验在各国都是第一次示范，各国有自己的方式，各有各的困难。与其他任何反应堆类型相比，或对任何动力系统而言，同样存在设计问题、部件故障、钠泄漏和钠火、部分堆芯熔化等等问题。

在几年初次试验之后，30 年的运行经验表明 EBR-Ⅱ是相当完美的。安全运行多年期间进行大量实验的灵活性证明了它设计的完美。EBR-Ⅱ是现在一体化快堆技术的领航者。它一直都在不受限地运行，并为一体化快堆技术固有的反应性、维修性、可操作性和长寿命等高标准提供了确实的证据。根据 EBR-Ⅱ设计的金属燃料池式钠冷快堆是简单宽容的系统，避免复杂，避免安全系统多层次。EBR-Ⅱ的运行成功阐明了它设计特点，它是非常重要的，并且是值得未来借鉴的。

以 21 世纪世界核能协会的核能评估为基础，系统研究说明了一体化快堆技术大规模发展的必要性。如果轻水堆可以满足需求，在 2050 年之前铀需求将超过“已探明储量”，在 2070 年将超过“未探明储量”。如果在 2050 年引进一批一体化快堆，铀资源使用将达到平衡，但是如果到 2090 年仍使用 LWR 与 IFR 相结合的方式提供核能，铀资源会超过“未探明储量”。只有在核电站全部寿期内铀资源有保证才能建造核电站，不能只看初始装料。假设反应堆有 60 年寿期，到 2030 年就会感受到铀资源短缺问题。一体化快堆的成批引进应在 2050 年之前。

我们关注怎样开始一体化快堆的引入，得出的结论是应该首先建造干法后处理中试厂。在实现一体化快堆技术时这是切合实际并非常必要的第一步。它不仅证明了一体化快堆的再循环技术，也证实了用于处理轻水堆乏燃料的工艺。在此基础上再积累经验。一个处理能力 100 t/年的中试厂可能需要 9 年时间，成本在 5 亿美元范围内，真正的建造只需最后的 3 年时间。

其他主要国家，例如中国、俄罗斯和印度，他们的快堆技术已经处于领先地位，各有各的基础设施和联盟。一体化快堆技术是非常好的，但是要证明它，需要示范，应该在美国和由美国来实现，也可以国际合作，但是应由美国主导。然后部署一体化快堆。示范一体化快堆电站为锕系嬗变提供了一种方式，同时开启了我们为子孙后代留下充足能量的道路。

参考文献

[1] J. G. Yevick, ed. , *Fast Reactor Technology: Plant Design*, The MIT Press, 1966.

[2] GIF-002-00, "A Technology Roadmap for Generation Ⅳ Nuclear Energy Systems," U. S. DOE Nuclear Energy Research Advisory Committee and the Generation Ⅳ International Forum, December 2002. http://nuclear. energy. gov/genⅣ/documents/gen_iv_roadmap. pdf.

[3] N. Li, "Lead-Alloy Coolant Technology and Materials—Technology Readiness Level Evaluation," Proc. Second International Symposium on Innovative Nuclear Energy Systems, Yokohama, Japan, November 26-30, 2006.

[4] N. Polmar, *Cold War Submarines: The Design and Construction of U. S. and Soviet Submarines, 1945-2001*, Potomac Books Inc.

[5] Federation of American Scientists, "Project 705 Lyra: Alfa class Attack Submarines," http://www. fas. org/man/dod-101/sys/ship/row/rus/705. htm.

[6] M. K. Meyer et al., "Fuel Development for Gas-Cooled Fast Reactors," *J. Nuclear Materials*, 371, 281-287, 2007.

[7] C. E. Till et al., "Fast Breeder Reactor Studies," ANL-80-40, Argonne National Laboratory, 1980.

[8] L. N. Salerno et al., "PRISM Concept, Modular LMR Reactors," *Nuclear Engineering and Design*, 109, 79-86, 1988.

[9] C. E. Boardman et al., "A Description of the S-PRISM Plant," *Proc. 8th International Conference on Nuclear Engineering(ICONE-8)*, Baltimore, MD, April 26, 2000.

[10] J. E. Brunings et al., "Sodium Advanced Fast Reactor(SAFR)for Economic Power," *Proc. American Power Conference*, 48, 683-687, 1986.

[11] Unpublished design study for a 600 MWe IFR at Argonne National Laboratory, 2002.

[12] The Large-Scale Prototype Breeder(LSPB)was a 1320 MWe plant design project sponsored by DOE and managed by EPRI's Consolidated Management Office during 1982-85.

[13] National Research Council, *Nuclear Wastes: Technologies for Separations and*

Transmutation, National Academy Press, 1996.

[14] E. Waltar and A. B. Reynolds, *Fast Breeder Reactors*, Pergamon Press, 1981.

[15] IAEA, "Fast Reactor Database: 2006 Update," IAEA-TECDOC-1531, IAEA, Vienna, 2006.

[16] American Nuclear Society, *Controlled Chain Reaction: The First 50 Years*, 1992.

[17] American Nuclear Society, *Proceedings of LMR: A Decade of LMR Progress and Promise*, 1991.

[18] Dohee Hahn, et al., "Conceptual Design of the Sodium-Cooled Fast Reactor KALIMER-600, "*Nuclear Engineering and Technology*, 39, 193, 2007.

[19] Dohee Hahn, et al., "Advanced SFR Design Concepts and R&D Activities," *Nuclear Engineering and Technology*, 41, 1, 2009.

[20] World Nuclear Association, "The WNA Nuclear Century Outlook-Averting the Danger of Catastrophic Climate Change: Is the Nuclear Renaissance Essential?"2010. http://www. world-nuclear. org.

[21] Tom Blees, *Prescription for the Planet: The Painless Remedy for our Energy and Environmental Crises*, 2008. http://www. prescriptionfortheplanet. com.

[22] Nuclear Energy Agency, *Uranium 2009: Resources, Production and Demand*, OECD NEA and IAEA, 2010.

结　语

为结束本书，我们提出了一些可能有用的观点。

首先，如何推进一体化快堆的实施？我们已经做了足够的理论研究。任何开始都需要落在真实、具体的项目上，你能够接触的到的项目，能够产生真实结果的项目，必须开始做真实的设计。

成本是一种挑战。设计和构成安排，实际上包括一切事情，都必须强调降低成本。设计简单化，运行、再循环、废物管理简单化，所有事情都完成了之后还必须关注法律体制。第一座电厂，无论它称为什么，实际上是“货真价实”的实验电厂，是实验的一部分。航空业在这方面给我们树立了一个榜样，先建一个真实的示范装置，经测试和完善，然后才开始大量生产。

目前美国法律要求建核电厂必须有许可证，这个要求是美国成功发展新型反应堆的重大障碍。必须在之前把一切都做完，这提高了成本。例如发展新型反应堆 CRBR，NRC 要求对前期成本和进度的影响就说明了许可制度的负面作用。许可证发放应该放在商业实施阶段，并且以原型堆学到的经验教训为基础，而不能是在纸上研究的成果。一旦原型堆得到完善，以经过它验证的参数为基础的许可证发放是合情合理的。

原型堆的主要目的是为了证明在时间、进度和预算基础上可以建成快堆。

设计要求也应明确。正如在 EBR-Ⅱ中发展的一样。它应该包含所有一体化快堆必要的特征，钠池、金属燃料、燃料处理系统、以及其他事项，所有成功的经验都应在第一座一体化快堆中被采纳。EBR-Ⅱ是世界上最成功的实验堆。它必须停堆几年，这期间希望完善首座一体化快堆的设计，必要时进行修改，然后运行、运行、运行。验证设计之外的易于运行问题是这座电厂的目的，它是至关重要的。

为了支持反应堆设计和建设必须有相关的技术研究实验室。不能说现今或 50 多年前的技术是最好的，就可以实现。需要不断发展技术。不要太在意常规程序，研发工作做得不够，要针对性地开展应用如运行研究。通过训练有素和技术成熟的操作员操作的实验反应堆应该有适合操作员识别的程序。

一体化快堆技术取决于经济循环，高温电化学过程研究至关重要。研究与开发工作需要继续完善电解精炼。

分为两部分。

第一部分是恢复研发钚的阴极过程，第二部分是建立处理轻水堆氧化物乏燃料的原型后处理厂。第一部分应该简单点，实现它仅需要安排并得到许可，是能够实现的。由于原阿贡实验室的资源一直存在，所以可以恢复工作。高放射性操作用屏蔽热室在爱达荷（INL）。化学工作者仍在，还是那么年轻，学识渊博，他们做这项工作需要许可。

第二部分是推进建造一个年处理能力 100 t 的中间后处理厂，它致力于处理当前反应堆产生的乏燃料，正如最后一章所述。这个中间厂非常重要，可以处理明确产生的乏燃料，做得好可以对下一步发展 LWR 或 IFR 起到推动作用，反之则会起到阻碍作用。

有必要将全规模的一体化快堆电站缩小到完成相当好的原型堆规模。20 世纪 80 年代，张（永英）先生领导的设计工作在阿贡已经完成，参与设计的包括 EBR-Ⅱ设计人员和原子能协会有关人员，他们是在钠方面非常有经验的一群人。

下一步重要的是改变政府对未来能源的态度。在实践中和法律上纠正错误，这是我们现今遗留的貌似不可能解决的问题，但是努力实现它是至关重要的，未来有可能没有目前这么困难。

最后，为结束我们的工作引用两段话，来自理查德·罗得斯的短文，“核复兴：关于能量的常识”(1993)。开始他援引了 David Lilienthal 的作品“Atomic Energy: A New Start”（1980），David Lilienthal 是 TVA（1941—1946）和原子能委员会（1947—1950）的主席。

“我们非常依赖核能来保持我们经济的发展……对于短期和长期的未来，我们现在所拥有——从所有资源中得到的能源是不足的。除了短期，它是永远不足的，对于发展中国家永远不足，因为人口稳定增长，我们的需求和收入无限增长。多年来我一直听到关于我们不需要更多能源的断言，他们一直并处处都错了，过去他们所了解的与现今他们所了解的整个能源和工业化经济都一样是错的。能源是历史进程的一部分，代表人类劳动力。随着人们生活愿望的提高，能源的需求和使用也得到发展和增加。这是历史的基础课程。”

罗得斯继续说，

“我们发明技术是为了满足人们的愿望。一些美国人，满足于安逸和富裕，沉浸于自己的安乐窝，这看似无可厚非，实则隐藏的动机是惊人的：自私和暴力。每年因为缺乏足够的资源（干净的水，食物，医疗救治）而死亡的孩子有几百万，这些资源的发展直接取决于能源的供应。人类的现实世界需要更多的能源。核能，能够产生清洁的能源并且不破坏全球气候。”

时间的流逝既没有降低这些话的权威性，也没有降低这些话的紧迫性。

致　谢

正如开篇考虑的那样，我们是想写一本快堆技术的书，比一般科普书稍微侧重于技术一点。这项技术已取得了进展，但有些东西正式文献上没有，我们觉得这本有关核能技术方面的科普书是非常有用的。然而，大约此时由 Tom Blees、Steve Kirsch、Terry Robinson、Joe Shuster、Barry Brook 和 Jim Hansen 编写的有关一体化快堆的书籍开始出现并得到大力宣传。在这些书和文献中他们概述了一体化快堆的价值并倡导尽快发展 IFR。他们都是非专业文化人士，编写这项高科技书籍，提供了有关一体化快堆的大致认知，和它在未来能源供应方面的应用。他们的工作是令人钦佩的，准确生动地描述了一体化快堆的能力以及急切发展它的理由。他们只能接触基本的技术，然而，为何和如何使得这项技术起作用，对我们来说很明显也很重要。这些是这本书中我们需要关注的重点。

因此我们希望回报这些人，回报他们坦率和有效的支持，在编写和完成这本书时他们给予我们的鼓励非常重要且宝贵。

这里我们要特别感谢其他人给予的支持。Allan Schriesheim 和他已故的妻子 Beatrice 的支持：在整个一体化快堆政策困难时期没有 Allan 对一体化快堆技术坚定的支持和 Beatrice 对其价值的绝对信心，将没有一体化快堆技术，也没有这本书，我们要特别感谢他们。

当我们完成底稿时，我们再一次想到这项杰出技术和它的团队成员，一体化快堆发展中五项主要任务的领导者们具备的杰出品格：燃料方面的 Leon Walters，高温后处理方面的 Les Burris 和 Jim Battles，安全方面的 John Marchaterre，同样是安全方面的 John Sackett，他们还负责与 EBR-Ⅱ有关的其他事情，堆芯设计方面的 Dave Wade，以及燃料循环示范方面的 Mike Lineberry。所有的专家，在他们的领域里都是世界上最优秀的，他们的领导力是 10 年期间所有技术成就的关键所在。一体化快堆的发展最重要的是团队的努力，许许多多的人都有突出的、卓越的技术发现和研究成就。

我们知道列出一些人名，对其他人有所不妥。我们只能说我们会记住你们的，我们知道你是谁，做了什么，它的重要性以及你和你的同事工作的重要性，对此我们十分敬佩。

关于这本书我们要感谢我们的同事，Bob Benedict，Walt Deitrich，Art Goldman，Hussein Khalil，Leo LeSage，Mike Lineberry，Harold McFarlane，John Scakett，和 Al Sattelberger，对于本书的鼓励，对于底稿有用的评论和反馈信息。我们要特别感谢 John Ackerman 对电精炼原理方面的指导和编辑。也感谢 Barry Brook 对整个底稿详细的专业的编辑和他在本书前言的恳切语言。

我们还要感谢许多人，他们提供了技术咨询意见、信息以及数据，他们分别是：Chris Grandy，Bob Hill，T.K.Kim，Bob Phipps，Chad Pope，Mike Simpson，Temi Taiwo，Dee Vaden，Mark Williamson，Jim Willit 和 Won Sik Yang。我们感谢 Brea Grischkat 和 Linda Legerski 对底稿排版的帮助。

非常感激阿贡国家实验室为我们提供有用的历史照片和专业插图。

最后，没有我们家庭的支持我们不可能完成本书的编写，特别是，我们的妻子 Kay 和 Ok Ja，以及我们的孩子 Hilary、Chris、Megan、Salinda、Alice、Dennis 和 Eugene。我们在此由衷感谢家人们的鼓励和支持。

CET 和 YIC

附录A

电解精炼工艺基础详述

干法后处理工艺的电化学部分，即电解精炼（IFR 高温冶金处理的核心）让大多数非化学工作者难以理解。那些不从事这个领域工作的学者常对它的能力作出粗略的评估，并没有充分认识到它能做什么，更重要的是，没有充分认识到它不能做什么，由此导致了很多的误解。在这篇附录中，我们将会详细的解释该工艺如何运作，从最基本的现象和认识，到预测产物的计算以及验证结果计算的实验和测量方法。尽管其中大部分的分析和实验资料的基本原理已经公开发表，但是本文的论述是有特点的，自始至终还没有其他公开发表的 IFR 电解精炼工艺的相关阐述。

再次，我们感谢阿贡的电解精炼化学家 John Ackerman，给了我们大量的建议和帮助，在这份阐述中，也给予了我们编辑方面的帮助。为强调简洁或许在细节上有一些瑕疵，但主要的内容已经表达清楚了。前面关于该内容的描述由本书作者完成，现在这部分则全由 Ackerman 博士执笔。

A.1 引　言

IFR 高温法的核心是电解精炼。不同于其他冶金工业，如铝、铜和锌，这些金属是由不纯的原料通过电解精炼后得到的单一的纯金属产品。而在 IFR 工艺中，情况要复杂得多，不仅需要处理地球上发现的绝大多数元素，而且还包括一些“人造”元素，简言之就是乏燃料。IFR 乏燃料拥有很高的燃耗，它的组成中，虽然铀仍然是主要成分，但还含有大量的裂片产物（通常有强放射性），而且还有类似钚一样的易裂变锕系元素，总计约 100 种不同种类的元素，每种都有其各自的化学性质。

电解精炼是从真实核废物中分离出可复用的核材料的一种工艺，工艺是其核心。分离的紧凑性、廉价性、有效性、回收利用锕系元素和去除裂变产物等这些性能都有赖于电解精炼的设备。反过来，建立在电化学基础之上的这门具有吸引力的学科，恰好是电和化学的交叉点，即使现在，专家依然能在其中发现许多令人费解的现象。

A.2 电解精炼是一种电化学工艺

化学反应，或者更精确点，一个引起与电有关的具体化学反应，这是所有电化学的基础。当电极（一种电子的导体）浸入电解液（包含带电离子，能导电）中会发生电现象，因此形成“电化学电池”。反应在电极和电解液的界面上自然发生，正如蓄电池那样把化学能自然而然地转化为电能。但是，另一方面，如果需要发生一个特定的化学反应，可以将上面的过程反过来进行：施加电压可以使希望的化学反应发生。电流（电能转化为化学能）用于过程中化学键的形成或断裂，这就是在电镀时所发生的现象，这正是在 IFR 高温工艺中所发生的。

IFR 所用电解质是一种氯化锂和氯化钾的熔融盐混合物（它们是离子化合物）。这种混合物熔点相对较低，低于任何一种单一组分的熔点。在 IFR 工艺中，当电流通过时，电解液中流动的是铀、钚和更高锕系元素的离子，它们从一个电极迁移到另一个电极。至少，这是常见的方式。电解质盐本身也以离子状态存在，但是它们自身不传输电流。正如我们后面会看到的，即使在这种关于电流实际上是如何通过电解质等基本问题上仍然存在着争论，但是对于结果却没有影响。净电流，准确来说，是在施加的电压下，仅仅由铀和其他锕系离子传输的电流。当阳极产生锕系阳离子时，阴极同时还原得到中性的金属（通过这种方式实现电荷平衡）。采用锕系元素（也就是我们所说的产物）传输的净电流可以确切的描述这一结果，这对我们来说已经足够了。

锕系金属（铀、钚和镅等）与电解液相互作用并以带电阳离子的形式逐渐溶解于电解质中，这些阳离子能够被收集在设计好的阴极上。IFR 工艺中用到了两个设计相当独特的阴极，用于收集各自的产物，一个回收铀，另一个回收更高的锕系元素，主要是钚。铀作为纯金属被回收，而钚则和更高的锕系元素共同作为金属混合物被回收。这是两种有价值的产物。

乏燃料包含近 100 种不同的元素，因此一系列可能发生的反应使得工艺执行起来有困难。但是，要求的结果是明确的，裂片产物必须与产品分离（裂片将得到进一步的处理处置），而相对于被除掉的裂片产物，锕系产物则需要被转化成适合进一步处理的形式，使得它们能够返回反应堆中再循环。

剪切过的乏燃料段自身作为电化学池的阳极。当它们逐渐溶解于电解液后，同时发生了很重要的第一步分离。裂片产物中化学活性（在电解液中驱动离子反应）最强的元素，同样也是放射性很强的裂片产物立即与离子化合物 UCl_3 发生反应。它们取代铀形成各自的氯化物。被取代的铀则以金属原子的形式存在于电解质中。在适合锕系元素电解精炼的电压下，这些活泼的裂片产物的氯化物是稳定的。在后续操作中，它们在熔盐中也能够保持稳定，最终被作为废物移除。带电阳离子通过电解液向阴极扩散。铀和更高的锕系元素优先沉积在阴极上，因为无论是作为电解质原料的氯化物还是溶解的活性金属氯化物，裂片产物氯化物都具有更高的稳定性，这阻止了它们被“还原”为金属并被沉积在阴极上。由于锕系元素氯化物的稳定性与所选择的电压范围相匹配，从而克服了它们的化学稳定性，发生了电化学反应。

氯化物总是以离子形态完全解离（形成想像中的离子海洋），因而施加的电流或电压对此没有任何影响。单个的阳离子不会和任何一个单个的阴离子结合。例如 UCl_3 分子是不存在的（统计学上的概率除外）。U^{+++}不会同三个单独的 Cl^- 结合。相反，含有金属氯化物的电解质可以作为很多氯离子的载体，Cl^- 和阳离子一起在电解液中迁移。总的迁移趋势是阳极产生的阳离子向阴极移动，并在阴极被回收。它们的迁移受到施加的外电压和由电解质中化学反应产生的内电压共同影响。

通过电化学反应，在阳极表面的锕系金属和活泼金属失去电子，失去的电子需要在阴极与锕系元素阳离子相结合。一旦电子从阳极转移，它们就会通过电池的外电路，经过电源和路线到达阴极。同时，通过阴极上与之匹配的电化学反应，带负电荷的电子被带正电荷的锕系阳离子消耗，同时又把锕系阳离子转化为金属，沉积在阴极。这两个电化学反应的机理是电子穿过电极表面的边界层与金属离子进行电子转移，通过这种方式实现了电路闭合。

典型情况下，电流会控制得的很高，因为电流是衡量电解产能的一个直接尺度。但是，电流的升高有一个界限，即避免电压升高到副反应开始发生。乏燃料的各组分一旦溶解，就遍布整个电解精炼池中，它们一部分停留在阳极篮；一部分依赖于阴极设计的不同，沉积在阴极表面或阴极中；一部分保持在电解质中；另一部分进入电解质下面的液态镉层。无论在哪儿，或多大浓度，在电解精炼池中的运行才是重要的事情。如果能够对此进行估算，即使是近似地，对理解和优化工艺都是重要的。通过一个简单的假设来进行计算：在电解精炼池中各元素达到了平衡分布。那么在这个基础上可以对工艺进行分析和进一步的优化。

对于平衡假设（近似地），可以被看作是来自阳极的金属与电解质盐的反应，将其离子化。这一反应必须具备足够快的速度。因此，在研究中，假设各种不同元素浓度分布近似平衡，后面的测量表明这一假设是可行的，至少在测量技术的精度内是这样。现在，电解精炼池各部位不同的元素浓度可以被计算出来，并且精确度令人满意。

A.3 电解精炼的原理

原子、离子、电子和分子是基本粒子，我们工艺的基础和深度没有超过分子水平。化学反应实际上仅仅是这些很小的粒子间的相互作用（碰撞）。在这些相互作用中只有微小的能量改变，这些能量改变决定着过程中会发生什么。有必要用量子论来精确地描述如此微小粒子的性质，但是我们必须通过最简单的方式来充分理解这些理论。

如上所述，发生在电极与电解质之间界面上的相互作用对很多重要行为起着决定性的作用。电压降并不是均匀的穿过电解池而是在分子层或边界层发生陡然的压差。之后，主要发生的是离子迁移现象。离子通过电解质被转移—阳离子迁移到阴极，阴离子迁移到阳极，这时只有很小的电压降（与电极间距有关），在电极界面上存在明显的电压降。在电极界面，离子不再迁移，而是通过扩散穿过滞留层，离子相互紧挨着到达电极表面。

工程师每天从显微镜可见的分子水平到肉眼可见的水平开展研究，结果令人满意，我们必须处理过程中涉及很多分子学问题。这需要一些关系、常数和化学家使用的计量单位。这些大量的粒子通常用 mol 来表示。mol 是一个数量单位，大约 10^{23} 个粒子。当然，这些极微小的粒子数量巨大，但是，这样的尺寸和数量可以通过 g、kg 等之类的单位进行度量，这些是必须的和实用的。mol 把质量和粒子数联系了起来，如果分子是沙滩上的沙粒，那么一 mol 沙粒将会是一个数十米高的立方体。

首先要思考的是看到的会发生什么反应；其次，实际上发生了哪些反应；再次，这些反应什么时候不发生，为什么不发生。更重要的是，施加什么样的电压会发生我们想要的反应（而不会发生很多我们不希望发生的反应）。我们希望给出定量的数据来描述这些过程。

反应的驱动力是发生在分子水平的微小的能量改变。经典热力学精确论述了能量守恒定律（能量不能被创造或消灭），从而给了我们依据来决定什么是可能的，什么是不可能的。只有反应引起的能量降低，化学反应才可能发生。这意味着，反应产物的内能必须小于所有反应物的内能之和。如果能量的改变不是这样的话，自发的反应就不可能发生。然而，我们可以通过在两个电极间施加电压，改变能量关系，从而使得反应发生。

热力学关系提供了能量变化，其中，有些是可测量的—这正是我们需要的。实际上，一般来说，对于工艺中可能会发生什么，需要计算很多数据，而这些数据能够从其他文献的计算、测量和列表中得到。

通过热力学定律、关系式和计算能够告诉我们什么反应能够发生。但是对将会发生什么反应则没有谈及。不是每个可能发生的反应都会发生。在分子水平上存在一个能垒，必须克服能垒反应才能进行。一旦能垒被克服，反应就会继续进行。为了克服能垒，需要附加的“活化能”，我们也需要了解“活化能”。

最后，电解精炼工艺的主要部分并没有涉及电迁移。这里仅仅考虑电解精炼，忽略掉了其他很多重要的工艺问题。电解精炼回收了锕系元素，或者说电解精炼是我们想要的分离，从其余元素中分离出锕系元素，但不是单个地分离锕系元素，而是一起分离。“其余元素”是指元素周期表中的大部分元素。首先一个重要的分离是从两组裂变产物中分离出铀和更高的锕系元素，一部分作为氯化物留在电解质中，其余的以金属形式留在阳极或收集在镉液层下面。接着每组裂变产物被回收并以最终废物形式进行处置。

大致上，这是 IFR 工艺的基础。在接下来的章节我们会进一步对每一部分的详细资料进行研究。再进行简要的概括，量子力学使我们认识了微小的能量改变，以及基本粒子，分子和电子之间的关系，从而阐明了电极和电解质之间存在什么关系和为什么，以及它们基本的电性能。化学量的定义、常数和关系、mol 作为测量单位，从而把数量从分子水平上升到实际应用水平。接着，经典热力学的简单关系告诉我们，什么反应通过能量改变可以发生，并提供了计算这些能量关系的工具。最后，在反应要发生的时候，能垒，被叫作“活化能”必须要被克服。

化学家用来理解化学和热力学的主要概念包括三个方面—活度系数、自由能和平衡常数。

1）活度系数规定了一种物质实际上参加一个化学反应的程度。实际上，浓度仅仅是相对量，实际参与反应的量需要用活度系数进行纠正。

2）自由能的改变驱动了化学反应，在一个可能会发生的反应中，自由能改变的程度决定了反应的驱动力以及趋势，无论是正向的或是逆向的。

3）平衡常数提供了反应完成的程度，因此，在反应达到平衡后，才能同时给出初始物质的浓度和反应产物的浓度。

4）平衡常数和自由能存在密切关系。平衡常数越大，反应进行的越彻底。关系式为 $\Delta G=-RTlnK$。在这个表达式中，ΔG 是驱动反应进行的自由能的改变，平衡常数是 $K=\exp(-\Delta G/RT)$。反应与自由能的改变有指数相关性。反应物和产物的相对量与 ΔG 的大小存在非常敏感的关系，即使中等大小的 ΔG 值，反应也能进行得很彻底。

在工艺中，我们需要知道的平衡大部分都来源于这些概念。基本上，我们想要知道“在电解精炼池”中“组分去了哪儿”以及“组分”的化学形式（化合物，或者是金属）。而且我们想知道当我们为了得到产物而调整了工艺的时候，这些情况是如何改变的，哪一种是最适合、有效的方法。

A.4 “氧化还原反应”是所有电化学现象的基础

氧化还原反应是一类特殊的化学反应。仅仅涉及原子、离子或分子的最外层电子。具体来说，就是电子转移到外层或电子从外层转移出去。氧化还原反应的重要性可以简单陈述如下：它是所有电化学的基础。当一个离子得到电子时，认为它被还原，当一个原子失去电子时，认为其被氧化。这些反应在电解精炼过程中同时发生，阳极的氧化反应，与阴极的还原反应相平衡，维持整个体系的电中性。配对的氧化和还原反应被简称为氧化还原反应。

通过外电路到达阴极的电子是从阳极材料（乏燃料）的原子上夺去的。因此，当电子离开时，阳极材料上带正电的离子留在电极-电解质表面，并继续进入到电解质中。对于铀和其他锕系原子，失去了三个电子，因此在电解质中变成了带三个正电荷的离子。因为电子是带电的，在电极间互相转移的电子所需要的电能必须靠外加电压来提供。电极表面某个特定的元素究竟能否转移电子，主要依赖于所施加的电压。

这些现象的根本原因在于原子中电子的量子力学行为。在原子中，电子能按能级分布，某些电子具有特定的能量，电子具有的能量决定着电子所处的能级。最外层电子占据最高能级，它们具有最高的能量，正是这些电子参与到所有的化学反应中。

金属以原子晶格的形式存在，原子紧密地堆在一起。它们的电子能级互相牢固的重叠，重叠的程度以致在固体金属中形成了从最低能级到最高能级的连续能级。能级变得如此多、如此接近，以致形成了能量带。在能量带上，电子能够从一级到另外一级自由移动。实际上，在同样的能量下，有如此多的能级几乎拥有同样的能量。这些具有不同能量带的连续能级就是电的“传导带”。

通过施加电能可以改变最高占有能级的能量。当阳极材料（比方说铀）的最高占有能级的能量低于连接线材料传导带的最低能级能量时，这样的能量不能使电子从阳极材料自动迁移到传导带。然而，当电压增加到电子占有能级的能量高于传导带的最低能级时，这样的能量利于电子从铀原子迁移到导体金属的传导带。结果是铀原子失去电子（氧化），随之发生阳极材料的溶解。接着，失去的电子从外电路转移到阴极，形成连续的电流。

从应用的观点看，反应是否发生依赖于电子转移反应的速率。它可能足够大，或者很小，或者为零，这主要依赖于电子转移的动力学（分子能量）基础，这是我们下面要着重讨论的问题。但是，这就是电子转移的机理，由此使得电解精炼能够进行。

A.5　其他有关现象

接下来的实验发现传输现象也在起作用。锕系离子需从阳极通过电解液到达阴极。阳极一产生锕系阳离子这种传输就会立刻发生是不可能的。大量离子穿过电解液，从一个电极到另一个电极的迁移是不可避免的。如果离子可见的话，离子穿过电解液的轨迹将是肉眼可以跟踪到的。个别离子在施加电压的电场作用下，以弯曲路径朝向阴极迁移。这种现象有必要进行说明，应引起足够注意的是，总的来说，快速的聚集主要是围绕着电极进行的，一般认为，离子的移动必定会沿着最短的距离进行。

还包括其他一些更复杂的传输现象，可能对进一步优化工艺有影响，应该提及，最靠近电极的电解液是一个静态薄层，这里没有整体运动。离子必须通过扩散才能横越这个薄层。这个过程可以通过常规的、易于理解的扩散理论进行计算。"扩散层"的存在增大了需要驱动反应进行的电压。这种效应可能会相当强以至于使电解液本体的组成与电极表面电解液的组成之间产生显著差别，在电极表面，还原反应的发生降低了离子的浓度。例如，可能但不能肯定的是，在适当的条件下，这种效应或许会强烈改变电极表面的电解液组成，从而显著提高更高锕系元素的回收。电极表面电解液组成与回收产物的组成是相关的，如果电流足够高，电极表面的成分可能会被充分改变，那么钚和更高的锕系元素，可能会在没有镉阴极液的情况下沉积，但在目前，镉阴极是必须的，否则电解不会发生。由于镉阴极难以处理，在一定程度上，替换镉阴极可能会是一个改进。有关的研究工作已经在进行中。

A.6　工艺中引入热力学

氧化还原反应的驱动力是能量。但是能量到底是什么？实际上能量是个非常模糊的概念，通常只是将其称为"做功的能力"或"发生变化"。这是能量实际的效应，并且可能也是我们需要知道的。对于实际的物质来说，我们将能量分为两种形式：动能，运动的能量——物体或波的运动，这种情况下指的是原子和电子的运动；势能，储存的能量——由于位置不同而将能量储存起来，如重力势能，这种情况下指的是化学（对于核裂变来说还有原子核）键。

电能属于动能，它是电子的沿着导线方向运动（以有序的方向）。在我们的情况中是使化学键断裂，分子可以形成不同的构型，其实通常会形成不同的物质（化合物或晶体）。另一方面，化学能属于势能，能量以势能的形式储存在原子或分子的化学键中。化学反应的结果是随着反应物向产物的转化，储存的化学能在减少——如同重物在重力作用下降低高度。驱动力是能量的转换。

能量转换是热力学的范畴，意思是热量或能量的传输。能量转换在热力学上包括两个部分。首先，也是最直接的，如果反应是释放能量的（放出热量，降低“焓”，焓也称为总能量），则反应是可以进行的。这时，反应后产物的能量不是更加集中，而是更加分散，有用能更少，则“熵”是增加的。熵是个很难懂的概念，但是它也是能量的转换，实际上是能量的损失。焓变和熵变这两个部分可能不是按相同方向变化的，如果两个部分综合起来净能量是降低的，那么反应是可以进行的。

这种净变化叫自由能，这种能量可以自由的推进反应进行。这是反应中转换为其他形式能量的最大可用能量，其实它也可以看作“化学势”或者电压。由于自由能是势能，因此可以认为是“流向低处”做有用功的有效能量。前面已经提到过，反应自发进行时有一个能垒，因此需要跨过能垒（以燃烧为例）反应才能自由进行。

经典的热力学关系是精确而简单的。使用经典的热力学关系，可以精确的计算出能量的转换。同样，也可以确定什么样的氧化还原反应可以发生，以及在什么条件下发生。热力学都给了我们所需要的定量的信息。

通过数学计算，可以总结出如下的关系式

$$G=U+TS \qquad \text{(A-1)}$$

自由能用 G 表示（Gibbs 首先提出自由能这个概念）。焓（U）是化合物内部固有的能量“内能”。熵 S 是不做任何有用功的那部分能量，这是在化学反应中原子和分子重排时损失的能量。T 是绝对温度，用开氏温度表示，随着温度（分子运动）升高熵效应增加。

在恒定温度条件下，生成一种化合物的自由能 G 的变化 ΔG 如方程式（A-2）所示。如果 ΔG 是负值（想象这是一口井，井的深度用 ΔG 的大小表示），生成这种化合物的反应会自发进行。如果 ΔG 的负值越大（井越深），反应越容易自发进行。

$$\Delta G=\Delta U+T\Delta S\text{，温度恒定} \qquad \text{(A-2)}$$

与我们所举的井的例子类似，生成这种化合物的自由能越负，井越深，生成的化合物就越稳定。

现在再说 IFR 过程，电解液是由氯化锂和氯化钾两种氯化物组成的，熔点大约为 350 ℃，操作温度大约为 500 ℃。如钠、铯、锶这样的（化学）活性金属生成氯化物的自由能负值很大，因此这些金属可以与生成自由能负值较小的氯化物反应，生成最稳定的氯化物。因此，通过生成更加稳定的氯化物，可以将铀和钚从其氯化物中置换出来。为了使铀和钚（还有其他的超铀元素）保持一定的浓度，可以使用电解精炼的方法，同时向电解液中加入少量的氯化镉，氯化镉的生成自由能负值较小。由于铀和镉的氯化物的生成自由能不同，可以发生所需的反应：铀和钚被置换成金属之后，并不是在阴极形成可收集的形式，而是发生氧化反应，将镉从氯化镉中置换出来，铀和钚又形成所需浓度的氯化物。生成的少量金属镉可能会附着在阳极上或者沉入反应池底部。

需要注意的是，在这个过程中并不是只有 $CdCl_2$ 这种化合物可以使用，还有 $FeCl_2$ 和 UCl_3 等其他氧化剂也可以使用，这些氧化剂的优点是不会形成液相。

如表 A-1 所示列出的氯化物生成自由能给出了反应是否能进行的必要信息，表 A-1 列出了一些最相关的元素[1]。

表 A-1 中按生成自由能大小分为三组氯化物，是以能否进行电化学分离为基础来分组的。第一组是活性金属，可以形成最稳定的氯化物，同时也是进入到废物中放射性最强的裂变产物，在进行随后的废物处理之前，它们一直都在电解液中。第二组是铀和超铀元素，只有它们是需要"电解精炼"的元素，因为它们是产物，是进行这个过程的原因，它们重新变成燃料，再次循环进入到反应堆中。如果它们留在废物中，就成为长寿命毒性核废物的主要成分。第三组是生成不稳定氯化物的铁和其他贵金属，有比它们活性高的元素存在时，它们就不会形成稳定的氯化物，只会生成金属沉到电解液底部，或者在阳极形成壳层。

表 A-1　500 ℃时氯化物生成自由能（－kcal/g－eq*）

保留在盐中的元素（稳定氯化物）		进行电化学转移的元素		以金属存在的元素（不稳定氯化物）	
$BaCl_2$	87.9	$CmCl_3$	64.0	$ZrCl_2$	46.6
CsCl	87.8	$PuCl_3$	62.4	$CdCl_2$	32.3
RbCl	87.0	$AmCl_3$	62.1	$FeCl_2$	29.2
KCl	86.7	$NpCl_3$	58.1	$NbCl_5$	26.7
SrCl2	84.7	UCl_3	55.2	$MoCl_4$	16.8
LiCl	82.5			$TcCl_4$	11.0
NaCl	81.2			$RhCl_3$	10.0
$CaCl_2$	80.7			$PdCl_2$	9.0
$LaCl_3$	70.2			$RuCl_4$	6.0
$PrCl_3$	69.0				
$CeCl_3$	68.6				
$NdCl_3$	67.9				
YCl_3	65.1				

*kcal/g－eq 读作与 1 摩尔电子相互作用时千卡每克，列出的数字都为负值。

在电解精炼池中，裂变产物是常量存在的成分，不管裂变产物比锕系元素的自由能高还是低，对精炼过程都没有影响。利用它们的化学性质将其回收并处理，选用氯化物电解质的原因是在工艺中可以做到有效的分离。

碱金属（锂、钠、铯）和碱土金属（钕等）氯化物的生成自由能是最大的（在表中是负值最大的），其中，由于铯和锶具有放射性而变得很重要。而铯和锶又是最令人头疼的裂变产物，它们的放射性同位素的比例很高，会产生具有穿透性的 γ 射线，并且半衰期有几十年，要存放相当长的一段时间——实际上要几百年。放射性很强，工艺中就需要关注。但是这些裂变产物的氯化物都很稳定，它们进入电解液中，并且一直保留在里面，可以通过后续的处理过程中把它们转变成废物。

自由能最低的是最不稳定的，其中有：镉、钢镀层、锆合金和作为结构材料的过渡金属，它们的特点是强度高、熔点高、沸点高。由于它们的氯化物不稳定，不会形成盐，在整个过程中是以金属的形式存在的，它们保留在阳极或者在盐层之下的镉液层中。

中间的一组是核燃料元素（有时锆也会在其中）和一些稀土元素，它们以氯化物的形式存在于电解液中，需要通过电解精炼。

铀以枝状结构沉积在不锈钢阴极表面，并且纯度很高，上面会黏附一定量的盐。有氯化铀存在时，钚和其他超铀元素不会以这种方式沉积，它们的氯化物比氯化铀稳定，这是由于它们的自由能比铀的更负。所以，它们不是以金属形式沉积在阴极表面，而是立即与氯化铀反应重新生成稳定的氯化物。因此，当发生还原反应时，它们又会变成氯化物回到电解液中。在电解精炼大量的铀时，通常需要大量的氯化铀，但是在这种情况下，钚和其他超铀元素不会以这种方式沉积。

如果想让它们沉积，必须采取措施改变它们的自由能，或者降低氯化铀浓度，使其在电解液中的浓度远低于超铀元素的浓度，通过升高电压，可以在金属阴极收集到超铀元素。如果存在铀的话，铀在产品中的量仍然会很大，超铀元素以成组的形式沉积。

IFR 工艺要利用这两种影响来沉积钚与其他超铀元素——既改变自由能，又降低氯化铀浓度。通过使用液镉阴极代替固体不锈钢，可以改变自由能，超铀元素与金属镉生成金属间化合物，通过生成金属间化合物可以降低氯化物的生成自由能。金属间化合物的自由能几乎和铀的相同，虽然仍然比铀的自由能高，但相差很小。金属间化合物可以使超铀元素在镉中稳定存在，通过使用不同类型的阴极，可以让超铀元素从铀中分离出来，尽管这种方法不是很完美，但是足够提供适宜裂变含量的 IFR 燃料。

由于金属间化合物的氯化物生成自由能仍然比铀的高一些，电解液中氯化铀的浓度一定要降低至小于超铀元素氯化物的浓度。实际上，氯化钚浓度要比氯化铀浓度高出很多，以弥补钚在钚-镉金属间化合物中氯化物生成自由能比铀多出的部分。尽管如此，在阴极镉上仍然会收集到大量的铀，产品中铀的比例取决于电解液中氯化钚与氯化铀的比例。要想使钚/铀产品中钚含量高到可以做 IFR 燃料，在电解液中氯化铀的浓度只能比氯化钚低很多。

通过自由能说明热力学在整个工艺中占有非常重要的地位。现在我们转向在电解精炼池中控制重要反应的下一个关键因素——反应动力学。

A.7　动力学和活化能

这个重要概念的提出者是伟大的瑞典化学家 Arrhenius。一个世纪以前，他认为反应物向产物转变，必须要至少获得一个最小的能量，活化能 E_a，并且在绝对温度 T 时，从分子能量的麦克斯韦-玻耳兹曼分布可以计算出分子动能比活化能高的分子分数。

麦克斯韦-玻耳兹曼分布类似于数学描述的“正态分布”中的铃形分布，例如平均值的误差分布。但是麦克斯韦-玻耳兹曼分布是不平衡的（向左偏）铃形，从最大值延伸，在高能处有个“尾巴”（这说明在这里有个反应速率很小的反应——逆反应，即当生成很少量的产物时，产物还会变回原来的反应物——即使量很小，也会有这个反应，在我们的工艺中也会有这种现象，且在工艺中很重要）。

分子能量随着温度的升高而增加，温度升高，能量分布就会变宽，并且最大值向高能方向移动。能量高于活化能的分子分数也会随着温度的升高而提高，与 exp（$-E_a/RT$）成正比。E_a 是活化能（活化能增高，高于能垒的分子分数会降低，不利于反应），RT 是相应温度下的能量，R 是常数（气体常数，将温度转换成能量单位）。

给出的 Arrhenius 方程是很简单的（同时也非常的精确），表示化学反应的速率常数 k 与温度和活化能 E_a 的关系。

$$速率常数\ k=A\exp(-E_a/RT) \tag{A-3}$$

因此，用这种方法计算出的速率常数可以预计反应的程度，并且是理解工艺的基础。

指数方程说明温度对反应速率的影响非常显著，我们不需要数学计算，日常的经验就可以感受到，例如肥皂溶于水时，热水比冷水要快很多。指数方程告诉我们温度为什么会对反应速率产生影响，以及以产生什么样的影响。这个简单的指数方程是非常重要的，在化学反应动力学中会反复出现，在电解精炼器中，该方程对物质的分配有非常重要的作用。

A.8　重要的基本特性：平衡的影响

几乎元素周期表中的每种元素都在乏燃料中以不同浓度存在，既有裂变产物，也有中子俘获产物，其中主要成分是铀。分子量低于铀的元素都存在，有一些放射性很强，但是大部分的寿命都很短。锕系元素也同样存在，它们是新生成的，分子量比铀大，也具有放射性，有些放射性的寿命很长。有将近 100 种不同的元素存在，每种元素的分布都是根据相关的化学原理得出的，从简单的平衡原理，可能推断出哪种元素会去哪里，以什么形式存在，计算出每种元素的反应速率，在电解精炼槽中用这种计算可以得到每种元素的分布。

平衡原理非常简单、普遍、有效，从微观的化学到非常宏观的天文学，各种过程和现象都可以用到。这个原理就是：无论任何反应，平衡时正反应的速率和逆反应的速率必须相等。

产物的最终产量是在生成产物的正反应速率与逆反应速率（逆反应速率是一直存在的）相等时得到的。逆反应是指由反应的产物变回反应初始成分的反应，逆反应速率可能很小，实际上可能非常小，但不大可能是统计波动引起的。反应时，反应物的浓度在不断降低，产物的量在不断增加，当两者反应速率相等时，正反应与逆反应达到平衡。有一些反应，逆反应速率非常小，并且仅有统计波动，反应可以进行的很完全。产物的分离同样是非常重要的，也是最后必需的。

由于平衡的结果，裂变产物可以完全进入到电解液中，并一直保留在其中。重要的是，我们可以计算出其分布——分布在什么地方，每个地方的量有多少。当正反应速率与逆反应速率相等时，生成物与反应物的比例为“平衡常数”，从平衡常数，我们可以通过一个计算机程序预测出每种元素的分离度，这也正是 IFR 化学工作者所做的。

到目前为止，电解精炼的速率似乎对平衡理论的假设没有影响，至少在元素分布测量的准确性上没有影响，但是如果整个工艺流程提速，可能会出现问题，如平衡理论假设的准确性降低。目前，工艺的运行速度满足实际需要，平衡分布也不受影响，但是现在的运行条件并不是最优化的，实际上，从经济方面考虑要提高整个工艺流程的速度，这样可能会使工艺动力学变得更加重要。

反应的速率与反应物的浓度有关，更准确地说是与对反应做出贡献的有效浓度有关，还要考虑能够越过能垒的分子分数等因素。因为反应是靠原子相互碰撞发生的，所以反应物浓度是很重要的，反应物堆积的越密，也就是浓度越高，发生碰撞的概率就越高。分子的能量必须要达到或超过活化能，而其恰好符合我们所熟知的 Arrhenius 指数方程 $\exp(-E_a/RT)$。

反应速率为 $A\exp(-E_a/RT)$ 乘以对反应做出贡献的有效反应物浓度。在表达式中，A 为常数（指前因子），在我们一直所说的一个重要概念（平衡常数）中，指前因子被约去了。

化学体系的平衡是一个动态的平衡，在平衡时反应物浓度之所以不变，是因为正反应和逆反应的速率相等，两者的反应速率为速率常数 k（方程式 A-3）乘以正反应或逆反应的反应物浓度。

速率$=A\exp(-E/RT)\times C_1\times C_2$，$C_1$ 和 C_2 为反应物浓度。正反应速率为 $A\exp(-E_f/RT)\times C_{1f}\times C_{2f}$，逆反应速率为 $A\exp(-E_b/RT)\times C_{1b}\times C_{2b}$。

下标 f 和 b 分别代表正反应和逆反应。在反应平衡时，正逆反应速率相等，正逆两个反应指数方程的比值为平衡常数，其中常数 A 被约去了，浓度变为平衡时的浓度值。

因此，平衡常数可以从两个方面表示，一方面表示反应物和产物平衡浓度的比值，另一方面表示正反应和逆反应速率常数的比值，exp（$-(E_f-E_b)/RT$）。

E_f 和 E_b 表示正反应和逆反应的自由能，在氧化还原“交换反应”中，可以从相关的自由能中计算出来，因此，我们可以计算出反应物和产物平衡浓度的比值。这也是工艺最关心的，我们想知道产物成分的浓度是多少，想知道改变电解液中反应物的浓度对产物的浓度会有怎样的影响，并且特别想知道电解液中氯化钚和氯化铀浓度的改变对产物中钚和铀比例的影响。

然而，还有一个步骤需要解决，前面已经提到过，反应物对反应做出贡献的有效浓度与实际浓度往往是不同的。从这方面考虑，定义了一个“化学活度”的概念来代替浓度，用“a”表示，因此在平衡常数的表达式中将浓度替换为活度。在理想状态下，浓度和对反应做出贡献的有效浓度是相同的，而在非理想状态下，需要用“活度”代替浓度来校正偏差。活度为浓度乘以“活度系数”，在理想状态下，分子间的相互作用是忽略不计的，而在实际中，浓度和对反应做出贡献的有效浓度是不同的，用活度系数对其进行修正，总之，活度系数是个校正因子。但是，在我们所关心的浓度范围内，活度系数是常数，可以直接使用浓度，在我们的 IFR 工艺中也同样适用[2]。

当反应物仍然可以溶解（不饱和状态）时，只要反应物以一定浓度存在，活度系数为常数的假设就一直适用。对我们的镉阴极同样适用，并且非常重要，在镉中生成金属间化合物沉积时，浓度在零和饱和浓度之间，浓度和活度是成比例的，因此计算时可以将活度系数作为常数。

工艺中所关心的是，在电解液中给定了 $PuCl_3/UCl_3$ 的比例时，在阴极处 Pu 和 U 的富集比例。Ackerman 和 Johnson 得出的结果是[3]，电解液中测得的 Pu/U 比与镉阴极处的 Pu/U 比的比例为 1.88，也就是说在平衡时，在阴极处的钚和铀的比例是在电解液中钚和铀的比例的 1/1.88。因此可以推断出，要在阴极处得到适当浓度的产品——核燃料——电解液中的铀和钚的比例一定要远远低于通常用来制备铀沉积时的比例。

在液态镉阴极中，锕系元素的饱和度对尾端产物的成分有很显著的影响，这在后面会详细讨论。在镉阴极处，钚达到饱和时，会生成金属间化合物 $PuCd_6$ 沉积，并且会增加 Pu/U 的比例。在使用镉阴极之前，$PuCl_3/UCl_3$ 的比例要比用于沉积铀时 $PuCl_3/UCl_3$ 的比例高，这也是绝对必要的。固态阴极工艺决定了可以达到的最大 $PuCl_3/UCl_3$ 的比例——我们只能在铀产品中钚杂质过多之前使用固态阴极。当在 Cd 阴极处生成沉积时，在可接受的范围内 U 刚刚过量时，是 $PuCl_3/UCl_3$ 的比例可以达到的最小值。但是，$PuCl_3/UCl_3$ 的比例必须要足够高，才能使产品的比例在接下来的过程中达到核燃料的浓度。

希望建立起以电解液中氯化钚和氯化铀之比为函数的方程，求出在镉阴极产品的钚（和其他锕系元素）浓度和铀浓度之比。无论在镉阴极处钚和铀的比值为何值，希望最终产物中钚的浓度都能达到最大值，然后可以用铀稀释产品，达到所需浓度的核燃料，工艺中没有其他手段可以进一步提高浓度。

在电解液和镉阴极中钚和铀的平衡分配可以由下面的方程式 A-4 计算出来，表达式看起来有些复杂，但只是用两种不同的方式表示平衡常数，一项是用自由能的变化（指数方程）表示的，另一项是用活度（浓度乘以其活度系数）表示的。

$$\exp(-\Delta G_0 / RT) = [\gamma_{\mathrm{U}} / \gamma_{\mathrm{Pu}}][\chi_{\mathrm{U}} / \chi_{\mathrm{Pu}}][\gamma_{\mathrm{PuCl_3}} / \gamma_{\mathrm{UCl_3}}][\chi_{\mathrm{PuCl_3}} / \chi_{\mathrm{UCl_3}}] \qquad \text{(A-4)}$$

其中，Pu 和 U 是我们所关注的两种元素，γ 为活度系数，χ 为摩尔分数浓度，ΔG_0 是 $PuCl_3$ 和 UCl_3 两种氯化物标准自由能之差，R 为气体常数 1.987 cal/K，T 为绝对温度 K。

指数方程可以从两种金属氯化物生成自由能之差计算出来。活度系数可以测量，也可以从化学文献中查到，在盐中氯化钚与氯化铀之比也是可以测量出来的，因此，在镉阴极处钚和铀的比值（我们想要得到的数值）可以计算出来。

裂变产物与锕系元素的分离程度也是非常重要的，废物从产品中的分离程度关系到这部分工艺是否成功。重要的裂变产物与铀产品的分离程度用分离系数表示[3]，定义分离系数之前要先知道每种元素各自的分配系数 D，以重要的裂变产物铯为例，分配系数为在电解液中的铯（氯化铯）与在金属间化合物中的铯之比（理想的分离效果是在金属间化合物中铯的浓度非常小）。从铀中分离铯时，铯的分配系数与铀的分配系数之比为铯的分离系数（严格来说，在一些情况下要做价态的校正，而我们这里不需要考虑）。

D_{Cs}=氯化铯的浓度/金属铯的浓度，其他元素的表示都与其相似，尤其是铀，从分配系数可以得到分离系数。

相对于铀，铯的分离系数为：$SF_{\mathrm{Cs/U}}=D_{\mathrm{Cs}}/D_{\mathrm{U}}$。

从分离系数可以知道分离有多彻底，其依据是不同元素氯化物与铀的氯化物的生成自由能之差。根据 Ackerman 和 Johnson 的结果[3]，一些元素的分离系数见表 A-2。

表 A-2 中列出的裂变产物的分离系数在 43.1～1.6×10^9 之间，锕系元素的分离系数在 1.88～3.52 之间。从 IFR 燃料中，裂变产物基本可以完全分离出来，而锕系元素却还不行，铀和其他高于钚的锕系元素与钚的分离效果还达不到满意的结果（从安全方面考虑）。

表 A-2　775 K 时，在 LiCl-KCl 盐中相对于铀的分离系数

U	1
Pu	1.88
Np	2.12
Am	3.08
Cm	3.52
Pr	43.1
Nd	44.0

续表

Ce	49
La	130
Gd	150
Dy	500
Y	6 000
Sm，Eu，Li，Ba，Sr	$>10^{10}$

A.9　液态镉中的锕系元素饱和度：提高钚沉积的关键

镉电极有效与否和液态镉的饱和度有很大关系。在一定范围内，它决定了可能的产品结构和量。

A.9.1　溶液，溶解度和饱和度

溶液被精确地定义为溶质（在这我们指的是铀或者钚与镉的络合物 $PuCd_6$）溶解在溶液中（在这我们指的是液态镉）。溶液是一个均相；溶质被溶解，在溶液中没有固体（就像糖溶解在水中，在溶解度范围之内，糖溶解在水中而水仍旧保持澄清，此时只有单一相。超出这一限制，溶液不再澄清，此时有了另外一相，可能是糖泥在其中）。如果一个溶液饱和了，将不再有更多的溶质“进入溶液”。饱和意味着没有更多的溶质进入溶液。更多的能够沉积，但是溶液中的量是固定的，不能有任何增加。向饱和 U 电极中加入更多 U 将导致另一相形成，纯金属 U 将沉积，并且将不再溶解在溶液中。如果将更多 Pu 加入被钚饱和的镉溶液中将导致形成固相—金属的 $PuCd_6$。

当只有一种成分达到饱和状态时，钚和铀进入电极的相对浓度改变了。两种成分都饱和的第三种状态有不同的特征，然而在此状态时，我们将完全无法选择操作范围。

电解精炼过程使得锕系元素进入液态镉电极。起始阶段它们进入镉溶液。但是只能上升到某一点，将其很好地定义为溶解度极限。在锕系元素溶解量达到镉总量的 2%，其溶解度达到极限。此时沉积模式显著地改变，同时它影响钚和铀的比例和产品量。

以原子和分子水平来描述溶液中的各组分形态，例如“镉溶液中的 $PuCd_6$ 分子”。溶液是均一相，其中的分子形态是一致的。任何新的相将被从溶液相中分离，二者之间有一个明显的界线。冰和液态水是不同的相。一个溶液是精确的单一相。没有溶解的和以原子级别分散在溶液中的任何物质分别在不同相中。加入少量钚到镉中，最初有一相——液态成分改变，钚含量增加和纯液态镉的比例略微降低，$PuCd_6$ 在溶液中形成。当达到饱和状态后，另一相（固体 $PuCd_6$）出现，但是，液相组成将不再改变。

A.9.2 饱和度影响化学活度

现在，到了关键点：一旦溶液中溶质达到饱和，溶液中溶质的活度就与溶质的量无关，它的数值是固定的，这是基础，这对于理解液态镉电极操作是很重要的，它是有效收集阴极钚的基础。

镉中的钚（或者镉中的 $PuCd_6$）与电解液中氯化铀的反应自由能仍然支持钚与氯化铀中的铀交换。钚金属间化合物的形成消除了钚和氯化铀形成的自由能的差异。这就是交换反应可达 90%的驱动力：钚将氯化铀中的铀取代，但是仍有一些通过与氯化铀中的铀交换（相反，$PuCl_3$ 与 U 的逆反应分解形成钚金属和 UCl_3），其所作的不仅仅是简单的提供液态镉。

事实上，进行了两件事。电解液中氯化铀的浓度减低，因此氯化钚/氯化铀的比值升高，直至达到逆反应起明显作用。但是同样重要，阴极的操作条件应该根据饱和度的影响而确定，但是到目前为止还没有明确的结论。我们的工作是全面研究这些原理和它们的影响。它们是该过程重要部分的核心内容。

A.9.3 形成金属间化合物的影响

金属间化合物 $PuCd_6$（两种金属的化合物）使得有可能在氯化铀存在的条件下沉积钚。在 $PuCd_6$ 化合物溶液中，钚的活度是很小的。在饱和时它只有 4×10^{-6}。这数值是通过形成 $PuCd_6$ 的自由能改变确定的，过程如下：

$Pu+6Cd\leftrightarrow PuCd_6$ 是钚金属和液态 Cd 金属之间的反应。

$$K_{eq}=\exp(-\Delta G_f^0/RT)=\exp(19.1/1.536)=2.52\times10^5;$$

$PuCd_6$ 反应形成的 $-\Delta G_f^0$ 是 -19.1 kcal/mol，形成自由能列于表中。

$$K_{eq}=2.52\times10^5=a_{PuCd_6}/a_{Pu}*a_{Cd_6}$$

在饱和溶液中，镉活度统一近似为 1，同时 $PuCd_6$ 的活度也近似为 1。

所以 $$K_{eq}=1/(1\times a_{Pu})$$

$$a_{Pu=}1/2.52\times10^5=4\times10^{-6}$$

我们认为钚的形态无论是以原子形态还是 $PuCd_6$ 分子形态存在并不重要——由于钚的摩尔分数相同，因此只有钚浓度有影响。钚的形成可能有其他途径。这种数值用于计算活度——对于第一种情况下的钚，或者另一种情况下的 $PuCd_6$，结果合理。接下来，我们会看到一些计算演示。

A.9.4 液态阴极情景一：铀和钚未饱和时

我们将概述液态镉阴极沉积过程任何一点锕系成分的计算，一直增加到铀或钚的浓度饱和，目的是了解已经发生并能够预测这一区域中钚和铀的浓度比。

第一步是建立溶液中铀和钚活度计算方法。它们的活度改变与浓度，即与持续电解精炼带来的锕系元素浓度变化有关。在液态镉的锕系元素不饱和溶液中，锕系元素的含量是足够低的，可以认为是“理想”溶液，在稀浓度的范围中，能够导致另一相形成的强化学相互作用可以忽略。因此，它们的活度系数是不变的，同时可以假定铀和钚的活度与它们的浓度呈线性变化关系。这就是说，它们直接与浓度相关。这个“理想溶液假设”是一个简化计算的工具，偏差不会太大，可以这么处理。

当在阴极还原的金属与盐中的氯化铀反应时，我们得到的反应是氯化钚。当这发生时，钚从阴极消失，并溶解进入电解液。我们必须把这个反应简化，并评估这一反应的程度，我们需要计算平衡系数。反应的平衡方程式如下，后续等式给出了它的平衡系数（就像之后我们会看到的，将 $PuCd_6$ 和 Cd 准确地写入反应是有可能的。只要我们活度的定义是一致的，我们计算的平衡常数将是相同的）。但是最简单的（仍然准确）形式是如下反应：

$$Pu+UCl_3 \leftrightarrow U+PuCl_3$$

计算接近电迁移平衡——这也是电解精炼速率方面一个满意的假设。将钚-镉金属间化合物带入式中，通过总自由能改变得出平衡常数。自由能的相关改变是钚形成氯化物自由能（−187.2 kcal/mol）和铀（−165.6 kcal/mol）的差值，21.5 kcal/mol，带入 $PuCd_6$（−19.1 kcal/mol）。平衡常数是：

$$K_{eq}=\exp(\Delta G_f^0/RT)=4.69,$$

$$\Delta G_f^0=\Delta G_{f\,Pu}^0-\Delta G_{f\,U}^0-\Delta G_{f\ PuCd_6}^0$$

$$=(-21.5)-(-19.1)=-2.4\ \text{kcal/mol，并且}\ RT=1.536\ \text{kcal/mol}$$

4.69 这个数字是此反应平衡常数的数值。这是重要数值，因为在任何浓度升高到饱和过程中，它给出了我们计算阴极钚/铀浓度比的基础。

在方程 A-4 的标记中，通过活度的比值给出了电解液和镉阴极之间钚和铀的平衡分布：

$$(a_{PuCl_3}\cdot a_U)/(a_{UCl_3}\cdot a_{Pu})=[\gamma_U/\gamma_{Pu}][\chi_U/\chi_{Pu}][\gamma_{PuCl_3}/\gamma_{UCl_3}][\chi_{PuCl_3}/\chi_{UCl_3}]=4.69 \qquad (A\text{-}5)$$

γ=活度系数

χ=摩尔分数表示的浓度

ΔG_f^0 是相关 $PuCl_3$ 和形成 UCl_3 氯化物标准自由能之差

R 是气体常数，1.987 cal/K

T 是温度，K

饱和状态的活度是固定的和众所周知的，可以通过一些铀和钚的数据表得到。不饱和状态的活度与其饱和浓度的分数成比例。在电解精炼的初始阶段，盐中的 $PuCl_3/UCl_3$ 的比例是可测得的，因此是一个众所周知的数据。

那么，与上面平衡公式一致，从沉积初始阶段，建立了镉中锕系金属活度的比例。阴极锕系金属比例和电解液锕系氯化物活度将满足上面平衡常数的表达式，并且将不断进行这样的沉积过程。反应平滑地进行，没有剧烈的变化，直至溶液中铀或钚达到饱和。

A.9.5 液态阴极情景二：钚饱和的重要选择

直到钚浓度达到它的溶解度极限，才形成 $PuCd_6$ 固相（直到达到它的溶解度极限，才形成铀金属）。无论铀或钚，当溶液达到饱和，将不再有饱和金属进入溶液，它必须作为一个独立的相沉积。但是，它的活度与饱和数值相同。纯固态或液态的活度总是一样的，因此纯铀相有它的活度，并且 $PuCd_6$ 也有它的活度。但是 $PuCd_6$ 中的钚活度是从 $PuCd_6$ 形成时的自由能得来的，其值为 4×10^{-6}。

活度的含义至今可能还有一些不清楚的地方。现在简单地谈一下化学上的“活度”。活度依赖于驱动反应趋势的自由能，它的重要性也由此体现。化学活度量化是与指数成正比的，$\exp(-\Delta G_f^0/RT)$，这里的ΔG_f^0表示驱动反应的自由能。指数是自由能影响的一种度量，反应进行到何种程度。因此，自由能的改变（ΔG）是与活度的自然对数成正比（$\ln a$），如果自由能改变是 0，ln（1）是 0，那么活度是 1。活度为 1 意味着根本没有反应。当然，当一种纯材料简单地混合时，那种情况是可以预料的。但是，活度为 1 不是假定标准态，它表示该种类没有反应趋势。

当钚饱和时，它的活度将不再改变，为平衡常数 K_{eq}，饱和时 a_{Pu} 是常数，因此数值 $K_{eq}a_{Pu}$ 也是常数。

$$\left(K_{eq}\right)\left(a_{Pu}\right)=\left(a_U\right)\left(a_{PuCl_3}/a_{UCl_3}\right) \tag{A-6}$$

这个简单的表达告诉我们什么呢？它是说当锕系元素沉积时，因为铀没有饱和，它的浓度以及它的活度（a_U）将试图增加。但是，它只能增加到 a_{PuCl_3}/a_{UCl_3} 比值相应减少的程度。a_U 和 a_{PuCl_3}/a_{UCl_3} 的值是一个常数。因此越来越多的锕系元素减少，只有少量的铀能够进入 Cd，并且 a_U 将少量增加，它的浓度微小升高，但是 a_{PuCl_3}/a_{UCl_3} 必须减少以维持这个平衡。a_{UCl_3} 将少量降低，因为为了沉积形成 U，溶液中的一些 UCl_3 降低。于是 a_{PuCl_3} 的减少超过 a_{UCl_3} 的减少，$PuCl_3$ 活度降低的唯一方法就是将其从电解液中移除，做到这一点的唯一方法是 $PuCl_3$ 以金属形式沉积 Pu。为了改变 a_U（与这一点浓度和饱和点浓度的比值成比例），电解液中的 a_{PuCl_3}/a_{UCl_3} 必须相应改变。

在一个典型的实际电解精炼槽中，$PuCl_3$ 的量是远远超过镉中铀金属的量的，因此为了提高 a_U 大量钚必需沉积。这里 a_{PuCl_3} 远高于 a_{UCl_3}（运行开始前 UCl_3 的降低提高了 $PuCl_3/UCl_3$ 的比值），在任何情况下钚比铀更趋向于沉积。这些影响趋向于优先沉积钚。钚金属沉积不影响钚活度。原理上，饱和状态下钚活度仍然是常数，因此钚沉积将继续，直到镉或锕系氯化物消耗完，或者镉中铀达到饱和。沉积进行时，由于 $PuCd_6$ 的形成，使得镉量减少，镉中铀金属的浓度增加，这将使铀达到饱和，从而停止电解。

观察沉积细节，溶液中钚浓度没有继续升高。当沉积增加时，镉与钚饱和溶液简单混合引起另外的钚-包含相形成-溶液本身没有浓度变化。在平衡状态时任何物质的活度在所有它的相中保持不变。特别是，物质在新相中的活度与溶解在饱和溶液中是相同的。新沉积的钚没有进入溶液，因为溶液中已经含有了所能溶解的全部钚。它将进入新相：固相，金属的 $PuCd_6$。当溶解在镉中的钚达到饱和时，钚准确地形成 $PuCd_6$ 固相，活度是相同的。顺便提及，如果钚从饱和镉中移除使得其不再饱和，一些 $PuCd_6$ 金属将分解，并且重新返回溶液中使其再次到达平衡。

饱和状态导致饱和的元素优先沉积，作为一个新相，它的活度与饱和状态的数值相同。这是很重要的一点，如果阻止引起更多钚沉积的环境没有形成，会有更多锕系元素在阴极沉积。

A.9.6 最终情景

随着 U 和 $PuCd_6$ 饱和以及它们的活度一致，它们在电极上以与氯化钚和氯化铀活度比（a_{PuCl_3}/a_{UCl_3}）相同的比例累积，直到镉或锕系氯化物被消耗光，这一比例才会改变（浓度与 $PuCl_3/UCl_3$ 活度系数比的数值不同，相差百分之几）。铀结晶形成于镉之外，并且向着阳极生长，$PuCd_6$ 堆积并从阴极落下，通过不用尽所有的镉，可以缓解这些影响。

A.9.7 运行方法

为了使用这种方法增加阴极 Pu/U 比例，镉的量应该少于盐中锕系氯化物的量——实际也是这样。固态阴极应该运行直到铀产品中作为杂质的钚过量，为了镉阴极操作充分可以增加初始 a_{PuCl_3}/a_{UCl_3}。镉阴极运行直到铀金属沉积开始或者其他影响干扰。阳极溶解的元件量和组成不同（指驱动燃料和转换区燃料）会使得溶液中钚（铀）的浓度不同，对阴极沉积初始浓度影响很大。为了获得足够量的钚以达到沉积的浓度，就需要在阳极篮中多溶解一些元件，使镉阴极的运行达到较好的效果。在电解精炼过程中，阳极篮上每溶解一个组件就会降低 $PuCl_3/UCl_3$ 比例。这时单靠一个阴极沉积铀，钚浓度也不会增加很多。阳极组分快速变化会影响溶液中锕系氯化物的组分，阴极上锕系沉积后又会快速影响盐的成分，这些反过来都会影响阴极成分。

在 $PuCd_6$ 和铀饱和时，随着活度一致，有一个或只有一个锕系氯化物活度平衡比。锕系氯化物活度系数是已知的，因此得到一个 $PuCl_3/UCl_3$ 平衡浓度比。这个数值是重要的，它给出熔盐中任何给定的 $PuCl_3/UCl_3$ 比值偏离饱和曲线程度和方向的判断标准。同时，这也告诉我们，在电解精炼过程中，随着一个新相的形成，能预计富钚或者富铀的沉积，为了达到平衡，铀或者钚将优先沉积。

A.10 重要判据的计算

由上面的讨论可知，$PuCl_3/UCl_3$ 比例会影响钚在镉阴极上的沉积。下面将给出定量的描述，并得到镉中锕系元素的饱和数值。

相关的输入参数如下：

UCl_3：$\Delta G_f=-162.3$ kcal/mol，活度系数=5.79×10^{-2}，文献[5]；

$PuCl_3$：$\Delta G_f=-183.8$ kcal/mol，活度系数=6.62×10^{-2}，文献[6]；

铀在溶液中任何浓度下活度系数=89

铀在饱和状态下摩尔分数=1.12×10^{-2}；

（饱和状态下活度=$1.12\times10^{-2}\times89=1$）

钚在溶液中任何浓度的活度系数=2.3×10^{-4}，

钚在饱和状态下摩尔分数=1.81×10^{-2}（饱和状态下活度=4×10^{-6}）；

$PuCd_6$：$\Delta G_f=-19.1$ kcal/mole

$RT=1.987\times773=1.536$ kcal

为了阐述镉中钚以 $PuCd_6$ 形式或者 Pu 形式与熔盐中 UCl_3 的反应，我们将由熔盐中 $PuCl_3/UCl_3$ 比例，分别计算出镉和熔盐中钚的平衡。

A.10.1 $PuCl_3$分子的反应

这种情况下反应可以表示为：$PuCd_6+UCl_3 \leftrightarrow PuCl_3+U+6Cd$

$PuCd_6$ 在熔盐中与 UCl_3 反应，由 $PuCd_6$ 生成 $PuCl_3$ 的自由能等于 $PuCl_3$ 的生成自由能减去 UCl_3 和 $PuCd_6$ 的生成自由能。

$$\Delta G_f^0=\Delta G_f^0(PuCl_3)-\Delta G_f^0(UCl_3)-\Delta G_f^0(PuCd_6)=-183.8+162.3+19.1=-2.4\ \text{kcal/mole}$$

平衡常数 K_{eq} 等于 $\exp(-\Delta G_f^0/RT)=\exp(2.4/1.536)=\exp(1.56)=4.7$

同时 $K_{eq}=(a_{PuCl_3}a_U a_{Cd})/(a_{UCl_3}a_{PuCd_6})$

镉中 $PuCd_6$ 饱和状态下，$PuCd_6$ 活度是 1，U 的活度也是 1（与 UCl_3 反应），Cd 的活度虽然因溶解了其他锕系元素有点偏差，但也大约等于 1。

因此平衡常数简化为 a_{PuCl_3}/a_{UCl_3}（这个锕系氯化物活度比值等于 $\exp(-\Delta G_f^0/RT)=4.7$），两个锕系氯化物活度系数的比值$\gamma_{PuCl_3}/\gamma_{UCl_3}$ 等于 6.62/5.79=1.14，则 $PuCl_3/UCl_3$ 平衡浓度之比=4.7/1.14=4.1。

这是个重要的数值，平衡时铀和钚镉金属间化合物在镉中与接触的盐中均达到饱和，$PuCl_3$ 与 UCl_3 浓度比等于 4.1。这个数值就是判据，对于熔盐中某一比例额的 $PuCl_3$ 与 UCl_3，可以用此数值对产品中钚铀比的影响进行评估。

A.10.2　钚原子的反应

钚原子的反应可以写作 $Pu+UCl_3 \leftrightarrow U+PuCl_3$

ΔG_f^0为$\Delta G_f^0(PuCl_3)-\Delta G_f^0(UCl_3)$=21.5 kcal/mol，平衡常数 K_{eq}为 1.2×10^6，这与先前我们得到的自由能在量级上差距很大。

这个平衡常数是没有 $PuCd_6$ 生成的情况下的平衡常数，例如对于棒状固体的阴极就是这样。同样，这也是为什么金属钚不能在一般的 $PuCl_3/UCl_3$ 比条件下存在的原因，直到 $PuCl_3/UCl_3$ 的比达到百万左右。

对于液态镉阴极，钚的活度与 $PuCd_6$ 中钚一致，近似值为 4×10^{-6}，铀的活度为 1，锕系元素氯化物的活度系数比为 1.14，与之前相同，因此达到平衡后锕系元素氯化物的浓度比例为

$$X(PuCl_3)/X(UCl_3)=(1.2\times10^6)\times(4\times10^{-6})/1.14=4.8/1.14=4.2$$

因此，在误差范围内，我们确定了这两个等式。由于平衡常数（1.2×10^6）非常大，导致了盐溶液中 $PuCl_3$ 与 UCl_3 的平衡比很高，于是通过金属间化合物 $PuCd_6$ 中钚原子的微弱活性使平衡常数平均化，再一次给出了 $PuCl_3$ 与 UCl_3 适宜的浓度比约为 4。

平衡时，无论是用 U 和 Pu 使镉溶液中达到饱和，还是与含有锕系元素氯化物的盐溶液接触，盐溶液中 $PuCl_3$ 与 UCl_3 的比例为 4.1。

如果我们在计算上能够保持一致，在未饱和的镉溶液中钚以 $PuCd_6$ 分子存在或钚原子存在，都没有关系，两种计算有相同的结果。如果我们利用相关的化学平衡和对应的平衡常数计算，活度为 1 的 $PuCd_6$ 和活度为 4×10^{-6} 的 Pu 结果是一样的。

现在我们知道当 U 和 $PuCd_6$ 的浓度都达到饱和，平衡时的 $PuCl_3$ 与 UCl_3 比例为 4。在饱和浓度下，a_U/a_{Pu} 为 0.25×10^6。上面给出了铀和钚的活度系数，代入式子可得：

$$X_U/X_{Pu}=(a_U/a_{Pu})/(\gamma_{Pu}/\gamma_U)=(0.25\times10^6)\times(2.3\times10^{-4}/89)=0.646$$

反之，钚铀比为 1.55～1。

这就是当铀和钚都饱和的达到平衡值锕系元素氯化物的组成比例。只要两者能够达到很好的一致性，这也是阴极的组成，是铀和钚都达到精确的饱和度，未形成任何固体相之前，锕系化合物产物的组成。由此可以预期阴极的行为。但是我们关心的还不止这些，还要了解整个产物所有相中的 U，Pu，以及阴极的镉的总量。每个产物的总量对我们很重要。

平衡时 $PuCl_3$ 与 UCl_3 浓度比为 4.1，镉中的钚铀比为 1.55。但是如果盐中锕系氯化物的比例从 4.1 发生改变，镉中金属比也会因此发生很大变化。如果仅有一个锕系化合物饱和，如钚，若 $PuCl_3$ 与 UCl_3 浓度比超过 4.1，镉中的钚铀比也会增大，反之亦然。如果两者都达到饱和，$PuCl_3$ 与 UCl_3 平衡时的浓度比只为 4.1。如果两者都未饱和，阴极的钚铀比的增加或减少，使其达到平衡的过程很慢，若只有一个达到饱和，则能很快平衡。此外，通过设计仅使钚达到饱和，这就使钚与铀的比例增加，若在合

适的锕系氯化物比例的电解液中，就能使大量的钚富集。

按照吉布斯自由能的改变，反应是朝着我们期望的反方向进行的，但是通过大量增加 $PuCl_3$ 与 UCl_3 的比例，有利于 $PuCl_3$ 达到平衡，这就要求我们在阴极有一个合理的钚铀比。准确的平衡系数值对我们理解这个过程并不重要，但是它是一个重要的评价依据。尽管，数值 4.1 可能很准确，但是我们还是期望有更好的测量设备，使这个数值更加精确。

阴极所有的组成包括饱和溶液，铀金属相（如果存在）和 $PuCd_6$ 金属相（如果存在）中全部的 Cd+U+Pu。这些试验不是为了获得组成的数据。试验 1 和 2 仅是为了弄清最终的镉溶液是否饱和（试验 1)，或者含有一种锕系元素化合物的饱和情况（试验 2)。含有钚的试验 2 是我们的目标：锕系元素化合物使镉相饱和。

感兴趣的是电解槽能够在任何 $PuCl_3$ 与 UCl_3 的比例下达到平衡，除此之外，它能够转移铀和钚，使盐中和与盐溶液接触的所有组成都达到平衡，并且具有适宜的速率。可能只有阳极外层达到了平衡，约有几毫米，而不是几纳米，因为扩散通过阳极固体料件很慢，往往料件在电解槽中几小时，随着电解过程进行，变化也会很小。假设在镉阴极铀和钚饱和情况下，$PuCl_3$ 与 UCl_3 的比例为 2（时间很短）时，电解远离平衡。阴极的钚与盐溶液中的 UCl_3 很快反应，生成 $PuCl_3$ 和 U，直到体系再次达到平衡。盐中就富集了很多钚，并且没有电流通过（产物的钚含量会降低)，这都取决于盐溶液中阳极和阴极锕系元素化合物的量，如果有锕系元素化合物，阴极不再是钚饱和。即使在这个条件下，仍然保持铀饱和。

由平衡表达式可以得出：

1）当锕系氯化物的精确比例为 4.1，铀和 $PuCd_6$ 的活度也会与起初的比例保持一致，对于它们的活度系数通过“理想近似”获得，近似等于浓度与饱和浓度的比。两者均达到饱时，所有组份都处于平衡。

2）当锕系氯化物的比例为 2，活度比例为饱和时比例的一半，铀将先达到饱和，而 $PuCd_6$ 仅为饱和时一半。为了使平衡值为 4.1，不得不降低 UCl_3 的浓度，所以铀将优先沉积，使锕系氯化物的比例向 4.1 增加。在电解中，镉阴极的作用非常像一个固体阴极，因为电极的所有地方均沉积着大量的铀。

3）对于其他极限比例，如当比例为 8 时，将会起到反作用，活度比例是 2 倍于饱和平衡时比例，$PuCd_6$ 达到饱和。$PuCd_6$ 将会沉积，体系中组分也发生变化，$PuCl_3$ 的浓度降低，并且锕系氯化物的比例向 4.1 移动。在这种条件下主要是沉积钚，相对于上面第一条都饱和的情况，Pu/U 值大于 1.55。

对于锕系氯化物非饱和时，体系倾向于达到饱和，倾向于回到饱和的镉溶液中锕系氯化物的平衡比。

实际应用时需要考虑临界带来的一些限制因素。阳极吊篮里燃料的量和阴极的处理容量都要受到限制。熔盐中锕系化合物的量可以比阳极和阴极高。对于钚的沉积，通过用铀使镉溶液饱和，并且优先将铀迁移到阴极，使得铀氯化物的浓度降低。镉阴极不是最理想的，实践中还有更好的方案，在 $PuCl_3/UCl_3$ 比例不高的条件下，固体阴极仅用来先沉积“纯”铀。这样能使在镉阴极加入之前，$PuCl_3/UCl_3$ 的比例达到适宜的值，然后沉积大量的钚。虽然由于阳极元件料组成使得熔盐中很难达到较高 $PuCl_3/UCl_3$ 比例，但仍有可能在几批料完成后（铀沉积后）就能达到。在实际中可能受到诸多因素的限制，例如沉积物的增长溢出了阴极。

最后，有一个趣的现象，随着全部都达到平衡，钚铀的比例在产物中是 1.55，这要比电解池中钚氯化物和铀氯化物的比例 4.1 小 2.65 倍。这就意味着获得纯钚产品的难度，无论盐溶液中 $PuCl_3/UCl_3$ 的比例为多少，钚铀产物比例将会因此以一个合理的倍数降低。

A.11　简要描述研究进展，增加对过程的了解

在 20 世纪 80 年代中期 IFR 开始在小型电解槽上用几百克的材料实验。起初认为用液态镉做阳极能够与元件有良好的电接触。同时发现铀能很好地转移和黏附到阴极，而钚不能，这不是我们希望的结果。接着进行了平衡计算，弄清楚将要发生的反应。氯化钚在阴极不断减少，越多的氯化铀通过上述交换反应会阻止钚金属的沉积，钚继续保留在盐中。实验接着转向用液态镉作为阴极，过程为铀先沉积在固态阴极上，接着钚沉积在液态镉上。预期液态镉能够使钚与铀氯化物的生成自由能的差别大大减少，的确发现铀氯化物存在时，钚会沉积。但是我们也发现对铀的氯化物与钚的氯化物的浓度比有一个非常严格的限制，只有满足它，有铀存在时，钚才能继续沉积。起初的平衡计算推荐了一个钚的氯化物和铀的氯化物的比例大约为 2，接着大量实验表明比例越大，产物中钚铀比也越大。但是如果全为铀的氯化物，铀会沉积的很好。这个过程不能从铀钚混合物中沉积出纯钚。也不能从更多的锕系元素化合物中沉积出纯钚。

A.12　电解结果：实验观察和测量

热力学，动力学和我们前面描述的转移现象能够使我们有效地理解 IFR 过程。经常研究的和给定工艺的试验条件是很多的，需要小量级的测量，实验用料可能只有几百 g。在伊利诺斯州（Illinois）的阿贡（Argonne）实验室有一个很大的电解槽，它为在爱达荷燃料循环设施（FCF）安装更大的电解槽奠定了基础。现在我们不再完全依赖于早期的测量设备，1994 年也终止了 IFR 计划，但是在那些年我们开展了一些

全规模电解精炼的实验。20 世纪 50 年代处理 EBR-Ⅱ乏燃料给我们提供了非常重要的数据。

在 FCF 完成更大规模的电解实验在应用规模上给电解精炼流程提供了有力佐证，这个工艺可用于实践。研究很有意思，实际上放大规模的实验没有覆盖全部的研究内容，但是或多或少获得了操作经验，这也是很重要的。今天仍然在处理 EBR-Ⅱ堆芯乏燃料和转换区燃料，为了将其转为更安全的形态适应中间贮存状态、反应堆复用或者适宜地质处置，准确的说这也是在继续研究。按照日常操作程序完成运行目标，同时也作为 IFR 工艺示范研究的重要内容。

A.12.1 钚的回收实验

1994 年 IFR 反应堆计划的终止使钚和重锕系元素的回收活动停止。克林顿执政期间没有再做其他的研究。但处理工艺研究和实验仍在继续，处理 EBR-Ⅱ燃料和转换区元件成适宜废物处置的形式。这个主流程只能回收铀，不刻意处理钚，分离的裂片产物废物去地质处置，回收的少量钚和重锕系元素中间贮存。已经处理的乏燃料量很重要，特别是从堆芯和转换区乏燃料中回收了超过 3 t 的铀，是工艺过程的重要部分，为操作规程建立提供了重要的基础。

处理 EBR-Ⅱ乏燃料和转换区元件回收铀的过程中，有不少的钚积累在电解器中。钚的积累很缓慢，因为转换区组件钚含量仅有 1～2%。但是积累的钚量必须保持在一定的限值内，除了其他原因外，主要是临界问题。在布什执政期间，一些有关钚回收的工作又重新启动，降低了电解液中钚氯化物浓度。

现在已经完成了 4 次从电解液中提取公斤级钚到镉阴极的实验。文献[7]中只报道了 3 次实验结果，后来完成了第四次[8–9]。下面对这几次实验进行分析。重要的数据-电解液中的 $PuCl_3/UCl_3$ 比例，每个实验都不同，但是都在一个范围内，即前面部分预测的能使大量钚沉积的比例（比例为 2 刚刚在范围内）。4 次沉积中，1 次是尝试的，希望沉积 1 公斤或更多钚，有 2 次沉积，钚都超过了 1 公斤。

我们希望电解液中钚氯化物和铀氯化物的比例越低，产物中钚的量就越少，但是如上所述，所有的大量铀的沉积都含钚。最高的钚铀比是起始钚氯化物浓度的 10 倍，是最终铀氯化物浓度的 6 倍。产物中仍含有 30%的铀。下面我们详细讨论这些重要的结果。这些结果的重要性很明显，这是当时我们知道的唯一的工程级的钚沉积的结果。

平衡计算证实了电解液中钚铀浓度比影响钚在镉阴极的沉积，为了能通过数学模拟再次计算出结果，下面给出了详细的信息。我们将给出两个重要的计算。

1）第一个计算证实了爱达荷锕系元素实验的测量结果与我们的计算和模型有多么的相符，同时也给了我们一个测量范围，那种方法适合我们。我们通过 Arrhenius 公式中的自由能计算了钚金属与铀氯化物反应的平衡系数为 1.2×10^6。同样我也可以通过每次实验的测量结果获得平衡系数。

2）第二个计算使用的方法在前面已经描述了，即计算最重要的测量结果（镉阴极钚铀的比例）。我们可以说与测量获得的比例非常接近，将来我们能够用 $PuCl_3/UCl_3$ 的函数预测这个重要的比例。

A.12.2 实验条件和测量结果

如表 A-3 所示，给出了 3 次实验的实验输入参数。见表 A-4 给出了阳极的燃料组成。见表 A-5 给出了测量结果，均由 Vaden 等提供[7]。

首先我们想知道的是镉的饱和状态。这些实验中阴极有 26 kg 镉，镉的摩尔数为 26 000/112.4=232 mol。铀饱和时其浓度为 1.12%，0.011 2×232=2.60 mol U，或者 2.6×238=618.8 g U。钚饱和时其浓度为 1.81%，0.018 1×232=4.20 mol Pu，或者 4.2×239=1 003.8 g Pu。因此阴极各饱和金属量为 618.8 g U 和 1 003.8 g Pu。

所有的 3 次实验阳极都是 EBR-Ⅱ转换区元件，含有大量的铀，仅有 1%左右的钚。随着镉阴极电解的进行，电解液中铀含量的增加，影响了阳极的组成。铀取代了电解液中大量的钚，阴极铀的量也减少了。见表 A-5 给出了测量结果。

表 A-3 超铀元素回收实验：实验条件

参数	第一次	第二次	第三次
起始盐中 U 浓度/wt%	0.27	0.53	0.69
起始盐中 Pu 浓度/wt%	2.89	2.66	2.54
起始 Pu/U	10.80	5.06	3.67
最终 Pu/U	5.70	3.32	2.87
起始盐中重金属/wt%	3.16	3.19	3.23
起始阳极重金属/kg	2.00	2.00	4.10
总电流/10^6 C	1.81	2.13	2.19
平均电流/A	20	20	20

表 A-4 EBR 燃料元件组成

核素	平均	最大	最小
^{238}U/%	98.94	99.63	97.86
^{239}Pu/%	0.80	1.57	0.14
^{235}U/%	0.20	0.22	0.18
Nd/10^{-6}	92	246	8
Ce/10^{-6}	53	142	4
La/10^{-6}	29	77	2
Pr/10^{-6}	27	73	2
$^{237}Np/10^{-6}$	11	22	1
$^{241}Am/10^{-6}$	776	8 300	2

表 A-5　超铀元素回收实验结果

	第一次	第二次	第三次
重金属回收/g	1 365	1 739	1 313
沉积的钚/g	1 024	1 080	492
沉积的 ^{237}Np/g	4.5	1.2	0.6
实验后期盐中的 U/wt%	0.47	0.74	0.83
实验后期盐中的 Pu/wt%	2.67	2.46	2.38
理论回收金属/10^6 C	1.65	2.11	1.59
总电流/10^6 C	1.81	2.13	2.09
迁移系数/%	91.5	99.2	76.1

A.12.3　由每次实验测得的量得出的平衡常数

我们的反应为：$Pu+UCl_3 \leftrightarrow U+PuCl_3$

反应的平衡常数计算值确定为 1.2×10^6，每次实验之间没有变化。我们将用从 3 次电解精炼实验得来的测试结果与之进行比较，来看基于我们所用假设的计算值能否很好地预言结果，主要针对平衡态。

要输入的数据见表 A-6。受益于文献 7 中爱达荷（INL）的 Dee Vaden 对实验细节的解释，以及表 A-7 由 John Ackerman 的重要计算值[4]。

表 A-6　所用的输入数据

^{239}Pu 原子量	239
^{238}U 原子量	238
天然存在的氯的原子量	35.5
天然存在的镉的原子量	112.4
$PuCl_3/UCl_3$ 活度系数比	1.14
镉中铀的活度系数	89
镉中钚的活度系数	2.3×10^{-4}

计算基于镉中锕系元素的饱和状态。计算采用摩尔量而非质量，因此，需要计算其整个的摩尔量，以及实际在溶液中的摩尔量。阴极有 26 kg 的镉，如第一行所示，其他实验测定量列于 2-7 行。由这些数值，计算了熔盐中氯化物的活度比以及阴极镉、铀、钚的摩尔数，列于第 8-12 行。可知铀在 1.12%的浓度达到饱和而钚为 1.81%，由此给出了这两个锕系元素在溶液中最大可能含有的摩尔数，列于第 13 和 14 行。

最大饱和量为 U 2.59 mol 即 616.4 g 和 Pu 4.19 mol 即 1 001.4 g（由于 $PuCd_6$ 的形成造成镉的损失，这个量可能更小，列于第 15-21 行，15 行通过迭代法获得，当 21

行与 15 行的和等于 12 行时，15 行的值才改变，修正值都很小）。

溶液和金属相中的量总结于第 22-25 行。行 19/（17+18+19）给出 U 在溶液中的最终摩尔分数，钚为行 17/（17+18+19）。分别乘以相应的活度系数 89 和 2.3×10^{-4}，得出了相应的活度，而他们的比例被锕系氯化物相同的比例除后，得出计算的平衡常数。

34 行给出了算得的每次实验的 K_{eq}，由自由能指数得出的 K_{eq} 列于 35 行，两者的差异列于 36 行，目的在于确定该二者除以其平均值之间的差异，表明二者均不稳定，一个改变另一个随即需改变。

Table A-7　Idaho 锕系各次实验基础数据和计算值（m）表示该数据来自文献 7

			第一次	第二次	第三次
1	（m）	初始状态阴极测得的 Cd 重量/kg	26.00	26.00	26.00
2		假设的最终阴极 Cd 的重量/kg	26.00	26.00	26.00
3	（m）	阴极测得的 U+Pu 的重量/kg（重金属回收）	1.37	1.74	1.31
4	（m）	最终测得阴极 Pu 重量/kg	1.02	1.08	0.49
5		假设的最终阴极 U 重量/kg	0.34	0.66	0.82
6	（m）	最终 $PuCl_3$ 浓度/wt%	2.67	2.46	2.38
7	（m）	最终 UCl_3 浓度/wt%	0.47	0.74	0.83
8		最终浓度比/$PuCl_3$/UCl_3	5.66	3.31	2.86
9		最终活度比/$PuCl_3$/UCl_3	6.48	3.79	3.27
10		阴极 Cd 摩尔数	231.32	231.32	231.32
11		阴极 U 摩尔数	1.43	2.77	3.45
12		阴极 Pu 摩尔数	4.28	4.52	2.06
13		计算得溶液中 Pu 的最大摩尔数	4.19	4.19	4.19
14		计算得溶液中 U 的最大摩尔数	2.59	2.59	2.59
对 Cd 进入 PuCd6 的损失的修正					
15		PuCd6 相中 Pu 的摩尔数	0.11	0.37	0.00
16		PuCd6 相中 Cd 的摩尔数	0.66	2.23	0.00
17		溶液相中 Pu 的摩尔数	4.17	4.15	2.06
18		溶液相中 Cd 的摩尔数	230.66	229.08	231.32
19		溶液相中 U 的摩尔数	1.43	2.57	2.59
20		金属相中 U 的摩尔数	0.00	0.20	0.86
21		计算得溶液中 Pu 的摩尔数	4.17	4.15	4.19
总结：金属相和溶液中的量					

续表

			第一次	第二次	第三次
22		PuCd6 相中的 Pu/g	26.2	89.0	0.0
23		U 金属相中的 U/g	0.0	48.4	204.4
24		Cd 溶液中的 Pu/g	997.8	991.0	492.0
25		Cd 溶液中的 U/g	341.0	610.6	616.6
26		Cd 溶液中 Pu 的饱和值/g	1 001.4	1 001.4	1 001.4
27		Cd 溶液中 U 的饱和值/g	616.4	616.4	616.4
28		Pu 的饱和度/%	100%	100%	49%
29		U 的饱和度/%	55%	100%	100%
溶解数字计算 K_{eq}					
30		U 在 Cd 中的最终摩尔分数	0.006 06	0.010 88	0.010 97
31		Pu 在 Cd 中的最终摩尔分数	0.017 67	0.017 58	0.008 72
32		U 在 Cd 中的最终活度	0.539 7	0.968 4	0.977 2
33		Pu 在 Cd 中的最终活度	4.06×10^{-6}	4.04×10^{-6}	2.01×10^{-6}
34		计算 K_{eq}：$Pu+UCl_3 <-> U+PuCl_3$	0.86×10^{6}	0.91×10^{6}	1.59×10^{6}
35		exp（$-\Delta G^{o}f/RT$）计算得 K_{eq}	1.20×10^{6}	1.20×10^{6}	1.20×10^{6}
36		计算 K_{eq} 与 exp（$-\Delta G^{o}f/RT$）计算得 K_{eq} 百分比差别	−33%	−28%	28%
37		差别平均	−11%		

3 次实验计算的 K_{eq} 值为 0.86×10^6、0.91×10^6 和 1.59×10^6，相比于由自由能得来的值 1.20×10^6，吻合度是令人满意的。这些从各次实验获得的数字，以期不用严格控制实验而能减少熔盐中钚的量。

对工艺相当程度的理解可以通过如上表那样的计算研究获得。

A.12.4 重要比例的计算：产品中 Pu/U 比

下面的计算希望获得沉积中钚的富集。从这些简单的考虑出发如何能得到这一重要比例？如表 A-7 所示，每一次实验终止时两锕系元素饱和度的计算值可知，每次将进行到产生含 1 kg 钚的沉积为止。当我们更改 $PuCl_3/UCl_3$ 比时每次会有多少铀沉积呢？

表 A-7 的第 8 行给出了每次实验末尾熔盐中锕系元素的比例，相比于计算所得平衡态镉中铀钚均饱和时 $PuCl_3/UCl_3$ 比 4.1，其值从 5.66 下降到 3.31 直到 2.86。第一次，钚饱和了，而铀没有饱和；第二次两者均饱和了；第三次铀饱和了钚没有。产物中存在大于饱和量的情况，过量的量以克计列于表中第 22 和 23 行。

该表列出了计算结果，它以实际测得的摩尔分数为基础计算的，并由此推得平衡常数。因此我们可以预期以这种方式推出来的 Pu/U 比是与实际值非常符合的，换句话说，采用测得的 K_{eq} 来计算 Pu/U 比也可用于核对计算值，不会由上面偏差。更有意

思的是计算出的 K_{eq} 1.2×10^6 这个数，可以优先预知该实验 Pu/U 比。

反应为 $Pu+UCl_3 \leftrightarrow U+PuCl_3$

平衡常数为 $K_{eq}=(a_{PuCl_3}/a_{UCl_3})/(a_{Pu}/a_U)$

铀的活度为 $a_U=K_{eq}a_{Pu}/(a_{PuCl_3}/a_{UCl_3})$

我们的计算值涵盖溶液中每一个锕系元素的量。

每次任何一种情况下都会有至少一种锕系元素轻微超过饱和值的情况出现，因此我们计算溶液中的量并使修正值相对较小，修正值是针对金属相中过饱和时积累金属相的附加量，各变量数值取自表 A-7。

第一次实验：钚饱和，铀未饱和

这次实验最终熔盐中 $PuCl_3/UCl_3$ 比为 5.7，该值高于铀钚均饱和时的平衡比 4.1。1 024 g 钚刚刚超过钚饱和值（1 001.4 g）；341 g 铀远在铀饱和值（616.4 g）后边。

$a_U=(1.2\times10^6\times4.0\times10^{-6})/6.48=0.74$（饱和时），

溶液中铀的计算值=0.74 × 616.4=456 g（测得值为 341.0 g），

溶液中钚的计算值=1 000.4 g（对比 997.8 g，这个小的差异源自 Cd 在 $PuCd_6$ 固体中的损失），

溶液中 Pu/U 比计算值=2.2，

$PuCd_6$ 合金中的钚=26 g，

阴极总钚，计算值=1 027 g，以及计算的 Pu/U 比，总的=2.25。

由于 5.7 的 $PuCl_3/UCl_3$ 比高于 4.1 的平衡比，体系会尽力通过移除 $PuCl_3$ 或增加 UCl_3 来达到平衡。产品中的铀会少于基于 5.7 的 $PuCl_3/UCl_3$ 比的计算值。

第二次实验：钚铀均饱和

产品中有 1 080 g 钚和 659 g 铀，钚仍然饱和，而这次铀也饱和了。两个量均稍微高于饱和值。该实验最后的 $PuCl_3/UCl_3$ 比为 3.32，低于 4.1 的平衡比，因此，一些钚会转移回熔盐中，以使体系达到平衡。镉中钚铀均饱和且体系处于平衡态时，期望的 Pu/U 比为 1.55（见 A.10.2 部分计算）。小量的铀合金和钚（89 g 形成 $PuCd_6$ 合金）对该计算的比例不会影响太大。

铀饱和量为 616.4 g，钚为 1 001.4 g，

溶液中 Pu/U 比计算值=1.6，

合金中的铀=48 g，

$PuCd_6$ 合金中的钚=26 g，

阴极总铀=659 g，

阴极总钚=1 090 g，

并由此计算总的 Pu/U 比=1.6。

第三次实验：铀饱和，钚未饱和

产品中有 492 g 钚（饱和值 1 001.6 g）和 821 g 铀（饱和值 616.4 g），铀饱和了，

钚没有。821 g 与铀 616.4 g 的饱和值之间的差异，我们认为是铀饱和量的“急剧上升”。完成时熔盐中锕系元素比为 2.87，低于二者均饱和时 4.1 的平衡值，因此钚依旧会从产品中迁移进入熔盐。

$a_{Pu}=(a_{PuCl_3}/a_{UCl_3})\times(a_U)/1.2\times10^6=3.27/1.2\times10^6=2.72\times10^{-6}$，

钚饱和分数=2.72/4=0.68，

溶液中的钚=0.68 × 1 001.4=681 g，

溶液中的铀=616.4 g，

溶液中 Pu/U 比=681/616.4=1.1，

合金中的铀=204 g，

阴极总铀=820 g，

阴极总钚=616 g，总的 Pu/U 比=0.75。

计算得出产物中钚的量达 681 g，发现的为 492 g。又一次地，我们发现镉中钚更少，因为体系依靠一些钚迁移回电解液来达到平衡。

A.12.5 计算结果讨论

计算的反应平衡常数是确定的，因为其只取决于反应自由能的差异。每一个 $PuCl_3/UCl_3$ 比会给出相应的镉中铀钚活度比，直至其中一种锕系元素达到饱和。该比值的某些变化是由于已描述的饱和作用，但无论钚还是铀在任何一次实验中均未过多地超过饱和值。此外，发现平衡作用也可稍微改变该比值。

实验条件还对测得的产品的数值加了些不确定性。在一些小量产品上存在不确定性，保留于阴极处理器坩埚中的残渣，以及第三次实验中阴极外部枝状晶体的形成，我们受益于文献［7］中 Dee Vaden 对这些实验细节的解释。

A.12.6 总结：计算结果与测量值的比较

下面给出从电解液中提取 3 kg 规模的钚到镉阴极计算结果。这些结果在 2008 年的文献中已有报道[7]。已完成了第四次实验，该实验爱达荷州国家实验室已允许引用[8]。如表 A-8 所示，第四次实验与第三次非常接近，是对测试数据的重现性的一次有意义的验证。

表 A-8 第三次与第四次实验之间数据的一致性

	第三次	第四次
初始 $PuCl_3/UCl_3$ 比（测量）	3.7	3.45
最终 $PuCl_3/UCl_3$ 比（测量）	2.86	2.85
最终 $PuCl_3$ 浓度/wt%（测量）	2.38	2.39
最终 UCl_3 浓度/wt%（测量）	0.83	0.84

续表

	第三次	第四次
阴极钚金属/kg（测量）	0.49	0.55
阴极铀金属/kg（测量）	0.82	0.77
最终活度比/$PuCl_3/UCl_3$	3.26	3.27
$PuCd_6$ 相中的钚/g	0.0	0.0
U 合金相中的铀/g	204.4	171
Cd 溶液中的 Pu/g	492	553
Cd 溶液中的 U/g	616.6	616.6
钚的饱和度百分比	49	56
铀的饱和度百分比	100	100

前 6 个数据为测量值。接下来的 7 个给出了这些测量值的意义：转换浓度为活度，合金相中（不是镉溶液中）钚或铀的量，实际溶液中的量，以及哪块未饱和，饱和度是多少。两次实验之间的吻合度很好，给所有 4 次实验的结果以信心。

重要的实际结果是钚沉积物中钚的浓度——沉积中的 Pu/U 比。从这些简单的因素考虑如何能评估这一重要比例。从表 A-7 中每一次实验终止时两锕系元素的饱和度的计算值可知，每次实验将进行到产生含 1 kg 钚的沉积为止。3 次实验中，当我们更改 $PuCl_3/UCl_3$ 比时每次会有多少铀沉积呢？

三次实验最终熔盐中锕系元素氯化物的比例，相比于计算所得平衡态镉中铀钚均饱和时 $PuCl_3/UCl_3$ 比 4.1，其值从 5.66 向下到 3.31 直到 2.86。第一次实验中，钚饱和了，而铀没有饱和；第二次实验中两者均饱和了；第三次铀饱和了钚没有。存在产物中的量大于饱和量的情况，该值以 g 计列于表 A-7。

如表 A-9 所示为通过简单的平衡表达式计算值与测量结果的对比。

表 A-9　对比计算和测得的产品 Pu/U 比

	初始锕系氯化物比	最终锕系氯化物比	产品 Pu/U 比		
			测得的	溶液中的计算值	总的计算值
第一次	10.2	5.7	3.0	2.2	2.25
第二次	5.1	3.3	1.6	1.6	1.6
第三次	3.7	2.9	0.6	1.1	0.75
第四次	3.5	2.9	0.7	1.1	0.78

每一个锕系元素氯化物的比会给出铀和钚在镉中的浓度比，与任何一个锕系元素达到饱和点与否有关。对于熔盐中 $PuCl_3/UCl_3$ 浓度比 4.1，一切处于平衡且阴极 Pu/U 比将为 1.55。对于锕系元素氯化物的浓度比高于或低于 4.1，由平衡系数表达式给出

的镉中 Pu/U 比将随这种关系的变化而变化。基于平衡的测量值与我们的计算值之间的吻合度是令人满意的。

第一次实验

5.7 的 $PuCl_3/UCl_3$ 比高于 4.1 的平衡比，体系会通过减少阴极的铀来增加电解液中的 UCl_3 从而降低 $PuCl_3/UCl_3$ 比来达到平衡。产品中发现的 U 少于基于 5.7 的 $PuCl_3/UCl_3$ 比的计算值。

第二次实验

3.32 的 $PuCl_3/UCl_3$ 比稍微低于 4.1 的平衡比。其量均略超过饱和值。锕系元素比现已低于 4.1 的平衡比，随着体系逐渐趋于平衡，一些沉积了的钚会迁移回熔盐中。然而，沉积中的 Pu/U 比确实与基于 3.32 的 $PuCl_3/UCl_3$ 比的计算值吻合。

第三次实验

2.86 的 $PuCl_3/UCl_3$ 比远低于平衡比。体系会从阴极将钚以 $PuCl_3$ 加入到电解液中，以此来降低阴极钚的量。这样一来，发现产品中的钚少于基于 2.86 的 $PuCl_3/UCl_3$ 比的计算值。

第四次实验

2.86 的 $PuCl_3/UCl_3$ 比本质上与第三次相同，对于计算和测量的准确度，结果也相同。这次实验除了给结果的一致性以证明外没有其他新的信息。

所有的 4 次测量表明，即使熔盐中有着高的 Pu/U 比，产品中的 Pu/U 比也会很低，随着一个因素改变，其仍然会在以前的计算值 2.65 范围内，因为其低于从熔盐中平衡 $PuCl_3/UCl_3$ 比 4.1 所得的产品 Pu/U 比。换言之，不掺铀而要得到纯钚产品是极其困难的，而超钚元素的存在使得到纯钚产品变得不可能。

这些测量表明：对反应堆燃料再循环，通过设置熔盐中合理的 $PuCl_3/UCl_3$ 比可以获得钚含量提高的产品。这些计算表明：平衡假设可以很好地预测这些非常重要的实验的结果。

总之，我们现在可以用电解液熔盐中 $PuCl_3/UCl_3$ 比的一个方程来估测出产品中的 Pu/U 比。镉中钚铀均饱和的平衡态，Pu/U 比为 1.55。

第二次实验的 $PuCl_3/UCl_3$ 比（3.32）最接近于计算的平衡值 4.1。Pu/U 比测量和计算值都是 1.6 的吻合或许是巧合，但无论如何是令人满意的。整体结论是，由这些简单的考虑和非常简单的表达式可以准确地预知重要的 Pu/U 比。

计算和实验均不是非常准确的。这些简单的计算值中有一些近似值。活度的线性假设优于饱和值，平衡态或近似平衡态的假设，因饱和作用作的粗略的修正，所有这些甚至其他都是相关联的。将来，随着测量准确度的提高，所用的这些常数中的一些值可能会随之改变。多个元素的实验结果都有不确定性，比如第一次实验中保留于阴极处理器坩埚中的残渣产物的量以及第三次实验中阴极外部枝状晶体的形成。如上表总结所示，通过计算系统地给出的实验结果有力地说明了，在这些重要的实验中，平衡态计算可以很好地预测结果。

总结：通过这些相当简单的概念和基于此的计算，可以精确地预知这一重要的产品中的 Pu/U 比；另外，这些可以使我们非常充分地理解那些在 IFR 电解精炼中的重要现象。

参考文献

[1] W.H.Hannum, Ed., "The Technology of the Integral Fast Reactor and its Associated Fuel Cycle," *Progress in Nuclear Energy*, 31, nos.1/2, Special Issue, 1997.

[2] J.P.Ackerman and T.R.Johnson, "Partition of Actinides and Fission Products between Metal and Molten Salt Phases: Theory, Measurement and Application to Pyroprocess Development." Actinides-93 International Conference, Santa Fe, New Mexico, September 19-24, 1993.

[3] J.P.Ackerman and T.R.Johnson, "New High-Level Waste Management Technology for IFR Pyroprocessing Wastes," Global '93 International Conference on Future Nuclear Systems, Emerging Fuel Cycles and Waste Disposal Options, Seattle, Washington, September 12-17, 1993.

[4] J.P.Ackerman, private communication.The authors are indebted to Dr.Ackerman first for pointing out the effects of cathode saturation and his follow-on detailed discussions with us of such effects.

[5] L.Yang, et al, *Physical Chemistry of Process Metallurgy,* 2: 925-943, G.R.St.Pierce, Ed., Interscience Publishers, New York, 1961.

[6] G.M.Campbell and J.A.Leary, "Thermodynamic Properties of Plutonium Compounds from EMF Measurements," LA-3399, Los Alamos National Laboratory, March 1966.

[7] D.Vaden, S.X.Li, B.R.Westphal, and K.B.Davies. "Engineering-Scale Liquid Cadmium Cathode Experiments," *Nuclear Technology*, 162, May 2008.

[8] D.Vaden, private communication.We are indebted to Dee Vaden for helping us with our understanding of the experimental data, as well as for pointing out some uncertainties in the experimental results not mentioned in Reference 7, above.

[9] C.Pope, private communication.We are indebted to Chad Pope for his sustained efforts to provide us the data for Run #4, done after the work published in Ref 7, above, and for his efforts in obtaining the necessary approvals to release it.

附录B

缩略语

AEC	Atomic Energy Commission	原子能委员会
AECL	Atomic Energy of Canada Limited	加拿大原子能公司
ANL	Argonne National Laboratory	阿贡国家实验室
ANL-E	Argonne National Laboratory-East	阿贡国家实验室-东区
ANL-W	Argonne National Laboratory-West	阿贡国家实验室-西区
ANS	American Nuclear Society	美国核学会
APDA	Atomic Power Development Associates	原子能发展协会
ASPO	Association for the Study of Peak Oil and Gas	石油和天然气峰值研究协会
ATWS	Anticipated transient without scram	未能紧急停堆的预期运行瞬变
BR	Breeding ratio	增殖比
BWR	Boiling water reactor	沸水堆
CANDU	Canada Deuterium-Uranium Reactor	加拿大重水铀反应堆
CBI	Chicago Bridge & Iron Company	芝加哥桥梁钢铁公司
CEFR	China Experimental Fast Reactor	中国实验快堆
CEO	Chief executive officer	首席执行官
CDFR	Commercial Demonstration Fast Reactor	商业示范快堆
CFR	Code of federal regulation	美国联邦法规
CGE	Canadian General Electric	加拿大通用电气

CIAE	China Institute of Atomic Energy	中国原子能科学研究院
CNNC	China National Nuclear Corporation	中国核工业集团公司
CP	Chicago Pile	芝加哥反应堆
CPFR	China Prototype Fast Reactor	中国原型快堆
CRBR	Clinch River Breeder Reactor	克林奇河增殖堆
CRIEPI	Central Research Institute of Electric Power Industry	日本电力产业中央研究院
DFR	Dounreay Fast Reactor	唐瑞快堆（英）
DOE	Department of Energy	美国能源部
EBWR	Experimental Boiling Water reactor	实验沸水堆
EEDB	Energy economics data base	能源经济数据库
EFL	Experimental Fuel Laboratory	实验燃料实验室
EPA	Environmental Protection Agency	美国环保署
FARET	Fast Reactor Test Facility	快堆试验装置
FBTR	Fat Breeder Test Reactor	快中子增殖试验堆
FCF	Fuel Cycle Facility or Fuel Conditioning Facility	燃料循环设施
FFTF	High Flux Test Facility	高通量试验装置
FMF	Fuel Manufacturing Facility	燃料制造设施
GE	General Electric	通用电气
GEM	Gas expansion module	气体膨胀模块
GNEC	General Nuclear Engineering Company	通用核工程公司
GW	Giga watt	吉瓦（10^9 W）
HCDA	Hypothetical core disruptive accident	假想堆芯破裂事故
HFEF	Hot Fuel Examination Facility	热态燃料检验设施
HM	Heavy metal	重金属
HWR	Heavy water reactor	重水堆
HTR	High Temperature Gas-cooled Reactor	高温气冷堆
IAEA	International Atomic Energy Agency	国际原子能机构
ICRP	International Commission on Radiological Protection	国际辐射防护委员会

IEA	International Energy Agency	国际能源署
IFR	Integral Fast Reactor	一体化快堆
IHX I	Intermediate heat exchanger	中间热交换器
INFCE	International Nuclear Fuel Cycle Evaluation	国际核燃料循环评价
INL	Idaho National Laboratory	爱达荷国家实验室
JAEA	Japan Atomic Energy Agency	日本原子能署
JAPC	Japan Atomic Power Company	日本原子能公司
JSFR	JAEA Sodium-cooled Fast Reactor	日本钠冷快堆
KAERI	Korea Atomic Energy Research Institute	韩国原子能研究所
LAMPRE	Los Alamos Molten Plutonium Reactor Experiment	洛斯阿拉莫斯熔融钚反应堆实验
LANL	Los Alamos National Laboratory	洛斯阿拉莫斯国家实验室
LMFBR	Liquid metal fast breeder reactor	液态金属冷却增殖快堆
LNG	Liquefied natural gas	液化天然气
LSPB	Large Scale Prototype Breeder	大型原型增殖堆
LWR	Light water reactor	轻水堆
MIT	Massachusetts Institute of Technology	麻省理工学院
MOX	Mixed oxide	混合氧化物
MW	Megawatt	兆瓦（10^6 W）
MWD/T	Megawatt-days per tone	兆瓦日每吨
NAC	Nuclear Assurance Corporation	核保险公司
NAS	National Academy of Sciences	美国科学院
NASAP	Nonproliferation Alternative Systems Assessment program	核不扩散备选系统评价项目
NPD	Nuclear Power Demonstration	核电示范项目
NRC	Nuclear Regulatory Commission	美国核管理委员会
NRTS	National Reactor Testing Station	国家反应堆试验站
NWPA	National Waste Policy Act	国家废物政策法案
OCS	Operator control station	操纵员控制台
PFBR	Prototype Fast Breeder Reactor	原型快增殖堆

PFR	Prototype Fast Reactor	原型快堆
PNC	Power Reactor and Nuclear Fuel Cycle Development Corporation	动力堆和核燃料循环开发公司
PRISM	Power Reactor Innovative Small Module	创新性小型模块化动力反应堆
PUREX	Plutonium Uranium Extraction	钚铀还原萃取流程（水法后处理典型流程）
QA	Quality assurance	质量保证
QC	Quality control	质量控制
R&D	Research and development	研究与开发
RBCB	Run beyond cladding breach	包壳破损运行
RDT	Reactor Development and Technology, a Division of AEC	原子能委员会的反应堆开发与技术部
RSRC	Reactor Safety review Committee	反应堆安全评估委员会
SAF	Semi-Automated Fabrication	半自动（元件制造）生产线
SAFR	Sodium Advanced Fast Reactor	先进钠冷快堆
SEFOR	Southwest Experimental Fast Oxide Reactor	西南实验快中子氧化物反应堆
SFR	Sodium-cooled fast reactor	钠冷堆快堆
SRE	Sodium Reactor Experiment	钠堆实验
SS	Stainless steel	不锈钢
STR	Submarine Thermal Reactor	潜艇热中子堆
THORP	Thermal Oxide Reprocessing Plant	热堆氧化物燃料后处理厂（英）
TMI	Three Mile Island	三哩岛
TOR	*Traitement des Oxydes Rapides*	快速氧化物乏燃料后处理设施（法）
TREAT	Transient Reactor Test Facility	瞬态反应堆试验设施
UOX	Uranium oxide	氧化铀
ZPPR	Zero Power Physicals Reactor	零功率物理堆

附录C

作者简介

C.E.蒂尔博士（Dr.CHARLES E.TILL）：1960 年获得伦敦大学帝国学院博士学位，从事多种反应堆概念研究，如英国气冷堆、加拿大重水堆与美国轻水堆等。1963 年入职阿贡国家实验室，一两年后即从事增殖快堆研究。1980 年起担任工程研究协作实验室主任，此后 17 年领导了阿贡最大、最具创新性的反应堆研发计划，取得了丰硕的成果。他创立了一体化快堆，领导了基础技术的研发。这是一项先进反应堆技术，在堆安全、核废物处理、铀资源利用等方面均有革命性重大改进。该项目是阿贡两个厂址（伊利诺斯州主实验室分部与爱达荷沙漠反应堆分部）数千位工程师与支持人员用了 10 年（1984—1994 年）时间共同努力的结果。美国核学会会员，因对一体化快堆的突出贡献获得沃克西斯勒勋章，并于 1989 年当选美国工程院院士。

张润一博士（Dr.YOON IL CHANG）：1971 年获得密西根大学科学博士学位，在核保险公司核燃料循环服务部工作过一段时间后于 1974 年加入阿贡实验室 Till 团队从事反应堆分析研究。1984 年一体化快堆启动时担任 Till 副手，并任该项目总经理，项目执行的 10 年间一直负责项目管理。正是在张的领导和精心组织下，对一体化快堆各项技术不断进行磨合与集成，该项目在多个主要技术领域取得了成功，如：反应堆物理和堆芯设计、电化学流程、燃料设计和制造、反应堆安全、反应堆工程与运行等。1998 年 Till 退休后，张接任工程研究协作实验室主任，同时担任（阿贡）临时实验室主任。获得密歇根大学和首尔大学杰出校友奖，美国核学会会员，沃克西斯勒勋章获得者，因在一体化快堆中的技术贡献于 1994 年获得能源部欧内斯特奥兰多劳伦斯奖。

本书由快堆开创者、一体化快堆的奠基人 C.E.Till 和张润一执笔而成。20 世纪八十年代至 20 世纪九十年代早期，阿贡实验室一体化快堆研究取得了丰硕的成果。本书以简明的语言阐述了一体化快堆的发展历程、以及核能可持续发展的原理和技术基础，这确乎是一个精彩的故事。

本书还有其他值得非专业的科学家和工程师以及历史学家、社会学家和媒体评论人参考之处。我们不能给后代留下一个诸多问题缠绕的黑暗未来，这些问题与人类索取与燃烧破坏环境的化石燃料如煤、油和气体等相关。本书以一种宏大的叙事和鼓舞人的愿景描述，呼吁各行各业的每个人，关注人类未来、给后代留下一个光明的未来。

巴瑞. W. 布鲁克博士
休伯特·威尔金斯爵士气候变化促进者
澳大利亚阿德莱德大学